人工智能技术丛书

Causal Inference
Based on Graphical Model Analysis

因果推断
基于图模型分析

罗锐 ◎ 编著

机械工业出版社
CHINA MACHINE PRESS

图书在版编目（CIP）数据

因果推断：基于图模型分析 / 罗锐编著 . —北京：机械工业出版社，2022.12（2024.6 重印）
（人工智能技术丛书）
ISBN 978-7-111-71989-2

I. ① 因… II. ① 罗… III. ① 因果性 - 推理 IV. ① B812.23

中国版本图书馆 CIP 数据核字（2022）第 209189 号

本书对因果推断进行了介绍，全书分为五个部分：首先在第 1 章、第 2 章和第 3 章介绍了因果推断研究的背景，以及基于图模型分析进行因果推断所需要的基础知识；第二部分包括第 4 章和第 5 章，介绍了因果推断中的干预分析和反事实分析；第三部分包括第 6 章和第 7 章，是因果推断的进阶内容，在干预分析和反事实分析基础上介绍了因果关系概率的计算以及复杂条件下因果效应的计算；第四部分内容是因果关系中反映各个变量之间关系的图模型结构的学习，相应内容在第 8 章；最后在第 9 章以推荐系统和强化学习为例，对因果推断的应用进行了简单介绍。

本书可以作为人工智能、数据科学、统计等相关专业技术人员因果推断方面的入门读物，也可以用于高等院校人工智能、数据科学、统计等相关专业高年级本科生或研究生的课堂教学，还可供医学、法学、经济学、社会学和情报分析等研究领域需要应用因果推断技术的专业人员参考。

因果推断：基于图模型分析

出版发行：机械工业出版社（北京市西城区百万庄大街 22 号　邮政编码：100037）	
策划编辑：姚　蕾	责任编辑：姚　蕾
责任校对：龚思文　王明欣	责任印制：常天培
印　　刷：固安县铭成印刷有限公司	版　　次：2024 年 6 月第 1 版第 3 次印刷
开　　本：186mm×240mm　1/16	印　　张：20.5
书　　号：ISBN 978-7-111-71989-2	定　　价：79.00 元

客服电话：（010）88361066　68326294

版权所有·侵权必究
封底无防伪标均为盗版

前　言

近年来，人工智能技术取得了长足的进步，DeepMind 公司的 AlphaGo 横扫世界围棋顶尖高手，AlphaFold 能够精确地基于氨基酸序列来预测蛋白质结构，其准确性可以与使用冷冻电子显微镜（CryoEM）、核磁共振或 X 单晶衍射等方法解析蛋白质结构的准确性相媲美。人工智能技术在许多领域取得了不可思议的进步，语音翻译、图像场景识别等曾是科幻小说中梦想的成就，现在已经成为现实。在技术突破和市场需求的多方驱动下，人工智能技术已经从学术走向实践，正加速向各个产业渗透，改造各行各业。如同蒸汽时代的蒸汽机、电气时代的发电机、信息时代的计算机和互联网，人工智能正成为推动人类进入智能时代的决定性力量。

但是，现有的人工智能技术几乎都是基于统计学或黑箱的形式，主要关注变量之间的相关性而非因果性，这使其性能有严重的理论局限性。它在动物擅长的一些技能方面表现并不好，特别是将解决问题的能力迁移至新问题，以及进行任意形式的泛化时。一些常识问题对于人类而言很简单，但对于现在的人工智能技术而言并不简单。因此，2011 年图灵奖得主、贝叶斯网络之父朱迪亚·珀尔（Judea Pearl）教授认为，现在人工智能技术的发展进入了新的瓶颈期，"所有令人印象深刻的深度学习成果加起来不过是曲线拟合罢了"（All the impressive achievements of deep learning amount to just curve fitting），而且"深度学习技术是一种非常通用和强大的曲线拟合技术，它可以识别以前隐藏的模式，推断出趋势，并预测出各种问题的结果，但它仅仅停留在相关性这个层次上，也就是曲线拟合，而曲线拟合方法在表示给定数据集方面的一个风险是过度拟合，即算法不能识别出数据中的正常波动，最终会被干扰所迷惑"。珀尔认为，除非算法及其控制的机器能够推理因果关系，或者至少概念化差异，否则算法的效用和通用性永远不会接近于人类。麻省理工学院（MIT）的研究人员发表的一篇论文也指出，要创建类人的学习和思考的机器，需要它们能够构建出世界的因果模型，能够理解和解释它们的环境，而不仅仅是使用模式识别来解决问题。因此，现有的人工智能技术需要超越现在的相关性关系层次，深入探究因果关系，最终制造出像人一样思考的机器。

因果关系一直是人类认识世界的基本方式,也是现代科学的两大基石之一。自古以来,关于因果关系的研究一直吸引着人们。通过系统性观察和试验发现自然规律、探索现象之间的因果关系,一直是各种科学研究的最终目标。爱因斯坦就认为西方科学是建立在以因果律为基础的形式逻辑之上的。

相关性关系与因果关系之间的关系由莱辛巴赫(Reichenbach)形式化为著名的共同原因原理,即如果两个随机变量 X 和 Y 在统计学上具有相关性,那么其相互关系必为以下关系之一:
- X 导致 Y;
- Y 导致 X;
- 存在一个随机变量 Z,它是引起 X 和 Y 的共同原因。

因此,与相关性关系相比,因果关系具有更多的信息量,体现了变量之间更本质的关系。因果推断的中心任务就是研究变量之间的因果关系:
- 分析如果某些变量被干预会发生什么;
- 分析影响干预及其结果的混杂因素;
- 分析以前从未观察到的情况的结果。

因果关系与相关性关系不同,相关性关系指的是,如果我们观测到了一个变量 X 的分布,就能推断出另一个变量 Y 的分布,那么说明 X 和 Y 是有相关性的。而因果性则强调,如果我们干预了某个变量 X,且这种干预引起了变量 Y 的变化,那么我们才能说明 X 是 Y 的因(cause),而 Y 是 X 的果(effect)——这是因果关系的基本出发点。基于因果关系的分析方法,我们可以避免得出"制止公鸡打鸣就可以阻挡日出"这样荒谬的结论。因此,基于因果关系的预测方法比基于相关性关系的预测方法更具有普适性。我们在人工智能研究中需要寻找这样的因果关系,而不仅仅是简单的相关性关系。

除人工智能研究领域之外,因果推断在经济学、社会学、医学和法学等领域也有广泛的应用。比如,在广告界有一句广为流传的话:"我知道我的广告费有一半被浪费了,但遗憾的是,我不知道是哪一半被浪费了。"这实际上是一个衡量广告效果的问题。因为无法很精确地衡量广告的效果,所以没办法进行进一步的广告投放优化,只能白白浪费广告费。从因果推断的角度来看,如果我们把投放广告看作一种"干预"(intervention),这个问题其实就是广告投放的因果效应分析问题,需要我们通过因果推断的方法进行分析。

从数据中分析、挖掘相关性关系的研究发展迅速,相关学习资料也很多,但因果推断方面的学习资料还相对较少。国外有少量关于因果推断的书籍。Judea Pearl 教授在因果推断方面有三本著作:*The Book of Why: The New Science of Cause and Effect*、*Causal Inference in Statistics: A Primer* 和 *Causality: Models, Reasoning, and Inference*。Baylor 大学 Scott Cunningham 教授 2021 年在耶鲁大学出版社出版的 *Causal Inference: The Mixtape*。哈佛大学流行病学家 James Robins 和他的同事也在写一本关于因果推断的书,目前提供了网络版。这些书籍从不同角度对因果推断进行了介绍,并且对因果推断各个方面的问题都有比较精辟的论述,但对于因果推断的初学者而言,这些材料相对较难。因此,笔者希望能为对因果推断感兴趣的读者,包括人工智能、医学、法学、经济学和社会学等领域需要应用因果推断进行研究或开发的科研人员和学生，提供一本关于因果推断的入门书籍。

笔者在写作过程中参考了因果推断相关领域的大量论文和专著。关于因果推断分析的研究思路，目前主要有 Donald Rubin 提出的潜在结果分析框架和 Judea Pearl 提出的图模型分析框架。Judea Pearl 对这两套分析框架的等价性进行了分析。对于因果推断的初学者，笔者认为图模型分析框架更加直观、易懂，因此，本书在因果推断的内容和编排上主要参考了 Judea Pearl 教授在因果推断方面的著作 *Causal Inference in Statistics：A Primer* 和 *Causality：Models，Reasoning，and Inference*，以及 Judea Pearl 教授团队在各种学术期刊和国际会议上发表的论文，在此对 Judea Pearl 教授及其团队致以由衷的敬意。

为方便高等院校人工智能、数据挖掘、统计等相关专业将本书作为高年级本科生或研究生的教材使用，本书着重因果推断基本概念、基本方法的介绍，并且在介绍基本概念、基本方法的同时，尽量给出必要的推导、证明和说明。同时，为了便于理解，也针对主要的基本概念、基本方法提供了相关的案例及分析，以便读者通过案例分析加深对基本概念、基本方法的理解、掌握，并将相关方法应用到工作实际中。由于近年来因果推断研究进展较快，因此很多重要、前沿的内容本书还未能覆盖，读者可参考最新文献做进一步研究、探索。

本书第 1 章对因果推断研究的背景进行了介绍；第 2 章和第 3 章对因果推断分析所需要的基础数学知识——概率论和图模型相关知识进行了介绍；第 4 章对因果推断中的干预分析进行了介绍；第 5 章介绍了因果推断中的反事实分析及其应用；第 6 章介绍干预分析和反事实分析在因果关系概率计算上的应用；第 7 章是对干预分析、反事实分析进阶内容的介绍；第 8 章对基于观察性样本数据集学习变量之间的图模型结构进行了介绍；最后，第 9 章以推荐系统和强化学习为例，介绍了因果推断在人工智能方面的一些初步应用。

本书在写作过程中得到了 Judea Pearl 教授的帮助，在此表示衷心的感谢。

笔者还要感谢四川省科技计划资助项目（立项编号：2021YFG0169）的支持。虽然本书主要介绍了前人在因果推断方面的研究成果，但该项目与因果推断相关，可以将本书看作该项目的前期调研和积累，笔者个人更多的研究成果留待今后再与大家分享。同时，也要感谢机械工业出版社姚蕾老师和郎亚妹老师在本书写作和出版过程中给予的诸多指导和帮助。

随着人工智能技术的快速发展，近年来因果推断的分析、研究也取得了长足的进步，由于本人水平有限，书中难免存在错误和不妥之处，敬请各位读者给予批评和指正。

最后，我要特别感谢我的家人，是他们的爱和关怀让我克服困难完成了本书的写作。

罗　锐
2022 年 1 月于成都

目 录

前 言

第1章 绪论 ················ 1
1.1 辛普森悖论 ············· 1
1.2 相关性与因果关系 ········ 5
1.3 变量之间的关系 ·········· 9
1.4 本书主要内容及安排 ······ 11

第2章 数学基础 ············ 13
2.1 随机变量和随机事件 ······ 13
2.1.1 随机变量 ············ 13
2.1.2 随机事件 ············ 14
2.2 概率及其计算 ············ 16
2.2.1 概率与条件概率 ······ 16
2.2.2 概率分布 ············ 19
2.2.3 概率的计算公式 ······ 19
2.3 独立性 ··················· 22
2.4 贝叶斯公式及其应用 ······ 25
2.5 随机变量的数字特征 ······ 30
2.6 回归 ····················· 33
2.6.1 一元线性回归 ········ 33
2.6.2 多元线性回归 ········ 35
2.7 因果关系的表示：图模型与结构因果模型 ·········· 37
2.7.1 因果关系的概念 ······ 37
2.7.2 图模型 ·············· 38
2.7.3 结构因果模型 ········ 40
2.7.4 图模型和结构因果模型的比较 ················ 41
2.8 因子分解 ················· 42
2.8.1 图模型的马尔可夫性 ··· 43
2.8.2 因子分解表达式 ······ 44
2.9 图模型结构的程序实现 ···· 46
2.9.1 R软件的安装 ········ 46
2.9.2 DAGitty包的安装与加载 ················ 48
2.9.3 图模型的生成 ········ 50

第3章 图模型分析 ·········· 55
3.1 基本图模型结构的分析 ···· 55
3.1.1 链式结构 ············ 56
3.1.2 分叉结构 ············ 57
3.1.3 对撞结构 ············ 59
3.2 d-划分 ··················· 66
3.2.1 d-划分的概念 ········ 66
3.2.2 d-划分的判断 ········ 70
3.2.3 d-划分变量集合搜索 ··· 73
3.3 图模型与概率分布 ········ 78
3.4 图模型分析的程序实现 ···· 80

第4章 干预分析 ············ 89
4.1 因果效应的调整表达式计算 ··· 89
4.1.1 混杂偏差 ············ 89
4.1.2 干预的数学表达 ······ 90

4.1.3 通过调整表达式计算
因果效应 ………………… 92
4.1.4 调整变量的设计 …………… 96
4.2 后门准则与前门准则 ……………… 101
4.2.1 后门准则 …………………… 101
4.2.2 前门准则 …………………… 107
4.3 多变量干预和特定变量
取值干预 …………………………… 112
4.3.1 多变量干预 ………………… 112
4.3.2 特定变量取值时的干预
分析 ………………………… 115
4.3.3 条件干预 …………………… 118
4.4 直接因果效应与间接因果效应 …… 119
4.5 因果效应的估计 …………………… 125
4.5.1 反概率权重法 ……………… 125
4.5.2 倾向值评分匹配法 ………… 129
4.6 线性系统中的因果推断 …………… 133
4.6.1 线性系统因果推断分析的
特点 ………………………… 133
4.6.2 路径系数及其在因果推断
分析中的应用 ……………… 137
4.6.3 线性系统中路径系数的
计算 ………………………… 141
4.7 工具变量 …………………………… 150
4.8 干预分析的程序实现 ……………… 154
4.8.1 获取调整变量集合 ………… 154
4.8.2 通过倾向值评分匹配
计算 ACE ………………… 158

第 5 章 反事实分析及其应用 …………… 164
5.1 反事实概念的引入及表达
符号 ………………………………… 164
5.2 反事实分析的基本方法 …………… 168
5.2.1 反事实假设与结构因果
模型修改 …………………… 168
5.2.2 反事实分析的基本法则 …… 171
5.3 反事实分析计算 …………………… 173
5.3.1 外生变量取值与个体 ……… 173
5.3.2 确定性反事实分析 ………… 175
5.3.3 概率性反事实分析 ………… 177

5.3.4 反事实分析中概率计算的
一般化方法 ………………… 182
5.4 反事实符号表达式与 do 算子符号
表达式的对比 ……………………… 185
5.5 基于图模型的反事实分析 ………… 191
5.6 SCM 参数未知及线性环境下的
反事实分析 ………………………… 195
5.6.1 SCM 参数未知条件下的反
事实分析 …………………… 195
5.6.2 线性模型在给定事实条件下
的反事实分析 ……………… 198
5.7 中介分析 …………………………… 201
5.7.1 自然直接效应和自然间接
效应的定义 ………………… 202
5.7.2 自然直接效应和自然间接
效应的计算 ………………… 204
5.8 反事实的应用 ……………………… 205

第 6 章 因果关系概率分析 ……………… 211
6.1 因果关系概率的定义 ……………… 211
6.2 因果关系概率的性质 ……………… 214
6.3 必要性概率与充分性概率的
量化计算 …………………………… 216
6.3.1 外生性与单调性 …………… 216
6.3.2 在外生性条件下 PN、PS 和
PNS 的计算 ………………… 219
6.3.3 在外生性和单调性条件下
PN、PS 和 PNS 的计算 …… 221
6.3.4 在不具有外生性但具有单调性
条件下 PN、PS 和 PNS 的
计算 ………………………… 222
6.3.5 在外生性和单调性都不成立
条件下 PN、PS 和 PNS 的
计算 ………………………… 226
6.4 因果关系概率的应用 ……………… 228

第 7 章 复杂条件下因果效应的
计算 ……………………………… 238
7.1 非理想依从条件下因果效应的
计算 ………………………………… 238

7.1.1　研究模型假设 …………… 238
　　　7.1.2　一般条件下平均因果
　　　　　　效应的计算 …………… 239
　　　7.1.3　附加假设条件下平均因果
　　　　　　效应的计算 …………… 243
　7.2　已干预条件下因果效应的计算 …… 246
　　　7.2.1　ETT 的计算 …………… 247
　　　7.2.2　增量干预的计算 ……… 249
　　　7.2.3　非理想依从条件下 ETT 的
　　　　　　计算 …………………… 251
　7.3　复杂图模型条件下因果效应的
　　　计算 …………………………… 253
　　　7.3.1　do 算子推理法则 ……… 253
　　　7.3.2　do 算子推理法则应用
　　　　　　示例 …………………… 254
　　　7.3.3　因果效应的可识别性 … 257
　　　7.3.4　试验中干预变量的替代
　　　　　　设计 …………………… 262
　7.4　非理想数据采集条件下因果
　　　效应的计算 …………………… 265

第 8 章　图模型结构的学习 ………… 270
　8.1　图模型结构学习算法概述 ……… 270
　　　8.1.1　图模型结构学习的过程 … 270
　　　8.1.2　图模型结构学习的假设 …… 271

　8.2　图模型结构学习算法的分类及基于
　　　评分的学习算法简介 ………… 272
　8.3　基于约束的算法 ……………… 273
　　　8.3.1　独立性测试 …………… 273
　　　8.3.2　IC 算法简介 …………… 277
　　　8.3.3　IC 算法的具体实现过程 … 278
　　　8.3.4　其他基于约束的算法 … 282
　8.4　图模型结构学习的程序实现 …… 283
　　　8.4.1　pcalg 包的安装 ………… 283
　　　8.4.2　图模型结构的学习 …… 284
　　　8.4.3　因果效应计算 ………… 293

第 9 章　因果推断的应用 …………… 299
　9.1　因果推断在推荐系统中的应用 …… 299
　9.2　因果推断在强化学习中的应用 …… 306
　　　9.2.1　多臂赌博机问题场景 … 307
　　　9.2.2　基于因果推断的多臂赌博机
　　　　　　问题分析 ……………… 309
　　　9.2.3　基于因果推断的多臂赌博机
　　　　　　问题算法改进 ………… 311
　　　9.2.4　基于因果推断的多臂赌博机
　　　　　　问题算法改进效果 …… 313

参考文献 ……………………………… 315

CHAPTER 1

第 1 章

绪 论

近年来,大数据(big data)一词越来越多地被提及,人们经常用它来描述信息爆炸时代所产生的海量数据,也用它来定义与之相关的一系列数据建模、分析技术的发展与创新。《纽约时报》2012年2月的一篇专栏文章认为,大数据时代已经来临,在商业、经济及其他诸多领域中,决策将日益基于数据和分析而做出,而并非基于经验和直觉。越来越多的政府、企业等机构也意识到大数据分析能力正在成为组织的核心竞争力。事实上,大数据分析的应用在我们的生活中随处可见,例如,当你把微博等社交平台当作日记或者发表议论的工具时,金融界的高手们却正在挖掘这些互联网应用的"数据财富",先人一步用其预判市场走势,取得了不错的收益。大数据分析在各行各业得到了广泛的应用,包括:

- 基金公司基于大数据分析投资者的情绪,拟定股票交易策略;
- 电商公司根据客户网页浏览行为大数据的分析结果进行商品推荐;
- 投资机构爬取购物网站的顾客评论文本,进而分析、推断企业的产品销售和财务状况;
- 风险投资基金采集求职网站的岗位数据,从而推断各个细分领域的行业发展趋势;
- 投资银行搜集上市公司的网络信息和公开披露信息,从中寻找企业经营的蛛丝马迹,实现风险控制;
- 疾病预防和控制中心基于网民搜索数据,分析全球范围内流感等病疫的传播状况。

在辉煌的大数据热潮中,有大数据分析从业者骄傲地声称:"我们不再热衷于找因果关系,寻找因果关系是人类长久以来的习惯,但在大数据时代,我们无须再紧盯事物之间的因果关系,而应该寻找事物之间的相关关系。"这样的看法真的对吗?我们来看几个辛普森悖论的有趣例子。

1.1 辛普森悖论

辛普森悖论以第一位发表该悖论的统计学家 E. H. 辛普森(生于1922年)的名字命名。这个悖论是指存在着这样的一种数据(分布),其在总体上存在一种统计相关关系,但在各个子总体上却存在与之相反的统计相关关系。

例 1.1 大学录取性别歧视问题

根据美国一所大学的两个学院（商学院和法学院）的新学期招生数据，人们怀疑在招生中有性别歧视。两个学院汇总的招生统计数据如表 1.1 所示。

表 1.1 两个学院汇总的招生统计数据

性别	录取	拒收	总数	录取率
男	209	95	304	68.8%
女	143	110	253	56.5%

从表 1.1 可见，女生的录取率为 56.5%，明显低于男生的录取率 68.8%，似乎确实存在性别歧视，但真的存在性别歧视吗？让我们再来看两个学院各自的招生统计数据。

从表 1.2 和表 1.3 可见，在两个学院各自的细化招生统计数据中，女生的录取率都高于男生的录取率。这与两个学院汇总统计数据中的结论正好相反。对于这样的结论，大家感觉难以置信，甚至很荒谬，因此，人们称之为悖论。通过深入分析可以看到，出现这样的情况主要有两个原因：

- 两个学院的录取率之间存在很大差距，法学院的录取率比商学院的录取率低得多。同时，不同性别的申请者数量在不同学院的分布相反，女性申请者大多分布在录取率低的法学院，而男性申请者大多分布在录取率高的商学院。在拒收率高的法学院，虽然女生的拒收率低于男生的拒收率，但由于申请的女生远远多于男生，因此拒收的女生数量（101 人）仍然远远多于拒收的男生数量（45 人），差距为 56 人。而在录取率高的商学院，虽然男生申请数量更多，但由于总体录取率高，导致男生被拒数量（50 人）和女生被拒数量（9 人）之间的差距（41）与法学院的被拒数量差距相比，并不是很大。因此最后的汇总结果中，申请数量中男生多于女生，而拒收数量中男生少于女生，男生总的录取率反而高于女生总的录取率。
- 可能存在其他潜在因素的影响。性别并非影响录取率的唯一因素，甚至可能对录取率毫无影响。或许是其他因素的作用，如入学成绩、教育背景等造成了录取率的差异，让人误以为是性别差异造成的。

表 1.2 法学院招生统计数据

性别	录取	拒收	总数	录取率
男	8	45	53	15.1%
女	51	101	152	33.6%

表 1.3 商学院招生统计数据

性别	录取	拒收	总数	录取率
男	201	50	251	80.1%
女	92	9	101	91.1%

这个例子告诉我们，简单地将分组数据加起来进行相关分析，有时候并不能反映真实情况，甚至可能会得出错误的结论，需要对数据进行深入的分析，以去伪存真。将数据按照一些重要变量进行分组，再进行相关分析，有时更能反映世界的真实情况。我们再来看一个类似的例子。

例 1.2 新药效果的评估

下面观察患者服用一种新药的效果，相关统计数据如表 1.4 所示。

表 1.4 按性别分组的新药效果统计数据

性别情况	服用药物	未服用药物
男性患者	87 名中 81 名康复（93%）	270 名中 234 名康复（87%）
女性患者	263 名中 192 名康复（73%）	80 名中 55 名康复（69%）
所有患者	350 名中 273 名康复（78%）	350 名中 289 名康复（83%）

在表 1.4 中，第一行是男性患者的数据，第二行是女性患者的数据，第三行是不区分性别的所有患者的数据。根据第一行数据，在男性患者中，服用药物的患者比未服用药物的患者有更高的康复率（93%＞87%）。根据第二行数据，在女性患者中，同样服用药物的患者比未服用药物的患者有更高的康复率（73%＞69%）。但是，根据第三行数据，若以所有患者为统计对象，服用药物的患者却比未服用药物的患者的康复率更低（78%＜83%）。也就是说，新药分别对男性患者和女性患者康复都有帮助，但对包含男性和女性的所有患者，结论正好相反。这是为什么？

首先我们知道，无论是服用药物的患者还是未服用药物的患者，总的康复率都等于男性康复率和女性康复率的加权平均。先看服用药物的患者，由于女性患者的比例远高于男性患者的比例，因此加权平均的康复率更接近于女性患者的康复率 73%，为 78%；对于未服用药物的患者，由于男性患者的比例远高于女性患者的比例，因此加权平均的康复率更接近于男性患者的康复率 87%，为 83%。只要服用药物的女性患者的康复率低于未服用药物的男性患者的康复率，就存在这样的可能性，虽然在分组统计数据中，无论男性还是女性，服用药物患者的康复率都高于未服用药物患者的康复率，但加权平均后，服用药物患者总的康复率低于未服用药物患者总的康复率。这是因为，只要我们让服用药物的患者中女性患者的比例足够大，就可以让服用药物患者的康复率无限接近于服用药物的女性患者的康复率；而只要我们让未服用药物的患者中男性患者的比例足够大，就可以让未服用药物患者的康复率无限接近于未服用药物的男性患者的康复率。由于此时服用药物的女性患者的康复率低于未服用药物的男性患者的康复率，因此，最终出现了服用药物患者总的康复率低于未服用药物患者总的康复率的现象。表1.4中的统计数据正好是这样的情况。出现了"新药分别对男性患者和女性患者康复都有帮助,但对包含男性和女性的所有患者,结论正好相反"的现象。

因此,在本例中要正确评估服用药物对康复率的影响,我们需要通过分组,在同一性别的条件下对目标对象进行比较,以避免由于总体样本中不同性别患者的比例不同,对分析结果的"扭曲"。在本例中,这个问题的正确答案无法直接从总体(未分组)数据的相关分析中得到。我们对样本数据进行分组,相应的分组数据较之未分组的数据,带有更多的细节信息,具有更大的信息量,因此需要采用分组数据进行研究。

但是,对样本数据进行分组就一定能避免样本分布比例对分析结果的"扭曲"吗?还是前面服用药物和康复的例子,还是同样的患者数据对象。我们对患者数据的统计不是按照性别分组,而是按照试验结束时患者的血压进行分组。重新整理后,我们将得到如表1.5所示的数据,表1.5描述的患者对象数据与表1.4中的原始样本数据完全相同,不同之处在于两个表分组的变量不同。

表1.5 按血压分组的新药效果统计数据

血压情况	服用药物	未服用药物
低血压	200名中150名康复(75%)	210名中165名康复(79%)
高血压	150名中123名康复(82%)	140名中124名康复(89%)
所有患者	350名中273名康复(78%)	350名中289名康复(83%)

根据这个数据,无论是分组数据还是总体数据,服用药物患者的康复率都要低于未服用药物患者的康复率。这个数据能够说明服用药物确实无助于患者的康复吗?这个结论显然是错误的,那么错误的原因在哪里呢?

事实上,分组数据也未必总能提供正确的信息,能否提供更为准确的信息来避免样本分布比例对分析结果的"扭曲",还有赖于正确的分组方法,而正确的分组方法则取决于我们所看到的数据结果的生成机制,也就是数据中变量之间引起与被引起的关系。假设有如下两个方面的数据生成机制:

- 患者性别影响康复:患者的雌激素水平影响患者的康复,雌激素水平越高,患者的康复率越低,因此,无论是否服用药物,女性的康复率都要低于男性的康复率,这从表1.4的数据中可以看到。
- 服用药物影响康复:服用药物对患者康复的影响,是通过患者血压起作用的,服用药物导致患者血压降低,而患者血压降低导致患者康复率提高。

在了解了上述数据的生成机制后,我们对这个新药效果评价的分析思路将豁然开朗。由于患者性别对患者的康复有影响,因此,如表1.4所示,以性别作为分组变量将能够避免样本分布比例对分析结果的"扭曲",从而得出正确的分析结论;而如表1.5所示,若以患者的血压作为分组变量,由于服用药物促进患者康复是通过降低患者的血压来实现的,试验结束后的患者血压情况和康复情况应该是一致的,按照试验结束后的血压来分组并不能提供更多的信息，因此无法避免样本分布比例对分析结果的"扭曲"。

从服用新药效果评估这个例子中我们看到，在数据分析中，具体应该以什么变量为依据来进行分组，才能提供更多的信息、避免分析结果偏差、得出正确的结论呢？这需要根据样本数据的生成机制，更准确地说是样本数据中变量之间引起与被引起的关系，来选取相应的变量作为分组变量，具体的变量选用准则将在第 4 章的调整表达式部分做进一步介绍。

从辛普森悖论现象可以看到，简单应用统计相关分析很可能会导致我们在数据分析中得出错误的结论。类似地，在机器学习应用中，不深入分析、应用数据中各个变量之间的相互作用机制，仅仅简单利用变量之间的统计相关分析结果，同样可能产生错误。下面是一个推荐系统的例子。

例 1.3　推荐算法效果评估

某网站原有推荐算法 A，为进一步提高网站的点击通过率（Click Through Rate，CTR），拟新上线推荐算法 B。为评估新算法 B 的效果，以便决定是否正式用算法 B 代替算法 A，公司从日志文件中提取数据对算法 A 和算法 B 的推荐效果进行了统计，相关数据如表 1.6 所示。

表 1.6　新、旧推荐算法 CTR 统计数据

评估指标	算法 A（旧算法）	算法 B（新算法）
CTR	50/1000（5%）	54/1000（5.4%）

这个数据就能够说明推荐算法 B（新算法）的效果确实优于推荐算法 A（旧算法）的效果吗？

细心的算法研究人员注意到用户活跃度对其网站点击行为存在影响，网站访客中活跃用户和非活跃用户在行为特点上存在很大的不同，因此，对日志数据按照用户的活跃情况进行分组，相关数据如表 1.7 所示。

由表 1.7 可见，无论是活跃用户还是非活跃用户，旧推荐算法 A 的 CTR 都要高于新推荐算法 B 的 CTR，虽然在包含所有用户的统计数据上新推荐算法 B 的 CTR 要高于旧推荐算法 A 的 CTR，但我们并不能简单地根据表 1.6 就得出新的推荐算法 B 具有更好推荐效果的结论。

表 1.7　按照用户活跃情况分组的新、旧推荐算法 CTR 统计数据

用户活跃情况	算法 A（旧算法）	算法 B（新算法）
非活跃用户 CTR	10/400（2.5%）	4/200（2%）
活跃用户 CTR	40/600（6.6%）	50/800（6.2%）
所有用户 CTR	50/1000（5%）	54/1000（5.4%）

1.2　相关性与因果关系

为什么人们会感觉出现了辛普森悖论现象呢？这其实是人们在思维中常常错误地将相关性等同于因果关系来使用所导致的。

以例1.2新药效果的评估问题为例,确实存在"对男性或女性患者,服用新药比未服用新药具有更高的康复率",而"对不区分性别的所有患者,服用新药比未服用新药具有更低的康复率"这样的悖论吗?

我们引入变量对表1.4提供的统计数据信息进行数学化表达。$P($康复$=1)$表示患者康复的概率,"性别$=$男性"表示患者性别为男性,"性别$=$女性"表示患者性别为女性,"服用新药$=1$"表示患者服用新药,"服用新药$=0$"表示患者未服用新药。根据表1.4的统计数据,相应地有下述数学表达式。

根据第一行男性患者的数据,可有

$$P(康复=1|性别=男性,服用新药=1)=93\%=\frac{a}{b}$$

$$P(康复=1|性别=男性,服用新药=0)=87\%=\frac{c}{d}$$

$$P(康复=1|性别=男性,服用新药=1)$$
$$=\frac{a}{b}>P(康复=1|性别=男性,服用新药=0)=\frac{c}{d} \tag{1.1}$$

根据第二行女性患者的数据,可有

$$P(康复=1|性别=女性,服用新药=1)=73\%=\frac{a'}{b'}$$

$$P(康复=1|性别=女性,服用新药=0)=69\%=\frac{c'}{d'}$$

$$P(康复=1|性别=女性,服用新药=1)$$
$$=\frac{a'}{b'}>P(康复=1|性别=女性,服用新药=0)=\frac{c'}{d'} \tag{1.2}$$

根据第三行不区分性别的所有患者的数据,可有

$$P(康复=1|服用新药=1)=78\%=\frac{a+a'}{b+b'}$$

$$P(康复=1|服用新药=0)=83\%=\frac{c+c'}{d+d'}$$

$$P(康复=1|服用新药=1)$$
$$=\frac{a+a'}{b+b'}<P(康复=1|服用新药=0)=\frac{c+c'}{d+d'} \tag{1.3}$$

在这个例子中,准确地说,式(1.3)提供的信息只是相关性,说明对于不区分性别的所有患者,我们观察到"服用新药"患者("服用新药$=1$")的康复概率要低于"未服用新药"患者("服用新药$=0$")的康复概率。但这并不意味着,如果我们主动采取措施,"让患者服用新药"后,其康复概率就会低于"不让患者服用新药"的康复概率,因为式(1.3)并没有提供因果关系信息——"服用新药"就会导致康复概率降低。

同样，式 (1.1) 也仅仅说明，对于男性患者，我们观察到"服用新药"患者（"服用新药＝1"）的康复概率要高于"未服用新药"患者（"服用新药＝0"）的康复概率。式 (1.1) 提供的信息只是"服用新药＝1"和"康复＝1"之间的相关性，并不能说明对于男性患者，如果我们主动地采取措施，"让患者服用新药"后，其康复概率就会高于"不让患者服用新药"的康复概率。式 (1.1) 也没有提供这样的因果关系信息。

显然，如果式 (1.1) 和式 (1.3) 提供的是因果关系信息，那么确实出现了悖论，但式 (1.1) 和式 (1.3) 提供的仅仅是观察性的相关性信息，而这样的相关性信息是完全可能出现的。我们从纯数学的角度来分析，上面这个悖论可以写成如下的数学形式。

有

$$\frac{a}{b} > \frac{c}{d} \quad \text{和} \quad \frac{a'}{b'} > \frac{c'}{d'} \tag{1.4}$$

却有

$$\frac{a+a'}{b+b'} < \frac{c+c'}{d+d'} \tag{1.5}$$

其实这很正常，由于占比不同的影响，这样的结果完全可能出现。因此，表 1.4 的数据事实上并不构成悖论。而之所以我们感觉出现了悖论，是因为我们在思维中常常错误地将统计信息中的相关性关系视为（可能自己还没有察觉到）因果关系。在这样的案例中，分组数据与总体数据截然相反的相关性结论说明：变量之间的相关关系可以完全被第三个变量所"扭曲"，避免"扭曲"的关键在于选择正确的分组变量对数据进行分组统计、分析。我们来看几个更加直观的相关性不等于因果关系的例子。

与冬天相比，夏天游泳的人增多且溺亡人数上升，同时吃冰激凌的人数也增多，因此，我们可以观察到统计数据——在"吃冰激凌的人数多"时"溺亡人数多"。我们可以得出结论——"吃冰激凌的人数多"和"溺亡人数多"这两者之间有相关性，而如果我们得出"吃冰激凌的人数多"将会导致"溺亡人数多"这样的因果关系，这个结论显然是荒唐的。类似地，我们可以观察火灾事故中的伤亡人数和火灾救援中出动的消防车数量之间的统计关系，在所有的火灾统计数据中，可以发现，出动"消防车数量多"的火灾"伤亡人数多"，我们可以得出结论——火灾中"消防车数量多"和"伤亡人数多"之间有相关性，但我们不会得出"消防车数量多"导致了火灾中"伤亡人数多"的结论。

这些例子比较直观，我们通常不会将相关性与因果关系混淆，但类似例 1.2 中服用新药和康复率之间的关系，由于涉及较为专业的知识，相互关系较为复杂，因此人们常常无意识地将相关性与因果关系混淆，从而导致感觉到悖论的出现。

既然相关性不等同于因果关系，那么到底什么是因果关系呢？人类对于因果关系的研究可以追溯到古希腊时期的亚里士多德，他讨论了事物运动的原因，提出了"四因说"。但古希腊人所谓的"原因"观念不同于近代以来的"因果性"观念，他们所谓的"原因"与"为什么"相对应，并不与"结果"相对应。

一般认为，近代以来人们在哲学上关于因果关系的思考主要始于休谟。休谟认为，知识是通过感官获得的印象而来的，印象产生观念，观念之间通过联系而成为复合观念。产生观念之间联系的性质共有三种：类似、时空接近和因果关系。也就是说，观念之间经常因为类似、时空接近和因果关系而联系起来，在这里，因果关系就是联系观念的桥梁。并且，"能够引导我们超出记忆和感官的直接印象以外的对象间的唯一联系或关系，就是因果关系，因为这是可以作为我们从一个对象推到另一个对象的正确推断的基础的唯一关系"，只有因果关系"才产生了那样一种联系，使我们由于一个对象的存在或活动而相信，在这以后或以前有任何其他的存在或活动"。也就是说，一个对象的存在或活动若是原因，在这之后就会有其他的存在或活动，若是结果，在这之前就有其他的存在或活动。因为一个对象的存在或活动而推导出其他的存在或活动的过程即可被视为推理（也称为"推断"）。在休谟的知识体系中，他提出"一切推理是比较和发现两个或较多的对象之间的那些恒常或不恒常的关系"，而这种比较是感官所不能完成的。因果关系在知识表现上，就是一个对象的存在或活动与另一个对象的存在或活动之间的联系，而在思维过程中表现的就是推理。在因果关系的概念上，休谟通过对原因和结果两个对象的反复观察，发现了因果关系的两个特征：接近关系和接续关系。接近关系就是原因和结果在其发生的时间和地点两方面都互相接近。当原因和结果看起来互相远隔的时候，它们实际上也是被一连串互相接近的因果链条联系起来的。接续关系就是在时间上，原因总是发生在结果之前。同时，休谟发现，"接近和接续并不足以使我们断言任何两个对象是因和果，除非我们觉察到，在若干例子中这两种关系都是保持着的""需要补充的这个关系就是它们的恒常结合"。对于因果关系的应用，休谟认为，"因果关系虽然是涵摄着接近、接续和恒常结合的一种哲学的关系，可是只有当它是一个自然的关系而在我们观念之间产生了一种结合的时候，我们才能对它进行推理，或是根据它推得任何结论"。在休谟关于因果关系的概念中，原因和结果两个存在或活动长期经常、相互接近、先后发生，但他并没有强调原因的发生会引起结果的发生，显然对相关性和因果关系的区分强调不够。

在对近代以来西方哲学批判继承的基础上，马克思主义哲学提出了现代意义的因果关系。马克思主义哲学认为，"原因与结果是世界普遍联系和永恒发展链条中的重要一环。人类的活动是有目的的活动，对事物因果联系的认识是人类实践活动的前提之一。可以说人类的科学认识就开始于对事物的因果关系的探索"。在马克思主义哲学的理论体系中，因果关系是这样定义的："一种现象对于被它引起的现象来说是原因，对于引起它的现象来说就是结果。事物之间这种引起和被引起的关系就是因果关系。"在探索因果关系的过程中，"不能仅仅依据前件与后件的几次重复出现便断定前件是后件的原因，因为先出现的不一定是原因，后出现的不一定是结果，虽然原因与结果一般来说有先后的顺序。人们在开始探索一种现象的原因时，往往要从在此之前的现象着手。先后多次甚至无数次出现，一般也能肯定其间的因果关系，但要最后肯定其间的因果关系，必须搞清楚原因引起结果的机制"。在马克思主义哲学的因果关系定义中，重点强调了原因和结果之间引起与被引起的关系，并且明确指出，"最后肯定其间的因果关系，必须搞清楚原因引起结果的机制"，深刻揭示了因果关系应有的内涵。在前面关于火灾伤亡人数和消防车数量之间统计关系的例子中，我们可以观察到，出动"消防车数量多"的火灾，"伤亡人数多"，但火灾中"消防车数量多"并不会引起"伤亡人数多"，因此，根据马克思主义哲学关于因果关系的概念，两者之间只有相关性而没有因果关系。与此相反，"太阳照射"和"石头温度升高"之间，"太阳照射"会引起"石头温度升高"，"石头温度升高"会被"太阳照射"引起，因此，根据马克思主义哲学关于因果关系的概念，两者之间具有因果关系。在马克思主义哲学的因果关系概念中，通过对原因和结果之间引起与被引起关系的强调，对相关性和因果关系进行了明确、有效的区分。因此，本书将基于马克思主义哲学的因果关系概念进行因果推断相关内容的介绍。

1.3 变量之间的关系

从人们对自然规律的认识体系来看，相关性和因果关系在人们对自然规律的认识体系中属于不同的认识层次。如图1.1所示，人们对自然界中不同变量之间关系的认识大致可以分为三个层面。

人们对自然界中不同变量之间关系的最低认识层次是相关性关系。比如前述"吃冰激凌的人数多"和"溺亡人数多"具有相关性，火灾事故中"消防车数量多"和"伤亡人数多"具有相关性。这些变量之间的相关性反映了变量变化的同步性，比如，在观察到"吃冰激凌的人数多"的同时观察到"溺亡人数多"；在火灾事故中，经常在观察到"消防车数量多"的同时观察到火灾"伤亡人数多"。变量之间的相关性结论可以仅仅通过观察性数据得出。基于变量之间的相关性关

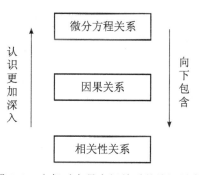

图 1.1　人们对变量之间关系的认识层次

系，我们可以根据一个变量的情况对另一个变量的情况做出大致的估计，比如，根据火灾事故中"消防车数量多"，大致估计在该事故中"伤亡人数多"，而如果"消防车数量少"则估计"伤亡人数少"；根据"公鸡叫"大致判断"快要天明了"。但是，根据变量之间的相关性做估计很可能存在风险，比如，假设我们故意驱赶公鸡让它叫，这时候如果再根据"公鸡叫"来估计"快要天明了"，就会发生错误。

在相关性关系之上是因果关系。比如，冬天衣服穿少了着凉后就会感冒，"着凉"和"感冒"之间就具有因果关系，我们不但可以观察到"着凉"和"感冒"（大致）同步发生，而且如果我们故意让一个人衣服穿少，他就必然会"感冒"（这里考虑总体情况，忽略极少部分特例）。而相关性则不同，在火灾事故中"消防车数量多"和"伤亡人数多"具有相关性，但如果我们特意在火灾事故救援中增加"消防车数量"，并不会必然导致这次火灾事故中"伤亡人数"增加。因此，我们可以说，变量之间具有因果关系则必然具有相关性，但变量之间具有相关性并不一定具有因果关系。在仅有观察性数据的条件下，我们不一定能够得到变量之间的因果关系，那么，在什么条件下、采取什么样的方法可以基于观察性数据得到变量之间的因果关系呢？这将是本书的主要内容，也是大数据时

代"数据驱动"所关注的重要问题。基于变量之间的因果关系,我们可以根据一个变量的情况对另一个变量的情况做出估计,避免根据相关性进行估计时可能发生的错误。比如,"长期吃折耳根",长期摄入马兜铃酸,就必然会导致"肝脏损伤";冬天衣服穿少了,"着凉"就必然会"感冒"。这里,无论是自然发生的衣服穿少了"着凉",还是故意安排让人衣服穿少了"着凉",都必然会导致发生"感冒"。如果我们根据"着凉"估计将会出现"感冒",就不会出现错误。因此,变量之间的因果关系较之于相关性关系,具有更多的信息,代表着人们对客观世界更为深刻的认识,能够让我们做出更为准确的推断和预测。

人们对变量之间关系最深入的认识是以微分方程(普通方程可视为微分方程的特例)关系形式表达的变量之间的关系。比如,在惯性系中,物体运动满足牛顿第一定律

$$\sum \vec{F_i} = m \frac{\mathrm{d}\vec{v}}{\mathrm{d}t} \tag{1.6}$$

其中$\vec{F_i}$是物体所受的外力,$\vec{v}$是物体的速度,m是物体质量,t是时间。式(1.6)表达了惯性系中物体所受外力、物体质量和物体的加速度这三个变量之间的关系。对于已知质量的物体,只要给定微分方程中物体所受的外力,即可精确求得该物体的加速度。根据这个微分方程,我们可以通过控制对物体施加的外力,控制该物体的加速度。显然,物体所受的外力和其加速度之间存在因果关系,物体所受外力是"因",物体的加速度是"果"。如果对物体施加外力,则必然产生加速度。但在因果关系信息的基础上,变量之间的微分方程关系还体现了变量之间较之因果关系更为精确和深入的关系。基于式(1.6),我们可以根据对物体施加外力的数值,精确推断出产生的加速度的数值。

在人们对客观世界的认识体系中,变量之间的相关性关系分析最简单,只需要对观察性数据做统计分析即可得到,因此,基于相关性的统计分析在机器学习领域得到了广泛的应用,近年来也取得了巨大的成功。但是,由于相关性关系分析对变量之间关系规律的反映最肤浅,也带来两个方面的问题。

1)基于相关性统计分析的机器学习泛化能力不足。马克斯·普朗克智能系统中心主任 Bernhard Schölkopf 发表文章指出,"尽管近期机器学习取得了很大成功,但如果我们将机器学习能够完成的事与动物能做的事进行对比,就会发现机器学习对于动物擅长的一些技能表现并不好。这包括将解决问题的能力迁移至新问题,以及进行任意形式的泛化,这里不是指从一个数据点到另一个数据点(数据点来自同一分布)的泛化,而是从一个问题泛化至下一个问题",并且他认为,"关注对干预进行建模和推理的因果关系可以极大地帮助理解和解决这些问题,从而将机器学习领域推向新高度"。

2)由于变量之间的相关关系可以完全被第三个变量所"扭曲",因此基于相关性对变量进行预测,很可能得出类似辛普森悖论的错误结论。从数学的角度来看,辛普森悖论体现的就是:变量X和变量Y存在边缘正相关,但在给定另外的第三个变量Z后,在变量Z的每一个水平上,变量X和变量Y却存在条件负相关。辛普森悖论的案例说明,我们观察到的数据并非事物的全貌,变量之间的相关性关系并不等于变量之间的因果关

系，简单地应用统计相关性分析相关结果得出分析结论，很可能得到一个错误的结果。鉴于辛普森悖论的潜在可能，简单的相关性分析不能代替因果推断研究。因此，在分析中，我们不能止步于相关性分析，而是需要采用正确的分析方法，进一步研究整个数据生成的过程，分析其中各个变量之间相互作用的机制，以获得变量之间的因果关系模型。

变量之间的微分方程关系精确、深入地刻画了变量之间的相互作用机制及量化关系，根据微分方程，可以对变量进行准确、量化的预测。但是变量之间的微分方程关系很难从观察性数据中获得，需要人们设计、执行大量的试验，才能从中归纳、演绎出变量之间的微分方程关系，获取的难度比相关性关系和因果关系更高。

在人们对客观世界的认识体系中，变量之间的因果关系是介于相关性关系和微分方程关系之间的一个层次。因果关系对客观世界变量之间关系反映的准确性介于相关性关系和微分方程关系之间，获取因果关系的难度也介于相关性关系和微分方程关系之间。通常，我们通过试验性数据获取变量之间的因果关系，比如大家常用的随机对照试验（Randomized Controlled Trail，RCT），但在一定条件下，我们也可以基于观察性数据得出变量之间的因果关系。一旦通过因果关系理解了数据中各个变量之间相互作用的机制，我们就能在观察性数据的基础上，结合变量之间的相互作用机制，通过因果推断，正确解决类似于前述辛普森悖论的决策问题。在机器学习方面，"关注对干预进行建模和推理的因果关系可以极大地帮助理解和解决这些问题（泛化问题），从而将机器学习领域推向新高度"。因此，对变量之间因果关系的研究将是本书要介绍的主要内容。

1.4 本书主要内容及安排

本书以图模型分析为主要工具，对变量之间的因果关系分析场景进行数学形式的描述，进而表达、解释和推断因果关系。后续各章内容之间的关系如下。

因果推断主要基于概率图模型的相关数学基础知识，因此，我们在第 2 章对因果推断所涉及的相关数学基础知识进行简要介绍。在概率论方面，包括随机变量的概率及其数字特征、概率的计算公式、随机变量的独立性概念及判断、贝叶斯公式及其应用，以及一元和多元线性回归；在图模型方面，介绍表达变量之间因果关系的两种方式——结构因果模型和图模型，图模型的马尔可夫性以及具有马尔可夫性的图模型中各个节点变量联合概率分布的因子分解。

变量之间的独立性或条件独立性关系，通常是根据定义，通过概率分布的量化计算及相关等式是否成立来判断。当变量之间的因果关系可以通过图模型来表达时，如何在不掌握变量的概率分布或结构因果模型这样的量化信息的条件下，仅仅通过反映变量间因果关系的图模型结构，来分析、判断节点变量之间的独立性或条件独立性关系呢？在第 2 章用图模型表达变量之间因果关系的基础上，第 3 章介绍基于图模型分析来实现变量之间边缘独立性、条件独立性的判断。在此基础上，引入 d-划分的概念，并提出基于图模型分析的 d-划分判断方法。

第 4 章是因果推断的重点内容，我们将采用前面介绍的图模型分析技术，对干预的因果效应进行分析，特别是在不实际执行干预的情况下，如何通过观察性数据对干预下的因果效应进行计算。我们首先介绍最简单的情况，以干预变量的父节点变量集合为调整变量，通过计算调整表达式对因果效应进行计算。在此基础上，我们将调整表达式的计算方法推广到更一般的情况——通过后门调整和前门调整对因果效应进行计算，并对线性系统中的因果推断进行重点介绍。最后对利用工具变量法计算因果效应进行简单介绍。

在第 5 章，我们通过反事实概念及数学表达式的引入，对与实际发生情况不同的虚拟假设情况下的相关概率进行表达、计算。第 5 章引入反事实分析的一系列概念和方法，包括反事实的概念、反事实分析的基本法则、基于结构因果模型的反事实量化计算、基于图模型的反事实分析后门准则。在此基础上，提出自然直接效应和自然间接效应的定义及其相关计算方法。最后，通过案例介绍反事实分析在医学、法学和社会学方面的应用。

在反事实分析的基础上，第 6 章对医学、法学和人工智能等领域关注的因果关系概率——必要性概率、充分性概率和充分必要性概率进行定义，在一些特定的简化、假设条件下，对这些因果关系概率进行量化计算，并以案例形式对这些因果关系概率在法学、医学和社会学方面的应用进行简单介绍。

第 4 章对一些简单的因果效应分析场景进行了介绍，这些因果效应一般可以通过后门调整或前门调整表达式完成计算。作为进阶内容，在第 7 章，我们对三种更为复杂的分析场景中因果效应的计算进行介绍，包括：非理想依从条件下因果效应的计算、已干预条件下因果效应（ETT）的计算，以及复杂图模型条件下因果效应的计算。

第 8 章基于观察性样本数据集，对反映变量之间因果关系的图模型结构进行学习，这一章以最简单的基于约束的 IC 算法为例，对一步步推导得到节点变量之间图模型结构的算法过程进行介绍。

最后，第 9 章对因果推断的应用进行简单介绍。由于前面各章内容中以案例的形式分别介绍了因果推断在医学、法学、经济学和社会学方面的应用，这一章以两节篇幅，分别介绍因果推断在推荐系统 A/B 测试和强化学习中的应用。

在全书内容安排上，第 2~5 章是因果推断的基本内容，第 6~9 章属于进阶内容。由于因果推断在医学、法学、经济学、社会学和人工智能领域的广泛应用，相关领域的读者可以根据实际需要对本书进行选择性阅读。为了尽量完整地为读者呈现因果推断的相关概念及方法，本书也对因果推断相关方法、理论的数学推导进行了介绍。对于重点关注因果推断应用的读者，可以略过这部分数学推导，重点关注结论及其应用。

为方便读者将因果推断知识尽快应用到实际工作中，本书在系统介绍因果推断相关概念、方法的同时，尽量结合代码对因果推断的程序实现进行介绍。由于相关软件较多、发展速度较快，本书在内容安排上以概念和方法的介绍为主、相关代码实现为辅，以简单的 R 语言程序为例，对一些因果推断的基本概念及方法的程序实现进行了介绍，其他如 Python 等语言的程序实现，以及其他因果推断相关功能的程序实现，有兴趣的读者可以进一步参考相关研究资料。

CHAPTER 2

第 2 章

数学基础

在自然科学和社会科学的研究中，随着认识的不断提高，人们发现客观现象大体可以分为两类：确定性现象和非确定现象。

确定性现象的特点是在准确重复某些条件时，它的结果总是确定的，因此，我们可以根据它过去的状态，在一定条件下确定性地预测将来的发展情况。比如，在 1 个电阻上加 1 伏的电压时电流是 1 安，那么，在这个电阻上加 10 伏的电压，相应的电流就会是 10 安。对于确定性现象的描述，我们可以采用几何、代数或微分方程等数学工具。

非确定现象的特点是在相同条件下对其做重复试验，每次的结果未必相同，因此，即使我们知道它过去的状态，也无法确定性地预测将来的发展情况。比如抛硬币，观察其朝上是哪一面，在每次抛完之前，我们都无法准确地预测最终是哪一面朝上。对于非确定现象的描述，我们采用概率与统计作为研究的数学工具，它虽然不能确定性地预测试验的结果，但是可以预测不同结果发生的可能性的大小。在抛硬币的例子中，虽然我们无法确定性地预测每次的结果，但是我们知道正、反两面朝上的可能性都是 50%。关于因果推断的研究主要是针对不确定现象的研究，因此，在因果推断中，我们将主要采用概率论与图模型作为数学工具开展研究。本章将对概率论与图模型的相关知识进行介绍。

2.1 随机变量和随机事件

2.1.1 随机变量

我们将对社会现象和自然现象进行的测量以及各种科学试验统称为试验。其中，具有以下特征的试验称为随机试验：

- 可在相同条件下重复进行；
- 试验的全部可能结果在试验前就已明确；
- 在一次试验结束之前，不能确定性地预测会出现哪一个结果。

比如，抛硬币观察哪一面朝上就是一个随机试验，它满足随机试验的三个条件：抛硬币观察哪一面朝上可以在相同条件下重复地进行；在试验前我们就知道可能的结果只有两个，即正面朝上或反面朝上；在抛硬币结束之前，我们无法确定这次抛硬币的结果中到底是哪一面朝上。

在随机试验中，具有多个不确定取值的属性或者对不确定问题结果的描述，称为随机变量（后续一般简称为变量）。比如，在抛硬币观察哪一面朝上这个随机试验中，我们可以将哪一面朝上这个结果视为一个随机变量，其有两个取值：正面朝上或反面朝上。在统计学校里学生身高与体重关系的调查中，学生的身高这个属性是一个随机变量，我们表示为 X，学生的体重也是一个随机变量，我们表示为 Y。一个学生的身高是175cm，也就是身高这个随机变量的取值是 175cm，即 $X=175$cm。同样，一个学生的体重是60kg，也就是体重这个随机变量的取值是 60kg，即 $Y=60$kg。

根据取值情况，随机变量又分为离散变量和连续变量两种类型。若随机变量的取值为有限多个值或者无限多个可列值，则称该随机变量为离散变量。比如，描述灯开关状态的随机变量是离散变量，因为这个变量的取值只有两个，即"开"和"关"；描述患者用药后治愈分类情况的随机变量也是离散变量，因为这个变量的取值只有三个，即"状况变好""状况变差"和"状况不变"。若随机变量可以在一个有限或无限的连续区间上取无穷多个值，则称该随机变量为连续变量。连续区间就是对于区间中的任意两个数值，都存在第三个数值落于这两个数值之间。比如，在统计学生的身高与体重的关系时，学生的体重就是连续变量，因为体重的取值是连续区间上的一个正实数，且可以取无穷多个值。同样，学生的身高也是连续变量。需要注意的是，一个变量是连续变量还是离散变量，是针对具体的随机试验而言的。一个变量可能在一个随机试验中是连续变量，而在另一个随机试验中是离散变量。比如测量小孩身高这个随机试验，小孩的身高是一个变量。假如我们这个随机试验是统计小孩的身高情况，那么小孩身高这个变量的取值就是大于0的正实数，是连续变量；如果我们这个随机试验是查看小孩的身高，用于判断小孩乘车是该购买半票还是全票，那么小孩身高这个随机变量就只有大于等于1.2米和不到1.2米两个取值，是一个离散变量。

2.1.2 随机事件

在随机试验中，随机变量取一个值或者取一组值，或者一组随机变量取一组值，称为一个随机事件（后续一般简称为事件）。"$X=1$"是一个事件，同样，"$X=1$ 或者 $X=2$""$X=1$ 且 $Y=3$""$X=1$ 或者 $Y=3$"都是事件。举一些具体的例子，"抛硬币后头朝上""对象大于40岁""患者康复了"都是事件。第一个例子中，"抛硬币的结果"是一个变量，"头朝上"是变量的取值。在第二个例子中，"对象的年龄"是一个变量，"年龄大于40岁"是这个变量的一组可能的取值。在第三个例子中，"患者的状态"是一个变量，"康复"是其取值。在这里，关于"事件"的定义与我们日常生活中关于"事件"的提法有所不同，在日常生活中，"事件"通常是指一定变化的发生。比如，在日常生活中，我们不会说一个人年龄多大是一个事件，相反，我们一般把一个人又长了一岁称为一个事件。这里事件的概念也可以从概率的角度来理解：任何一个断言（关于事物为真或假的陈述）都是一个事件。随机试验中必然发生的事件，称为必然事件，比如，学生身高、体重统计中，学生的身高大于 0；在随机试验中必然不发生的事件称为不可能事件，比如，学生身高、体重统计中，学生的身高小于0。

掷骰子，观察骰子朝上一面的数字，这是一个随机试验，因为它满足随机试验的三个条件：掷骰子可以按相同条件重复进行；全部可能的结果是确定的，是1~6这6个数字中的一个；试验的结果到底是哪个数字，在试验完成之前无法确定。（观察到的）骰子朝上一面的数字是一个变量，我们用X来表示这个变量。如果试验得到的骰子朝上一面的数字是5，即$X=5$，这就是一个事件。在这个随机试验中，变量X所有可能的结果，即变量X的所有取值有6个，分别是$X=1$、$X=2$、$X=3$、$X=4$、$X=5$和$X=6$，这是6个事件，并且这6个事件在每次试验中必然发生一个且仅发生一个，这样的事件称为基本事件。这个试验的结果也可能是$X>4$，这也是一个事件，它等价于$X=5$或$X=6$，由多个基本事件组合而成，我们称之为复合事件。对于一个随机试验，由全部基本事件作为元素所组成的集合称为样本空间。样本空间中的一个元素称为一个样本点。样本点所对应的事件，既可以是基本事件，也可以是复合事件。

对于一个随机试验，其所有的事件都是样本空间中的子集，因此，事件之间的关系和运算可以按照集合论中集合之间的关系和运算来处理。假设随机试验的样本空间为Ω，事件A、B、$A_k(k=1, 2, \cdots)$是Ω的子集。相应地有下列事件之间的关系。

(1) 包含关系

$A \subset B$，即事件A发生必然导致事件B发生，称为事件B包含事件A。在掷骰子试验中，若事件A是$X=5$、事件B是$X>4$，则有$A \subset B$。

(2) 和事件

事件$A \cup B = \{\omega | \omega \in A 或 \omega \in B\}$称为事件$A$与事件$B$的和，即当且仅当$A$和$B$中至少有一个发生，事件$A \cup B$就会发生。

(3) 积事件

事件$A \cap B = \{\omega | \omega \in A 且 \omega \in B\}$称为事件$A$与事件$B$的积，即当且仅当$A$和$B$同时发生，事件$A \cap B$发生，通常$A \cap B$简写为$AB$。

(4) 互不相容事件

若$A \cap B = \emptyset$（这里$\emptyset$表示空集，不可能事件），则称事件A与事件B互不相容（也可称为互斥），即事件A与事件B不可能同时发生。

(5) 对立事件

若$A \cap B = \emptyset$且$A \cup B = \Omega$，则称事件A与事件B互为对立事件（也称为逆事件）。这是指对每次试验，事件A与事件B必有一个发生，且仅有一个发生。事件A的对立事件记为$\overline{A}$。

(6) 差事件

事件$A - B = \{\omega | \omega \in A 且 \omega \notin B\}$称为$A$与$B$的差事件，当且仅当$A$发生而同时$B$不发生。结合对立事件的概念，可有$A - B = A\overline{B}$，$\overline{A} = \Omega - A$。

进行事件运算时，相应的运算规则有：

1) 交换律：$A \cup B = B \cup A$，$AB = BA$。

2) 结合律：$A \cup (B \cup C) = (A \cup B) \cup C$，$A(BC) = (AB)C$。

3) 分配律：$A(B \cup C) = (AB) \cup (AC)$，$A \cup (B \cap C) = (A \cup B) \cap (A \cup C)$，$A(B-C) = (AB)-(AC)$。

4) 吸收律：若 $A \subset B$，则有 $AB=A$，$A \cup B=B$。

5) 德·摩根公式：$\overline{A \cup B} = \overline{A} \cap \overline{B}$，$\overline{A \cap B} = \overline{A} \cup \overline{B}$。

以上事件运算规则可推广到有限个或可列无穷多个事件的情形。

2.2 概率及其计算

2.2.1 概率与条件概率

概率的定义如下：对于一个随机试验，全体基本事件有 n 个，若事件 A 包含 m 个基本事件，则事件 A 的概率为

$$P(A) = \frac{m}{n} \tag{2.1}$$

在调查学生身高与体重关系的试验中，可以将学生的身高视为一个变量，我们用 X 表示，$X=175\text{cm}$ 的概率可以表示为 $P(X=175\text{cm})$，表示在所有学生中随机选出一个学生，其身高等于 175cm 的概率。更一般的情况是，变量 $X=x$ 的概率表示为 $P(X=x)$，为简化书写，根据上下文，这个表达式通常可以缩写为 $P(x)$。我们也可以描述多个变量同时取值的概率，比如，$X=x$ 同时 $Y=y$ 的概率可以表达为 $P(X=x, Y=y)$ 或者缩写为 $P(x, y)$。

事件 B 已经发生的情况下事件 A 发生的概率，称为给定 B 条件下 A 的条件概率。给定 $Y=y$ 条件下 $X=x$ 的条件概率，表示为 $P(X=x|Y=y)$。和无条件概率类似，这个表达式也可以缩写为 $P(x|y)$。通常，$X=x$ 在给定 $Y=y$ 条件下的条件概率，与无条件的 $X=x$ 的概率相比有较大的变化。一个直观的例子是，一般人患糖尿病的概率比较低，但是，在直系亲属患糖尿病的条件下，则患糖尿病的概率将大大增加。

在给定数据集中根据频率估算条件概率时，可以将条件视为一个或多个变量的取值，再根据一个或多个变量的取值情况对数据集进行过滤、计算。我们以某地企业年产值的统计为例，来具体说明如何在数据集的基础上通过过滤实现条件概率的计算。

例 2.1 我们统计某地工业企业的年产值分布情况，得到如表 2.1 所示的数据集。

表 2.1 企业年产值分布统计

企业年产值/万元	企业数量
低于 1000	156
1000～2000	96
2000～3000	57
3000～4000	36
4000～5000	24
大于 5000	6
总计	375

在表 2.1 中，当地总计有 375 家企业，我们估计其中年产值低于 4000 万元的企业的概率，则有

$$P(\text{年产值}<4000)=\frac{156+96+57+36}{375}=\frac{345}{375}=92\%$$

其中"年产值<4000"表示"年产值小于 4000 万元"，以下表示与此类似。现在我们再来估计在年产值大于 2000 万元的条件下年产值小于 4000 万元的企业的概率。为此，我们简单地对表 2.1 中的数据以年产值大于 2000 万元为条件进行过滤，相应得到新的数据集，如表 2.2 所示。

表 2.2 年产值大于 2000 万元的企业分布统计

企业年产值/万元	企业数量
2000~3000	57
3000~4000	36
4000~5000	24
大于 5000	6
总计	123

在表 2.2 的新数据集中共有 123 家企业，相应地，我们可以估计得到在年产值大于 2000 万元的条件下年产值小于 4000 万元的企业的概率：

$$P(\text{年产值}<4000|\text{年产值}>2000)=\frac{57+36}{123}=\frac{93}{123}\approx 75.6\%$$

同时，从表 2.1 可以计算得到：

$$P(\text{年产值}>2000,\text{年产值}<4000)=\frac{57+36}{375}=\frac{93}{375}$$

$$P(\text{年产值}>2000)=\frac{57+36+24+6}{375}=\frac{123}{375}$$

令 $P(A)=P(\text{年产值}<4000)$，$P(B)=P(\text{年产值}>2000)$，$P(A,B)=P(\text{年产值}<4000,\text{年产值}>2000)$，$P(A|B)=P(\text{年产值}<4000|\text{年产值}>2000)$，有

$$P(A,B)=\frac{93}{375}$$

$$P(B)=\frac{123}{375}$$

$$P(A|B)=\frac{93}{123}$$

显然有

$$P(A|B) = \frac{P(A,B)}{P(B)} \tag{2.2}$$

式(2.2)即为概率的乘法公式的变形,后续将进行介绍。根据式(2.2),我们可以得到更一般的根据样本数据表计算条件概率(假设样本量足够大,频率等价于概率)的方法——过滤法。以例2.1中的数据为例,首先根据表2.1计算各个年产值段企业分布的概率,如表2.3所示。

表2.3 企业年产值分布概率

企业年产值/万元	企业数量	概率
低于1000	156	41.6%
1000~2000	96	25.6%
2000~3000	57	15.2%
3000~4000	36	9.6%
4000~5000	24	6.4%
大于5000	6	1.6%
总计	375	100%

现在需要计算概率P(年产值<4000|年产值>2000),先将满足年产值大于2000万元条件的企业数据筛选出来,将其余不满足条件的数据删除,相应地得到概率子表,如表2.4所示。

表2.4 年产值大于2000万元的企业分布概率

企业年产值/万元	企业数量	概率
2000~3000	57	15.2%
3000~4000	36	9.6%
4000~5000	24	6.4%
大于5000	6	1.6%
总计	123	32.8%

然后在表2.4中将年产值小于4000万元的企业筛选出来,其概率P'(年产值<4000,年产值>2000)=15.2%+9.6%=24.8%。同时,考虑到表2.4中所有概率和应该为1,故应对P'(年产值<4000,年产值>2000)除以32.8%做归一化处理。所以,最终

$$P(年产值<4000|年产值>2000) = \frac{P'(年产值<4000,年产值>2000)}{32.8\%} \approx 75.6\%$$

一般地,通过过滤法计算条件概率$P(A|B)$的步骤是:
1) 在总的样本数据集中计算各个样本类别的概率,得到总数据表;
2) 根据条件概率式中的条件B,将总数据表中不符合条件B的数据样本类别删除,

得到样本子表；

3) 在样本子表中将符合条件 A 的样本类别筛选出来，将各个符合条件 A 的样本类别在样本子表中的概率加和，得到初步的条件概率 $P'(A|B)$；

4) 样本子表中所有样本类别在总数据表中的概率的总和假设为 θ，将初步的条件概率 $P'(A|B)$ 除以 θ，即为条件概率 $P(A|B)$。

条件概率在因果推断分析中非常重要，根据样本数据集进行干预分析、反事实分析或因果关系概率的计算，都需要进行条件概率的计算，过滤法是上述计算工作的基础，在后续内容中我们将多次应用过滤法进行计算。

2.2.2 概率分布

离散变量 X 的概率分布是变量 X 在每一个可能取值上的概率数值（或者大小）。比如，假设变量 X 可能的取值有 3 个数值 1、2 和 3，那么变量 X 可能有概率分布 "$P(X=1)=0.5$，$P(X=2)=0.25$，$P(X=3)=0.25$"。在变量的概率分布中，所有的概率数值必须在 0~1 之间，并且所有概率数值加在一起的总和为 1。若事件的概率数值等于 0，则表示该事件不可能发生；若事件的概率数值为 1，则表示该事件必定要发生。

对于连续变量 X，其概率分布通过一个函数 f——概率密度函数来表示。将变量 X 的概率密度函数画在坐标平面上，则变量 X 取值在 a 和 b 之间的概率为概率密度函数 f 的曲线与 X 轴之间在 a 和 b 之间的面积，也就是函数 f 在 a 和 b 之间的积分 $\int_a^b f(x)\mathrm{d}x$。函数 f 曲线与 X 轴之间的总面积 $\int_{-\infty}^{\infty} f(x)\mathrm{d}x$，也就是变量 X 的所有取值的概率和应为 1。

一组变量的概率分布是这组变量所有可能的取值组合的概率的集合，称为联合概率分布。假设这组变量有两个变量 X 和 Y，都可以取值 1 和 2，那么这组变量所有可能的变量取值的组合及其对应的概率数值可以为 "$P(X=1, Y=1)=0.2$，$P(X=1, Y=2)=0.1$，$P(X=2, Y=1)=0.4$，$P(X=2, Y=2)=0.3$"。与单变量的概率分布类似，一组变量的联合概率分布的概率数值的总和也必须为 1。

2.2.3 概率的计算公式

本节介绍关于概率的计算公式。

1. 乘法公式

如果已知事件 B 的概率和事件 A 基于事件 B 的条件概率，在式(2.2)的基础上，通过简单的变换可有事件 A 和 B 同时发生的概率：

$$P(A,B) = P(A|B)P(B) \tag{2.3}$$

式(2.3)称为概率的乘法公式。比如，一个学生聪明且成绩优秀的概率等于他在聪明的条件下成绩优秀的概率乘以他聪明的概率。$P(A,B)$ 也通常简写为 $P(AB)$。

2. 全概率公式

对于任意两个互斥的事件 A 和 B，有

$$P(A \text{ 或 } B) = P(A) + P(B)$$

对于任意两个事件 A 和 B，有

$$P(A) = P(A,B) + P(A, "\text{非 } B")$$

"A 与 B 同时发生"和"A 发生且 B 不发生"是互斥的，因为在 A 发生时，或者是"A 与 B 同时发生"，或者是"A 发生且 B 不发生"，但两者不可能同时发生。比如，"张三是个高个子男人"和"张三是个高个子女人"就是互斥的，因为在张三是个高个子时，张三是个高个子男人就不可能是个高个子女人。因此有

$$P(\text{张三是个高个子}) = P(\text{张三是个高个子男人}) + P(\text{张三是个高个子女人})$$

更一般地，对于任意一组事件的集合 $B_1, B_2, \cdots, B_n$，若该集合中的事件有且只有一个为真、事件概率的和为 1（完备、互斥的事件集合，称为一个"划分"），即

$$B_i \cap B_j = \emptyset, i \neq j$$
$$B_1 \cup B_2 \cup \cdots \cup B_n = 1$$

则有

$$P(A) = \sum_{B_i} P(AB_i) \tag{2.4}$$

在式 (2.4) 中，通过将事件 A 与事件集合 B（一个"划分"）中的各个事件 B_i 同时发生的概率 $P(AB_i)$ 加和，来计算事件 A 的概率，我们称之为对事件集合 B 进行边缘化，相应得到的概率 $P(A)$ 称为事件 A 的边缘化概率。

根据概率的乘法公式，可有

$$P(A) = \sum_{B_i} P(AB_i) = \sum_{B_i} P(B_i) P(A \mid B_i) \tag{2.5}$$

即

$$P(A) = P(B_1)P(A \mid B_1) + P(B_2)P(A \mid B_2) + \cdots + P(B_n)P(A \mid B_n) \tag{2.6}$$

这就是全概率公式。下面用一个现实的例子来说明：如果我们从一副扑克中随机抽取一张牌，那么这张牌是 J 的概率等于下面四个概率之和：是 J 且是黑桃的概率，是 J 且是红桃的概率，是 J 且是梅花的概率，是 J 且是方块的概率。

从全概率公式 (2.6) 可见，借助于样本空间的一个划分 $B_1, B_2, \cdots, B_n$，可以将事件 A 分解成互不相容的部分 $A \mid B_1, A \mid B_2, \cdots, A \mid B_n$，从而将概率 $P(A)$ 分解成若干部分，分别进行计算再求和。其用途在于，当直接计算 $P(A)$ 较复杂时，可以通过适当地构造划分 $B_1, B_2, \cdots, B_n$，在计算 $P(B_i)$ 和 $P(A \mid B_i)$ 的基础上，来简化 $P(A)$ 的计算。

例 2.2 某系统中甲类元件占 10%、乙类元件占 40%、丙类元件占 50%，t 小时后各

类元件的损坏率分别为30%、25%和10%，试求 t 小时后，任意抽取该系统中的一个元件，发现它已损坏的概率。

解：

设事件 $A=\{$抽出的元件已损坏$\}$、事件 $B_1=\{$所抽取元件是甲类元件$\}$、事件 $B_2=\{$所抽取元件是乙类元件$\}$、事件 $B_3=\{$所抽取元件是丙类元件$\}$，则 $\{B_1,B_2,B_3\}$ 构成样本空间的一个划分，由全概率公式可有

$$P(A)=P(B_1)P(A|B_1)+P(B_2)P(A|B_2)+P(B_3)P(A|B_3)$$
$$=0.1\times0.3+0.4\times0.25+0.5\times0.1=0.18$$

例2.3 10个人依次抽签，10张签中有5张是幸运签，幸运签可以换一张球票，另外5张是空白签，不能换球票，求第1个人、第2个人以及第10个人抽到幸运签的概率。

解：

设事件 $A_i=\{$第 i 人抽到幸运签$\}$，$i=1,2,\cdots,10$，则有

$$P(A_i)=\frac{5}{10}=\frac{1}{2}$$

具体推导如下：

第1个人抽签共有两种情况，即抽到幸运签事件 A_1 和没抽到幸运签事件 $\overline{A}_1$，构成了样本空间的一个划分，计算 $P(A_2)$ 时可以在此划分的基础上应用全概率公式，有

$$P(A_2)=P(A_1)P(A_2|A_1)+P(\overline{A}_1)P(A_2|\overline{A}_1)=\frac{1}{2}\times\frac{4}{9}+\frac{1}{2}\times\frac{5}{9}=\frac{1}{2}$$

设事件 $B=\{$前9人已经抽完5张幸运签$\}$，则有

$$P(A_{10})=P(B)P(A_{10}|B)+P(\overline{B})P(A_{10}|\overline{B})=\frac{C_5^5*C_5^4}{C_{10}^9}\times0+\frac{C_5^5*C_5^4}{C_{10}^9}\times1=\frac{1}{2}$$

类似地应用全概率公式，有

$$P(A_1)=P(A_2)=\cdots=P(A_{10})=\frac{1}{2}$$

即抽签的结果与抽签次序无关，说明抽签具有公平性。

3. 链式法则

概率的乘法公式解决了两个变量的联合概率分布的计算问题，我们可以将其推广到更多的变量，比如 n 个变量 $(A_1,A_2,A_3,\cdots,A_n)$ 的联合概率分布的计算，反复利用概率的乘法公式，则有

$$\begin{aligned}P(A_1,A_2,A_3,\cdots,A_n)&=P(A_n|A_1,A_2,\cdots,A_{n-1})P(A_1,A_2,\cdots,A_{n-1})\\&=P(A_n|A_1,A_2,\cdots,A_{n-1})P(A_{n-1}|A_1,A_2,\cdots,A_{n-2})P(A_1,A_2,\cdots,A_{n-2})\\&=\prod_{i=1}^n P(A_i|A_1,A_2,\cdots,A_{i-1})\end{aligned} \tag{2.7}$$

其中，当 $i=1$ 时，$P(A_i|A_1,A_2,\cdots,A_{i-1})=P(A_1)$。

链式法则将多个变量的联合分布分解为多个条件概率的乘积形式，当变量之间存在相互独立性时，利用链式法则可以大大简化联合概率分布的计算，我们将在后面的内容中进行介绍。

4. 条件概率展开式

为便于分析，有时需要在条件概率表达式中增加条件变量，也称为将条件概率按一个变量展开，相应条件概率展开满足以下等式：

$$P(Y=y \mid X=x) = \sum_z [P(Y=y \mid Z=z, X=x) P(Z=z \mid X=x)] \quad (2.8)$$

证明：

$$\sum_z [P(Y=y \mid Z=z, X=x) P(Z=z \mid X=x)]$$
$$= \sum_z \frac{P(Y=y \mid Z=z, X=x) P(Z=z \mid X=x) P(X=x)}{P(X=x)}$$
$$= \sum_z \frac{P(Y=y \mid Z=z, X=x) P(Z=z, X=x)}{P(X=x)}$$
$$= \sum_z \frac{P(Y=y, Z=z, X=x)}{P(X=x)}$$
$$= \frac{\sum_z P(Y=y, Z=z, X=x)}{P(X=x)}$$
$$= \frac{P(Y=y, X=x)}{P(X=x)}$$
$$= P(Y=y \mid X=x)$$

上述推导中，第一个等号是对求和的表达式的分子、分母（分母为1）同乘以 $P(X=x)$；第二个等号和第三个等号是两次应用概率的乘法公式；第四个等号是因为对变量 Z 的所有取值 z 求和与分母无关，所以可以将求和符号只应用于分子；第五个等号是对变量 Z 做边缘化，相应地分子中消掉了变量 Z；第六个等号利用了概率的乘法公式。

式(2.8)给出了条件概率针对一个新的条件变量的展开表达式，这个条件概率的展开式在后续的因果推断推导中会经常用到。

2.3 独立性

我们经常需要观察一个事件的发生对另一个事件的发生是否有影响。有时候，我们可以观察到一个事件的发生对另一个事件发生的概率有影响。比如，你驾车超速这个事件的发生会增加你发生交通事故的概率。但是，有时候我们也可以观察到，一个事件的发生对另一个事件发生的概率没有影响，比如你朋友的职业是医生这个事件，不会影响你发生交通事故的概率。在一般情况下，$P(A)$ 和 $P(A|B)$ 不相等，比如例2.1中，

$P(年产值<4000)=92\%$,而 $P(年产值<4000 \mid 年产值>2000)\approx75.6\%$,两者不相等,这反映了事件 $A(年产值<4000)$ 和事件 $B(年产值>2000)$ 之间的联系。若有

$$P(A)=P(A\mid B) \tag{2.9}$$

说明 B 事件的发生对于 A 事件的发生没有影响,这时我们称事件 A 和事件 B 相互独立。将式(2.9)代入概率乘法公式——式(2.3),则有

$$P(A,B)=P(A)P(B) \tag{2.10}$$

定义:若两个事件 A 和 B 满足等式

$$P(A,B)=P(A)P(B)$$

则称事件 A 和事件 B 相互独立,也称为相互边缘独立。

如果上述等式不成立,则称事件 A 与事件 B 相互依赖。事件相互独立与事件相互依赖具有对称关系——如果 A 依赖于 B,则 B 依赖于 A;如果 A 独立于 B,则 B 也独立于 A。(形式上,若 $P(A\mid B)=P(A)$,则必有 $P(B\mid A)=P(B)$。)这也与我们的直觉相一致,若"烟"提供了"火灾"的信息,那么"火灾"一定也给我们提供了"烟"的信息。

类似地,可有事件之间条件独立的定义:

当且仅当

$$P(A\mid BC)=P(A\mid C) \tag{2.11}$$

成立,称事件 A 与事件 B 在给定事件 C 的情况下条件独立。

我们来证明"事件 A 与事件 B 在给定事件 C 的情况下条件独立"时,式(2.11)必然成立。

证明:

$$\begin{aligned}
P(A\mid BC)&=P(A\mid BC)\frac{P(B\mid C)}{P(B\mid C)}\\
&=\frac{P(A\mid BC)P(B\mid C)}{P(B\mid C)}\\
&=\frac{P(A\mid BC)\frac{P(BC)}{P(C)}}{P(B\mid C)}\\
&=\frac{\frac{P(ABC)}{P(C)}}{P(B\mid C)}\\
&=\frac{P(AB\mid C)}{P(B\mid C)}\\
&=\frac{P(A\mid C)P(B\mid C)}{P(B\mid C)}\\
&=P(A\mid C)
\end{aligned}$$

上面的推导中，第六个等号是因为事件 A 与事件 B 在给定事件 C 的情况下条件独立，所以有 $P(AB|C)=P(A|C)\ P(B|C)$。类似地，可以根据式(2.11)推导出"事件 A 与事件 B 在给定事件 C 的情况下条件独立"，这里不做证明。

类似于事件相互独立的对称性，事件之间条件独立也有对称性，即根据式(2.11)，可有

$$P(B|AC)=P(B|C)$$

比如，事件"石头变热"和事件"太阳照射"相互不独立，当事件"太阳照射"发生时，事件"石头变热"就会发生。但假如引入第三个事件"有人在石头旁边烧火"，这个事件发生时，则前两个事件变成条件独立关系，因为石头是否变热只对加热的出现做出反应，而不关心具体是"太阳照射"加热还是"有人在石头旁边烧火"加热。

两个事件相互独立和两个事件基于另一个事件条件独立，这两者之间是什么关系呢？事实上，两个事件相互独立，并不能推导出两个事件会基于另一个事件条件独立；反之，两个事件基于另一个事件条件独立，也不能推导出两个事件相互独立。

以掷骰子试验为例，假设骰子只有四个面，分别标记为1、2、3和4，且假设事件 A 为掷出来的点数是1或2，事件 B 为掷出来的点数是2或3，事件 C 为掷出来的点数是1或2或3，则事件 AB 为掷出来的点数是2，事件 BC 为掷出来的点数是2或3。

那么，有概率数值 $P(A)=\frac{1}{2}$，$P(B)=\frac{1}{2}$，$P(AB)=\frac{1}{4}$，$P(A|C)=\frac{2}{3}$ 和 $P(A|BC)=\frac{1}{2}$。显然，此时有 $P(AB)=P(A)P(B)$，即事件 A 和事件 B 相互独立；同时有 $P(A|C)\neq P(A|BC)$，即在给定事件 C 时事件 A 和事件 B 不是相互条件独立的。

但如果假设事件 A 为掷出来的点数是1，事件 B 为掷出来的点数是1或2，事件 C 为掷出来的点数是1或2，则事件 AB 为掷出来的点数是1，事件 BC 为掷出来的点数是1或2。

那么，有概率数值 $P(A)=\frac{1}{4}$，$P(B)=\frac{1}{2}$，$P(AB)=\frac{1}{4}$，$P(A|C)=\frac{1}{2}$ 和 $P(A|BC)=\frac{1}{2}$。显然此时有 $P(A|C)=P(A|BC)$，即在给定事件 C 时事件 A 和事件 B 相互条件独立。但此时 $P(AB)\neq P(A)P(B)$，即事件 A 和事件 B 不相互独立。

和事件类似，变量之间可以相互依赖，也可以相互独立。两个变量 X 和 Y，如果对于 X 和 Y 的任意一个取值 x 和 y 都有

$$P(X=x|Y=y)=P(X=x) \tag{2.12}$$

则变量 X 和 Y 相互独立，记为 $X \perp\!\!\!\perp Y$。

和事件之间的相互独立性一样，变量之间的独立性也具有对称关系，因此，如果式(2.12)成立，则有 $P(Y=y|X=x)=P(Y=y)$。如果变量 X 和 Y 有任意一对取值不满足上述等式，则称变量 X 和 Y 相互依赖。因此，变量之间的相互独立，也可以视为一组事件之间相互独立。比如，"身高"和"学习成绩"是相互独立的变量，对于身高的任意一个取值 h 和学习成绩的任意一个取值 s，身高为 h 的概率不会对学习成绩为 s 的概率有任何影响。

同样，变量之间也可以条件独立。三个变量 X、Y 和 Z，若对于 X、Y 和 Z 的任意一个取值 x、y 和 z，都有

$$P(X=x|Y=y,Z=z)=P(X=x|Z=z) \tag{2.13}$$

则变量 X 和 Y 关于变量 Z 条件独立。

在根据数据集（或者概率表）进行事件之间独立性或条件独立性估计分析时，如果事件 A 和事件 B 在基于事件 C 进行过滤后的新数据集中是相互独立的，则称事件 A 和事件 B 在给定事件 C 的条件下条件独立。如果事件 A 和事件 B 在未经过任何过滤的原始数据集中相互独立，则称事件 A 和事件 B 相互边缘独立。

2.4 贝叶斯公式及其应用

根据概率乘法公式有

$$P(AB)=P(B|A)P(A)$$

变形为除法形式，则有

$$P(B|A)=\frac{P(A,B)}{P(A)}=\frac{P(A|B)P(B)}{P(A)} \tag{2.14}$$

更一般地，假设事件的集合 B_1, B_2, $\cdots$, B_n 构成样本空间的一个划分，则根据全概率公式有

$$P(A) = P(B_1)P(A|B_1)+P(B_2)P(A|B_2)+\cdots+P(B_n)P(A|B_n)$$
$$= \sum_{i=1}^{n}P(B_i)P(A|B_i)$$

将式(2.14)中的 B 替换为 B_i，则有

$$P(B_i|A)=\frac{P(A|B_i)P(B_i)}{P(A)} \tag{2.15}$$

再代入 $P(A)$ 的全概率计算公式，则有

$$P(B_i|A) = \frac{P(A|B_i)P(B_i)}{\sum_{i=1}^{n}P(B_i)P(A|B_i)} \tag{2.16}$$

式(2.14)、式(2.15) 和式(2.16) 均为贝叶斯公式，区别在于后者体现了用全概率公式计算 $P(A)$ 的过程。

贝叶斯公式是概率乘法公式、条件概率公式和全概率公式的直接推导结果。如果我们将事件 A 看作试验中的结果，将事件的集合 B_1, B_2, $\cdots$, B_n 看作导致结果事件 A 的所有可能的原因，那么，通过贝叶斯公式我们可以知道，在结果事件 A 发生的条件下，是事件 B_i 导致该结果的可能性大小。

例 2.4 在例 2.2 的基础上，假设经过 t 小时后，我们抽取一个元件出来发现它是损坏的，所抽取的元件分别属于甲、乙、丙三类元件的概率是多少？

解：

根据例 2.2 全概率公式抽取出的元件损坏的概率 $P(A)=0.18$，再应用贝叶斯公式有

$$P(B_1|A)=\frac{P(A|B_1)P(B_1)}{P(A)}=\frac{0.1\times 0.3}{0.18}\approx 0.17$$

$$P(B_2|A)=\frac{P(A|B_2)P(B_2)}{P(A)}=\frac{0.4\times 0.25}{0.18}\approx 0.56$$

$$P(B_3|A)=\frac{P(A|B_3)P(B_3)}{P(A)}=\frac{0.5\times 0.1}{0.18}\approx 0.28$$

贝叶斯公式也体现了一种推断的思想。将式（2.14）进行变换，有

$$P(B|A)=\frac{P(A,B)}{P(A)}=\frac{P(A|B)}{P(A)}P(B)$$

$P(B)$ 是事件 B 发生的概率，$P(B|A)$ 也是事件 B 发生的概率，两者不同的是，$P(B|A)$ 是在事件 A 发生的条件下事件 B 发生的概率，而 $P(B)$ 是在事件 A 没发生时事件 B 发生的概率。我们将 $P(B)$ 称为先验概率（prior probability），将 $P(B|A)$ 称为（在事件 A 发生后的）后验概率（posterior probability），将 $P(A|B)/P(A)$ 称为似然（likelyhood）函数，将事件 A 称为证据，则贝叶斯公式可进一步抽象为

后验概率＝先验概率×似然函数

这说明，在事件 A（证据）发生之前，我们对事件 B 有个大致的判断——先验概率 $P(B)$，当事件 A 发生后（有了新的证据），我们对事件 B 的评估进行更新，根据事件 A 发生的情况，得到更接近于事实的后验概率 $P(B|A)$：
- 若似然函数 $P(A|B)/P(A)>1$，则事件 B 发生的概率增加；
- 若似然函数 $P(A|B)/P(A)<1$，则事件 B 发生的概率减小；
- 若似然函数 $P(A|B)/P(A)=1$，则说明事件 A 的发生对事件 B 发生的概率没有影响。

贝叶斯公式为我们对事物的认识提供了一种新的思路。我们可以根据实际掌握的先验知识（先验概率），对事物有一个初步判断，然后通过不断做试验，得到新的证据，并根据证据，计算得到后验知识（后验概率），对先验知识进行更新，如此循环往复，最终接近事物的客观事实（后验概率≈实际概率），这就是贝叶斯分析的基本思想。

例 2.5 赌场问题。假设你在一个赌场，这个赌场只有两种赌博方式——双骰子赌博和轮盘赌，并且这两种赌博方式在赌场中桌数相同。现在问：若你听到庄家在大声叫数字"11"，那么此时这个庄家参与双骰子赌博的概率 P（双骰子赌博｜"11"）是多少？

对于这个例子，从贝叶斯推断的角度来看，我们需要求解的是在得到证据"庄家在大声叫数字'11'"后的后验概率 P（双骰子赌博｜"11"）。根据题意，证据发生前的先验

概率 $P(双骰子赌博)=P(轮盘赌)=0.5$。求解后验概率就需要求解似然函数。直接计算这个概率比较困难。但是，相反的情况——玩双骰子赌博的条件下发生 11 的概率比较容易计算，因此可以通过贝叶斯公式进行求解。

在双骰子赌博中，赌徒针对抛两枚骰子后骰子朝上一面的数字的和下注。因此，两枚骰子总和出现 11 只有两种组合情况（甲骰子数字为 6，乙骰子数字为 5；甲骰子数字为 5，乙骰子数字为 6），而两个骰子的数字组合共有 $6\times 6=36$ 种情况（每个骰子有 6 个面，分别为数字 1、2、3、4、5 和 6），因此，在双骰子赌博中你听到庄家大声叫数字"11"的概率是 $2/36=1/18$，也就是 $P("11"|双骰子赌)=1/18$。在轮盘赌中，38 个数字以相同的概率出现，因此，$P("11"|轮盘赌)=1/38$。在这个例子中，"双骰子赌博"和"轮盘赌"这两种赌博方式的概率相同，所以，$P(双骰子赌博)=P(轮盘赌)=0.5$，这是我们听到"11"叫声前的先验。根据全概率公式，有

$$P("11")=P("11"|双骰子赌)P(双骰子赌博)+P("11"|轮盘赌)P(轮盘赌)$$
$$=\frac{1}{18}\times 0.5+\frac{1}{38}\times 0.5=\frac{7}{171}$$

则似然函数

$$P("11"|双骰子赌)/P("11")=\frac{1/18}{7/171}$$

故后验概率 $P(双骰子赌博|"11")=$ 似然函数 $\times P(双骰子赌博)=\frac{1/18}{7/171}\times 0.5\approx 0.679$。

即在你听到庄家大声叫数字"11"时，这个庄家参与双骰子赌博的概率是 0.679。这说明，在未得到信息（你听到庄家在大声叫数字"11"）时，庄家玩双骰子赌博的概率是 $P(双骰子赌博)=0.5$，而得到信息后，庄家玩双骰子赌博的概率增加到了 $P(双骰子赌博|"11")\approx 0.679$。

例 2.6 蒙蒂大厅问题

假如你是蒙蒂大厅游戏节目的一个挑战者，蒙蒂将给你展示 3 扇门 A、B 和 C，这三扇门中只有一扇门后面有一辆新车，其他两扇门后面都是山羊。现在请你挑选一扇门，如果你幸运地选中了后面有车的门，那么这辆车将归你所有，否则，你将只能得到门后面的山羊。在节目中，如果你随机选择了 A，蒙蒂将打开一扇后面只有山羊的门，比如 C，这时蒙蒂将问你下一步你是继续选择 A 还是改变主意选择 B，无论你的选择是什么，选中的门后面的东西都将归你所有。

这时，是继续选择 A 还是改变主意选择 B 呢？

大多数人都有强烈的直觉，认为这没有区别。他们的想法是，既然门后面是否有汽车这个事件与第一次选择的门这个事件相互独立（无关），那么，在蒙蒂打开门 C 后，改变主意选择 B 和继续选择 A 获得汽车的概率都是相同的，因为改变主意选择 B 既不会增加也不会减少获得汽车的概率。但是，这是错误的。事实上，如果你坚持选择门 A，选中汽车的概率只有 $1/3$；而如果换到另外一扇门，你选中汽车的机会将是 $2/3$。

我们可以直观地对这个结论进行简单推导。我们把这个游戏过程分为三个步骤：
- 第一步，你第一次选择一扇门 A；
- 第二步，蒙蒂根据你第一步选择的结果，选择打开背后没有汽车（有山羊）的门；
- 第三步，你决定是继续坚持打开第一步选择的门 A，还是另换一扇门。

在第一步你选择门 A 后，这时你有 1/3 的概率选中汽车。第二步中，蒙蒂打开一扇后面没有汽车的门，这时你获得了新的信息——蒙蒂打开的这扇门后面没有汽车。所以，在第三步，如果你继续选择第一次选择的门 A，也就是没有采用第二步带来的信息，那么你选中汽车的概率仍然停留在 1/3。与之相对，不坚持选择门 A，选择另外两扇门，选中汽车的概率将是 $1-1/3=2/3$。由于在第二步，蒙蒂打开了门 C，提供了门 C 后面没有汽车的信息（打开一扇后面是山羊的门），所以，在第三步，我们利用第二步的信息，改变主意只能选择剩下的那扇门 B，能够选中汽车的概率与选择除门 A 以外的两扇门选中汽车的概率一样，都是 2/3。因此，在第三步，如果利用第二步蒙蒂打开门 C 的信息，不再坚持选择门 A，而是改变主意选门 B，将会增加选中汽车的概率。

对于这个结论，我们也可以用贝叶斯公式进行数学化的证明。按照前述方法，我们将整个游戏过程分为三步，其中前两步是试验情况，第一步是选择了门 A，第二步是蒙蒂在确保不会打开后面有车的门的前提下，打开了门 C。在第三步继续选择 A 还是选择换一扇门，取决于在前面两步发生事实的基础上，三扇门分别在后面有汽车的概率。因此，需要分别对三扇门后面有汽车的概率进行估计。我们采用贝叶斯公式进行概率估计，具体分为两步：

1) 根据现有实际情况，对这个概率做初步估计——先验概率；
2) 根据发生的事实（证据），运用贝叶斯公式对先验概率进行修正、更新。

首先来看汽车在门 A 后的概率，假设汽车在门 A 后面表示为 $A=1$，否则 $A=0$，门 B 和门 C 同理。那么我们需要估计的概率就是 $P(A=1)$。在第一步选择门 A 时，我们对于汽车到底在哪扇门后面没有任何信息，因此，汽车在三扇门后面的概率是相同的，即先验概率是 $P(A=1)=1/3$，$A=1$ 这个事件称为假设，表示为 H。在游戏参与者选择门 A 后，主持人蒙蒂打开了门 C，这是由试验带来的事实，表示为 D，则需要估计的后验概率就是 $P(A=1 \mid D)$。根据贝叶斯公式

$$P(A=1|D) = \frac{P(D|A=1)P(A=1)}{P(D)} \tag{2.17}$$

现在需要计算 $P(D)$ 和 $P(D \mid A=1)$。因为 $P(D)$ 的计算涉及另外两个假设 $B=1$ 和 $C=1$，所以我们用表格整理了相关概率数据，如表 2.5 所示。

表 2.5　蒙蒂大厅问题贝叶斯推断相关概率表

假设	先验概率 $P(H)$	$P(D \mid H)$	$P(D \mid H)P(H)$	后验概率 $P(H \mid D)$
汽车在门 A 后面，$A=1$	$P(A=1)=1/3$	$P(D \mid A=1)=1/2$	$P(D \mid A=1)P(H)=1/6$	$P(A=1 \mid D)=1/3$
汽车在门 B 后面，$B=1$	$P(B=1)=1/3$	$P(D \mid B=1)=1$	$P(D \mid B=1)P(H)=1/3$	$P(B=1 \mid D)=2/3$
汽车在门 C 后面，$C=1$	$P(C=1)=1/3$	$P(D \mid C=1)=0$	$P(D \mid C=1)P(H)=0$	$P(C=1 \mid D)=0$

对于所有的假设 $A=1$、$B=1$ 和 $C=1$，因事先没有任何关于汽车在哪个门后面的假设，故所有的先验概率均为 1/3。

表 2.5 中的第 2 行对应于假设 $A=1$，在此假设下，汽车在门 A 后面，而门 B 和门 C 后面都没有汽车，所以主持人选择打开门 C 的概率是 1/2，即在 $A=1$ 假设下发生事实 D 的概率 $P(D|H)=1/2$。两列相乘有 $P(D|H)P(H)=1/6$。

表 2.5 中的第 3 行对应于假设 $B=1$，在此假设下，汽车在门 B 后面，门 A 已被参与者选中，主持人必须打开门 C，所以主持人打开门 C 的概率是 1，即在 $B=1$ 假设下发生事实 D 的概率 $P(D|H)=1$。两列相乘有 $P(D|H)P(H)=1/3$。

表 2.5 中的第 4 行对应于假设 $C=1$，在此假设下，汽车在门 C 后面，主持人不能打开门 C，所以主持人选择打开门 C 的概率是 0，即在 $C=1$ 假设下发生事实 D 的概率 $P(D|H)=0$。两列相乘有 $P(D|H)P(H)=0$。

根据全概率公式，可有

$$P(D)=P(D|A=1)P(A=1)+P(D|B=1)P(B=1)+P(D|C=1)P(C=1)$$

故将表 2.5 的第 4 列加和，有 $P(D)=1/2$。

现在，我们针对题目中的场景：参与者选择门 A，然后主持人打开门 C，门 C 后面是山羊而不是汽车，按照贝叶斯公式计算汽车在门 A 后面的概率。将表 2.5 中的相关概率及 $P(D)=1/2$ 代入式(2.17) 有

$$P(A=1|D)=\frac{P(D|A=1)P(A=1)}{P(D)}=\frac{\frac{1}{2}\times\frac{1}{3}}{\frac{1}{2}}=\frac{1}{3}$$

类似地，汽车在门 B 后面的概率为

$$P(B=1|D)=\frac{P(D|B=1)P(B=1)}{P(D)}=\frac{1\times\frac{1}{3}}{\frac{1}{2}}=\frac{2}{3}$$

汽车在门 C 后面的概率为

$$P(C=1|D)=\frac{P(D|C=1)P(C=1)}{P(D)}=\frac{0\times\frac{1}{3}}{\frac{1}{2}}=0$$

$P(C=1|D)=0$，直观上解释很简单，因为发生的事实中已经体现了门 C 后面没有汽车。

贝叶斯分析的思路是，对我们所关心的问题做假设，并根据我们现有掌握的知识，对这个假设的概率进行初步估计，得到先验概率。然后根据试验过程中发生的事实，通过贝叶斯公式，对这个先验概率进行修正、更新，得到关于假设的后验概率。如果再有试验且有新的事实出现，我们可以再次通过贝叶斯公式，将上次得到的后验概率作为本

次更新计算的先验概率,进行修正、更新。如此循环往复,得到的关于假设的概率将无限逼近其真实概率。这就是贝叶斯分析的量化计算过程。

在贝叶斯分析中,也可以对事件的概率进行定性的估计,其思路是:在试验过程中,如果试验产生的新的事实在可以证明假设为假的情况下,不能证明该假设为假(新的事实可以证明假设为假,也可能不能证明假设为假),那么这个假设为真的概率都会增加。在蒙蒂大厅问题中,在蒙蒂打开门 C 之前,门 B 和门 A 后面有汽车的先验概率都是 1/3,但蒙蒂打开门 C 的动作提供了新的事实,这个事实证实门 C 后有汽车为假,但无法证明门 B 有汽车为假,虽然这个动作提供的事实有可能证明门 B 后面有汽车为假(如果打开的门是 B,就可以证明汽车在门 B 后面为假),因此,门 B 后有汽车这个假设经受了一次证伪,其为真的概率增加,大于 1/3。对于门 A 后有汽车这个假设,这个新发生的事实,本身就不可能证明其为假,故这个事实的产生,对门 A 后面有汽车的概率没有影响。

2.5 随机变量的数字特征

随机变量的概率分布(离散随机变量是概率分布值,连续随机变量是概率密度函数)对随机变量进行了完整描述,但在实际工作中,难以确定随机变量的概率分布,同时,对于一些实际问题,并不需要掌握随机变量的概率分布,只要知道与随机变量概率分布相关的一些特征就够了,因此,我们在损失一些数据信息的情况下,用与随机变量的概率分布有关的一些特征对该变量的取值情况进行描述,这些特征称为随机变量的数字特征。比如,在测量电源电压时,电源电压是一个随机变量,我们通常用电源电压的均值来表示电源电压的大小。在研究设备的使用寿命时,使用寿命是一个随机变量,我们对使用寿命主要关注其平均使用寿命以及各个使用寿命对平均值的偏离程度。这些都是采用随机变量的特征对随机变量的分布情况进行简化描述。本节我们将以离散随机变量为例,对随机变量的数字特征进行介绍。

1. 期望值

随机变量的期望值(也称为均值)为该变量各个可能的取值乘以其相应的概率,再将得到的乘积加和。随机变量 X 的期望值 $E(X)$ 的计算公式为

$$E(X) = \sum_x x P(X=x) \tag{2.18}$$

例 2.7 某机器生产一种产品,其中一等品的利润是 5 元,二等品的利润是 4 元,次品则亏损 2 元,已知这台机器生产出一等品、二等品和次品的概率分别是 0.6、0.3 和 0.1,求这台机器生产的每件产品的平均利润。

解:
以每件产品的利润作为随机变量 X,可有该随机变量的概率分布如表 2.6 所示,相应地

$$E(X) = (-2) \times 0.1 + 4 \times 0.3 + 5 \times 0.6 = 4(元)$$

表 2.6　产品利润的概率分布

X 的取值	-2	4	5
$P(X=x)$	0.1	0.3	0.6

2. 随机变量函数的期望

随机变量 X 的函数 $g(x)$ 的期望值 $E[g(X)]$ 为随机变量 X 各个取值对应的函数值乘以随机变量对应取值的概率，再对其加和，计算公式为：

$$E[g(X)] = \sum_x g(x) P(X=x) \tag{2.19}$$

例 2.8　在例 2.7 的基础上，若操作该机器的工人按照所生产出来产品的利润计算计件工资，工人所得计件工资为产品利润的 60% 减去 1.5 元，工人在每件产品上获得的平均计件工资是多少？

解：

以每件产品的利润作为随机变量 X，该随机变量的概率分布如表 2.6 所示。工人在每件产品上获得的计件工资为利润 X 的函数为：

$$g(X) = 60\% X - 1.5$$

故工人在每件产品上获得的平均计件工资为：

$$\begin{aligned}E[g(X)] =& [(-2) \times 60\% - 1.5] \times 0.1 + [4 \times 60\% - 1.5] \\ & \times 0.3 + [5 \times 60\% - 1.5] \times 0.5 = 0.75(元)\end{aligned}$$

3. 条件期望

随机变量 Y 在 $X=x$ 条件下的条件期望为变量 Y 的每个可能的取值 y 乘以条件概率 $P(Y=y|X=x)$，再将这些乘积加和，计算公式为：

$$E(Y \mid X=x) = \sum_y y P(Y=y \mid X=x) \tag{2.20}$$

期望的性质如下。

- 设 C 是常数，则有 $E(C)=C$。
- 设 X 是随机变量，C 是常数，则有 $E(CX)=CE(X)$。
- 设 X 和 Y 是两个随机变量，则有 $E(X+Y)=E(X)+E(Y)$。
- 设 X 和 Y 是两个相互独立的随机变量，则有 $E(XY)=E(X)E(Y)$。
- 在估计值与实际值的差值的平方和最小的评价标准下，变量 X 的期望是最优估计值。

4. 方差和标准差

期望值刻画了随机变量取值大小的"平均数"，为了刻画随机变量取值相对于其"平均数"的分散程度，我们引入随机变量的方差或标准差来对变量的取值相对于其均值的分散程度进行度量。如果随机变量的取值大多聚集在均值的附近，则其方差较小；如果随机变量的取值分散在一个较大的范围，则其方差较大。随机变量 X 的方差的数学定义为：变量 X 与其均值之差的平方的期望。具体计算公式为：

$$\mathrm{Var}(X)=E[(X-\mu)^2] \tag{2.21}$$

随机变量 X 的标准差 δ_x 为其方差 $\mathrm{Var}(X)$ 的平方根。随机变量的标准差与随机变量具有相同的量纲，而方差则不是。

随机变量的方差满足：

$$\mathrm{Var}(X)=E(X^2)-[E(X)]^2$$

例 2.9 计算例 2.7 中这台机器每件产品利润的方差。

解：

根据表 2.6 产品利润概率分布表及其均值，可得产品利润的方差：

$$\mathrm{Var}(X)=(-2-4)^2\times 0.1+(4-4)^2\times 0.3+(5-4)^2\times 0.6=4.2$$

而对应的标准差为：

$$\delta_x=\sqrt{4.2}\approx 2.05(元)$$

在统计学中，标准差描述了随机变量取值分布的集中程度，若随机变量服从正态分布，则随机变量大约三分之二的取值落入均值正负 1 个标准差的区间，约 95% 的取值落入均值正负 2 个标准差的区间。

5. 协方差和相关系数

期望和方差对随机变量的取值大小和取值的离散程度进行了刻画，这里我们引入协方差和相关系数对两个随机变量间的关系进行度量。

若两个随机变量 X 和 Y 的期望值 $E\{[X-E(X)][Y-E(Y)]\}$ 存在，则称：

$$\mathrm{cov}(X,Y)=E\{[X-E(X)][Y-E(Y)]\} \tag{2.22}$$

为随机变量 X 和 Y 的协方差。

协方差对两个变量的共变性进行度量，也就是对两个变量变化的相关性进行度量。方差可以视为协方差的特例 $\mathrm{Var}(X)=\mathrm{cov}(X,X)$。协方差满足下列性质。

- 对称性：$\mathrm{cov}(X,Y)=\mathrm{cov}(Y,X)$。
- 齐次性：$\mathrm{cov}(aX,bY)=ab\,\mathrm{cov}(X,Y)$，$a$、$b$ 是常数。
- 可加性：$\mathrm{cov}(X_1+X_2,Y)=\mathrm{cov}(X_1,Y)+\mathrm{cov}(X_2,Y)$。
- $\mathrm{cov}(X,c)=0$，c 是常数。
- $\mathrm{cov}(X,Y)=E(XY)-E(X)E(Y)$。

将协方差用两个变量的标准差进行标准化，则有相关系数：

$$\rho_{xy}=\frac{\mathrm{cov}(X,Y)}{\delta_x\delta_y} \tag{2.23}$$

相关系数是无量纲的，取值范围为 $-1 \sim +1$，可以视为将变量 X 和 Y 分别用其标准差归一化后的变量的协方差。相关系数体现了变量 X 和 Y 的线性相关程度（用直线对其进行拟合后的斜率）。若相关系数 ρ_{xy} 等于 ± 1，称变量 X 与变量 Y 正（负）相关，则依据变量 X 可用线性表达式预测变量 Y，若 ρ_{xy} 等于 0，称变量 X 与变量 Y 不相关（这里的不相关是指不存在线性关系，但可能存在其他函数关系），则根据变量 X 用线性表达式预测变量 Y 等价于随机选择变量 Y。

若随机变量 X 与 Y 相互独立，则 $\text{cov}(X, Y)$ 和 ρ_{xy} 均为 0，X 与 Y 不相关；但反之则不成立。ρ_{xy} 描述了两个变量之间的线性相关性，若两个变量线性不相关，则不存在线性关系，但可能存在其他复杂的非线性关系，这时两个变量的关系一般通过条件概率 $P(Y=y \mid X=x)$ 的形式予以描述。

2.6 回归

在研究分析工作中，通常将变量之间的关系分为两类：一类是确定性关系，变量之间的关系可以在数学上表达为函数关系（微分方程的形式），比如正方形的面积 S 等于边长 a 的平方 $S=a^2$；另一类关系是相关关系，即变量之间存在着某种联系，但又没有达到可以相互确定的程度，比如学生年龄和体重之间的关系。

在实际工作中，对于只存在相关关系的两个变量 X（X 也可能为一组变量）和 Y，我们通常希望能够通过一个（组）变量 X 的取值来预测另一个变量 Y 的取值。如果已知变量 Y 关于变量 X（或 X 变量组）的条件期望 $E(Y \mid X=x)$，则可以根据变量 X（或 X 变量组）的取值来大致预测变量 Y 的值。但获得条件期望 $E(Y \mid X=x)$ 需要知道两个变量的联合概率分布 $P(Y=y, X=x)$，这在具体实现上通常较为困难。为此，我们将根据变量 X（或 X 变量组）的取值来预测变量 Y 的取值分解为两个部分，一部分是（假设）与变量 X（或 X 变量组）有确定关系部分，表示为函数 $f(X)$，另一部分是变量 Y 与 $f(X)$ 的误差记为 ε，且不失一般性假设 $E(\varepsilon)=0$、$\text{cov}(X, \varepsilon)=0$ 成立，则相应有变量 Y 的预测表达式

$$Y = f(X) + \varepsilon$$

需要说明的是，这里要求 $\text{cov}(X, \varepsilon)=0$ 是假设变量 X（或 X 变量组）全部表达了变量 Y 中的确定性部分，因而其与剩余的随机误差 ε 无关。根据关于变量 X（或 X 变量组）和变量 Y 的样本数据集，我们学习得到函数 $f(X)$，并将其作为变量 Y 的近似，则称该函数 $f(X)$ 为回归函数，求得该回归函数后，则可以在已知变量 X（或 X 变量组）的条件下对变量 Y 进行近似预测。若函数 $f(X)$ 为线性函数，则为线性回归。

2.6.1 一元线性回归

当线性回归函数 $f(X)$ 中只有一个变量时，称为一元线性回归。我们将关于两个随机变量 X 和 Y 的样本数据集 (x_i, y_i) 以散点图的形式画在以变量 X 为 X 轴、以需要预测的变量 Y 为 Y 轴的直角坐标平面上，用线性回归函数 $f(X)$ 对预测变量 Y 进行近似，就是在该直角坐标平面上用一条直线对散点图进行拟合，如图 2.1 所示。

假设回归函数为 $f(X)=a+bX$，则根据回归函数得到的 Y 变量预测值 $y'_i=a+bx_i$。根据中心极限定理，Y 与 $f(X)$ 的误差 ε 通常服从正态分布，则当 Y 变量的预测值与实际值之差的平方和最小时，线性回归函数 $f(X)$ 对预测变量 Y 有最好的近似，即下式最小化

$$\sum_i (y_i - y'_i)^2 = \sum_i (y_i - a - bx_i)^2 \quad (2.24)$$

将式(2.24)分别对 a 和 b 求偏导，并令其为零，则可以求得回归函数为 $Y=a+bX$ 的具体表达式，该方法称为最小二乘法，这里不做详细介绍。

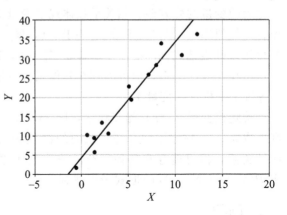

图 2.1 一元线性回归中直线对散点图的拟合

我们也可以求得回归函数中系数 b 与变量 X 和 Y 的数字特征的关系。根据线性回归假设，有

$$Y = a + bX + \varepsilon \quad (2.25)$$

等式(2.25)两边对变量 X 做协方差，则有

$$\text{cov}(Y,X) = \text{cov}(a,X) + b\text{cov}(X,X) + \text{cov}(\varepsilon,X)$$

根据协方差的性质有 $\text{cov}(a, X)=0$，根据前述假设有 $\text{cov}(\varepsilon, X)=0$，故有

$$\text{cov}(Y,X) = b\text{cov}(X,X) = b\text{var}(X)$$
$$b = \frac{\text{cov}(Y,X)}{\text{var}(X)}$$

一般将 b 表示为 R_{YX}，称为回归系数，也就是拟合直线的斜率，则有

$$R_{YX} = b = \frac{\text{cov}(Y,X)}{\text{var}(X)} \quad (2.26)$$

对等式 (2.25) 两边分别取期望，则有

$$E(Y) = E(a) + E(bX) + E(\varepsilon)$$
$$E(Y) = a + bE(X) + E(\varepsilon)$$

则有

$$a + E(\varepsilon) = E(Y) - bE(X)$$

令 $E(\varepsilon)=0$（ε 均值的大小可以通过调整 a 的取值来体现），则有

$$a = E(Y) - bE(X) = E(Y) - \frac{\text{cov}(Y,X)}{\text{var}(X)} E(X) \quad (2.27)$$

一般情况下 var(X)≠var(Y)，所以一般 R_{YX}≠R_{XY}，即变量 Y 关于变量 X 回归的斜率不等于变量 X 关于变量 Y 回归的斜率。由于方差始终为正，而相关系数可为正、负或 0，因此变量 Y 关于变量 X 回归（或相反）的斜率也可为正、负或 0。若斜率为正，则两个变量正相关，当变量 X 增加时变量 Y 也会增加；若斜率为负，则两个变量负相关，当变量 X 增加时变量 Y 会减少；若斜率为 0，即回归的直线为水平直线，则变量 X 和变量 Y 零线性相关，在做线性预测时，已知变量 X 的取值对于预测变量 Y 的取值没有任何帮助。两个变量无论是正相关还是负相关，它们都是相互依赖的。

2.6.2 多元线性回归

将线性回归从一个变量对另一个变量的预测推广到用多个变量对另一个变量的预测，称为多元线性回归，也称为一个变量相对多个变量做线性回归。我们主要以二元线性回归为例，对多元线性回归进行介绍。在二元线性回归中，我们希望根据变量 X 和 Z 的值来预测变量 Y 的值，相应的回归函数表达式如下：

$$Y = r_0 + r_1 X + r_2 Z \tag{2.28}$$

这个回归函数表达式在 X、Y、Z 三维空间表现为一个倾斜的平面。如已知关于变量 $\{X, Y, Z\}$ 的样本数据集，将这些样本表现为以 X、Y 和 Z 为坐标的三维空间的散点图形式，则用式(2.28)对变量 Y 进行近似，就是在以 X、Y 和 Z 为坐标轴的三维空间，用回归函数表达式所对应的倾斜平面对散点图进行拟合，如图 2.2 所示。

当我们在三维空间中将散点图按照不同的 Z 变量取值切片时，得到一个 X-Y 二维平面上的散点图，根据二维平面上的散点图将变量 Y 对变量 X 做回归，则问题转化为

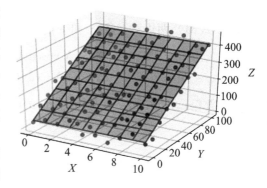

图 2.2 二元线性回归中平面对散点图的拟合

一元线性回归问题，相应斜率为式(2.28)回归表达式中的 r_1，满足一元线性回归中的式(2.25)。同理，将三维散点图按不同的 X 变量取值切片，并在相应的 Z-Y 二维散点图上做回归，可以得到式(2.28)回归表达式中相应的斜率 r_2。

上述在 Z 变量取值固定的条件下，变量 Y 相对变量 X 的回归系数称为偏回归系数，记为 R_{YX-Z}。值得注意的是，在同一个关于 $\{X, Y, Z\}$ 的样本数据集下，可能出现这样的情况：当只分析 X 和 Y 两个变量数据的时候，对应的回归系数 R_{YX} 为正；而当分析加上另外一个变量 Z 的数据且变量 Z 取值固定时，对应的偏回归系数 R_{YX-Z} 为负。这就是辛普森悖论在数学上的表现：只分析 X 和 Y 两个变量的数据时，变量 Y 和变量 X 为正相关（负相关），但当分析加上第三个变量 Z 的数据且以变量 Z 取一定值为条件时，则结论相反，变量 Y 与变量 X 变为负相关（正相关）。比如，在大学入学性别歧视的例子中，当只分析性别与录取率的数据时，我们发现女性录取率比男性明显要低，但当我们加上大

学中具体学院的数据时,在具体各个学院的数据中,女性录取率反而更高,我们将在后面对相关内容做进一步介绍。

多元线性回归中偏回归系数的计算类似于一元线性回归。假设变量 Y 相对变量 X_1,X_2,$\cdots$,X_i 做线性回归,回归误差项为 ε,则有

$$Y = r_0 + r_1 X_1 + r_2 X_2 + \cdots + r_i X_i + \varepsilon \tag{2.29}$$

样本数据集中变量 Y 的实际值为 y,变量 Y 的预测值为 y',则有整个样本数据集变量 Y 的实际值与预测值的均方差为

$$\sum_k (y^k - y'^k)^2 = \sum_k (y^k - r_0 - r_1 x_1^k - r_2 x_2^k - \cdots - r_i x_i^k)^2 \tag{2.30}$$

其中上标 k 表示第 k 个样本。将式(2.30)分别对 r_0,r_1,$\cdots$,r_i 求偏导,并令其为零,则可得到各偏回归系数 r_0,r_1,$\cdots$,r_i。

类似于一元线性回归,也可得到多元线性回归各偏回归系数与变量数字特征之间的关系,以二元线性回归为例,其预测变量 Y 为

$$Y = r_0 + r_1 X + r_2 Z + \varepsilon \tag{2.31}$$

分别对式(2.31)两边对变量 X 和变量 Z 取协方差,有

$$\text{cov}(YX) = \text{cov}(r_0 X) + \text{cov}(r_1 XX) + \text{cov}(r_2 ZX) + \text{cov}(\varepsilon X)$$
$$\text{cov}(YZ) = \text{cov}(r_0 Z) + \text{cov}(r_1 XZ) + \text{cov}(r_2 ZZ) + \text{cov}(\varepsilon Z)$$

联立两个方程,且考虑 $\text{cov}(\varepsilon X) = 0$ 和 $\text{cov}(\varepsilon Z) = 0$,计算可得偏相关系数与数字特征关系式:

$$r_1 = R_{yx-z} = \frac{\text{cov}(YX)\text{var}(Z) - \text{cov}(YZ)\text{cov}(XZ)}{\text{var}(X)\text{var}(Z) - \text{cov}(XZ)^2} \tag{2.32}$$

$$r_2 = R_{yz-x} = \frac{\text{cov}(YZ)\text{var}(X) - \text{cov}(YX)\text{cov}(XZ)}{\text{var}(X)\text{var}(Z) - \text{cov}(XZ)^2} \tag{2.33}$$

对于变量 Y 与变量 X(或变量组 X),无论它们之间是否存在线性相关关系,都可以在样本数据集上应用最小二乘法求得一个线性回归函数。但如果变量 Y 与变量 X(或变量组 X)之间根本不存在线性相关关系,则依据该线性回归函数对变量 Y 进行预测将有较大的误差,这样的线性回归函数没有实际意义。只有当变量 Y 与变量 X(或变量组 X)之间存在真正的线性相关关系时,依据该线性回归函数对变量 Y 进行预测的误差才小,求得的线性回归函数才能用于统计分析预测。因此,在做线性回归之前,应该先检验变量 Y 与变量 X(或变量组 X)之间是否存在线性相关关系,该检验通常通过假设检验来实现,具体可见回归分析相关资料,这里不做详细介绍。

2.7 因果关系的表示：图模型与结构因果模型

2.7.1 因果关系的概念

关于因果关系有多种定义，我们这里采用马克思主义哲学的定义：因果关系为事件之间的特定关系，在此关系下，一些事件的发生将导致另外一些事件的发生，相应称前者为后者的"原因"（通常简称"因"），后者为前者的"结果"（通常简称"果"）。

在因果关系中，"原因"是指一些特定的事件，"结果"也是指一些特定的事件。

在事件 A 有多个因的情况下，又分两种情况：

- 作为因的多个事件，每一个事件都不足以导致事件 A 的发生，必须所有的事件都发生才能导致事件 A 的发生；
- 作为因的多个事件，每一个事件发生都能导致事件 A 的发生。

事件之间因果关系的性质如下。

- 传递性：若事件 A 是事件 B 的因，且事件 B 是事件 C 的因，则事件 A 也是事件 C 的因。
- 非反身性：一个事件不能是它自身的因，即一个事件不能导致自己的发生。
- 非对称性：若事件 A 是事件 B 的因，则事件 B 一定不是事件 A 的因。

若事件集合 A 中的事件都是事件 B 的因，且当事件集合 A 中的事件发生后，事件 B 发生与否与事件 B 的其他因无关，则称事件集合 A 中的事件为事件 B 的"直接因"（direct cause），事件 B 的其他因则为"间接因"（indirect cause）。直接因的发生屏蔽了间接因对结果的影响。比如，小孩上幼儿园，在幼儿园被流感病毒感染，小孩得了流感。在这个过程中，小孩上幼儿园导致其被流感病毒感染，被流感病毒感染又导致其得流感，被流感病毒感染是得流感的直接因，一旦被流感病毒感染这个事件发生，则小孩得流感这个结果就与小孩是否上幼儿园无关。

值得注意的是，一个事件对于另外一个事件是直接因还是间接因，是相对于特定的事件分析场景而言的。比如，假设事件 C 是划火柴，事件 A 是火柴点燃，如果我们不再考虑其他事件，则在此场景下，事件 C 是事件 A 的直接因。但是，如果我们增加事件 B，它代表火柴头上的硫黄温度达到燃点且遇到氧气，则此时事件之间的关系是，事件 C 发生导致事件 B 发生，事件 B 发生导致事件 A 发生，这时事件 B 是事件 A 的直接因，而事件 C 不再是事件 A 的直接因。事件 B 是事件 C 和事件 A 之间的"因果中介"，简称中介。

我们可以将因果关系中的直接因予以数学化表达。假设事件集合 V 是包含事件 X 和事件 Y 的集合。集合 C 为 $C \in V \setminus \{Y\}$，集合 C 是集合 V 中除元素 Y 以外的所有元素所构成的集合的子集。若满足下列条件，则在给定事件集合 V 的条件下，集合 C 中的（元素）事件 X 是事件 Y 的直接因：

1) 集合 C 中的事件都是事件 Y 的因；

2) 若有集合 C 中的事件发生，则事件 Y 的发生与集合 $V \setminus (\{Y\} \cup C)$（表示集合 V 中除元素 Y 及集合 C 之外的元素构成的集合）中任何事件是否发生无关；

3) 集合 C 无子集满足条件 1) 和 2)。

类似地，我们可以定义变量之间的因果关系。在一个变量系统 S 中，若存在事件 E，在该事件 E 中，变量 Q 的取值 q 将导致变量 R 取值 r，则称变量 Q 是另一个变量 R 的因。

类似事件之间的因果关系，我们也可以定义变量的直接因。假设变量集合 V 是包含变量 X 和变量 Y 的集合，集合 C 为 $C \in V \setminus \{Y\}$，集合 C 是集合 V 中除元素 Y 以外的所有元素所构成的集合的子集。若满足下列条件，则在给定变量集合 V 的条件下，集合 C 中的（元素）变量 X 是事件 Y 的直接因：

1) 集合 C 中的变量都是变量 Y 的因；

2) 集合 C 中的一个变量 X 若取特定值 x_i（i 可为多个值），则变量 Y 将取特定值 y，且此时变量 Y 取特定值 y 与集合 $V \setminus (\{Y\} \cup C)$（表示集合 V 中除元素 Y 及集合 C 之外的元素构成的集合）中任何变量的取值无关；

3) 集合 C 无子集满足条件 1) 和 2)。

要研究因果推断，首先要解决变量之间因果关系的数学化表达。变量之间因果关系的数学化表达有多种方式，其中最主要的两种是图和方程的形式。当用图来表达变量之间的因果关系时，该图为图模型，通常为有向无环图（Directed Acyclic Graph，DAG）；当用方程的形式来表达变量之间的因果关系时，称为结构因果模型（Structure Causation Model，SCM），下面分别予以介绍。

2.7.2 图模型

在数学上，"图"（graph）是顶点（vertex，也可以称为节点）和边（edge）的集合，表示为图 $G=(V,E)$，其中 V 是节点的集合，E 是边的集合，图中的节点之间通过边相连（也可以不相连）。

在图 2.3a 中，节点的集合是 $V=\{A, B, C, D, E\}$，边的集合是 $E=\{AB, BC, CD, BD, DE, AE\}$，边用其两端的节点来表示。如果两个节点之间有边，我们称两个节点相互邻接。在图 2.3a 中，A 和 B、E 相互邻接，B 和 C、D、A 相互邻接，C 和 B、D 相互邻接，D 和 B、C、E 相互邻接，E 和 A、D 相互邻接。如果图中的每一对节点之间都有一条边相连，则称这个图为"完全图"，假设完全图中节点数量为 n，则相应其边的数量为 C_n^2，显然图 2.3a 不是完全图。

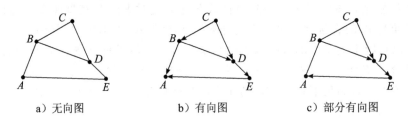

a) 无向图　　　　b) 有向图　　　　c) 部分有向图

图 2.3　无向图、有向图和部分有向图

两个节点 X 和 Y 之间的路径是从 X 开始以 Y 结束的一个节点序列，在这个节点序列中，前一个节点和相邻后一个节点之间通过一条边相连。比如，在图 2.3a 中，节点 A 和节点 E 之间有 3 条路径，分别是 $\{A,B,C,D,E\}$、$\{A,B,D,E\}$ 和 $\{A,E\}$；在图 2.3b 中，节点 A 到节点 E 也有 3 条路径 $\{A,B,C,D,E\}$、$\{A,B,D,E\}$ 和 $\{A,E\}$。

图中的边分为有向边和无向边两种边。有向边在图中标明了边"入"和"出"的节点，它从一个节点出来、进入另一个节点，用带箭头的线表示，箭头的头表示边进入的节点，箭头的尾表示边出来的节点，用字母来表示，则是出的节点在前、入的节点在后，比如图 2.3b 中节点 A 和节点 B 之间的边表示为 BA，而不能表示为 AB。无向边在图中没有标明"入"和"出"的节点，用没有箭头的线表示。无向边用代表两端节点变量的字母来表示时，不区分前后顺序，比如，图 2.3a 中节点 A 和节点 B 之间的边，既可以表示为 BA，也可以表示为 AB。如果图中的所有边都是有向边，那么该图称为有向图；如果图中所有的边都是无向边，则该图称为无向图；如果图中有的边为有向边，有的边为无向边，则该图称为部分有向图。图 2.3a 中所有的边都是无向边，该图是无向图；图 2.3b 中所有的边都用带箭头的线表示，都是有向边，该图是有向图；2.3c 中有的边是有向边，有的边是无向边，该图为部分有向图。

为表示有向图路径中边的方向，图 2.3b 中节点 A 到节点 E 的 3 条路径通常表示为 $\{A\leftarrow B\leftarrow C\rightarrow D\rightarrow E\}$、$\{A\leftarrow B\rightarrow D\rightarrow E\}$ 和 $\{A\leftarrow E\}$。值得注意的是，识别两个节点之间的路径数量时，不需要考虑将相邻两个节点相连的边的方向，只要有边相连即可，只有在考虑路径的"连通"或"阻断"时才考虑边的方向，相关内容将在第 3 章做详细介绍。

在图中，一条有向边的起点节点称为该有向边的终点节点的父节点，反之，终点节点为起点节点的子节点。在图 2.3b 中，节点 C 是节点 B 和 D 的父节点，相应地，节点 B 和节点 D 是节点 C 的子节点。若一条路径一直顺着箭头延伸，则称该路径为有向路径，比如图 2.3b 中的路径 $\{C\rightarrow D\rightarrow E\}$。在有向路径上的所有节点中，没有一个节点在该路径中有两条边都进入该节点，或者两条边都从该节点出来。如果两个节点通过有向路径相连，则该有向路径上的第一个节点是该路径上其他所有节点的祖先，其他所有节点是第一个节点的后代。下面用父节点和子节点来说明：父节点是其子节点的祖先，是其子节点的子节点的祖先，也是其子节点的子节点的子节点的祖先，以此类推。若一个节点只有子节点没有父节点，则称该节点为根节点。在图 2.3b 中，节点 C 是节点 E 和节点 A 的祖先，节点 E 和节点 A 是节点 C 的后代，节点 C 是根节点。

如果一条有向路径从一个节点出发再回到它自身，则该路径称为环。有向图中没有环，则称为无环图。比如，图 2.4a 中，没有任何一个节点能够通过一条有向路径回到它自身，因此它是无环图；图 2.4b 中，节点 X 存在有向路径 $\{X\rightarrow Y\rightarrow Z\rightarrow X\}$ 回到自身，即图中有环，则它是有环图。

我们用图来表示变量之间的因果关系，该图则称为图模型。在图模型中，图中的一个节点对应于因果关系中的一个变量，因此，图模型中的节点也称为节点变量，节点变量的一个取值对应于一个事件。在图模型中，若节点变量 X 是节点变量 Y 的祖先，则称节点变量 X（准确地说，应该是节点变量的一个取值，一般简称为节点变量）是节点变量 Y 的因，节点变量 Y 是节点变量 X 的果。若存在从节点变量 X 到节点变量 Y 的有向边，即

节点 X 是节点 Y 的父节点,则节点变量 X 是节点变量 Y 的直接因。由于因果关系的非反身性,一个事件不能是自己的因,因此,用于表达因果关系的图通常为有向无环图,该图也称为因果图。以图 2.5 为例,节点 C 是节点 F 的祖先,节点 C 也是节点 F 的因。因为存在从节点 C 和节点 Y 到节点 Z 的有向边,所以节点 C 和节点 Y 都是节点 Z 的直接因。

图 2.4　无环图和有环图

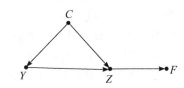

图 2.5　表示因果关系的有向无环图

2.7.3　结构因果模型

用图模型表达变量之间的因果关系时无法实现变量之间因果关系的量化描述,为此,我们引入了结构因果模型(Structure Causal Model,SCM),对因果关系中变量取值之间的量化关系进行描述。

形式上,结构因果模型包括三个要素:外生变量集合 U、内生变量集合 V 和表达变量之间量化关系的函数集合 F。下面用一个具体的例子来进行说明。

例 2.10　分析考试成绩、学生智商、课余学习时间、家庭对教育重视程度和教师教学水平之间的关系。假设考试成绩为变量 Y、学生智商为变量 I、课余学习时间为变量 T、家庭对教育的重视程度为变量 F、教师教学水平为变量 L、则上述变量之间相应的结构因果模型为:

$$I := U_1$$
$$F := U_2$$
$$T := F + U_3$$
$$L := U_4$$
$$Y := f_Y(I, F, T, L, U_5)$$

本模型中需要研究变量 I、F、T、L 和 Y 之间的关系,这 5 个变量属于需要研究的模型中的变量,称为内生变量。从变量 Y 的表达式中可以看到,变量 Y 的取值受变量 I、F、T 和 L 的影响,但除了这 4 个变量对变量 Y 有影响外,还有一些我们不了解或随机的因素也对变量 Y 的取值有影响,我们把除上述 4 个内生变量之外的所有因素对变量 Y 的影响笼统地用一个变量 U_5 来表示,这样的变量称为结构因果模型的外生变量。类似地,课余学习时间变量 T 受模型中内生变量 F 的影响,除此之外,我们不了解或随机但对变量 T 有影响的因素用 U_3 来表示;学生的智商变量 I 和家庭对教育的重视程度变量 F,都不受模型中内生变量的影响,但受我们不了解或随机的一些因素的影响,分别用外生变

量 U_1 和 U_2 表示。显然，在上述内生变量的函数表达式中，这些外生变量所体现的都是无法用内生变量来表达的影响，因此，相对于用内生变量表达的部分，这些外生变量有时也被称为误差项。因此，在结构因果模型中，我们需要研究的变量为内生变量，其集合称为内生变量集合 $\boldsymbol{V}$，本例中 $\boldsymbol{V}=\{I,F,T,L,Y\}$；在模型的内生变量函数表达式中，代表我们不了解或随机性因素影响的变量，称为外生变量，其集合为外生变量集合 $\boldsymbol{U}$，本例中 $\boldsymbol{U}=\{U_1,U_2,U_3,U_4,U_5\}$。显然，外生变量的取值不受模型中的其他变量（包括外生变量和内生变量）的影响，其不同的取值，代表了模型不同的应用场景，我们将在后面反事实分析部分做详细介绍。内生变量的取值，则至少受一个外生变量的影响，也可能受其他内生变量的影响。在本例中，表达变量之间量化关系的函数集合是上述模型中的 5 个表达式，每一个内生变量都对应一个函数表达式，这样的函数表达式称为结构因果方程，它表达了每个内生变量受外生变量或外生变量加其他内生变量影响的情况。比如，内生变量 Y 对应的结构因果方程 $Y:=f_Y(I,F,T,L,U_5)$，表达了变量 I、F、T、L 和 U_5 对变量 Y 的影响。需要注意的是，在结构因果模型的函数表达式中，变量之间的影响具有方向性，比如表达式 $T:=F+U_3$ 表示在数值上变量 T 等于变量 F 加上外生变量 U_3，但只是变量 T 受变量 F 和 U_3 影响而不是相反，为此，我们在结构因果方程中表达变量之间的量化关系时使用符号"$:=$"而不是"$=$"。

2.7.4　图模型和结构因果模型的比较

图模型和 SCM 都可以描述变量之间的因果关系，同一个因果关系既可以用图模型来描述，也可以用 SCM 来描述。不同的图模型对应不同的结构因果模型，但具有相同内生变量和外生变量集合的不同结构因果模型可能对应相同的图模型。也就是说，每一个 SCM 都与一个图模型相对应。但一个图模型可能对应多个结构因果模型，我们将在后面对相关内容做详细介绍。

图模型包括一些节点和边，图中每个节点都对应 SCM（$\boldsymbol{U}$ 或 $\boldsymbol{V}$ 集合）中的一个变量。如果 SCM 的函数集合中的函数 f_Y 是决定变量 Y 取值的函数，且函数 f_Y 的表达式中有变量 X（也就是说，变量 Y 的取值受变量 X 影响），则在其对应的图模型 G 中，存在从节点 X 到节点 Y 的一条有向边，变量 X 是变量 Y 的直接因。若在图模型中，节点 Y 是节点 X 的后代，且没有从节点 X 到节点 Y 的一条有向边，则变量 X 是变量 Y 的间接因。由于 SCM 中外生变量的取值不受模型中其他变量的影响，因此，在对应的图模型中一个外生变量对应一个根节点，没有祖先；由于 SCM 中内生变量的取值至少受一个外生变量的影响，还可能受其他内生变量的影响，因此在对应的图模型中，内生变量对应的节点至少是一个外生变量的后代（也可能同时是其他内生变量的后代）。在 SCM 中，如果已知每一个外生变量的取值，则根据模型的函数 F，可以确定每一个内生变量的取值，在对应的图模型中，从所有的外生变量对应的节点出发，可以沿着有向边到达所有内生变量对应的节点。

例 2.10 中结构因果模型对应的图模型如图 2.6 所示。在变量 T 的函数表达式 $T:=F+U_3$ 中，有变量 F 和变量 U_3，因此，在图模型中有从节点 F 和节点 U_3 到节点 T 的边。节点 Y 是节点 U_1 的后代，但没有从节点 U_1 到节点 Y 的边，故变量 U_1 是变量 Y 的间接因。有从节点 I 指向节点 Y 的边，故变量 I 是变量 Y 的直接因。图中外生变量 $\{U_1, U_2, U_3, U_4, U_5\}$ 在图模型中都是根节点。在图模型中，有的内生变量（如 I、F 和 L）只是外生变量的后代，只受外生变量影响，有的内生变量既是外生变量的后代，也是内生变量的后代，比如变量 T 和 Y。在图 2.6 的图模型中，有从节点 I、F、T、L 和 U_5 指向节点 Y 的边，因此，我们通过图模型就知道，在结构因果模型中，在变量 Y 的函数表达式中必定有变量 I、F、T、L 和 U_5。

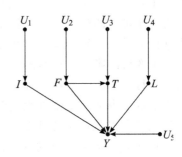

图 2.6　例 2.10 中结构因果模型对应的图模型

与结构因果模型的表达方式相比，图模型无法像结构因果模型中函数表达式那样提供变量之间的量化关系信息，也就无法知道变量 I、F、T、L 和 U_5 具体是如何影响 Y 的取值的。图模型缺乏定量信息，一般比 SCM 包含的信息量少。但在实际工作中，我们经常只需要了解因果关系中变量之间的定性关系，比如，哪些变量相互独立或相互依赖，哪些变量相互条件独立，这时候用图模型将足以表达这样的因果关系。同时，与结构因果模型相比，图模型对因果关系的表达更直观、更简洁、更易于理解，应用图模型分析，可以很方便地分析变量之间的因果关系，我们将在后面对相关内容进行介绍。在图模型分析中，我们通常以内生变量为研究对象，为突出各个内生变量之间的相互关系、简化图形表示，除部分需要分析外生变量影响的应用场景外，在大多数应用场景的图模型结构图中，我们常常可以省略外生变量，仅保留内生变量。

2.8　因子分解

因果推断需要分析多个变量之间的关系，多个变量联合概率分布的表达是因果推断分析的基础。多个变量联合概率分布主要有两种表达方式：

- 一种是表格方式，列出变量的每一个取值组合的概率值。这种方式直观、易于理解，但如果模型中的变量数量很多，则需要的存储空间太大。比如，10 个二值变量（只有两个取值的离散变量）的联合概率分布将需要用 1024 行的表格来表达。连续变量的表达则更加困难。
- 另一种方式是用函数的形式表达多个变量之间的概率分布关系。比如，n 个内生变量的联合概率分布，用 n 个函数来表达变量之间的关系，同时结合外生变量的概率分布，联立这些函数即概率分布，则可以得到联合概率分布表达式。但是，这种方式通常难以实现：第一个原因是我们经常只知道一个变量是另外一个变量的因，但不知道相互具体的函数关系，也就无法写出具体的函数表达式；第二个原因是外生变量的概率分布通常难以量化表达；第三个原因是，即使得到了多个变量的函数表达式，将其对应的联合概率分布完整地写出来也非常困难，特别是在变量是离散变量并且函数表达式是复杂的代数表达式的时候。但是，如果我们采用图模型的方式表达变量之间的关系，多个变量联合概率分布表达的问题将得到大大简化。我们研究变量之间因果关系时所采用的有向无环图模型通常具有马尔可夫性，而当图模型具有马尔可夫性时，多个变量的联合概率分布可以根据链式法则分解为多个条件概率的乘积，我们称之为因子分解。

2.8.1 图模型的马尔可夫性

定义：有向无环图 G 的节点变量集合为 V，设 W 为 V 的任意子集，Parents(W) 为节点集合 W 的父节点集合，Descendents(W) 为节点集合 W 的后代节点集合，则在给定 Parents(W) 的条件下，节点变量集合 W 独立于图模型 G 中 W 的非后代节点（不含父节点），此即图模型的马尔可夫性。

若图 2.7 所示的图模型结构具有马尔可夫性，则根据马尔可夫性，相应地有下列变量的条件独立（或边缘独立）关系：

$$A \perp\!\!\!\perp B$$
$$D \perp\!\!\!\perp \{A, B\} \mid C$$

注意到，其中分析根节点的独立性时，其条件变量为空集，也就是边缘独立，比如，$A \perp\!\!\!\perp B$ 等价于 $A \perp\!\!\!\perp B \mid \emptyset$。

若图 2.8 所示的图模型结构具有马尔可夫性，则相应地有下列变量的条件独立（或边缘独立）关系：

$$X_1 \perp\!\!\!\perp X_2$$
$$X_2 \perp\!\!\!\perp \{X_1, X_4\}$$
$$X_3 \perp\!\!\!\perp X_4 \mid \{X_1, X_2\}$$
$$X_4 \perp\!\!\!\perp \{X_2, X_3\} \mid X_1$$
$$X_5 \perp\!\!\!\perp \{X_1, X_2\} \mid \{X_3, X_4\}$$

同时，图 2.8 中还存在独立性关系 $\{X_4, X_5\} \perp\!\!\!\perp X_2 \mid \{X_1, X_3\}$，但该独立性关系并非来自该图模型的马尔可夫性。

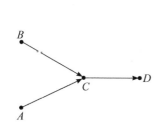

图 2.7 有向无环图马尔可夫性示例 1

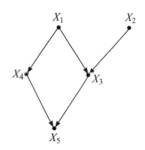

图 2.8 有向无环图马尔可夫性示例 2

对于有向无环图 G，若图模型中各个外生变量之间相互独立，则图模型 G 具有马尔可夫性。本书主要以具有马尔可夫性的有向无环图模型为研究对象，若图模型不具有马尔可夫性，我们将做专门说明。

2.8.2 因子分解表达式

根据有向无环图模型的马尔可夫性，即"给定一个节点的父节点集后，该节点独立于其所有非后代节点（不含父节点）"，显然有，模型中所有节点变量的联合概率分布可以分解为模型中所有节点变量的条件概率 P(子节点变量 | 父节点变量集合) 的乘积形式，其中根节点的条件概率为该节点概率。当变量为离散变量时，相应联合概率分布的具体形式如下：

$$P(x_1, x_2, \cdots, x_n) = \prod_{i=1}^{n} P(x_i \mid \mathrm{pa}_i) \tag{2.34}$$

其中，表达式中的 x_i 是 $X_i = x_i$ 的简写（后续内容类似），表达式中的 pa_i 为变量 X_i 的父节点变量。对于根节点，$\mathrm{pa}_i = \varnothing$，则 $P(x_i \mid \mathrm{pa}_i) = P(x_i)$。

证明：

根据链式法则，多个变量的联合概率分布为：

$$P(x_1, x_2, x_3, \cdots, x_n) = \prod_{i=1}^{n} P(x_i \mid x_1, \cdots, x_{i-1})$$

图模型中所有除 X_i 节点变量外的节点变量，包括其后代节点、父节点和非后代节点三个部分，根据马尔可夫性，任一节点变量在给定其父节点变量的条件下，与其他非后代节点相互独立，同时，后代节点对该节点没有影响，故有

$$P(x_i \mid x_1, \cdots, x_{i-1}) = P(x_i \mid \mathrm{pa}_i)$$

因此

$$P(x_1, x_2, x_3, \cdots, x_n) = \prod_{i=1}^{n} P(x_i \mid x_1, \cdots, x_{i-1}) = \prod_{i=1}^{n} P(x_i \mid \mathrm{pa}_i)$$

上述多个变量联合概率分布的表达式(2.34)即为因子分解表达式。其中条件概率 $P(x_i \mid \mathrm{pa}_i)$ 用于代替多变量联合概率分布表达式中的 $P(x_i \mid x_1, \cdots, x_{i-1})$，也就是将 $P(x_i \mid x_1, \cdots, x_{i-1})$ 的条件变量限定在该节点变量的父节点范围内，相应地称该条件概率 $P(x_i \mid \mathrm{pa}_i)$ 为局部条件概率。

当节点变量为连续变量时也有类似的因子分解表达式，相应地所有节点变量的联合概率密度函数 $f(x_1, x_2, \cdots, x_n)$ 为

$$f(x_1, x_2, \cdots, x_n) = \prod_{i=1}^{n} f(x_i \mid \mathrm{pa}_i) \tag{2.35}$$

这里不做推导。对于离散和连续混合变量，仍有类似结果。

对于图 2.8，根据联合概率分布的因子分解，相应的联合概率分布为

$$P(x_1,x_2,x_3,x_4,x_5)=P(x_1)P(x_2)P(x_4|x_1)P(x_3|x_1,x_2)P(x_5|x_3,x_4) \quad (2.36)$$

根据对应的图模型结构将多个变量的联合概率分布进行因子分解，将条件概率代替为局部条件概率，可以极大地简化联合概率分布中条件概率的表达，我们以离散变量的联合概率分布为例进行分析。对于节点变量 X_i 的条件概率分布，可以通过一个概率表来表达，该概率表提供 X_i 的条件概率表达式中所有变量的所有取值组合的概率，比如，对于式(2.36)，其中 $P(x_1)$ 可以通过一个一维概率表表示变量 X_1 各个取值的概率；条件概率 $P(x_4|x_1)$ 可以通过一个二维表表示变量 X_1 和 X_4 的各个取值组合的概率；条件概率 $P(x_3|x_1,x_2)$ 可以通过一个三维表表示变量 X_1、X_2 和 X_3 的各个取值组合的概率。在得到这些取值组合的概率后，分别相乘，则可以得到联合概率分布 $P(x_1,x_2,x_3,x_4,x_5)$，显然，计算联合概率分布过程中所涉及的取值组合数量，决定了联合概率分布表达的复杂度。为简化分析，假设所有节点变量均为二值变量，则表达式(2.36)中各条件概率的表格情况如图 2.9 所示，确定图中各个表格的概率值，即可实现图中各个变量联合概率分布的表达。

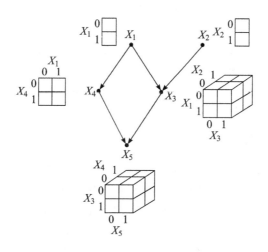

图 2.9　以概率表形式表示条件概率分布

一般来说，若变量 X_i 的父节点有 m_i 个，则其条件概率用 (m_i+1) 维表格表达，若该变量的取值有 r 个，则相应表达该条件概率的表格有 r^{m_i+1} 个数值。与之相对比，若不根据图模型结构将联合概率分布做因子分解，则变量 X_i 的条件概率需要用 n 维表格表达，当变量的取值有 r 个时，则相应表达该条件概率的表格最多有 r^n 个组合。在因果推断研究中，变量的父节点数量 m_i 通常要远远小于总的节点变量数 n，比如，在图 2.8 中的节点变量 X_4，其父节点变量只有 1 个，而图中总的节点变量数为 5 个。因此，将多个变量之间的因果关系用图模型表达，通过因子分解将"高维"问题转化为"低维"问题，

将极大地简化联合概率分布表达的复杂度,从而有效简化计算过程、节约大量的时间并大大节省存储空间。

另一方面,在因子分解的基础上简化联合概率分布表达,还有助于提高数据估计的精度。一般来说,因果推断工作中,先通过数据采集获得样本数据集,再基于样本数据集,通过相关频率的计算来实现对相关概率值的估计,显然,样本数据量越大,估计值越接近概率的真实值。但由于成本或其他可实现性,通常采集的样本量有限,因此,我们需要在样本量一定的条件下尽可能提高概率估计的精度。仍以图2.8所示的图模型为例来分析,若不采用因子分解,则相应联合概率分布的表达式为:

$$P(x_1,x_2,x_3,x_4,x_5)=P(x_1)P(x_2|x_1)P(x_3|x_1,x_2)P(x_4|x_1,x_2,x_3)$$
$$P(x_5|x_1,x_2,x_3,x_4) \qquad (2.37)$$

假设每个变量都是二值变量,则式(2.37)的概率分布涉及 2 个 X_1 的取值组合、4 个 $\{X_1,X_2\}$ 的取值组合、8 个 $\{X_1,X_2,X_3\}$ 的取值组合、16 个 $\{X_1,X_2,X_3,X_4\}$ 的取值组合和 32 个 $\{X_1,X_2,X_3,X_4,X_5\}$ 的取值组合,共 62 个取值组合。

但如果根据图模型结构,采取因子分解,则根据式(2.35),其联合概率分布涉及的取值组合为 2 个 X_1 的取值组合、2 个 X_2 的取值组合、4 个 $\{X_1,X_2\}$ 的取值组合、8 个 $\{X_1,X_2,X_3\}$ 的取值组合和 8 个 $\{X_3,X_4,X_5\}$ 的取值组合,共 24 个取值组合。

在同样的样本数量下,需要估计的取值组合越少,(一般情况下)相应样本数据集分配到各个取值组合的样本数量越多,则通过频率估计得到的概率的精度也就越高。因此,基于反映变量间关系的图模型结构,采用因子分解,有助于减少需要估计的条件概率数量,提高条件概率估计的精度。

2.9 图模型结构的程序实现

变量之间的因果关系可以通过图模型来表达,该图模型结构可以通过程序予以表达。要实现图模型结构的表达,可以用 R 语言,也可以用 Python 等其他编程语言,本书将以 R 语言为例进行介绍,其他编程语言类似。在 R 语言中,用于图模型结构表达和图模型分析的比较流行的工具是 DAGitty 包,本书将以 DAGitty 包为主要工具,对图模型结构的表达和图模型分析的程序实现予以介绍。DAGitty 包有两种工作模式,即 Web 工作模式和命令行工作模式,本书主要介绍命令行工作模式,Web 工作模式可参考 DAGitty 包的相关文档。

2.9.1 R 软件的安装

在浏览器中打开 R 语言的官方网址 https://www.r-project.org/,如图 2.10 所示。点击页面中的 download R,得到如图 2.11 所示的页面。选择点击其中 China 下的一个链接即可得到如图 2.12 所示的页面。

根据计算机中的操作系统情况点击下载对应的 R 语言版本,比如,若操作系统是 Windows,则点击 Download R for Windows,显示如图 2.13 所示的页面。

图 2.10　R 语言的官方网站

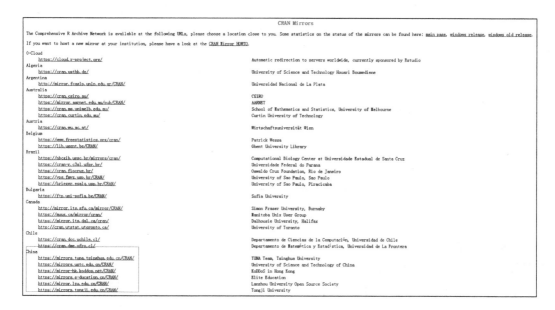

图 2.11　点击 download R 后的页面

若首次安装 R 语言，则选择点击 install R for the first time，显示如图 2.14 所示的页面。点击其中的 Download R 4.0.0 for Windows 链接，即可开始下载可执行 R 语言的安装包文件 R-4.0.0-win.exe（由于时间的不同，该页面上的内容可能会有所不同），如图 2.15 所示。

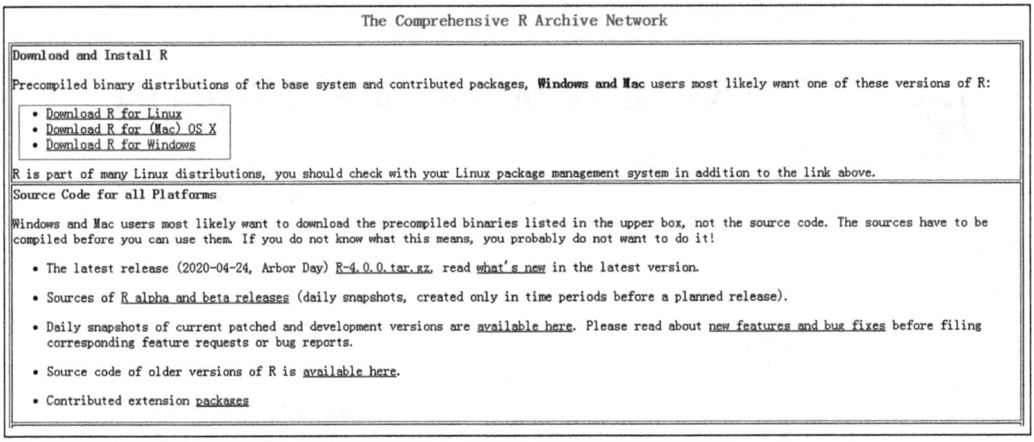

图 2.12　点击链接后的页面

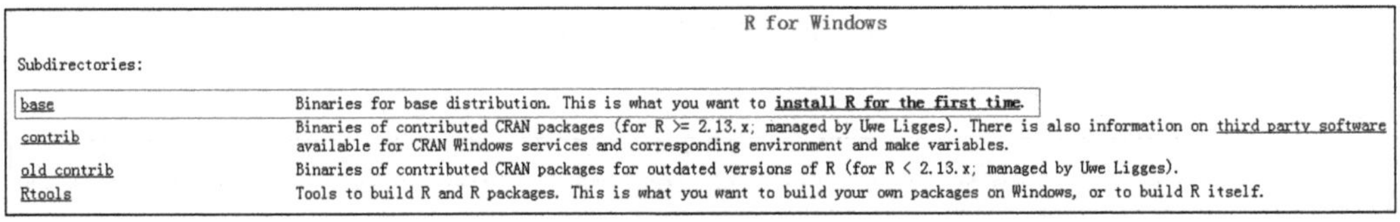

图 2.13　Windows 系统下载页面

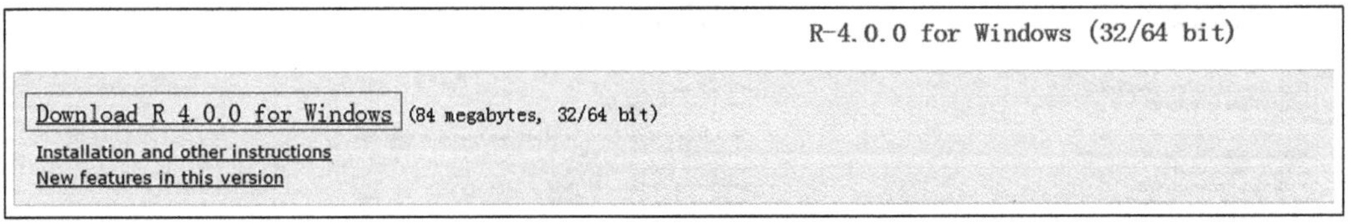

图 2.14　第一次安装页面

下载完成后，双击文件 R‑4.0.0‑win.exe，即可按照提示一步一步地完成 R 语言的安装。

2.9.2　DAGitty 包的安装与加载

在 R 语言控制台（R Console）中输入命令 ＞install.packages ('dagitty')，如图 2.16 所示。系统自动弹出安装 R 包的镜像站点下拉选择框，如图 2.17 所示。

图 2.15　R 语言安装包文件

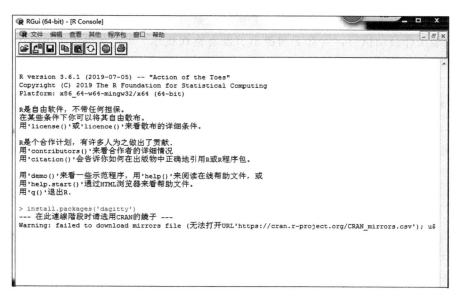

图 2.16　输入命令

图 2.17　下拉选择框

一般在下拉框中选择一个有中国（China）的镜像站点，点击"确认"按钮即可。DAGitty 包的安装工作自动执行，当有下列提示（没有错误提示）时，即表示 DAGitty 包安装完成，如图 2.18 所示。

```
> install.packages('dagitty')
试开URL'https://mirrors.tongji.edu.cn/CRAN/bin/windows/contrib/3.6/dagitty_0.2-2.zip'
Content type 'application/zip' length 293614 bytes (286 KB)
downloaded 286 KB

程序包'dagitty'打开成功，MD5和检查也通过

下载的二进制程序包在
         C:\Users\Administrator\AppData\Local\Temp\Rtmp42igTC\downloaded_packages里
> |
```

图 2.18　DAGitty 包安装完成

DAGitty 包在安装完成后，在程序中如要使用 DAGitty 包，还必须通过以下命令加载 DAGitty 包：

```
> library('dagitty')]
```

DAGitty 包在安装完成后，下次再打开 R 软件或其他 R 集成开发环境（比如 R Studio）时，都不必重新安装，但每次重新打开 R 软件或其他 R 集成开发环境后，在程序中如要使用 DAGitty 包，都必须重新加载 DAGitty 包。

前面介绍的 DAGitty 包的安装和加载都是通过命令行的方式实现在线安装和加载，DAGitty 包的安装和加载也可以通过图形界面的形式实现在线安装和加载，或者下载代码到本地后在本地安装，具体可参考 R 语言的相关文档。

2.9.3　图模型的生成

例 2.11　在 R Console 中输入以下命令语句，生成一个简单的图模型。

解：

输入语句：

```
> g < - dagitty('dag{
+     X[pos= "0,1"]
+     Y[pos= "1,1",exposure]
+     Z[pos= "2,1",outcome]
+     W[pos= "1,0"]
+     T[pos= "2,2"]
+     X- > Y- > Z- > T
+     X- > W- > Y- > T
+     W- > Z
+ }')
> plot(g)
```

其中命令行中的"+"表示命令语句未结束，但换行。则可生成如图 2.19 所示的图模型。下面对上述输入的命令语句进行详细介绍。为方便说明，我们将上述语句改写成普

通文本格式（删除命令行中的"+"），即：

```
g <- dagitty('dag{
    X[pos= "0,1"]
    Y[pos= "1,1",exposure]
    Z[pos= "2,1",outcome]
    W[pos= "1,0"]
    T[pos= "2,2"]
    X- > Y- > Z- > T
    X- > W- > Y- > T
    W- > Z
}')
```

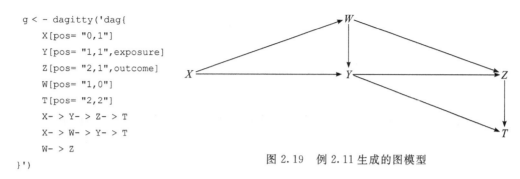

图 2.19 例 2.11 生成的图模型

其中 dagitty('dag{⋯}') 表示生成有向无环图模型，g←dagitty('dag{⋯}') 表示将生成的图模型赋予对象 g。dag{⋯} 大括号中的内容对图模型结构进行了具体的定义，下面将重点对其进行详细介绍。

图模型结构的定义包括两个部分：图模型中节点的声明和边的声明。

在节点声明部分，以如下语句为例：

```
Y[pos= "1,1",exposure]
```

对节点声明的语句又包括节点的名称和节点的性质两部分，名称和性质之间用空格隔开。上例中，节点的名称是 Y，如果节点名称中有空格或其他特殊符号，则节点名称需要用双引号，比如节点名称"carry matches"，名称中有空格，就必须用双引号；上例中，节点的性质是[pos="1, 1", exposure]，写在中括号里面，节点的性质可有多个，各个性质之间用逗号隔开。性质 exposure 表示在因果推断分析中，该变量是干预变量；相应地，性质 outcome 表示在因果推断分析中，该变量是结果变量。类似的性质还有：性质 latent 表示在因果推断分析中，该变量是不可观察的变量，性质 adjusted 表示在特定的因果推断分析中，该变量将列入调整变量集合。干预变量、结果变量和调整变量的相关概念将在第 4 章做详细介绍。上例中，性质 pos="1, 1"表示将该图模型绘制出来后该节点的坐标，在声明节点时指定节点的坐标数据是为了图模型的美观，也可以不指定节点的坐标，但绘制出来的图模型不美观。需要特别指出的是，该坐标数据中 Y 轴的正方向是向下。一般当图模型结构比较简单时，不确定各个节点的坐标位置，不影响对图模型结构的理解。但当图模型结构比较复杂时，确定各个节点的坐标位置可以让图模型的展示更为美观，也便于理解。

节点坐标的位置，可以在图模型生成时在节点声明中作为一个性质列出，也可以采用如下形式提供：在生成图模型时不确定节点位置，而在图模型生成后，用单独的函数 coordinates 对图模型中各个节点的 X 轴和 Y 轴的坐标值进行汇总说明。这种实现方式具有同样的图模型节点位置布局，且用得较多。

```
g <- dagitty('dag{
    Y[exposure]
    Z[outcome]
    X- > Y- > Z- > T
```

```
            X-> W-> Y-> T
            W-> Z
        }')
        coordinates(g) <- list(x= c(X= 0,Y= 1,Z= 2,W= 1,T= 2),y= c(X= 1,Y= 1,Z= 1,W= 0,T= 2))
```

在边的声明部分，以如下语句为例

  W→Z

该语句表示节点 W 和节点 Z 之间有边相连，且边的方向是从节点 W 指向节点 Z，相应地对于这条边，W 为源节点，Z 为目标节点。上述边的声明也可以改写为形式

  Z←W

同样表示边的方向是从节点 W 指向节点 Z。若两个节点之间边的方向是双箭头"↔"，如

  X↔Y

则其为 $X←U→Y$ 的简化表达形式，表示节点 X 和节点 Y 之间有一个不可观察（latent）变量。在因果推断分析中，通常表示一个未知、不可观察的混杂因子，具体应用我们将在后续内容中进行介绍。

  前面关于图模型 g 的生成语句是比较标准的语法，在实际脚本中可以进行一些语句简化：

  1）如果一个节点在生成图模型时没有需要指定的节点性质，则该节点不需要专门声明，可在图模型边的声明中直接引入节点变量名称，但在需要确定节点坐标数据时，每个节点都需要声明。在节点性质声明中，exposure 可写为 e，outcome 可写为 o，latent 可写为 l。

  2）图模型结构定义中关于节点声明和边声明的语句，可以写在同一行，各个语句之间用空格或分号"；"隔开，一般推荐用分号隔开，便于阅读。

  3）图模型结构定义中边的声明，可以类似于 $W→Z$，一条边写成一句，也可以将多条边的声明写在一起作为一句，比如 $X→W→Y→T$，它等价于 $X→W$、$W→Y$ 和 $Y→T$ 这三句。

  4）如果图模型结构中节点 X 到几个节点都有相同方向的边，则可以先将这几个节点构成一个子图，再声明节点 X 到子图的边，实现节点 X 到子图中各个节点的边。比如，$X→\{W→Z←Y\}$，则是定义了一个子图 $\{W→Z←Y\}$，且有边 $X→W$、$X→Z$ 和 $X→Y$。

  例 2.12 从图模型结构来看，下列四段脚本（非完整 R 命令，仅仅是 dag 命令部分）生成的对应的图模型是相同的，其中（d）脚本由于声明了各个节点的坐标，其绘制出来的图更美观。

```
(a) dag{
        E-> D
        A-> E
        A-> Z
        B-> Z
        B-> D
        Z-> E
```

```
        Z->D
        }
(b)  dag{
        A->{Z E}
        B->{Z D}
        Z->{E D}
        E->D
        }
(c)  dag{
        {A B}->
        {Z->{E->D}}
        }
(d)  dag{
        A[pos="0,-2"]
        B[pos="2,-2"]
        D[pos="2,0",outcome]
        E[pos="0,0",exposure]
        Z[pos="1,-1"]
        A->{E Z}
        B->{D Z}
        E->D
        Z->{D E}
        }
```

脚本（d）绘制出的图模型结构如图 2.20 所示。

对于例 2.12 的图模型 g，可以通过命令行求得该图模型中一个节点的父节点、祖先节点、子节点和后代节点。

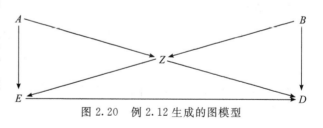

图 2.20　例 2.12 生成的图模型

1) 求节点 E 的父节点。

输入语句：

> parents(g,"E")

输出结果：

[1]"A""Z"

2) 求节点 E 的祖先节点。

输入语句：

> ancestors(g,"E")

输出结果：

[1]"E""Z""B""A"

3) 求节点 E 的子节点。

输入语句：

> children(g,"E")

输出结果：

[1]"D"

4) 求节点 E 的后代节点。

输入语句：

> descendants(g,"E")

输出结果：

[1]"E""D"

在 DAGitty 包中，每个节点都被视为其祖先节点和后代节点的特例。

对于例 2.11 的图模型 g，可以通过命令行求得两个节点之间的路径或有向路径。

1) 求节点 X 和节点 T 之间的所有路径。

输入语句：

> paths(g,"X","T")$ paths

输出结果：

[1]"X- > W- > Y- > T"   "X- > W- > Y- > Z- > T"   "X- > W- > Z- > T"
[4]"X- > W- > Z< - Y- > T" "X- > Y- > T"   "X- > Y- > Z- > T"
[7]"X- > Y< - W- > Z- > T"

2) 求节点 X 和节点 T 之间的所有有向路径。

输入语句：

> paths(g,"X","T",directed= TRUE)$ paths

输出结果：

[1]"X- > W- > Y- > T"   "X- > W- > Y- > Z- > T"   "X- > W- > Z- > T"
[4]"X- > Y- > T"   "X- > Y- > Z- > T"

CHAPTER 3

第 3 章

图模型分析

变量之间的独立性或条件独立性关系，通常是根据定义，通过概率分布的量化计算及相关等式是否成立来进行判断的。当变量之间的因果关系可以通过图模型进行表达时，如何在不需要概率分布或结构因果模型这样的量化信息的基础上，仅仅通过反映变量间因果关系的图模型结构分析，来识别、判断节点变量之间的独立性或条件独立性关系，是图模型分析的主要内容。

3.1 基本图模型结构的分析

由于变量之间因果关系的复杂性、多样性，其对应的图模型结构也千变万化。但是，不同的图模型结构都是由几种基本的图模型结构组合而成的，本节我们将通过一个具体的例子来对基本图模型结构进行分析。

例 3.1（入室盗窃还是热带风暴） 霍姆斯先生在办公室接到邻居沃顿先生打来的电话，沃顿先生告诉霍姆斯先生，他家的防盗警报大作。担心家里被盗，霍姆斯先生急忙驾车往家里赶。在回家路上，霍姆斯先生听电台广播说他家这一带正在发生热带风暴。考虑到热带风暴的大风也有可能触发防盗警报报警，他估计防盗警报是大风导致的，所以他又驾车返回办公室继续工作。

在这个例子中，我们假设：用变量 B 表示霍姆斯先生家是否被盗，用变量 E 表示是否发生热带风暴，用变量 A 表示防盗警报是否响起，用变量 R 表示电台广播是否告知当地发生热带风暴，用变量 W 表示霍姆斯先生是否收到邻居电话。这几个变量都是二值变量，等于 1 表示发生，等于 0 表示没有发生。

根据这几个变量之间的因果关系，因为"盗窃" B 会导致"警报" A，所以有一条从节点 B 指向节点 A 的有向边。因为"热带风暴" E 也会导致"警报" A，所以也有一条从节点 E 指向节点 A 的有向边。同时，因为"热带风暴" E 发生后会有"电台广播" R，所以从节点 E 出发还有一条指向节点 R 的有向边。因为"警报" A 响起后，霍姆斯先生就会收到"邻居电话" W，所以有一条从节点 A 指向节点 W 的有向边。因此，根据本案例中几个变量之间的因果关系，我们可以得到如图 3.1 所示的图模型结构。

在图 3.1 所示的图模型结构中有 5 个节点和 4 条边，节点之间最基本的连接关系分为三种情况。

- 链式结构，如 $B \to A \to W$、$E \to A \to W$。
- 分叉结构，如 $A \leftarrow E \to R$。
- 对撞结构，如 $B \to A \leftarrow E$，也称为"V 结构"，其中中间节点 A 称为对撞节点。

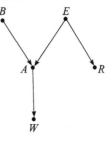

图 3.1 "入室盗窃还是热带风暴"案例图模型结构

任何图模型结构最终都可以分解为这三种基本的图模型结构。下面，我们对这三种基本的图模型结构，在不给定中间节点变量取值和给定中间节点变量取值两种情况下，分别讨论其变量之间的独立性或条件独立性关系。

3.1.1 链式结构

我们以 $B \to A \to W$ 为例分析链式结构，具体分两种情况：一种是中间节点变量"警报" A 取值给定，一种是中间节点变量"警报" A 的取值不定。

假设我们不给定中间节点变量"警报" A 的取值，那么，节点变量"警报" A 的取值将受节点变量"盗窃" B 的影响。当节点变量"盗窃"节点 B 等于 1 时，则很可能节点变量"警报" A 等于 1；而当节点变量"盗窃" B 等于 0 时，则很可能节点变量"警报" A 等于 0（假设节点变量之间的结构关系是链式结构，节点变量"盗窃" B 是节点变量"警报" A 唯一的父节点。这里用"很可能"而不用"必定"，是考虑系统的不确定性，变量之间的关系是条件概率关系）。因此，邻居可以根据节点变量"警报" A 的状态（取值）得到关于节点变量"盗窃" B 的信息，并据此判断是否给霍姆斯先生打电话。也就是说，节点变量"邻居电话" W 的取值将受节点变量"盗窃" B 的影响。反过来看，节点变量"邻居电话" W 的状态是根据节点变量"警报" A 而定的，若节点变量"邻居电话" W 等于 1，也可以反推出一定概率下节点变量"警报" A 等于 1，进而推断出一定概率下节点变量"盗窃" B 等于 1，我们可以在一定概率下根据节点变量"邻居电话" W 的取值推断得到节点变量"盗窃" B 的取值。也就是说，节点变量"盗窃" B 受节点变量"邻居电话" W 的影响。所以，在链式结构中，在没有给定中间节点变量"警报" A 取值的情况下，节点变量"盗窃" B 和节点变量"邻居电话" W 相互影响。也就是说，链式结构在没有给定中间节点变量取值的情况下，两端的节点变量相互影响，相互影响的情况如图 3.2 中虚线所示。

如果我们给定中间节点变量"警报" A 的取值，那么，节点变量"警报" A 的取值将不再受节点变量"盗窃" B 的影响。假设给定节点变量"警报" A 等于 1，那么此时不管节点变量"盗窃" B 的取值是 0 还是 1，节点变量"警报" A 的取值都是 1，因此，节点变量"邻居电话" W 将无法根据节点变量"警报" A 的取值来推断节点变量"盗窃" B 的取值情况。也就是说，此时节点变量"盗窃" B 的取值将无法影响节点变量"邻居电话" W 的取值。反过来看，由于节点变量"邻居电话" W 的取值不受节点变量"盗窃"

B 取值的影响，我们也无法根据节点变量"邻居电话"W 的取值反推出节点变量"盗窃"B 的取值情况。所以，在给定节点变量"警报"A 取值的情况下，节点变量"盗窃"B 和节点变量"邻居电话"W 相互没有影响。也就是说，在链式结构中，在给定中间节点变量取值的情况下，两端的节点变量相互没有影响，如图 3.3 中虚线所示，当信息传递到中间节点变量"警报"A 处时，信息的传递被阻断。

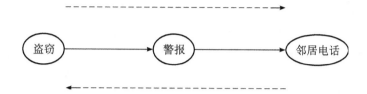

图 3.2　链式结构在未给定中间节点变量取值时两端节点变量相互影响

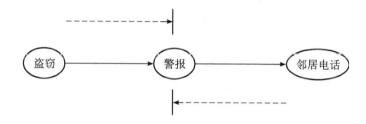

图 3.3　链式结构在给定中间节点变量取值时两端节点变量相互不影响

本例中另外一个链式结构 $E \to A \to W$ 的分析类似。相应有链式结构 $B \to A \to W$ 中节点变量之间的条件独立性关系：
- 在未给定中间节点变量 A 的取值时，两端节点变量 B 和 W 相互依赖；
- 在给定中间节点变量 A 的取值时，两端节点变量 B 和 W 相互独立，即 $B \perp\!\!\!\perp W \mid A$。

链式结构两端节点变量的条件独立性关系也可以通过概率分布推导如下：根据链式结构的图模型结构，相应联合概率分布为

$$P(b,a,w) = P(b)P(a|b)P(w|a) \tag{3.1}$$

则有

$$P(w|b,a) = \frac{P(b,a,w)}{P(b,a)} = \frac{P(b)P(a|b)P(w|a)}{P(b)P(a|b)} = P(w|a) \tag{3.2}$$

故 $B \perp\!\!\!\perp W \mid A$。

在式(3.2)的推导中，第一个等号是逆用概率乘法公式，第二个等号是将前面的分子根据式(3.1)进行替换，将分母按照概率乘法公式展开。

3.1.2　分叉结构

我们以 $A \leftarrow E \to R$ 为例分析分叉结构，具体分两种情况：一种是中间节点变量"热带

风暴"E 的取值给定,一种是中间节点变量"热带风暴"E 的取值不定。

我们首先来分析不给定中间节点变量"热带风暴"E 取值时的情况。"热带风暴"E 发生很可能会导致"警报"A 发生,也就是当节点变量"热带风暴"E 等于 1 时,很可能节点变量"警报"A 等于 1。因此,若观察到节点变量"警报"A 等于 1,我们可以推断很可能"热带风暴"E 等于 1。同时,节点变量"热带风暴"E 等于 1 则很可能导致节点变量"电台广播"R 等于 1。因此,节点变量"电台广播"R 的取值将受节点变量"热带风暴"E 的取值影响,进而受节点变量"警报"A 的影响。反过来看,节点变量"电台广播"R 的状态是根据节点变量"热带风暴"E 而定的,若节点变量"电台广播"R 等于 1,也可以反推出一定概率下节点变量"热带风暴"E 等于 1,进而推断出一定概率下节点变量"警报"A 等于 1,我们可以根据节点变量"电台广播"R 的取值一定概率下推断得到节点变量"警报"A 的取值。也就是说,节点变量"警报"A 受节点变量"电台广播"R 的影响。所以,在没有给定中间节点变量"热带风暴"E 取值的情况下,节点变量"警报"A 和节点变量"电台广播"R 相互影响。也就是说,在分叉结构中,在没有给定中间节点变量取值的情况下,两端的节点变量相互影响,相互的影响的情况如图 3.4 中虚线所示。

图 3.4 分叉结构在未给定中间节点变量取值时两端节点变量相互影响

再看给定中间节点变量"热带风暴"E 取值的情况。若中间节点变量"热带风暴"E 的取值给定,则无论节点变量"警报"A 的取值如何变化,节点变量"电台广播"R 都不能通过中间节点变量"热带风暴"E 取值的情况获取节点变量"警报"A 的取值信息,反之亦然。所以,在分叉结构中,在给定中间节点变量"热带风暴"E 取值的情况下,节点变量"警报"A 和节点变量"电台广播"R 相互没有影响。即,在给定中间节点变量取值的情况下,分叉结构两端的节点变量相互没有影响,如图 3.5 中虚线所示,当信息传递到中间节点处时,信息的传递被阻断。

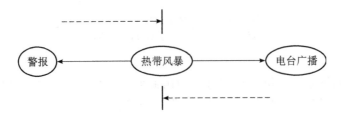

图 3.5 分叉结构在给定中间节点变量取值时两端节点变量相互不影响

相应有分叉结构 $A \leftarrow E \rightarrow R$ 中节点变量之间的条件独立性关系：
- 在未给定中间节点变量 E 的取值时，两端节点变量 A 和 R 相互依赖；
- 在给定中间节点变量 E 的取值时，两端节点变量 A 和 R 相互独立，即 $A \perp\!\!\!\perp R \mid E$。

分叉结构两端节点变量的条件独立性的推导类似于链式结构，具体如下：根据分叉结构的图模型结构，相应的联合概率分布为

$$P(a,e,r) = P(e)P(a|e)P(r|e) \tag{3.3}$$

则有

$$P(a|r,e) = \frac{P(a,r,e)}{P(r,e)} = \frac{P(e)P(a|e)P(r|e)}{P(e)P(r|e)} = P(a|e) \tag{3.4}$$

故 $A \perp\!\!\!\perp R \mid E$。

3.1.3 对撞结构

我们以 $B \rightarrow A \leftarrow E$ 为例分析对撞结构，具体分两种情况：一种是中间节点变量"警报"A 的取值不定，一种是中间节点变量"警报"A 的取值给定。

首先分析在不给定中间节点变量"警报"A 取值时，节点变量"盗窃"B 和节点变量"热带风暴"E 之间的关系。此时，节点变量"警报"A 的取值将根据节点变量"盗窃"B 和节点变量"热带风暴"E 的取值变化而变化。当节点变量"盗窃"B 和节点变量"热带风暴"E 中任意一个节点变量取值为 1，也就是说"盗窃"B 事件发生或"热带风暴"E 发生时，节点变量"警报"A 都有很大概率会发生，即节点变量"警报"A 等于 1。若"盗窃"B 和"热带风暴"E 都没发生，则"警报"不会发生，即节点变量"警报"A 等于 0。在这种情况下，"盗窃"变量 B 无法通过中间节点变量"警报"A 取值的变化，来接受节点变量"热带风暴"E 取值的影响。比如，若观察到节点变量"热带风暴"E 等于 1，则"警报"变量 A 等于 1，但此时节点变量"盗窃"B 既可以等于 1，也可以等于 0，不受此时节点变量"热带风暴"取值 E 等于 1 的影响；若观察到节点变量"热带风暴"E 等于 0，此时"警报"变量 A 的取值将取决于节点变量"盗窃"B 的取值，如 B 等于 1，则 A 等于 1，如 B 等于 0，则 A 等于 0。总之，节点变量"盗窃"B 的取值既可以为 1 也可以为 0，不受此时节点变量"热带风暴"取值 E 等于 0 的影响。类似地，"热带风暴"变量 E 也无法通过中间节点变量"警报"A 取值的变化，来接受节点变量"盗窃"B 取值的影响。因此，我们说对撞结构在中间节点变量"警报"A 不给定取值的情况下，两端的节点变量"盗窃"B 和"热带风暴"E 相互没有影响。如图 3.6 所示，从节点变量"盗窃"B 到节点变量"热带风暴"E 的信息流动或从节点变量"热带风暴"E 到节点变量"盗窃"B 的信息流动，都被中间节点变量"警报"A 所阻断。

但是，当对撞结构的中间节点变量"警报"A 的取值给定时，两端的节点变量"盗窃"B 和"热带风暴"E 将变得相互有影响（相互依赖）。当给定"警报"A 事件发生，即节点变量"警报"A 等于 1 时，若"盗窃"事件没发生，即节点变量"盗窃"B 等于

0，则可以推断，此时"热带风暴"E事件必然发生，即节点变量"热带风暴"E等于1，因为若此时节点变量"热带风暴"E等于0，则不会有节点变量"警报"A等于1。当然，在给定节点变量"警报"A等于1时，若节点变量"盗窃"B等于1，则无法推断得到节点变量"热带风暴"E的取值。当给定节点变量"警报"A等于0时，节点变量"盗窃"B和节点变量"热带风暴"E的取值都为0。需要注意的是，我们判定两个变量相互不影响（相互独立），需要在变量的各个取值组合上都相互不影响（相互独立），而判定两个变量相互影响（相互依赖），则只需要在有些取值组合情况下相互有影响（相互依赖）即可。所以，对撞结构在一些变量取值组合条件下，两端的节点变量的取值仍然可能是相互独立的。因此，在对撞结构中，在给定中间节点变量"警报"A取值的情况下，节点变量"盗窃"B和节点变量"热带风暴"E相互有影响，即对撞结构在给定中间节点变量取值的情况下，两端的节点变量相互有影响。相互影响的情况如图3.7中虚线所示。

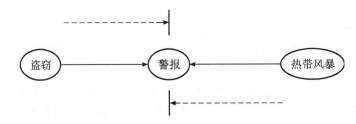

图 3.6　对撞结构在不给定中间节点变量取值时两端节点变量相互不影响

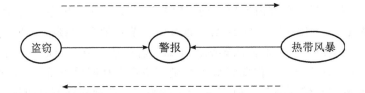

图 3.7　对撞结构在给定中间节点变量取值时两端节点变量相互影响

相应有对撞结构 $B \rightarrow A \leftarrow E$ 中节点变量之间的条件独立性关系：
- 在未给定中间节点变量 A 的取值时，两端节点变量 B 和 E 相互独立；
- 在给定中间节点变量 A 的取值时，两端节点变量 B 和 E 相互依赖。

对撞结构两端节点变量的独立性关系推导以离散变量为例，具体如下：根据对撞结构的图模型结构，相应的联合概率分布为

$$P(b,a,e) = P(b)P(e)P(a|b,e) \tag{3.5}$$

在不给定中间节点变量取值时，则有

$$P(b,e) = \sum_a P(b,a,e) = \sum_a P(b)P(e)P(a \mid b,e)$$

$$= P(b)P(e)\sum_a P(a\mid b,e) = P(b)P(e) \tag{3.6}$$

故 $B \perp\!\!\!\perp E \mid \varnothing$，即在对撞结构中，不给定中间节点变量取值时，两端节点变量相互独立（以空集为条件独立）。

当给定中间节点变量 A 取值时，相应有

$$P(b,e\mid a) = \frac{P(b,a,e)}{P(a)} = \frac{P(b)P(e)P(a\mid b,e)}{P(a)} = \frac{P(b)P(e)P(a\mid b,e)P(e\mid a)}{P(a)P(e\mid a)}$$
$$= \frac{P(b)P(e)P(a\mid b,e)P(e\mid a)}{P(e)P(a\mid e)} = \frac{P(b)P(a\mid b,e)P(e\mid a)}{P(a\mid e)} \tag{3.7}$$

同时有

$$P(b) = \frac{P(a)P(b\mid a)}{P(a\mid b)} \tag{3.8}$$

将式(3.8) 代入式(3.7) 右边的分子，则有

$$P(b,e\mid a) = \frac{\dfrac{P(a)P(b\mid a)}{P(a\mid b)}P(a\mid b,e)P(e\mid a)}{P(a\mid e)}$$
$$= P(b\mid a)P(e\mid a)\frac{P(a)P(a\mid b,e)}{P(a\mid b)P(a\mid e)}$$
$$= P(b\mid a)P(e\mid a)\frac{P(a)P(a\mid b,e)P(b,e)}{P(a\mid b)P(a\mid e)P(b,e)}$$
$$= P(b\mid a)P(e\mid a)\frac{P(a)P(a,b,e)}{P(a\mid b)P(a\mid e)P(b)P(e)}$$
$$= P(b\mid a)P(e\mid a)\frac{P(a)P(a,b,e)}{P(a,b)P(a,e)} \tag{3.9}$$

显然，不能保证 $\dfrac{P(a)P(a,b,e)}{P(a,b)P(a,e)}$ 始终等于 1，故不能保证始终有

$$P(b,e\mid a) = P(b\mid a)P(e\mid a)$$

则在给定中间节点变量 A 的条件下，变量 B 和变量 E 相互依赖（不独立），即对撞结构在给定中间节点变量的取值时，两端节点变量相互依赖。

上述推导过程中，式(3.7) 中第一个等号是逆用概率乘法公式，第二个等号是将式(3.5) 代入分子，第三个等号是分子分母同乘以 $P(e\mid a)$，第四个等号是将分母中的 $P(a)P(e\mid a)$ 用 $P(e)P(a\mid e)$ 代替，第五个等号是分子分母同时消去 $P(e)$。式(3.8) 是利用 $P(a)P(b\mid a) = P(b)P(a\mid b)$。式(3.9) 中第一个等号是将式(3.8) 代入式(3.7) 右边的分子，第二个等号是将 $P(b\mid a)P(e\mid a)$ 单独提出来，第三个等号是分子分母同时乘以 $P(b,e)$，第四个等号是利用概率乘法公式，同时利用 $P(b,e) = P(b)P(e)$，第五个等号是分母利用概率乘法公式。

从前述分析和推导中可以看到，对撞结构在给定中间节点变量取值时，两端的节点变量相互依赖。但这种依赖并不一定总是发生，在一定的变量取值组合下，在给定中间节点变量取值时，两端的节点变量也可能相互独立。在对撞结构中，给定中间节点变量的取值是两端节点变量相互依赖的必要条件，而不是充分条件，这一性质将用于7.1.3节的分析。

对撞结构在给定中间节点变量的取值后，两端节点变量相互依赖。如果对撞结构的中间节点变量有后代节点，中间节点变量的取值没有给定，但中间节点变量的后代节点变量取值给定，这时候对撞结构两端节点变量是否相互依赖？我们用一个具体的例子来量化分析说明。

例 3.2 抛硬币的例子。同时、独立抛两枚 1 元硬币，只要有一枚硬币的正面朝上，则旁边一个闹钟就会响。假设代表甲、乙两枚硬币抛出后正面是否朝上状态的变量分别是 X 和 Y，X 和 Y 取值为 1 代表正面朝上，取值为 0 代表反面朝上；变量 Z 是闹钟的状态，Z 为 1 代表闹钟响，而 Z 为 0 代表闹钟没有响。这三个变量相互的关系所对应的图模型结构仍然是对撞结构 $X \to Z \leftarrow Y$，抛两枚硬币的结果 X 和 Y 是对撞结构中的父节点变量，闹钟的状态 Z 是对撞结构中的对撞节点变量。

当不知道闹钟状态 Z 变量的取值时，由于两枚硬币是独立地抛，因此即使知道硬币甲正面朝上，也无法推断硬币乙的状态。但如果闹钟响了且硬币甲是反面朝上，则我们可以推断出硬币乙必定是正面朝上。类似地，我们可以根据闹钟的状态和硬币乙的状态对硬币甲的状态进行推断。上述分析可以通过量化计算来展示。显然，在抛硬币的试验结果中，不同结果组合及其概率分布如表 3.1 所示。

表 3.1 抛硬币结果中不同取值组合概率分布

X	Y	Z	$P(X, Y, Z)$
正面	正面	1	0.25
正面	反面	1	0.25
反面	正面	1	0.25
反面	反面	0	0.25

根据表 3.1 直接有

$$P(甲=正面) = P(乙=正面) = 0.5$$

在所有的取值组合中，"乙=正面"的所有取值组合的概率和为 0.5，其中"乙=正面，甲=正面"的取值组合的概率为 0.25，根据计算条件概率的过滤法有

$$P(甲=正面 | 乙=正面) = \frac{0.25}{0.5} = 0.5$$

上式中 0.25 除以 0.5，是按照"乙=正面"筛选出相关取值组合后，根据过滤法，所有取值组合的概率总和应为 1，实现归一化的需要。类似地，可有

$$P(甲=正面|乙=反面)=P(甲=反面|乙=正面)$$
$$=P(甲=反面|乙=反面)=0.5$$

即对变量 X 和 Y 的任意取值,都有

$$P(X=x|Y=y)=P(X=x)$$

变量 X 和 Y 相互边缘独立,即抛甲、乙两枚硬币的结果是相互独立的。

再来分析节点变量 Z 的取值给定时变量 X 和 Y 的概率关系。分析 $Z=1$ 条件下变量 X 和 Y 的概率分布情况。将表 3.1 中 $Z=1$ 的取值组合筛选出来,并对取值组合的概率进行归一化处理,比如,在 $Z=1$ 条件下"甲=正面、乙=正面"的概率为 $0.25/(0.25+0.25+0.25)=1/3$。相应有表 3.2。

表 3.2　闹钟响($Z=1$)条件下抛硬币结果中不同取值组合概率分布

X	Y	Z	$P(X,Y|Z)$
正面	正面	1	1/3
正面	反面	1	1/3
反面	正面	1	1/3

根据表 3.2,直接有

$$P(甲=正面|Z=1)=\frac{1}{3}+\frac{1}{3}=\frac{2}{3}$$

再来计算 $Z=1$ 且 $Y=$正面(乙=正面)条件下,"甲=正面"的概率。在表 3.2 的基础上再应用过滤法,将 $Y=$正面的取值组合筛选出来,共有 2 条,概率值都为 1/3,其中"甲=正面"有 1 条,故相应地有概率

$$P(甲=正面|Z=1,乙=正面)=\frac{1/3}{1/3+1/3}=\frac{1}{2}$$

显然,$P(甲=正面|Z=1)\neq P(甲=正面|Z=1,乙=正面)$,故在给定 $Z=1$ 的条件下,变量 X 和 Y 不再相互独立,而是相互依赖。需要注意的是,证明相互依赖只需要有一个取值组合下等式不成立,而证明相互独立需要在所有取值组合下等式都成立。

将抛硬币的例子场景做一下修改:还是根据两个硬币的结果来决定闹钟是否响起,但现在我们不能直接听到闹钟是否响起,也就是无法直接观察变量 Z 的取值,可以通过一个观察人员上报观察结果来间接了解闹钟是否响起,观察人员有 50% 的概率在闹钟没有响起时错误上报闹钟响了。观察人员的上报结果用变量 W 表示,$W=1$ 表示观察人员上报闹钟响了。增加观察变量 W 后,反映抛硬币案例中各变量相互关系的图模型结构如图 3.8 所示。若不知道变量 Z 的取值,但可以知道观察人员上

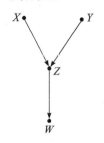

图 3.8　增加观察变量时抛硬币案例图模型结构

报结果即变量 W 的取值，也就是在图模型中不给定对撞节点变量 Z 的取值而给定对撞节点变量 Z 的后代节点变量 W 的取值，此时变量 X 和 Y 是否相互依赖？

根据场景假设，相应可有抛硬币试验各种取值组合及其概率分布，如表 3.3 所示。

表 3.3　引入观察变量 W 后抛硬币结果中不同取值组合概率分布

X	Y	W	$P(X, Y, W)$
正面	正面	1	0.25
正面	反面	1	0.25
反面	正面	1	0.25
反面	反面	1	0.125
反面	反面	0	0.125

在不给定变量 W 取值的条件下，变量 X 和 Y 相互独立，此处不做分析。计算给定变量 $W=1$ 条件下"甲=正面"的概率，应用过滤法，从表 3.3 中筛选出所有 $W=1$ 的取值组合，再将其中"$X=$正面"的取值组合筛选出来并做归一化，有

$$P(X=正面|W=1)=\frac{0.25+0.25}{0.25+0.25+0.25+0.125}=\frac{0.5}{0.875}$$

计算给定变量 $W=1$ 和"$Y=$反面"条件下"甲=正面"的概率，应用过滤法，从表 3.3 中筛选出所有 $W=1$ 和"$Y=$反面"的取值组合，再将其中"$X=$正面"的取值组合筛选出来并做概率归一化，有

$$P(X=正面|W=1,Y=反面)=\frac{0.25}{0.25+0.125}=\frac{0.25}{0.375}$$

显然，$P(X=正面|W=1)\neq P(X=正面|W=1,Y=反面)$，故在给定观察变量 W 取值后，变量 X 和变量 Y 变得相互依赖。

因此，对于对撞结构，完整的独立性关系有：
- 在未给定中间节点变量的取值时，两端节点变量相互独立；
- 在给定中间节点变量的取值时，两端节点变量相互依赖；
- 在未给定中间节点变量的取值，但给定中间节点的后代的取值时，两端节点变量相互依赖。

对撞结构两端的节点变量相互之间没有有向边直接相连，也没有有向路径相连，因此，这两个节点变量之间没有因果关系，但这两个节点变量在给定中间节点变量取值的条件下变得相互依赖，也就是具有相关性。我们知道，相关性不等于因果关系，两个变量之间存在相关性，相互之间并不一定存在因果关系，比如前面所述的"公鸡叫"和"天明"，两者之间具有相关性，但相互之间并没有因果关系；但若两个变量之间存在因果关系，则相互之间必然存在相关性，比如前面所述的"太阳照射"和"石头热"，两者之间具有因果关系，前者是"因"，后者是"果"，显然两者之间也存在相关性，我们经

常可以同时观察到"太阳照射"和"石头热"。两个变量之间只有存在因果关系的时候才能产生统计上的相关性（相互依赖）吗？答案是否定的，事实上，变量之间存在因果关系就会产生统计上的相关性（相互依赖），但变量之间的因果关系仅仅是变量之间相关性（相互依赖）的充分条件而非必要条件。在对撞结构的图模型分析中我们看到，对撞结构中两端的两个节点变量之间虽然没有因果关系，但在给定中间节点变量取值的条件下相互依赖，这是除变量之间存在因果关系之外的另一种产生统计相关性（依赖关系）的方式，这通常和人们思维中"没有因果关系就没有相关关系（或者依赖关系）"的印象大相径庭。对撞结构的这个性质对于因果推断分析和因果关系的发现都非常重要，在后续的内容中我们会经常用到。需要注意的是，对撞结构只可能让两端的节点变量之间产生相关性（相互依赖），而不可能产生因果关系。我们再举几个关于对撞结构在给定对撞节点变量取值后两端节点变量产生相互依赖的例子。

例3.3 三个变量 X、Y 和 Z 的量化关系为 $Z=X+Y$，相应的图模型结构为：$X \rightarrow Z \leftarrow Y$。

分析这三个变量之间的独立性，当没有给定变量 Z 的取值时，显然变量 X 和 Y 相互独立，变量 X 和 Y 可以任意取值。如果已知变量 $X=2$，我们无法推断出变量 Y 的取值情况，变量 X 和 Y 相互独立；但如果给定变量 Z 的取值 $Z=8$，这时如果已知变量 $X=2$，那么我们马上可以推断出变量 $Y=6$。这说明，虽然在没有给定变量 Z 的取值时，变量 X 和 Y 之间相互独立，但当给定变量 Z 的取值后，变量 X 和 Y 变得相互依赖。

例3.4 分析"街道湿""下雨"和"洒水车洒水"三者之间的关系，涉及的变量为"街道湿""下雨"和"洒水车洒水"。无论是"下雨"还是"洒水车洒水"都可能导致"街道湿"。假设市政部门固定安排每周一、三、五"洒水车洒水"，而不考虑天气情况，则三个变量之间的图模型结构为：下雨→街道湿←洒水车洒水。

在这个分析场景中，如果不了解"街道湿"的情况，"下雨"和"洒水车洒水"是相互边缘独立的，我们不能根据"下雨"推导出"洒水车洒水"的情况，也不能根据"洒水车洒水"推导出"下雨"的情况。但是，如果我们知道"街道湿"，那么情况将会发生变化，如果没有"下雨"，则可立即推断出"洒水车洒水"了；如果没有"洒水车洒水"，则可立即推断出"下雨"了。在没有给定对撞节点变量"街道湿"时，"下雨"和"洒水车洒水"这两个变量相互边缘独立；但在给定对撞节点变量"街道湿"之后，这两个变量变得相互依赖。

例3.5 蒙蒂大厅问题是对撞结构的另一个例子。前面我们应用贝叶斯分析解决了蒙蒂大厅问题，如果应用图模型分析中对撞结构的特点，分析和解决问题的思路将更简单，其关键在于变量之间图模型结构中对撞结构的识别。

这个案例中涉及的变量有三个："参与者最开始选择的门"，假设为 X；"后面有汽车的门"，假设为 Y；"蒙蒂选择打开且后面是山羊的门"，假设为 Z。这三个变量的取值都为 A、B 和 C 之一。

变量"参与者最开始选择的门" X 和变量"后面有汽车的门" Y 相互边缘独立，参与者在最开始选择打开哪扇门时，并不知道具体哪扇门后面是汽车，只能随机打开一扇门,也就是说,"参与者最开始选择的门"X不受"后面有汽车的门"Y的影响。反过来,哪扇门后面有汽车是事先设计好的,"后面有汽车的门"Y的取值当然不受"参与者最开始选择的门"X的影响,所以X和Y相互边缘独立。但变量"蒙蒂选择打开且后面是山羊的门"Z则受前面两个变量X和Y的影响,必须满足$Z\neq X$和$Z\neq Y$。如果$X=A$,则必有$Z\neq A$,当变量X为其他取值时类似;变量Z与变量Y之间的取值关系同理。可以举例说明这个影响过程,参与者最开始选择的是门A,如果门A后面是山羊,剩下两扇门,一扇门后面是汽车,另一扇门后面是山羊,则蒙蒂就只能选择后面是山羊的两扇门中的另一扇门。因此,反映这三个变量之间关系的图模型结构为对撞结构,即"参与者最开始选择的门"→"蒙蒂选择打开且后面是山羊的门"←"后面有汽车的门"。

由于这三个变量之间形成了对撞结构关系,参与者现在看到了"蒙蒂选择打开且后面是山羊的门",也就是对撞结构中对撞节点变量的取值给定,此时对撞结构两端的节点变量不再相互独立,而是变得相互依赖,"后面有汽车的门"的取值,也就是到底哪扇门后面是汽车,与"参与者最开始选择的门"的取值有关,参与者此时再选择打开哪扇门,必须根据"参与者最开始选择的门"的取值来做出选择,在这样的选择方式下,唯一的选择就是选与"参与者最开始选择的门"的取值不同的那扇门,蒙蒂大厅问题得以解决。

3.2 d-划分

前面介绍了三种基本的图模型结构,模型中节点变量之间相互独立或相互依赖的关系可以直接通过节点变量在图模型中的连接关系进行判定。实际工作中遇到的因果关系模型通常都较为复杂,在图模型结构中表现为,连接两个节点变量的通常不是一条简单的边。更多的情况是,在一对节点变量之间可能存在多条路径相连,每条路径又包含多条边,可能穿越多个链式、分叉和对撞结构。在这种情况下,通过图模型中节点变量之间的连接关系对节点变量之间相互独立或相互依赖的关系进行分析、判定,是我们引入d-划分概念的目的。

3.2.1 d-划分的概念

d-划分(directed separation,也译为"有向分割")是一种在复杂图模型结构下,依据节点变量之间的连接关系,分析、判定节点变量之间相互独立或相互依赖关系的方法。简单地说,如果两个节点(变量)X和Y之间的每一条路径(如果路径存在)都被阻断,则称这两个节点是d-划分;如果X和Y之间有任意一条路径未被阻断(连通状态),则称节点X和Y是d-连接。这个概念中需要注意三点:

- 如果两个节点是d-划分,则必须是两个节点之间所有的路径都被阻断;
- 对于一条路径,只要路径上任意一点被阻断,则整条路径被阻断;
- "阻断"是统计依赖关系的阻断,以两个节点间只有一条路径的情况为例,则该路径的阻断对应于两个节点变量相互独立。

可以形象化地将连接两个节点的路径看作水管,两个节点变量之间的依赖性看作流动在水管中的水,只要连接两个节点的路径中有一条路径未被阻断,则水可以从一个节点流向另一个节点，相应地，路径两端的节点变量之间就存在依赖性。阻断一条水管中水的流动，只需要在水管中的任意一点阻塞，即可实现对整个水管中水流动的阻断。同样，在图模型结构中，只需要在路径上任意一个节点实现阻断，即可实现两端节点在该路径上依赖性的阻断。

那么，对于两个节点之间的一条路径，具体如何通过图模型中该路径上节点之间的连接关系来判定这条路径是否阻断呢？结合链式结构、分叉结构和对撞结构这三种基本图模型结构中，节点之间的连接关系与节点变量之间（边缘）独立或条件独立性的对应关系，可以得到如下的分析、判定依据。

对于一组节点变量集合 Z 和一条路径，当以一组节点变量集合 Z 为条件（也就是对这个集合 Z 中的所有节点变量给定取值）时，若节点变量集合 Z 和路径满足下列连接条件中的任意一点，则该路径被节点变量集合 Z 所阻断：

- 路径中存在对撞结构，对撞节点（对撞结构的中间节点）不在节点集合 Z 中，且该对撞节点也没有后代在节点集合 Z 中；
- 路径中存在链式结构或分叉结构，其中间节点在节点集合 Z 中。

显然，如果路径中存在对撞结构且不以对撞节点为条件（不给定对撞节点变量取值），则对撞结构两端的节点变量相互独立，阻断了对撞结构两端节点之间依赖性的传递，也就阻断了整条路径；但如果以对撞节点或者其后代为条件（对撞节点或其后代给定取值），则对撞结构两端节点变量存在相互依赖关系，依赖性被传递，所以，要阻断该路径，对撞节点（或者其后代节点）就不能在节点集合 Z 中，这对应于上述条件中的第一点。对于链式结构或分叉结构，当以其中间节点为条件（中间节点取给定值），则其两端节点间的依赖关系被阻断，两端节点变量相互独立；如其中间节点未给定取值（中间节点未在给定取值的节点集合 Z 中），则两端节点变量之间存在依赖，这对应于上述条件中的第二点。

由此，我们可以得到一个关于 d-划分的一般化定义。

d-划分：一条路径 P 被一个节点集合 Z（集合 Z 中节点变量给定取值）阻断，需满足以下任意一个条件：

- 当 P 中包含链式结构 $A \rightarrow B \rightarrow C$ 或分叉结构 $A \leftarrow B \rightarrow C$ 时，其中间节点 B 在集合 Z 中；
- 当 P 中包含对撞结构 $A \rightarrow B \leftarrow C$ 时，对撞节点 B 不在集合 Z 中，且 B 的后代也不在集合 Z 中。

如果节点变量集合 Z 阻断了两个节点变量 X 和 Y 之间的所有路径，则节点变量 X 和 Y 被节点变量集合 Z 所 d-划分，也就是节点变量 X 和 Y 基于条件 Z 相互独立；否则，节点变量 X 和 Y 被节点变量集合 Z 所 d-连接，也就是节点变量 X 和 Y 基于条件 Z 相互依赖。

根据 d-划分定义中节点变量集合 Z 的不同情况，可将 d-划分进一步细分为"无条件 d-划分"和"条件 d-划分"两类。在 d-划分中，若节点变量集合 Z 是空集，也就是不以任何节点变量为条件（不给定任何节点变量的取值），则为"无条件 d-划分"，相应两个节点变量之间统计关系为边缘独立；若节点变量集合 Z 不是空集，则为"条件 d-划分"，相应两个节点变量之间统计关系为条件独立。

如果两个节点变量要实现"无条件 d-划分"，则必须在两个节点之间的每条路径上都有对撞结构。我们先以两个节点间只有一条路径为例进行分析。当路径上有对撞结构时，则对撞结构两端的节点变量不需要以任何节点变量为条件（不需要任何节点变量给定取值）即可实现相互边缘独立，对撞结构两端节点变量之间的依赖关系被阻断。由于路径上任意一点被阻断将导致路径两端节点变量之间的相互依赖关系被阻断，因此，此时路径两端的节点变量不需要以任何节点变量为条件（不需要任何节点变量给定取值）即可实现相互边缘独立。在两个节点 X 和 Y 之间有多条路径时，若每条路径上都有对撞结构，那么 X 和 Y 之间不需要以任何变量为条件即可实现相互边缘独立。

在 d-划分定义的基础上，分析、判定节点变量之间边缘独立、条件独立或相互依赖关系，不再需要考虑变量的数据类型以及变量之间复杂的函数关系，也不需要对变量之间的概率分布进行量化计算、比较，只需要对图模型结构中节点变量之间的连接关系进行分析即可实现。当变量之间存在复杂的函数关系且对应有复杂的结构因果模型时，基于 d-划分来分析、判定节点变量之间边缘独立、条件独立或相互依赖关系的优势更为明显，这也是用图模型的方式来表达变量间因果关系的优势。

例3.6 分析图3.9所示的图模型结构中变量 Z 和 Y 的统计关系。

解：

由于 Z 和 Y 之间只有一条路径 $Z \rightarrow W \leftarrow X \rightarrow Y$，而该条路径上存在一个对撞结构 $Z \rightarrow W \leftarrow X$，则 Z 和 Y 之间所有路径都被阻断，因此，Z 和 Y 是关于一个空节点集合的 d-划分，也就是说，Z 和 Y 是相互边缘独立的。

假设以节点 W 为条件（W 取给定值），即条件变量集合包含节点 W，则根据 d-划分规则，Z 和 Y 将基于条件 W 实现 d-连接。

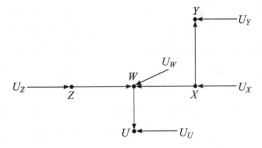

图3.9 用 d-划分分析变量间的统计关系 1（包含具有后代的对撞节点的图模型结构）

这是因为在 Z 和 Y 之间的路径上，对撞结构中的对撞点 W 在条件集合中，同时分叉结构 $W \leftarrow X \rightarrow Y$ 的中间节点 X 不在该条件变量集合中。假如节点 U 在条件集合中（此时 W 是否在该条件集合中不重要），而 X 不在条件集合中，则同样节点 Z 和 Y 是相互 d-连接的。

假设以集合 $\{W, X\}$ 为条件（也就是条件变量集合是 $\{W, X\}$），则 Z 和 Y 相互条件独立，因为 Z 和 Y 之间的路径在此条件下被阻断。虽然由于 W 在条件变量集合中，路径中对撞结构 $Z \rightarrow W \leftarrow X$ 这一段连通，但是，路径中分叉结构 $W \leftarrow X \rightarrow Y$ 由于其中间节点 X 在条件变量集合中，因此这一段被阻断。由于路径中任意一段被阻断，则整条路径被阻断，因此 Z 和 Y 之间唯一的路径 $Z \rightarrow W \leftarrow X \rightarrow Y$ 被阻断，所以节点 Z 和 Y 在给定集合 $\{W, X\}$ 的条件下被条件 d-划分。

假如在图 3.9 的基础上在 Z 和 Y 之间增加一条路径，如图 3.10 所示，则 Z 和 Y 现在（无条件）相互依赖，因为在条件变量集合为空集（不需要给定任何变量的取值）的情况下，Z 和 Y 之间有路径 $Z \leftarrow T \rightarrow Y$ 连通（其中间节点 T 不在条件变量集合中即可实现路径连通，故条件变量集合为空集）。如果以变量集合 $\{T\}$ 为条件，则分叉结构 $Z \leftarrow T \rightarrow Y$ 又被阻断，Z 和 Y 又相互独立了，即 $Z \perp\!\!\!\perp Y \mid T$。假如条件变量集合是 $\{T,W\}$，则 Z 和 Y 又变为 d-连接，即 Z 和 Y 相互依赖。因为虽然 T 在条件集合中，阻断了 Z 和 Y 之间的路径 $Z \leftarrow T \rightarrow Y$，但又因 W 在条件变量集合中，Z 和 Y 之间的另一条路径 $Z \rightarrow W \leftarrow X \rightarrow Y$ 又连通了，只要 Z 和 Y 之间有一条路径连通，Z 和 Y 就是 d-连接。假如条件变量集合是 $\{T,W,X\}$，由于此时路径 $Z \rightarrow W \leftarrow X \rightarrow Y$ 也被阻断，则 Z 和 Y 相互条件独立，即 $Z \perp\!\!\!\perp Y \mid (T,W,X)$。在图 3.10 中，$Z$ 和 Y 在下列条件变量集合下是 d-连接：$\{W\}$、$\{U\}$、$\{W,U\}$、$\{W,T\}$、$\{U,T\}$、$\{W,U,T\}$、$\{W,X\}$、$\{U,X\}$，以及 $\{W,U,X\}$。Z 和 Y 基于下列条件集合是 d-划分：$\{T\}$、$\{X,T\}$、$\{W,X,T\}$、$\{U,X,T\}$ 和 $\{W,U,X,T\}$。其中，若要实现 Z 和 Y 是 d-划分，则

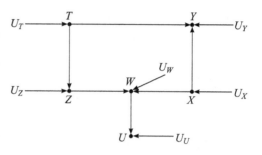

图 3.10 用 d-划分分析变量间的统计关系 2（在 Z 和 Y 之间增加一条路径）

T 必须在条件变量集合中，因为如果 T 不在条件变量集合中，则 Z 和 Y 之间总有路径 $Z \leftarrow T \rightarrow Y$ 连通。

以上分析说明，我们基于 d-划分的规则，既不需要考虑节点变量的数据类型，也不需要考虑节点变量之间复杂的函数关系，仅仅基于图模型中节点变量之间的连接关系，就可以确定图模型结构中任意一对节点变量之间是 d-连接还是 d-划分，也就确定了这对节点变量之间是相互依赖还是相互独立。

前面我们定义了两个节点变量 X 和 Y 之间的 d-划分，更一般地，可以将 d-划分的概念延伸到节点变量集合之间。假设 X 和 Y 都是节点变量集合，若变量集合 X 和变量集合 Y 之间的任意一对节点（两个节点分别属于不同的集合）之间的所有路径都被变量集合 Z 所阻断，则我们称集合 X 和集合 Y 基于条件 Z 是 d-划分，也就是基于条件 Z 相互独立。

在前面关于图模型马尔可夫性的内容中，对于有向无环图 G，若图模型中各个外生变量之间相互独立，则图模型 G 具有马尔可夫性，这里以图 3.10 所示的图模型为例予以推导说明。

对于图 3.10 中的节点 Z，若图模型中所有外生变量 $\{U_Z, U_T, U_X, U_Y, U_W, U_U\}$ 相互独立，则在给定其父节点变量 T 的条件下，节点 Z 与其非后代节点 X 和 Y 都相互独立，具体推导说明如下。由于所有外生变量相互独立，节点 Z 和节点 X 之间不可能通过其外生变量 U_Z 和 U_X 与节点 X 建立 d-连接，因此只需要查看节点 Z 和节点 X 之间通过内生变量相连路径的连通性。相应的路径有两条，分别是通过节点 Z 的父节点 T 相连的

路径 $Z \leftarrow T \rightarrow Y \leftarrow X$ 和通过后代节点 W 相连的路径 $Z \rightarrow W \leftarrow X$。对于路径 $Z \leftarrow T \rightarrow Y \leftarrow X$，由于分叉结构 $Z \leftarrow T \rightarrow Y$ 中 T 节点给定，因此该路径被阻断；对于路径 $Z \rightarrow W \leftarrow X$，由于对撞结构中对撞节点 W 没有给定，因此该路径也被阻断。因此，节点 Z 和节点 X 之间所有路径都被阻断，故节点 Z 和节点 X 之间相互独立。类似地，分析节点 Z 和节点 Y 之间通过内生变量相连的两条路径，通过父节点 T 相连的路径 $Z \leftarrow T \rightarrow Y$ 和通过后代节点 W 相连的路径 $Z \rightarrow W \leftarrow X \rightarrow Y$ 也都被阻断，故节点 Z 和节点 Y 之间也相互独立。

我们可以将上述推导过程推广到更一般的有向无环图模型结构情况。若所有外生变量之间相互独立，则对于节点变量 Z，在给定其父节点变量 T 的条件下，节点变量 Z 与其他所有非后代节点变量之间相互独立。假设节点变量 Z 的子节点变量为 W，节点变量 Z 的一个非后代节点变量以 X 为代表，我们分析节点变量 Z 和节点变量 X 之间的独立性关系。由于所有外生变量之间相互独立，因此节点变量 Z 与节点变量 X 之间不可能通过其外生变量 U_Z 和 U_X 相互建立 d-连接，故只需要分析节点变量 Z 与节点变量 X 之间通过内生变量相连的路径。这样的路径又可分为两种：一种是通过节点变量 Z 的父节点 T 相连的路径；一种是通过节点变量 Z 的子节点 W 相连的路径。

对于节点变量 Z 与节点变量 X 之间通过节点变量 Z 的父节点 T 相连的路径，假设路径中与 T 节点直接相连的节点为 A，分析结构 $Z-T-A$。由于在节点 T 处有边 $Z \leftarrow T$，因此 $Z-T-A$ 不可能形成以节点 T 为对撞节点的对撞结构，而只能是分叉或链式结构，此时给定父节点 T，故 $Z-T-A$ 被阻断，所以节点变量 Z 与节点变量 X 之间通过节点变量 Z 的父节点 T 相连的路径必然被阻断。

对于节点变量 Z 与节点变量 X 之间通过节点变量 Z 的子节点 W 相连的路径，根据子节点的定义，路径上显然有边 $Z \rightarrow W$。由于节点变量 X 不是节点变量 Z 的后代，因此该路径上至少有一条边的方向是从节点 X 指向节点 Z，假设该边两端的节点分别为 V_i 和 V_j（在路径上 V_j 更靠近节点变量 X），则其相连的边为 $V_i \leftarrow V_j$，因此，节点变量 Z 与节点变量 X 之间通过节点变量 Z 的子节点 W 相连的路径上至少有一个对撞结构，而图模型中只给定了节点变量 Z 的父节点，而没有给定这个对撞结构中的对撞节点，故节点变量 Z 与节点变量 X 之间通过节点变量 Z 的子节点 W 相连的路径也被阻断。

因此，对于有向无环图 G，节点变量 Z 与其非后代节点变量 X 之间，在所有外生变量之间相互独立，且在给定节点变量 Z 的父节点变量的条件下，节点变量 Z 既无法通过外生变量与节点 X 之间建立 d-连接，也无法通过节点变量 Z 的父节点或子节点建立 d-连接，所以节点变量 Z 与其所有非后代节点之间相互独立。

3.2.2 d-划分的判断

若直接根据 d-划分的定义来判断节点或节点集之间是否是 d-划分，则需要检测连接它们的每一条路径，这在图模型结构比较复杂时效率较低。为提高效率，一般是先将有向无环图转换为无向图，再在无向图中判断节点或节点集之间是否无向划分（两个节点或节点集之间只要有路径直接相连，则不是无向划分），最后根据是否无向划分推导出原来的有向无环图是否是 d-划分。我们首先介绍相关概念，再介绍具体的判断步骤。

祖先图（ancestral graph）

定义：祖先图是原有向无环图的一个子图，仅仅包括判断条件独立性的概率表达式中提到的变量及其祖先（父节点，父节点的父节点，以此类推）。

道德图（moral graph）

定义：设$G=(V,E)$是一个有向无环图，其中V是节点的集合，E是边的集合。对于图中的任意节点X，若节点对$(X_i, X_j) \in Pa(X)$，则在图G中该节点对之间添加一条无向边，再将网络中所有的有向边改为无向边，由此得到的无向图称为有向无环图G的道德图。

无向划分

定义：设图W是一个无向图，X、Y和Z是图中三个互不相交的节点集。X_i是X集合中的任一节点，Y_i是Y集合中的任一节点，若连接X_i与Y_i的任何一条路径中都含有Z中的节点，则称Z在无向图中分隔了X与Y，简称X与Y被Z所无向划分。

Lauritzen等证明了无向划分与d-划分之间有如下关系。

定理3.1 设$G=(V,E)$是一个有向无环图，X、Y和Z是图中三个互不相交的节点集，G_a是包含图G中X、Y和Z节点集及其各自祖先节点的祖先图，G_m是图G_a的道德图，则X和Y在G中被Z所d-划分，当且仅当X和Y在G_m中被Z所无向划分。

根据定理3.1，我们可按照如下步骤判断是否d-划分。

1）画出祖先图。根据需要判断条件独立性的概率表达式所涉及的节点变量构建祖先图。

2）将祖先图连线得到连线图。将具有共同子节点的任意一对节点用一条无向边相连，相应得到的图为连线图。若一个变量有多个父节点，则将其父节点两两相连。

3）将连线图无向化得到道德图。将连线图中的所有有向边用无向边代替，相应得到的图为道德图。

4）删除条件变量及其对应边得到结果图。确定判断条件独立性的概率表达式所涉及的条件变量，从道德图中删除这些条件变量对应的节点及其连接的所有边，相应得到的图为结果图。比如，"变量A和B在给定变量D和F的条件下，是否相互独立？"对应需要判别的数学表达式是"$P(A|BDF)=?P(A|DF)$"，这时条件变量是"D和F"，并不包括"B"。

5）根据结果图做判断。若两个节点在结果图中有路径相连，则不能判定这两个节点在给定条件下相互条件独立。比如图中有"$X-Y-Z$"，则称节点X和Z有路径相连，虽然两个节点没有边直接相连；若两个节点在结果图中没有路径相连，则判定这两个节点在给定条件下相互条件独立，即在给定条件下d-划分。

例3.7 针对如图3.11所示的图模型结构，请判断以下问题。

1）A和B是否在给定D和F的条件下相互独立？（相应的数学表达式为"$P(A|BDF)=?P(A|DF)$"或"$P(B|ADF)=?P(B|DF)$"。）

在结果图中，A和B之间有路径相连，故A和B在给定D和F的条件下不相互独立。

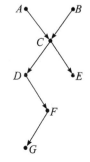

图 3.11

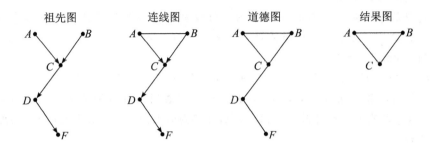

2) A 和 B 是否边缘独立？（相应数学表达式为"$P(A|B)=?P(A)$"或"$P(B|A)=?P(B)$"。）

在结果图中，A 和 B 之间无路径相连，故 A 和 B 相互边缘独立。

3) A 和 B 是否在给定 C 的条件下相互独立？

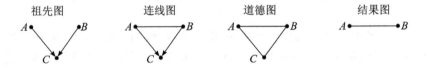

在结果图中，A 和 B 之间有路径相连，故 A 和 B 在给定 C 的条件下不相互独立。

4) D 和 E 是否在给定 C 的条件下相互独立？

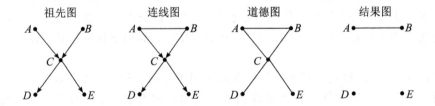

在结果图中，D 和 E 之间没有路径相连，故 D 和 E 在给定 C 的条件下相互独立。

5) D 和 E 是否相互边缘独立？

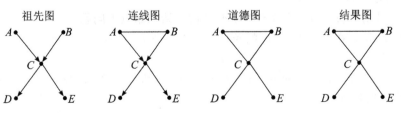

在结果图中，D 和 E 通过节点 C 相连，故 D 和 E 不相互边缘独立。

6) D 和 E 是否在给定 A 和 B 的条件下相互独立？

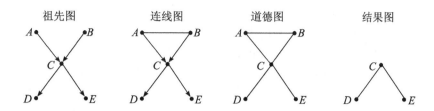

在结果图中，D 和 E 通过节点 C 相连，故 D 和 E 在给定 A 和 B 的条件下不相互独立。

7) $P(D|CEG) = ? P(D|C)$。

这个问题可以拆分为需要同时满足的两个问题：
- D 和 E 是否在给定 C 的条件下相互独立？
- D 和 G 是否在给定 C 的条件下相互独立？

根据 4) 的结论，D 和 E 在给定 C 的条件下相互独立，这里不画相应的图；判断"D 和 G 是否在给定 C 的条件下相互独立"，可以看到，在结果图中 D 和 G 通过节点 F 相连，故 D 和 G 在给定 C 条件下不相互独立。由于两个问题中有一个不满足，因此，$P(D|CEG) \neq P(D|C)$。

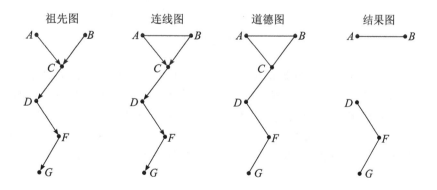

3.2.3 d-划分变量集合搜索

前面介绍了对于指定的两个节点变量集合 B 和 D，如何判断其在给定的另一个节点变量集合 A 的条件下是否相互独立，也就是节点变量集合 B 和 D 是否被节点变量集合 A 所 d-划分（$B \perp\!\!\!\perp D | A$?）。本节将介绍在给定有向无环图模型 $G = (V, E)$（其中 V 是节点的集合，E 是边的集合）下，已知图模型 G 中两个不相交节点变量集合 A 和 B，如何确定在给定节点变量集合 A 的条件下，与节点变量集合 B 实现 d-划分的节点变量集合 D

(节点变量集合 B 和 D 被节点变量集合 A 所 d-划分，即满足 $B \perp\!\!\!\perp D \mid A$)。

为确定节点变量集合 D，首先针对节点变量集合 A 引入有效链（active chain）的概念。对于图模型 G 中任意路径上任意连续相连（不考虑边的方向）的三个节点 X-Z-Y，若 $X \neq Y$（对于有向无环图，该不等式自然成立）且满足下列两个条件之一，则称这三个节点 X-Z-Y 针对节点变量集合 A 构成一个有效链：

1) X-Z-Y 不是对撞结构，且中间节点 Z 不在节点集合 A 中；
2) X-Z-Y 是对撞结构，且中间节点 Z 或其后代在节点集合 A 中。

根据有效链的定义，在给定节点变量集合 A 的条件下，有效链两端的节点变量相互连通。在图 3.12a 中，假设节点集合 A 中只有节点 W，则图 3.12a 中针对节点变量集合 A，X-T-Z、Y-T-Z、T-X-W、T-Z-W 和 X-W-Z 都是有效链，但 X-T-Y 不是有效链。

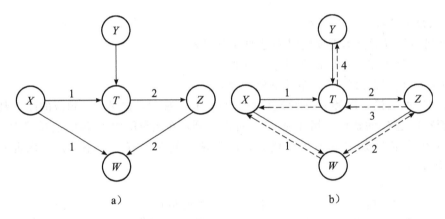

图 3.12 图 b) 是在图 a) 的基础上将所有边增加相反方向的边

在已知图模型 G 中两个不相交节点变量集合 A 和 B 时，确定在给定节点变量集合 A 的条件下，与节点变量集合 B 实现 d-划分的节点变量集合 D 的思路是：针对集合 B 中每一个节点，找到其在给定集合 A 中节点的条件下与其 d-连接的所有节点变量集合，假设为 R，则在图模型包含所有节点的集合 V 中减去这些与集合 B 中节点 d-连接的节点，即为在给定集合 A 的条件下与节点集合 B 相互 d-划分的节点集合，也就是 $D = V - (A \cup R)$。

因此，相应问题转换为，如何针对节点集合 B 中的一个节点，假设为 X，找到其在给定集合 A 中节点的条件下与其 d-连接的所有节点变量集合？我们找到与节点集合 B 中节点 X 相连的所有边，假设其中一条边为 X-Z，将其标注为 1，再针对点 Z 找到与其相连的节点 Y，判断在给定的节点变量集合 A 的条件下 X-Z-Y 是否构成一个有效链。若是，则将边 Z-Y 标注为 2，将节点 Z 和 Y 放入集合 R 中，同时将 Z 替换为 X、将 Y 替换为 Z，如此继续，不断延长从节点 X 出发的路径，且该路径上任意三个相连的节点都构成有效链，直到新的 X-Z-Y 不能构成一个有效链为止。最终得到的集合 R 包含了所有在给定集合 A 条件下，与节点集合 B 中节点 X 是 d-连接的所有节点。

下面以伪代码的形式对整个算法进行了描述，我们结合伪代码对该算法进行详细说明。

---

d-划分节点变量集合确定算法

输入：有向无环图模型 $G=(V,E)$，图模型 G 中两个不相交节点变量集合 A 和 B

输出：节点集合 $D \subset V$，包含所有在给定节点集合 A 下与节点集合 B 实现 d-划分的节点，即满足 $B \perp\!\!\!\perp D \mid A$，且不存在集合 D 的父集合满足该独立性条件

```
1  Create G'=(V,E') with E'= E∪{X-Y such that Y-X∈E }based on G=(V,E)
2  for(each Z∈(V - B))
3  {
4    create inlist of Z
5    create outlist of Z
6  }
7  for(each Z∈ (V - B))
8  {
9    if(Z∈ A)
10       in[Z]= true
11   else
12       in[Z]= false
13   if(Z is or has a descendent in A)
14       descendent[Z]= true
15   else
16       descendent[Z]= false
17 }
18 for(each F∈ B)
19 {
20     add F to R
21     for(each Z such that the edge F-Z exists)
22         add Z to R
23         label F - Z with 1
24 }
25 i= 1
26 found= true
27 while(found)
28 {
29   found= false
30   for(each X - Z such that X - Z is labeled i)
31   {
32       if(X- > Z in G')
33       {
34             If(descendent[Z]= true)
35                 for(each Y∈ Z's inlist)
```

```
36                    {
37                        add Y to R
38                        label Z - Y with i + 1
39                        found= true
40                    }
41                if (in[Z]= true)
42                    for (each Y∈ Z's inlist)
43                    {
44                        add Y to R
45                        label Z - Y with i + 1
46                        found= true
47                    }
48                else
49                    for (each Y∈ Z's outlist)
50                    {
51                        add Y to R
52                        label Z - Y with i + 1
53                        found= true
54                    }
55            }
56        else
57            {
58                If(in[Z]= true)
59                    break
60                else
61                    for (each Y∈ Z's inlist or outlist)
62                    {
63                        add Y to R
64                        label Z - Y with i + 1
65                        found= true
66                    }
67            }
68        }
69    i= i + 1
70    }
71    D = V - (A∪R)
```

整个算法的伪代码分为三个部分:第一部分是第 1~17 行,根据有向无环图模型 $G=(V, E)$ 生成算法所需的基础数据;第二部分是第 18~70 行,对节点变量集合 B 中的所有节点,找到与其在给定集合 A 的条件下 d-连接的所有节点,并将这些节点插入节点集合 R;第三部分是第 71 行,总的节点集合 V 减去节点集合 A 和节点集合 R,即为在给定节点集合 A 的条件下与节点集合 B 实现 d-划分的节点集合 D。下面分别进行详细介绍。

第 1 行是在图模型 G 的基础上,将所有的边都改为双向边,节点集合不变,生成新的图模型 G'。

第 2~6 行是针对图模型中除节点变量集合 B 以外的所有节点，每个节点 Z 生成两个列表：一个列表包含所有有边直接指向节点 Z 的节点，称为 inlist[Z]（比如，有边 $Y \to Z$，则节点 Y 在列表 inlist[Z] 中）；一个列表包含节点 Z 的边直接指向的节点，称为 outlist[Z]（比如，有边 $Z \to Y$，则节点 Y 在列表 outlist[Z] 中）。由于在通过路径生长寻找与节点集合 B 中节点 d-连接的所有节点的过程中，节点集合 B 中的所有节点都不可能是有效链的中间节点，因此，只对除节点集合 B 以外的所有节点生成 inlist 和 outlist 列表。

第 7~17 行是针对图模型中除节点变量集合 B 以外的每个节点 Z，分别判断其是否在节点变量集合 A 中、是否是节点集合 A 中节点的后代或有后代在节点集合 A 中。同样，对节点集合 B 中的节点不需要做该判断。

第 18~70 行是针对图模型中变量集合 B 中的每个节点，分别以该节点为路径起始节点，通过路径生长的方式，找到与该节点 d-连接的所有节点，路径生长的要求是在给定节点集合 A 的条件下，新生长出来的节点与原路径中的节点是 d-连接的。这个过程可细分为以下几个部分。

- 第 18~24 行是将节点集合 B 中的所有节点，以及与集合 B 中的节点有边直接相连的节点，插入节点集合 R 中，第 23 行将与节点集合 B 中节点直接相连的边标记为 1。
- 第 27~70 行的 while 循环对图模型 G' 中所有与节点集合 B 中节点相连的边进行路径生长，这些边可能是直接与节点集合 B 中节点相连的边，也可能是通过有效链与节点集合 B 中节点间接相连的边。最外层的每次循环对所有标注值为 i 的边进行路径生长，i 的初始值为 1，也就是先对直接与节点集合 B 中节点相连的边进行路径生长。本次循环完毕后，下次循环再对标注值为 $i+1$ 的边进行路径生长，直至没有更大标注值的边可循环。
- 从第 30 行开始到第 68 行的次外层循环，循环遍历所有与节点集合 B 中节点（直接或间接）相连且标注值为 i 的边（i 的初始值为 1），对其进行路径生长。每次循环对一条标注值为 i 的边 $X-Z$ 进行路径生长，其中节点 X 相比节点 Z 更靠近节点集合 B 中节点，也就是说边 $X-Z$ 是从节点 X 出发生长而得的。在路径生长过程中，根据边的方向又分两种情况，一种是 $X \to Z$ 方向（第 32~55 行），一种是 $X \leftarrow Z$（第 56~66 行）分别采取不同的生长方式。当路径生长后，路径上会形成新的边 $Z-Y$，将其标注为 $i+1$。
  - 对于 $X \to Z$ 方向，若节点 Z 有后代在节点集合 A 中，或者节点 Z 在节点集合 A 中，因为 $X \to Z \leftarrow Y$ 满足有效链的条件 2)，则可将节点 Z 的各个入节点 Y（inlist）插入节点集合 R，并将边 $Z \leftarrow Y$ 做标注 $i+1$，进入下一个标注为 i 的边的循环；若节点 Z 不是上述三种情况，则只有 $X \to Z \to Y$ 的情况满足有效链的条件，故可将节点 Z 的各个出节点 Y（outlist）插入节点集合 R，并将边 $Z \to Y$ 做标注 $i+1$，进入下一个标注为 i 的边的循环。
  - 对于 $X \leftarrow Z$ 方向，若节点 Z 在节点集合 A 中，$X-Z-Y$ 显然不可能形成对撞结构，不可能满足有效链的条件 2)，而同时有效链的条件 1) 也不满足，则该路径不生长，跳出本次循环，对下一个标注为 i 的边进行生长处理；否则，$X-Z-Y$

将能满足有效链的条件1),故可将节点 Z 的各个入、出节点 Y (inlist、outlist) 插入节点集合 R,并对边 $Z \leftarrow Y$ 或边 $Z \rightarrow Y$ 做标注 $i+1$,进入下一个标注为 i 的边的循环。

在得到给定节点集合 A 的条件下与节点集合 B 中任意一个节点 X 相互 d-连接的节点集合 R (其中包括所有节点集合 B 中的节点)后,令 $D=V-(A \cup R)$,所得到的节点集合 D 即为"在给定节点集合 A 的条件下与节点集合 B 实现 d-划分的节点集合 D"。

我们回过头来分析第1行,为何要在图模型 G 的基础上(节点集合不变)将所有的边都改为双向边,生成新的图模型 G' 呢?以图 3.12a 为例,假设节点 X 是节点集合 B 中的唯一节点,节点 W 是节点集合 A 中的唯一节点,现在寻找在给定集合 A 条件下与节点集合 B 实现 d-划分的节点集合 D。我们应用上述算法,则相应各条边的标注如图 3.12a 所示,边 $T \rightarrow Z$ 在路径 $X \rightarrow T \rightarrow Z$ 中被标注为 2,而无法在路径 $X \rightarrow W \leftarrow Z \leftarrow T \leftarrow Y$ 中被标注为 3,因此路径 $X \rightarrow W \leftarrow Z \leftarrow T \leftarrow Y$ 被漏掉,相应地与节点 X 实现 d-连接的节点 Y 也漏掉,所以结果错误。为此,在图模型 G 的基础上将所有的边都改为双向边,节点集合不变,生成新的图模型 G',再按照上述算法寻找 d-划分的节点,如图 3.12b 所示,则可以避免上述问题。

3.3 图模型与概率分布

通过对有向无环图模型中节点之间的边及边的方向的分析,可以判断图模型结构中节点变量之间的相互依赖、相互边缘独立或相互条件独立关系,因此,有向无环图模型结构在一定程度上表示了节点变量之间的概率关系。显然,图模型结构与图模型结构中所有节点变量的联合概率分布之间有对应关系,因此,有必要对图模型结构与概率分布的对应关系进行研究。

定义:假设图模型结构 G 中的节点变量集合为 V,概率分布 P 中的变量集合为 X,V 中的所有节点与 X 中的所有变量具有一一对应关系(节点名称与变量名称相同)。对图模型结构 G 中所有非邻接节点子集 A、B 和 C (相应在概率分布 P 中有对应的变量子集 A、B 和 C):
若有

$$A \perp\!\!\!\perp_P B \mid C \Leftarrow A \perp\!\!\!\perp_G B \mid C$$

则称图 G 是概率分布 P 的独立图 (independency map, I-map)。
若有

$$A \perp\!\!\!\perp_P B \mid C \Rightarrow A \perp\!\!\!\perp_G B \mid C$$

则称图 G 是概率分布 P 的依赖图 (dependency map, D-map)。
若有

$$A \perp\!\!\!\perp_P B \mid C \Leftrightarrow A \perp\!\!\!\perp_G B \mid C$$

则称图 G 是概率分布 P 的完美图 (perfect map, P-map),也称概率分布 P 与图 G 同构或相互忠实（isomorphic or faithful）。若概率分布 P 与一个有向无环图（DAG）相互忠实，我们称该概率分布 P 具有忠实性。

图 3.13 中有两个图模型结构：链式结构和分叉结构。根据因子分解，链式结构 $A \to C \to B$ 的联合概率分布为

$$P1(A,B,C) = P(A)P(C|A)P(B|C)$$

分叉结构的联合概率分布为

$$P2(A,B,C) = P(C)P(A|C)(B|C)$$

比较 $P1$ 和 $P2$，由于 $P(A)P(C|A) = P(C)P(A|C) = P(AC)$，因此 $P1 = P2$，即这两个不同的图模型结构——链式结构和分叉结构，具有相同的联合概率分布。类似这样图模型结构不同，但节点变量的联合概率分布相同的图模型结构，我们称为马尔可夫等价（Markov equivalent）结构。由于等价具有对称性、反射性和传递性，因此，具有相同等价结构的这一类图模型结构称为等价类（equivalence class）。比较图 3.13 中具有相同联合概率分布的链式结构和分叉结构，两者具有相同的节点变量和边，但有的边方向相同，而有的边方向不同，这说明在图模型结构中，有的边的方向影响联合概率分布，而有的边的方向不影响联合概率分布。相关文献证明，其方向影响联合概率分布的边（决定图模型结构所属的等价类）在图模型结构中至少属于一个 V 结构。等价类通常表示为完全部分有向无环图（Completed Partially Directed Acyclic Graph，CPDAG），其中只有属于 V 结构或者将引入 V 结构或环的边具有方向，这样的边称为确定（compelled）边。确定边的不同方向决定了图模型结构属于不同的等价类。而其他任何边的方向改变后，得到的新的图模型结构都是同一个等价类中的图模型结构，因为其方向的改变既不会引入新的 V 结构，也不会导致环的形成。

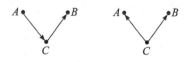

图 3.13 链式结构与分叉结构对应的概率分布

马尔可夫毯（Markov Blanket）

定义：对于图模型 G，针对其节点变量集合 V 中的任意节点 $A \in V$，满足条件 $A \perp \{V-S-A\} | S$ 的 V 的最小子集 S，即为节点 A 的马尔可夫毯。对于满足马尔可夫性的有向无环图 G，其中节点 A 的马尔可夫毯即为其父节点、子节点以及与节点 A 具有相同子节点的其他节点的并集。

在图 3.14 中，节点 C 的马尔可夫毯是 $MB(C) = \{A, E, F, G, B, D\}$

框架（skeleton）

对于一个有向无环图 DAG，去掉图中每一条边的方向，所得到的无向图称为这个图的框架。

在图 3.15 中，图 3.15a、图 3.15b 和图 3.15c 的框架是图 3.15d。

有文献证明，两个图模型结构 G_1 和 G_2，如果具有相同的框架和 V 结构，则这两个图模型结构马尔可夫等价。

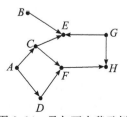

图 3.14 马尔可夫毯示例

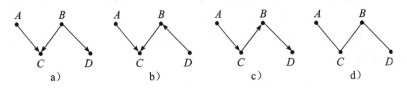

图 3.15   a)、b) 和 c) 的框架是 d)

图模型结构 $A{\to}B{\to}C$、$A{\leftarrow}B{\leftarrow}C$ 和 $A{\leftarrow}B{\to}C$ 马尔可夫等价，因为它们都没有 V 结构，并且具有相同的框架 $A-B-C$。

图 3.16a、图 3.16b 和图 3.16c 是马尔可夫等价结构，图 3.16d 是代表图 3.16a、图 3.16b 和图 3.16c 所属等价类的 CPDAG 图。

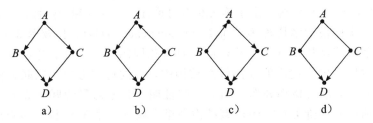

图 3.16   a)、b) 和 c) 为马尔可夫等价类，d) 为其等价类 CPDAG 图

3.4 图模型分析的程序实现

在图模型分析中，要分析节点变量之间是否相互边缘独立或在给定节点集合下是否相互条件独立，在给定节点集合下两个节点之间的路径是否被阻断，我们可以在三种基本的图模型结构独立或条件独立性质的基础上完成这些分析。我们可以通过程序实现这些分析过程，并将其封装成程序包中函数的形式，在图模型分析时根据需要分析的目标，以函数形式直接调用，实现快速分析。这里我们仍然以 R 语言中的 DAGitty 包为例介绍图模型分析的程序实现。为举例说明，后续内容将以下列三个图模型为对象进行介绍。

图模型 $g1$ 的结构如图 3.17 所示。

```
> g1 < - dagitty("dag {
    X- > R- > S- > T< - U< - V- > Y
}")
> plot(graphLayout(g1))
```

说明：由于图模型未确定各个节点的坐标位置，因此使用 plot 函数时需要应用 graphLayout() 函数。

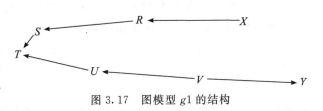

图 3.17   图模型 $g1$ 的结构

图模型 g2 的结构如图 3.18 所示。

```
> g2<-dagitty("dag {
    X->R->S->T<-U<-V->Y
    T->P
}")
> plot(graphLayout(g2))
```

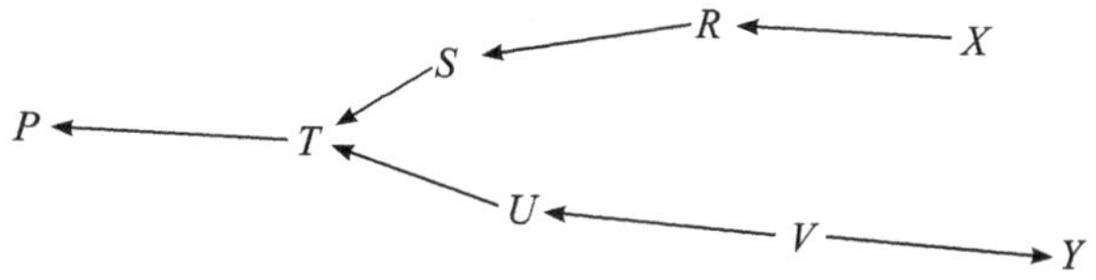

图 3.18　图模型 g2 的结构

图模型 g3 的结构如图 3.19 所示。

```
> g3<-dagitty("dag {
X<-Z1->Z3<-Z2->Y
X<-Z3->Y
X->W->Y
}")
> coordinates(g3)<-list(x=c(X=1,W
=2,Y=3,Z1=1,Z3=2,Z2=3), y=c(X=0,W=0,Y=0,Z2=-2,Z1=-2,Z3=-1))
> plot(g3)
```

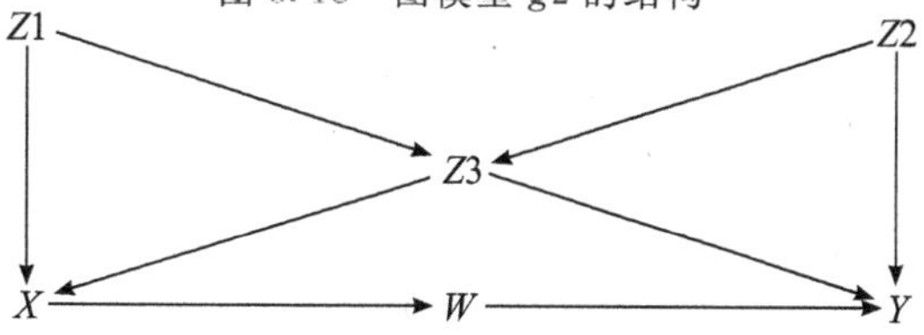

图 3.19　图模型 g3 的结构

1. paths( ) 函数

paths( ) 函数分析图模型 g 中两个节点之间的路径情况。

函数语法：

```
paths(g,from = exposures(x),to = outcomes(x),Z = list(),limit = 100,directed = FALSE)
```

- 参数 directed 确定是否分析有向路径，默认值为 FALSE，分析所有路径；
- 参数 g 为分析的图模型对象；
- 参数 from= exposures(x), to= outcomes(x) 确定分析的路径的起点 exposures 和终点 outcomes，当分析有向路径时需要此参数，当分析所有路径时，直接输入分析需要的路径两端节点即可；
- 参数 Z= list() 确定路径需要包含的节点集合，默认值为空集；
- 参数 limit= 100 限制路径中的节点数量，默认值为 100。

返回值：$paths 有多个元素，分别是符合要求的两个节点之间的所有路径；$open 有多个元素，分别表示每条路径是否连通，是布尔值，TRUE 表示路径连通，FALSE 表示路径被阻断。

例 3.8　在图模型 g1 中，节点 X 和 Y 是否在给定节点变量集 $\{R,V\}$ 的条件下相互独立？

解：

这个问题可以转化为，在节点 X 和 Y 之间的所有路径中，有没有路径在给定节点集 $\{R, V\}$ 后是连通的？因此，可以应用 paths( ) 函数求解。

输入语句：

```
> paths(g1,"X","Y",c("R","V"))
```

输出结果：

```
$ paths
[1]"X - > R - > S - > TvU < - V - > Y"
$ open
[1]FALSE
```

结果表明，节点 X 和 Y 之间包含节点 $\{R,V\}$ 的路径只有一条，即 $X\to R\to S\to T\leftarrow U\leftarrow V\to Y$，且该路径是阻断的，即节点 X 和 Y 在给定节点变量 $\{R,V\}$ 的条件下相互独立。

例 3.9 在图模型 $g1$ 中，求任意两个节点在给定节点集 $\{R,V\}$ 的条件下是否相互独立。

解：

采用例 3.8 中的方法用 paths() 函数判断，同时对图 $g1$ 中的任意两个节点的组合进行轮流判断。

输入语句：

```
> pairs < - combn(c("X","S","T","U","Y"),2)
> apply(pairs,2,function(x){
    p < - paths(g1,x[1],x[2],c("R","V"))
    if(!p$open){
      message(x[1],"and",x[2],"are independent given {R,V}")
    } else {
      message(x[1],"and",x[2],"are possibly dependent given {R,V}")
    }
  })
```

输出结果：

```
X and S are independent given {R,V}
X and T are independent given {R,V}
X and U are independent given {R,V}
X and Y are independent given {R,V}
S and T are possibly dependent given {R,V}
S and U are independent given {R,V}
S and Y are independent given {R,V}
T and U are possibly dependent given {R,V}
T and Y are independent given {R,V}
U and Y are independent given {R,V}
```

说明：

1) 在前面的输入代码中，pairs←combn (c("X","S","T","U","Y"), 2)是将图模型 $g1$ 中除节点集 $\{R,V\}$ 以外的所有节点两两组合，每个组合作为一列赋值给矩阵 pairs；

2) apply(pairs, 2, function(x) 是对矩阵 pairs 按列应用函数 function(x)，这里就是对每对节点组合应用函数；

3) 本例的图模型 $g1$ 中，任意两个节点之间只有一条路径，可以采用上述代码判断。

如两个节点之间可能有多条路径，则判断条件的代码 `if(!p$ open)` 需要做修改。

2. impliedConditionalIndependencies() 函数

impliedConditionalIndependencies() 函数分析图模型中节点之间的条件独立性关系，函数输入为图模型，返回值为图模型中任意两个非相邻节点之间的条件独立性声明。需要说明的是，图模型中所有不可观察节点（性质为 latents 的节点）都不作为判断节点之间是否相互独立的条件节点变量。

例 3.10 求图模型 $g3$ 中所有非相邻节点之间的条件独立性关系。

解：

本例可以直接应用 impliedConditionalIndependencies() 函数求解。

输入语句：

```
> impliedConditionalIndependencies(g3)
```

输出结果：

```
W _||_ Z1 | X
W _||_ Z2 | Z1, Z3
W _||_ Z2 | X
W _||_ Z3 | X
X _||_ Y | W, Z2, Z3
X _||_ Y | W, Z1, Z3
X _||_ Z2 | Z1, Z3
Y _||_ Z1 | X, Z2, Z3
Y _||_ Z1 | W, Z2, Z3
Z1 _||_ Z2
```

其中输出结果中 W _ || _ Z1 | X 表示节点 W 和 $Z1$ 在给定节点 X 的条件下相互独立。

例 3.11 若图模型 $g3$ 中只有节点变量 $\{Z3, W, X, Z1\}$ 可观察，求图模型 $g3$ 中所有非相邻节点之间的条件独立性关系。

解：

本例仍然应用 impliedConditionalIndependencies() 函数求解，但由于只有部分节点变量可观察，因此，需要先将不可观察的节点设置为不可观察，再应用 impliedConditionalIndependencies() 函数。

输入语句：

```
> latents(g3) <- setdiff(names(g3),c("Z3","W","X","Z1"))
> impliedConditionalIndependencies(g3)
```

输出结果：

```
W _||_ Z1 | X
W _||_ Z3 | X
```

其中 `setdiff(names (g3), c("Z3","W","X","Z1"))` 是求得图模型 $g3$ 中除节

点 $\{Z3, W, X, Z1\}$ 外的所有其他节点。与例 3.10 相比，删去了例 3.10 结果中所有涉及不可观察节点的条件独立性。

3. dseparated() 和 dconnected() 函数

dseparated() 函数分析图模型中两个节点集合是否被另外一个节点集合 d-划分。

函数语法：

> dseparated(g,X,Y,Z)

- 参数 g 为输入需要分析的图模型；
- 参数 X、Y 和 Z 都是变量集合，Y 和 Z 可以为空集。

返回值有两种情况，一般为布尔值，当图模型 g 中节点集合 X 和 Y 被节点集合 Z 所 d-划分，则返回值为 TRUE，否则返回值为 FALSE；但当参数 Y 为空集 list() 时，返回值为所有在给定节点集合 Z 条件下，图模型 g 中与节点集合 X 实现 d-划分的节点集合，包含节点集合 Z 中的节点。如果 Z 为空集，则返回值是判断节点集合 X 和 Y 是否相互无条件 d-划分。

dconnected() 函数分析图模型中两个节点集合是否在给定另外一个节点集合的条件下，至少有一条路径连通。

函数语法：

> dconnected(g,X,Y,Z)

- 参数 g 为输入需要分析的图模型；
- 参数 X、Y 和 Z 都是变量集合，Z 可以为空集。

返回值为布尔值，当图模型 g 中节点集合 X 和 Y 在给定节点集合 Z 时，至少有一条路径连通，则返回值为 TRUE，否则返回值为 FALSE。

例 3.12 在图模型 $g2$ 中，求任意两个节点在给定节点集 $\{R, P\}$ 的条件下是否相互独立。

解：

本例与例 3.9 类似，可以应用 paths() 函数，本例中采用 dseparated() 函数，当模型中节点数量较大时，dseparated() 函数效率更高。

输入语句：

```
> pairs <- combn(c("X","S","T","U","Y","V"),2)
> apply(pairs,2,function(x){
    if(dseparated(g2,x[1],x[2],c("R","P"))){
        message(x[1],"and",x[2]," are independent given{R,P}")
    }
})
```

输出结果：

```
X and S are independent given {R,P}
X and T are independent given {R,P}
```

```
X and U are independent given {R,P}
X and Y are independent given {R,P}
X and V are independent given {R,P}
```

例 3.13 在图模型 $g1$ 中，节点 X 和节点 Y 在给定哪个节点的条件下相互独立？

解：

本例可以采用 dseparated() 函数循环判断图模型 $g1$ 中各个节点是否对节点 X 和节点 Y 实现 d-划分。

输入语句：

```
> sapply(names(g1),function(Z)dseparated(g1,"X","Y",Z))
```

输出结果：

```
   R    S    T    U    V   X   Y
TRUE TRUE FALSE TRUE TRUETRUETRUE
```

在输入脚本中，names($g1$) 是图模型 $g1$ 中各个节点构成的列表，sapply 对该列表中的每个元素执行函数 function(Z)。

输出结果中只有节点 T 因为形成对撞结构，给定节点 T 时连通节点 X 和节点 Y，给定其他节点时都对节点 X 和节点 Y 形成 d-划分，包括节点 X 和节点 Y 本身，因为给定其中一个节点，其取值自然与另外一个节点无关。

例 3.14 在图模型 $g2$ 中，在给定节点集合 $\{X,R,S,T,P\}$ 时，哪些节点与节点 Y 相互 d-划分？

解：

本例应用 dseparated() 函数其中参数 Y 为空集的情况。

输入语句：

```
> predictors <- c("X","R","S","T","P")
> dseparated(g2,"Y",list(),predictors)
```

输出结果：

```
[1]"P""R""X"
```

在图模型 $g2$ 中，$U \leftarrow V \rightarrow Y$ 为分叉结构，未给定节点 V，故节点 U 和 V 都和节点 Y 连通；$U \rightarrow T \rightarrow P$ 为链式结构，且节点 T 给定，故节点 P 与节点 U 阻断，进而与节点 Y 阻断；$U \rightarrow T \leftarrow S$ 为对撞结构，且给定节点 T，故节点 S 与节点 U 连通，进而与节点 Y 连通；由于 $X \rightarrow R \rightarrow S \rightarrow T$ 为链式结构，且给定节点 S，故节点 R 和 X 都与节点 T 阻断，进而与节点 Y 之间的路径都被阻断。所以最终结果为节点 P、R 和 X。

例 3.15 在图模型 $g3$ 中，在所有非相邻节点对中，哪些节点对在给定图模型中其他节点后相互 d-划分？

解：

采用 dseparated() 函数判断是否相互 d-划分。

输入语句:

```
> pairs < - combn(names(g3),2)
> apply(pairs,2,function(x){
    all.other.variables < - setdiff(names(g3),x)
    if(dseparated(g3,x[1],x[2],all.other.variables)){
        message(x[1],"and",x[2],"are independent given",
            paste(all.other.variables,collapse= ","))
    }
})
```

输出结果:

```
W and Z1 are independent given X,Y,Z2,Z3
X and Y are independent given W,Z1,Z2,Z3
X and Z2 are independent given W,Y,Z1,Z3
Y and Z1 are independent given W,X,Z2,Z3
```

在输入语句中，`pairs < - combn(names(g3), 2)` 将图模型中的节点两两组合形成 2 行的矩阵；`all.other.variables < - setdiff (names (g3), x)` 将图模型中非节点集合 x 中的节点形成集合赋予 `all.other.variables`。

4. markovBlanket() 函数

markovBlanket() 函数分析图模型中一个节点的马尔可夫毯。

语法说明:

```
markovBlanket(g,v)
```

输入参数:
- g 为输入的图模型；
- v 为图模型 g 中的一个节点，作为字符输入，需要用引号。

返回值：`markovBlanket (g, v)` 返回图模型 g 中节点 v 的马尔可夫毯中的所有节点。

例 3.16 在图模型 $g3$ 中，对模型中的 W 节点，求将该节点与图模型中其他节点实现 d-划分的最小节点集合。

解:
根据图模型分析，该最小节点集合显然是由目标节点的所有父节点、子节点及子节点的父节点（因为对撞结构）所构成的节点集合，即目标节点的马尔可夫毯，所以可以应用 markovBlanket() 函数求解。

输入语句:

```
> markovBlanket(g3,"W")
```

输出结果:

```
"X"  "Y"  "Z2" "Z3"
```

5. equivalenceClass( ) 和 equivalentDAGs( ) 函数

equivalenceClass( ) 函数分析图模型的等价类。

语法说明：

```
equivalenceClass(g)
```

输入参数 g 为需要分析的目标图模型。

返回值为图模型 g 所对应的完全部分有向无环图（CPDAG），其中的无向边可以为任意一个方向而不会形成环或新的 V 结构。

equivalentDAGs( ) 与 equivalenceClass( ) 功能类似，但略有不同，其返回值不是 CDPAG，而是与输入图模型 g 马尔可夫等价的多个（特例是只有一个）有向无环图（DAG）；输入参数 n 限制返回 DAG 的数量，默认值是 100。

例 3.17 分别分析与图模型 $g2$ 和 $g3$ 马尔可夫等价的图模型数量及其对应的 CDPAG。

解：

本例应用 equivalenceClass( ) 函数实现。

输入命令：

```
> length(equivalentDAGs(g2))
```

输出结果：

```
[1] 9
```

输入命令：

```
> plot(graphLayout(equivalenceClass(g2)))
```

输出结果：

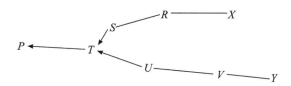

输入命令：

```
> length(equivalentDAGs(g3))
```

输出结果：

```
[1] 1
```

输入命令：

```
> plot(equivalenceClass(g3))
```

输出结果：

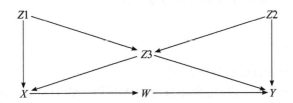

对于图模型 $g3$，其马尔可夫等价类只有该图模型本身，因此其 CDPAG 的图模型结构也就是图模型 $g3$，所有的边的方向都不能修改，否则会形成环或新的 V 结构。

CHAPTER 4

第 4 章

干 预 分 析

在工作中,我们经常需要评估采取一项措施后的效果。比如:在强化学习研究中,需要了解智能体执行动作后的回报是多少;病人服用一种药物后,对康复的影响情况;经济学家分析采取一项经济措施(比如降税)后对经济增长率的影响;市场分析人员希望了解执行一项促销方案后,该促销方案对产品的销量有多大影响。在因果推断分析中,采取的措施称为"干预",采取措施后得到的效果称为"干预的因果效应",简称为"干预效应"或"因果效应"。本章将采用前面介绍的图模型分析技术,对变量干预后的因果效应进行分析,特别是如何在不实际执行干预的情况下,通过观察性数据对干预下的因果效应进行计算。

4.1 因果效应的调整表达式计算

4.1.1 混杂偏差

大家都知道"相关关系不等于因果关系",即两个变量之间存在相关关系,并不足以证明其中一个变量是另一个变量的因。比如,有统计数据表明,随身携带打火机的人患肺癌的概率更大。是随身携带打火机导致患肺癌的概率增大了吗?答案显然不是这样的,随身携带打火机的人患肺癌的概率更大,是因为吸烟的人更可能随身携带打火机,同时,吸烟的人也更容易患肺癌。如果我们对吸烟与不吸烟的人群分别进行统计,则可发现,随身携带打火机与患肺癌的概率之间的虚假相关性将不复存在。

为真实、准确地评估变量之间的因果效应,英国医学会创建了国际上第一个随机对照试验,该试验迅速成为科学研究领域研究变量之间因果关系的黄金标准。在随机对照试验中,针对影响输出变量的所有输入变量,除了一个我们需要研究的输入变量外,让其余所有的输入变量都保持不变或随机变化,从而切断这些输入变量对输出变量的影响,在这样的条件下,任何输出变量的变化都可以归结为我们需要研究的输入变量的变化,从而获得需要研究的输入变量与输出变量之间的因果效应。作为一种行之有效的科学试验方法,随机对照试验在医学、市场营销、经济学等领域的因果效应研究中得到了广泛的应用。

但是，采用随机对照试验来进行因果效应研究也存在很多问题。一方面是在很多情况下，随机对照试验无法进行。比如，我们在研究降税对经济增长的影响时，很难控制除税赋之外影响经济增长的其他因素，也就无法让这些变量保持不变或随机变化；我们在评估促销方案对产品销量增长的影响时，也难以控制影响产品销量增长的其他因素。对除研究变量以外的其他变量进行正确、可靠的随机化，一直是随机对照试验在实施过程中的难点。另一方面，开展大样本的随机对照试验经常需要大量的人力、资金支持和长时间的投入，这也限制了因果效应研究中随机对照试验的开展。在随机对照试验不可行的情况下，我们能不能通过观察性研究，不对试验中的输入变量进行控制操作，而只对输入、输出变量进行观察，并记录这些变量的取值数据，在此基础上实现变量之间因果效应的估计呢？

人们有一个错误的思维习惯，经常认为"相关关系大多来自因果关系"，因此，不通过随机对照试验，仅仅通过观察性数据进行研究的最大问题是，很容易错误地将观察到的相关性关系理解为因果关系。比如，在随身携带打火机与肺癌患病率的关系研究中，随身携带打火机与肺癌患病率同时增加，两者正相关，但根据生活经验我们知道，干预控制随身携带打火机不会对肺癌患病率产生影响，在这样简单的情况下，我们一般不会得出随身携带打火机会导致肺癌患病率升高这样的荒唐结论。但在其他很多情况下，问题没有这么直观和简单，凭经验常常难以避免得出错误的因果关系结论。比如，在温尼伯大学的一项研究中发现，喜欢用手机短消息的青少年思维通常更缺乏深度。媒体立刻以此为依据抨击手机短消息业务使得青少年思维缺乏深度。然而更进一步的研究表明，事实完全不是这样。研究人员发现，是思维缺乏深度的青少年更容易受手机短消息业务的吸引，而不是青少年受手机短消息业务吸引后导致思维缺乏深度。在这个过程中，可能存在一个共同的原因，也许是基因，导致一些青少年更喜欢手机短消息业务，同时也导致这些青少年思维缺乏深度。了解这个因果关系后，如果我们能够想办法对这个共同的原因进行干预，则既可以降低青少年对手机短消息的依赖，也可以增加青少年思维的深度。

在随身携带打火机与肺癌患病率的因果关系研究中，"随身携带打火机"称为干预变量，"肺癌患病率"称为结果变量。"吸烟"这个变量对干预变量和结果变量都有影响，同时，它又不是干预变量和结果变量之间的中间变量，即干预变量"随身携带打火机"不能通过影响"吸烟"这个变量进而对结果变量"肺癌患病率"产生影响。在这样的变量关系中，我们称"吸烟"为混杂变量（也称为混杂因子）。此时，我们分析干预变量和结果变量之间的因果关系，如果不对混杂变量进行控制，即不针对不同的混杂变量取值，分别研究干预变量与结果变量之间的关系，分析结果将会出现偏差（得出错误结论），这样的偏差称为混杂偏差（confounding bias）。在通过观察性数据对变量之间的因果关系进行研究、对变量之间的干预因果效应进行估计时，如何避免混杂偏差将是本章讨论的主要内容。

4.1.2 干预的数学表达

在通过观察性数据研究因果关系的过程中，如何避免混杂偏差、推断出正确的因果关系呢？我们首先需要区分两个概念："对模型中某个变量进行干预"和"以模型中某个变量为条件"。当在"对模型中某个变量进行干预"的场景下进行分析时，我们不但固定了该变量的取值，也改变了模型中变量之间的关系，（经常）也相应地改变了模型中其他变量的取值。但如果我们是在"以模型中某个变量为条件"的场景下进行分析，则仅仅是在某个变量的具体取值下进行分析，我们只是在观察得到的所有数据中根据变量的取值筛选出部分观察数据，此时既没有改变模型中变量之间的关系，也没有改变模型中其他变量的取值，而只是将我们观察研究的数据范围缩小到原有数据集的一个子集，这个子集中的样本数据符合该变量的某个取值条件。这时，客观的世界（变量之间的关系）没有改变，改变的仅仅是我们对世界观察的范围（缩小了需要观察的样本数据集范围）。

我们用图模型分析的方法来区分这两个概念更直观、更有效。以随身携带打火机、肺癌患病率和吸烟的关系为例，图 4.1a 所示是在没有干预的情况下随身携带打火机、肺癌患病率和吸烟之间关系的图模型结构，其中变量 X 是随身携带打火机，变量 Y 是肺癌患病率，变量 Z 是吸烟。变量 X 取值为 0（不随身携带打火机）或 1（随身携带打火机），变量 Z 取值为 0（不吸烟）或 1（吸烟），变量 Y 取值在 0 到 1 之间。

如果是"对模型中某个变量进行干预"，我们就将某个变量的取值固定，让该变量不再随着模型中其他变量的变化而变化。从图模型分析来看，对某个变量进行干预，不但要将该变量取值固定，还要将指向该节点变量的所有边移除。比如，针对图 4.1a 所示模型中的三个变量 X、Y 和 Z，我们对随身携带打火机变量 X 进行干预，令其取一个具体的数值，比如 $X=0$，对应于这个干预，相应得到的图模型结构如图 4.1b 所示。对比干预前后的图模型结构变化，我们就可以解释为什么随身携带打火机变量 X 与肺癌患病率变量 Y 呈正相关，但干预随身携带打火机变量 X（X 取值从 1 变为 0），却不会降低肺癌患病率。在干预之前，随身携带打火机变量 X、肺癌患病率变量 Y 和吸烟变量 Z 形成了一个分叉结构，因此，在没有给定随身携带打火机变量 X 的情况下，变量 X 与变量 Y 相关（相互依赖）；但如果我们对随身携带打火机变量 X 进行干预控制，则随身携带打火机变量 X、肺癌患病率变量 Y 和吸烟变量 Z 之间形成图 4.1b 所示的图模型结构，在此图模型结构下，X 和 Y 之间不再通过 Z 相连接，随身携带打火机变量 X 和肺癌患病率变量 Y 之间相互独立。这时，即使我们将变量 X 的数值从一个固定的取值调整到一个新的固定取值，相应的变化也不会传递到变量 Y，所以，我们无法通过干预随身携带打火机（X）来降低肺癌患病率（Y）。

如果是"以模型中某个变量为条件"，比如我们以随身携带打火机（X）为条件研究相应肺癌患病率（Y）的变化情况，则此时仍为图 4.1a 所示的图模型结构，相应研究的数据是在原有数据集中分别筛选出随身携带打火机变量（X）各个指定取值的样本，分析比较在随身携带打火机变量（X）不同取值的条件下，肺癌患病率的变化情况，由于图模型结构仍为分叉结构，因此在没有给定变量 Z 的取值时，变量 X 与变量 Y 之间仍然存在相互依赖关系，显然，两者仍然具有正相关性。

通过对这个例子进行图模型分析可以看到，"对模型中某个变量进行干预"既改变了图模型的结构——模型中变量之间的独立、依赖关系，也改变了对应的样本数据集——

按照新的图模型结构关系重新生成样本数据集,且变量 X 的所有取值都等于干预值 x,然后再在此基础上进行相关概率计算。而"以模型中某个变量为条件",则图模型结构没有任何变化——变量之间的独立、依赖关系没有变化,原有的数据集也没有变化,仅仅是在相关概率计算过程中,在原有数据集中筛选出满足变量取值条件的部分样本,然后再在此基础上进行计算。

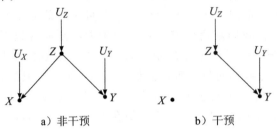

图 4.1 随身携带打火机(X)、肺癌患病率(Y)和吸烟(Z)关系的图模型结构

通过上面的图模型分析可以知道,对于同一个图模型结构,观察到变量 X 自然的取值 x(以变量 X 取值 x 为条件),即"观察到 $X=x$",与通过干预变量让 X 取值 x,即"干预 $X=x$",两者在对应的图模型结构变化和样本数据集处理上都有明显不同。为了在数学表达式上予以区别,我们引入新的符号,通过干预让变量 X 取值 x,即"干预 $X=x$"表示为"$do(X=x)$"。相应地,$P(Y=y|do(X=x))$ 表示通过干预让 $X=x$ 时 $Y=y$ 的概率,而 $P(Y=y|X=x)$ 则表示在观察到 $X=x$ 的条件下 $Y=y$ 的概率。在对应的概率计算过程方面,$P(Y=y|X=x)$ 是在观察数据集中筛选出满足条件 $X=x$ 的部分样本,再计算变量 $Y=y$ 的概率;而 $P(Y=y|do(X=x))$ 则需要先根据干预得到新的图模型结构,再按照新的图模型结构及变量 X 的相应取值 x,重新生成样本数据集,然后按照新的样本数据集(重新观察得到的新样本数据集)计算变量 $Y=y$ 的概率。类似地,$P(Y=y|do(X=x),Z=z)$ 则是按照新的图模型结构及变量 X 固定取值 x 来重新生成样本数据集后,再筛选出其中满足 $Z=z$ 条件的部分样本,在此基础上,计算变量 $Y=y$ 的概率。需要注意的是,在概率 $P(Y=y|do(X=x))$ 的计算过程中,重新生成新的样本数据集后,用于计算的数据都是观察性数据,这与 $P(Y=y|X=x)$ 类似,区别在于前者需要重新生成样本数据集,而后者不需要。

通过引入 do 表达式和修改图模型结构,我们对"对模型中某个变量进行干预"和"以模型中某个变量为条件"这两个概念进行了区分和表达。在此基础上,我们将讨论如何在不采用随机对照试验的条件下,仅仅通过观察性数据分析、推断出变量之间的因果效应。

4.1.3 通过调整表达式计算因果效应

分析变量之间的因果关系时,随身携带打火机和肺癌患病率之间关系的例子是比较简单的,虽然随身携带打火机和肺癌患病率呈正相关,但我们从生活经验就可以得出结论——随身携带打火机和肺癌患病率之间没有因果关系,在相应的图模型结构中,也没有从节点变量 X 到节点变量 Y 的路径。但是,大多数情况下,事情没有这么简单,除非

根据数据可以直接判断两个变量相互独立,否则,我们无法根据经验判断变量之间是只有相关关系,还是有因果关系。我们只能通过因果效应的量化计算来分析、判断变量之间是否有因果关系。考虑一个与现实世界更加接近的模型,比如前述辛普森悖论中患者服药、性别与康复情况三个变量之间的关系。观察到的数据如表 1.4 所示。我们采用图模型分析的方法,首先需要构建反映变量之间关系的图模型结构。显然,患者是否服用新药和患者康复情况不能影响患者的性别,患者是否服用新药可能影响康复情况,而患者康复情况不会影响患者是否服用新药(这里不考虑因服用新药有效而影响患者服用新药积极性的情况)。相应地,表达三个变量之间关系的图模型结构如图 4.2 所示。其中,变量 X 代表患者服用新药情况,$X=1$ 表示患者服用新药,$X=0$ 表示患者没有服用新药;变量 Y 代表康复情况,$Y=1$ 表示患者康复,$Y=0$ 表示患者没有康复;变量 Z 代表性别,$Z=1$ 表示男性,$Z=0$ 表示女性。现在分析患者服用新药对其康复的影响。为此,我们需要比较两种情况。一种情况是通过干预让所有患者都服药,另一种情况是通过干预让所有患者都不服药,然后再比较两种情况下患者康复率的差异,该差异即可被视为变量 X 对变量 Y 的"因果效应差异"或者"平均因果效应"(Average Causal Effect,ACE)。这里考虑最简单的情况,即变量 X 和 Y 的取值只有 0 或 1 这两个值。如果变量有多个取值的情况,则需要对每一对 (X,Y) 取值组合估计其概率 $P(Y=y|do(X=x))$,这里不做详细介绍。

根据前述对干预的数学表达,我们将通过干预让患者服药表示为 $do(X=1)$,通过干预让患者不服药表示为 $do(X=0)$,相应地,我们要解决的 ACE 问题转换为估计差值

$$E(Y=1|do(X=1))-E(Y=1|do(X=0))$$

由于变量 Y 只有 0 和 1 两个取值,因此

$$E(Y=1|do(X=1))=P(Y=1|do(X=1))$$
$$E(Y=1|do(X=0))=P(Y=1|do(X=0))$$

因此最终需要估计的差值为

$$P(Y=1|do(X=1))-P(Y=1|do(X=0)) \tag{4.1}$$

由于变量之间的平均因果效应定义在对变量进行干预 $do(X=x)$ 的基础上,但从观察性数据中只能直接得到变量之间的相关性数据,而无法获得关于干预 $do(X=x)$ 的数据,因此通过观察性数据无法直接计算出变量之间的因果效应。所以,在辛普森悖论的例子中,仅仅根据表 1.4 中的数据集难以直接计算出平均因果效应,也就难以判断药物对身体康复是否有效。但如果在观察性数据集的基础上,结合如图 4.2 所示的图模型结构,通过图模型分析,则可以从观察性数据中推导、计算出变量之间的平均因果效应,相关推导如下。

在辛普森悖论的例子中,我们要评估服用新药对身体康复的影响,即在图 4.2 所示的模型中评估变量 X 对变量 Y 的影响,变量 X 称为干预变量,变量 Y 称为结果变量。针对

图 4.2 所示的图模型，我们对节点变量 X 进行干预，令 X=x，相应地，在图模型结构中，要移除指向节点 X 的所有边，得到如图 4.3 所示的修改后的图模型。由于图 4.2 和图 4.3 反映变量之间关系的图模型结构不同，同一个变量的概率也可能不相同，因此，我们将图 4.3 所示图模型下的概率用 P_m 表示，而将图 4.2 所示图模型下的概率用 P 表示。

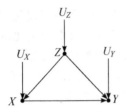

图 4.2　服用新药效果图模型（Z 代表性别，X 代表服用新药，Y 代表康复）

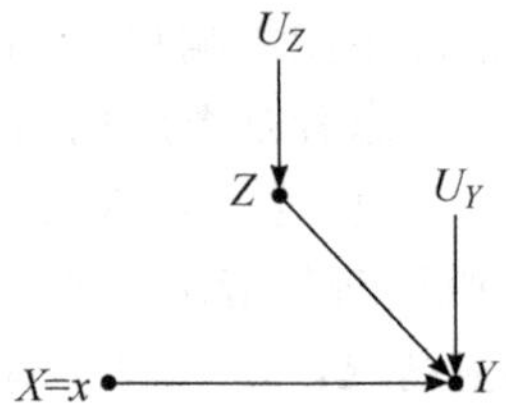

图 4.3　干预下的新药效果分析图模型（在图 4.2 基础上对是否服用新药进行干预）

基于图模型分析，在干预前后（即图模型结构修改前后）有如下概率关系。

1) 由于干预 $do(X=x)$ 在图模型分析中对应于断开所有指向节点变量 X 的边，因此，在图 4.2 所示模型下计算（与因果效应有关的）概率 $P(Y=y|do(X=x))$ 时，需要断开从节点变量 Z 指向节点变量 X 的边。而在图 4.2 所示模型下断开从节点变量 Z 指向节点变量 X 的边后所得到的图模型结构就是图 4.3。因此，图 4.2 所示模型下的概率 $P(Y=y|do(X=x))$ 等价于图 4.3 所示模型下的概率 $P_m(Y=y|X=x)$——在新的图模型结构下的条件概率，也就是

$$P(Y=y|do(X=x))=P_m(Y=y|X=x)$$

对变量进行干预的数据分析过程可以分为三步：首先根据干预对图模型结构进行相应修改，再按照修改后的图模型结构重新生成样本数据，最后对新生成的样本数据进行分析。在按照修改后的图模型结构重新生成样本数据后，也是对观察性数据进行分析，所以修改前图模型结构（图 4.2）下的概率 $P(Y=y|do(X=x))$ 等价于修改后的图模型结构（图 4.3）下的概率 $P_m(Y=y|X=x)$。因此，计算图 4.2 中的概率 $P(Y=y|do(X=x))$ 的工作转化为计算图 4.3 下的条件概率 $P_m(Y=y|X=x)$。

2) 在干预前后，变量 Z 的边缘概率保持不变，即 $P(Z=z)=P_m(Z=z)$。

因为根据图 4.2 和图 4.3 的图模型结构，节点变量 Z 的取值只受外生变量影响，即只受边 $U_z \to Z$ 的影响，是否移除指向 X 的边，不会影响指向 Z 变量的边 $U_z \to Z$，也就不会影响 Z 变量的取值。在本例中，也就是干预患者服药不会影响患者的性别。

3) 在干预前后，条件概率 $P(Y=y|Z=z,X=x)$ 保持不变，即

$$P(Y=y|Z=z,X=x)=P_m(Y=y|Z=z,X=x)$$

因为根据图 4.2 和图 4.3 的图模型结构，虽然干预前后变量 Y 的取值可能发生改变，但指向变量 Y 的边没有变化，故函数关系 $Y=f(X,Z,U_y)$ 在干预前后保持不变，这个函

数关系与 X 变量的具体取值无关,所以条件概率 $P(Y=y|Z=z,X=x)$ 保持不变。

4) 在干预后的新的图模型结构下,变量 Z 和变量 X 相互独立,则有 $P_m(Z=z|X=x)=P_m(Z=z)=P(Z=z)$ (第二个等号来自前述结论2)。

由图 4.3 显然可见,有 V 结构 $X\rightarrow Y\leftarrow Z$,所以在干预后的图模型结构中,变量 Z 和变量 X 无条件 d-划分,变量 Z 和变量 X 相互边缘独立。

在上述 4 项结论的基础上,可有如下推导:

$$P(Y=y|\text{do}(X=x)) = P_m(Y=y|X=x)$$
$$= \sum_z P_m(Y=y|X=x,Z=z)P_m(Z=z|X=x)$$
$$= \sum_z P(Y=y|Z=z,X=x)P(Z=z) \quad (4.2)$$

上述推导中,第一个等号应用了前面的结论 1;第二个等号根据条件概率展开式(2.8),将条件概率 $P_m(Y=y|X=x)$ 按照变量 Z 展开;第三个等号分别应用前面的结论 3 和结论 4,用 $P(Y=y|Z=z,X=x)$ 代替 $P_m(Y=y|Z=z,X=x)$,用 $P(Z=z)$ 代替 $P_m(Z=z|X=x)$。

至此,基于干预前后(图模型结构修改前后)的概率关系,我们将表示干预对结果变量影响的 do 算子表达式 $P(Y=y|\text{do}(X=x))$ 转化为干预前的条件概率表达式:

$$P(Y=y|\text{do}(X=x)) = \sum_z P(Y=y|Z=z,X=x)P(Z=z) \quad (4.3)$$

式(4.3)称为调整表达式,其中 $P(Y=y|\text{do}(X=x))$ 通常称为干预变量 X 对结果变量 Y 的因果效应(causal effect)。从这个等式我们可以看到,干预变量 X 对结果变量 Y 产生的因果效应,可以在非干预条件下的观察性数据集基础上计算得到。具体方法是:针对每一个变量 Z 的取值分别计算相应变量 X 和 Y 的条件概率 $P(Y=y|Z=z,X=x)$(此时 $Z=z$ 是确定值),然后将此条件概率对不同的 Z 变量取值做加权平均。这个计算过程称为"对 Z 做调整"或"对 Z 做控制",相应地变量 Z 称为"调整变量"。式(4.3)右边的条件概率 $P(Y=y|Z=z,X=x)$ 和概率 $P(Z=z)$ 可以根据干预前的观察性数据集直接计算得到,具体的计算方法可以采用第 2 章介绍的过滤法。至此,我们可以不做随机对照试验,仅仅基于观察性数据,通过对变量 Z 做调整,实现干预因果效应($P(Y=y|\text{do}(X=x))$)的计算。从混杂偏差控制的角度来看,式(4.3)针对不同的 Z 变量取值,分别计算干预变量对结果变量的影响,实现了对混杂偏差的控制。

当然,干预因果效应($P(Y=y|\text{do}(X=x))$)也可以通过随机对照试验来计算。以辛普森悖论中服用新药对康复的影响为例,在随机对照试验中,对性别变量 Z 进行随机化,在变量之间的关系上体现为节点变量 Z 对节点变量 X 没有影响,在对应的图模型结构中体现为将从节点变量 Z 指向节点变量 X 的边删除,因而随机对照试验结果数据集所对应的图模型结构就是图 4.3 所示的图模型结构,即干预后的图模型结构,因此,其生成的数据集对应的概率分布 P_r 等价于干预后的数据集所对应的概率 P_m,即有 $P_r=P_m$,

因此有

$$P(Y=y|\mathrm{do}(X=x))=P_m(Y=y|X=x)=P_r(Y=y|X=x)$$

所以，此时不需要再对变量 Z 做调整，直接利用随机对照试验所获得的观察性数据，通过过滤法计算得到的条件概率 $P_r(Y=y|X=x)$，即可视为与干预因果效应 $P(Y=y|\mathrm{do}(X=x))$ 等价的条件概率，并进而计算得到量化的平均因果效应。调整表达式的推导过程，实际上也证明了随机对照试验所得到的条件概率等于因果效应 $P(Y=y|\mathrm{do}(X=x))$。

下面以辛普森悖论中服用新药对康复的影响为例，来看用调整表达式计算因果效应的完整过程。根据计算因果效应的调整表达式(4.3) 有

$$P(Y=1|\mathrm{do}(X=1))=P(Y=1|X=1,Z=1)P(Z=1)+\\P(Y=1|X=1,Z=0)P(Z=0)$$

根据表 1.4，可有相关概率

$$P(Z=1)=\frac{87+270}{87+270+263+80}=\frac{357}{700}$$

$$P(Z=0)=\frac{263+80}{87+270+263+80}=\frac{343}{700}$$

$$P(Y=1|X=1,Z=1)=0.93$$

$$P(Y=1|X=1,Z=0)=0.73$$

将上述概率数值代入调整表达式，有

$$P(Y=1|\mathrm{do}(X=1))=0.93\times\frac{357}{700}+0.73\times\frac{343}{700}=0.832$$

类似有

$$P(Y=1|\mathrm{do}(X=0))=0.87\times\frac{357}{700}+0.69\times\frac{343}{700}=0.7818$$

将患者服药（$X=1$）和不服药（$X=0$）两种情况做比较，有

$$\mathrm{ACE}=E(Y=1|\mathrm{do}(X=1))-E(Y=1|\mathrm{do}(X=0))$$
$$\mathrm{ACE}=P(Y=1|\mathrm{do}(X=1))-P(Y=1|\mathrm{do}(X=0))=0.832-0.7818=0.0502$$

显然，服药有助于患者康复。

4.1.4 调整变量的设计

在上述例子中，我们计算患者服新药后的康复效果时，并不是直接针对所有患者计算 $P(Y=1|X=1)$，而是以性别变量 Z 为调整变量，以调整表达式的方式，分别计算患者为男性条件下服用药物的效果 $P(Y=1|X=1,Z=1)$ 和患者为女性条件下服用药物的效果 $P(Y=1|X=1,Z=0)$，然后再将这两个计算结果按照男性的占比（$P(Z=1)$）和女

性的占比（$P(Z=0)$）计算加权平均，最终得到所有患者（不区分性别）服用药物康复的效果 $P(Y=1|do(X=1))$。如果我们不以性别 Z 为调整变量区分男女患者分别计算服用药物康复的效果，再加权平均，而是直接计算 $P(Y=1|X=1)-P(Y=1|X=0)$，并将其作为患者服用新药后的康复效应，则会出现混杂偏差，得出错误的结论，这也是辛普森悖论产生的原因。

在因果效应的分析计算中，若图模型结构中有三个节点变量，是否以第三个节点变量为调整变量计算调整表达式，就可以实现干预一个节点变量对另一个节点变量因果效应的正确计算？实际情况并非如此。以辛普森悖论的例子中关于服药 X、血压 Z、康复 Y 三个变量的关系为例分析，相关数据如表 1.5 所示。在这个例子中，我们根据相关数据计算服药变量 X 对康复变量 Y 的因果效应 $P(Y=y|do(X=x))$，调整变量应如何选取？调整表达式应该如何应用？

首先来看反映服药 X、血压 Z、康复 Y 三个变量之间关系的图模型结构。根据专业知识知道，新药通过改变患者血压来影响患者的康复，因此，有节点 X 指向节点 Z 的边，同时也有节点 Z 指向节点 Y 的边。同样，患者康复不可能影响患者服药，所以只有节点 X 指向节点 Y 的边，相应的图模型结构如图 4.4 所示，其中 Z 代表服药后血压，X 代表服用新药，Y 代表康复。由于外生变量相互独立，因此图中不做体现。该图与图 4.2 类似，但节点 X 与 Z 之间的箭头正好相反。

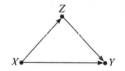

图 4.4　服用新药效果图模型

服药变量 X 影响血压变量 Z，而不是血压变量 Z 影响服药变量 X。根据图 4.4 所示的图模型结构来计算因果效应 $P(Y=y|do(X=x))$。首先看执行干预 $do(X=x)$ 后的调整表达式形式。从图模型分析的角度来看，对变量 X 执行干预，就是在图模型结构中移除指向节点变量 X 的所有边。但在图 4.4 的例子中，没有边指向节点变量 X，也就是说，对变量 X 干预前后的图模型结构相同，因此有

$$P(Y=y|do(X=x))=P_m(Y=y|X=x)=P(Y=y|X=x)$$

这种情况下，我们可以将非干预情况下获得的观察性数据集视为针对变量 X 做干预后所获得的数据集。

在图 4.4 所示的图模型结构中，由于没有指向被干预变量的边，干预前和干预后的图模型结构相同，因此调整表达式简化为

$$P(Y=y|do(X=x))=P(Y=y|X=x)$$

这个简化表达式可以视为调整表达式在调整变量为空集时的特例。显然，在辛普森悖论关于服药 X、血压 Z、康复 Y 这三个变量的例子中，在只观察到服药 X、血压 Z、康复 Y 这三个变量的数据且图模型结构中只有这三个变量的条件下，即使将血压变量 Z 作为调整变量写出调整表达式，相应推导计算得到的结果也与不进行调整便直接对所有患者计算 $P(Y=y|X=x)$ 的效果相同，因而，未能消除混杂偏差会出现辛普森悖论这样的错误结论。

与图 4.2 相比，图 4.4 遗漏了干预变量 X 的父节点变量——性别变量，因此，在变量之间因果效应的分析计算中，必须合理地设计图模型结构中的变量，才能得到有效的调整表达式，实现因果效应的正确计算。那么，具体如何设计图模型结构中的变量呢？在图模型结构中，除了干预变量 X 和结果变量 Y 之外的所有变量中，又如何选取合适的调整变量才能得到正确的调整表达式呢？这需要我们从干预所对应的图模型结构修改过程来分析。

如前所述，从图模型的角度来看，对变量 X 执行干预就是在图模型结构中移除指向节点变量 X 的所有边。因此，在变量之间因果效应的分析计算过程中，在设计图模型结构中的变量时，首先必须构建、提取出所有影响干预变量 X 的变量（如果确实有），即构建出节点变量 X 的所有父节点变量，否则，如果干预变量 X 本身有父节点变量，但在构建的图模型结构中没有体现干预变量 X 的父节点，则干预前和干预后的图模型结构相同，即使写出调整表达式的形式，也无法达到调整表达式的效果，最终还是会得出错误的结论，这也是辛普森悖论关于服药 X、血压 Z、康复 Y 这三个变量的例子中，即使进行了分组也未能消除混杂偏差，出现辛普森悖论这样的错误结论的原因。

在构建出包含干预变量 X 所有父节点变量的图模型结构后，又该如何选取调整变量、写出计算因果效应的调整表达式呢？针对前述辛普森悖论关于患者服药、性别与康复情况这三个变量的具体例子，我们通过分析干预所对应的图模型结构修改、图模型结构修改前后概率表达式之间的关系，推导得到调整表达式(4.3)，对性别变量 Z 进行调整，就可以在非干预条件下的观察性数据集基础上，实现因果效应 $P(Y=y|\mathrm{do}(X=x))$ 的计算。对于一般的因果效应分析场景，若已知反映变量之间关系的图模型结构，如何在不分析干预所对应的图模型结构修改、图模型结构修改前后概率表达式之间关系的条件下，正确选取调整变量呢？在前述辛普森悖论关于患者服药、性别与康复情况这三个变量的具体例子中，调整变量 Z 是干预变量的父节点变量，是否应该选取干预变量的父节点变量（或变量集合）为调整变量呢？为此，我们从干预本身的意义着手分析，从干预动作对图模型结构的影响中可以看到，由于干预，所有指向干预节点变量的边被删除，干预变量取值给定，干预变量的父节点对干预变量的影响被移除。调整变量的选择应反映干预动作的影响，在图模型的所有节点变量中，除干预变量以外，与干预动作有关的节点变量只有干预变量的父节点变量（或父节点变量集合）。所以，选择干预变量的父节点变量（或父节点变量集合）作为调整变量（或调整变量集合）将能反映干预的影响。将干预变量 X 的父节点变量（或变量集合）表示为 PA，我们可以得到计算干预所产生因果效应的更一般的调整表达式形式。

法则 1（因果效应准则）

构建包含干预变量 X 所有父节点变量的图模型 G，设干预变量 X 的父节点变量集合为 PA，则计算干预变量 X 对结果变量 Y 因果效应的调整表达式为

$$P(Y=y \mid \mathrm{do}(X=x)) = \sum_t P(Y=y \mid X=x, \mathrm{PA}=t) P(\mathrm{PA}=t) \quad (4.4)$$

其中，t 是 PA 所有可能的变量取值组合。若干预变量 X 没有父节点变量，即变量集合 PA 为空集，相应地式(4.4)简化为

$$P(Y=y|\mathrm{do}(X=x))=P(Y=y|X=x)$$

前面是关于因果效应准则的定性分析，下面我们做数学证明。

证明： 我们可以在图模型结构 G 上将干预 $\mathrm{do}(X=x)$ 表现为增加一个取值为 x 的根节点 F，节点 F 的唯一后代为干预节点变量 X，且该节点 F 的引入使得节点 X 满足 $X=F=x$，同时，切断原图模型结构中所有指向节点 X 的边（与其所有父节点的联系）形成新的图模型结构 G'，具体如图 4.5 所示。

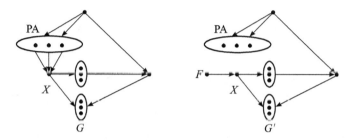

图 4.5 在外部干预 F 的作用下相应图模型 G 修改为图模型 G'

在图 4.5 中，我们没有限制结果变量 Y 与干预变量 X 在图模型结构中的具体关系，因此，下面的分析适用于所有的图模型结构，只要图模型结构不形成环。我们用 P 代表图模型结构 G 中的概率关系，用 P' 代表增加节点 F、移除指向节点 X 的所有边后新的图模型结构 G' 中的概率关系，相应有

$$\begin{aligned}P(Y=y|\mathrm{do}(X=x))&=P'(Y=y|F=x)\\&=\sum_t P'(Y=y|\mathrm{PA}=t,F=x)P'(\mathrm{PA}=t|F=x)\\&=\sum_t P'(Y=y|\mathrm{PA}=t,X=x,F=x)P'(\mathrm{PA}=t|F=x)\end{aligned}$$

(4.5)

在式(4.5)的推导中，第一个等号是根据干预对图模型结构修改的定义；第二个等号是根据条件概率展开式(2.8)，将条件概率 $P'(Y=y|F=x)$ 针对节点 X 的父节点变量集合 PA 进行展开；第三个等号是根据新图模型结构 G' 定义，若有 $F=x$ 则必有 $X=x$，反之亦然，故可在条件概率表达式中增加条件 $X=x$。

要推导出式(4.4)，必须去掉式(4.5)右边两项中的条件 $F=x$。现在来分析如何将式(4.5)右边两项中的条件 $F=x$ 消除掉。

首先看第一项，我们分析在新的图模型结构 G' 中节点 F 与节点 Y 之间的依赖关系。节点 F 到达节点 Y 的路径有两条：一条是通过 X 后，再通过 X 的后代节点；另一条是通过 X 后，再通过 X 的父节点 PA。在通过 X 后代节点的路径上，当节点 X 的取值给定

时，比如 $X=x$，这是链式结构中给定中间节点的取值，显然这条节点 F 到达节点 Y 的路径被阻断；在通过 X 的父节点 PA 到达节点 Y 的路径上，由于所有从父节点 PA 指向节点 X 的边都被删除，因此，F 节点通过 X 的父节点 PA 到达 Y 节点的这条路径也被阻断。同时注意到，给定节点集合 PA 的取值时，不会在节点 F 和节点 Y 之间打开对撞结构。所以，在新图模型结构 G' 中，在给定节点 X 的取值和节点集合 PA 的取值时，节点 F 与节点 Y 相互独立。相应地有等式

$$P(Y=y|\mathrm{PA}=t,X=x,F=x)=P(Y=y|\mathrm{PA}=t,X=x) \tag{4.6}$$

根据式(4.6)，在给定 $\mathrm{PA}=t$、$X=x$ 时，变量 Y 与变量 F 相互独立，则在新图模型结构 G' 中有

$$P'(Y=y|\mathrm{PA}=t,X=x,F=x)=P'(Y=y|\mathrm{PA}=t,X=x) \tag{4.7}$$

现在分析式(4.5)右边的第二项，由于图模型 G 是有向无环图，因此在图模型结构 G 中从节点 X 出发到达节点集合 PA 的路径被阻断，否则会形成环；同时，由于干预，在新图模型结构 G' 中，从节点集合 PA 出发到节点 X 的边都被删除，因此在新图模型结构 G' 中，从节点集合 PA 出发到节点 X 的所有路径被阻断。新图模型结构 G' 和图模型 G 相比较，除节点 F 及其与节点 X 相连的边，以及从节点集合 PA 出发到节点 X 的边都被删除外，其余部分，新图模型结构 G' 和图模型结构 G 完全相同，所以，在新图模型结构 G' 中，从节点 X 出发到达节点集合 PA 的路径也被阻断。这说明在新图模型结构 G' 中，从节点 X 出发到达节点集合 PA 的路径和从节点集合 PA 出发到达节点 X 的路径都被阻断。所以，在新图模型结构 G' 中，节点 F 与节点 PA 相互边缘独立，则有

$$P'(\mathrm{PA}=t|F=x)=P'(\mathrm{PA}=t) \tag{4.8}$$

将式(4.7)和式(4.8)代入式(4.5)，则有

$$P(Y=y\mid \mathrm{do}(X=x))=\sum_{t}P'(Y=y\mid \mathrm{PA}=t,X=x)P'(\mathrm{PA}=t)$$

根据上一小节的分析，在干预前后，图模型结构中节点变量（集合）PA 和节点变量 X 与节点变量 Y 的连接关系不变，函数关系 $Y=f(\mathrm{PA},X)$ 在干预前后保持不变，所以条件概率 $P(Y=y|\mathrm{PA}=t,X=x)$ 保持不变。同时干预对节点变量（集合）PA 的取值没有影响，故有概率关系

$$P'(Y=y|\mathrm{PA}=t,X=x)=P(Y=y|\mathrm{PA}=t,X=x)$$
$$P'(\mathrm{PA}=t)=P(\mathrm{PA}=t)$$

将等式右边的 P' 都替换为 P，即为式(4.4)，因果效应准则得证。

对因果效应准则中等式(4.4)右边求和式子中的被加数同时乘以、除以概率 $P(X=x|\mathrm{PA}=t)$，并利用概率乘法公式 $P(X=x|\mathrm{PA}=t)P(\mathrm{PA}=t)=P(X=x,\mathrm{PA}=t)$ 及 $P(Y=y|X=x,\mathrm{PA}=t)P(X=x,\mathrm{PA}=t)=P(X=x,Y=y,\mathrm{PA}=t)$，则有

$$P(Y=y \mid \text{do}(X=x)) = \sum_t \frac{P(X=x, Y=y, \text{PA}=t)}{P(X=x \mid \text{PA}=t)} \quad (4.9)$$

式(4.9)中 $P(X=x|\text{PA}=t)$ 体现了在干预变量 X 对结果变量 Y 的因果效应中，变量 X 的父节点的影响，一般称 $P(X=x|\text{PA}=t)$ 为"偏好得分"。根据样本数据集，利用式(4.9)来计算变量 X 对 Y 的因果效应有助于提高计算速度和计算精度，具体内容我们将在 4.5.1 节做介绍。

通过图模型分析，我们可以利用调整表达式在不实际执行干预、纯粹应用观察性数据的条件下，计算得到变量间的因果效应。但是，在计算因果效应的实际应用场景中，有时干预变量的父节点变量无法观察测量，相应地就无法应用因果效应准则对干预变量的父节点变量进行调整，实现因果效应的计算，为此，我们将在 4.2 节通过图模型分析引入父节点变量的替代变量来实现因果效应的计算。

4.2 后门准则与前门准则

根据因果效应准则，我们计算干预变量 X 对结果变量 Y 的因果效应时，可以通过对干预变量 X 的所有父节点变量做调整来实现。但在实际工作中经常会发现，变量 X 的有些父节点变量无法测量，因此，根据因果效应准则计算因果效应难以实现，那么在这样的情况下，我们是否仍然可以基于被动的观察性数据，而不是主动干预产生的试验性数据，计算出干预变量 X 对结果变量 Y 的因果效应呢？本节将以图模型分析为工具，探讨变量之间的图模型结构必须满足什么条件，才能基于被动的观察性数据集计算出一个（或一组）变量对另一个（或另一组）变量的因果效应。本节将讨论实际应用较多、较为简单的后门准则和前门准则，有关更为一般的图模型结构条件，我们将在第 7 章做详细介绍。需要注意的是，后门准则和前门准则是计算变量之间的因果效应时图模型结构需要满足的充分条件，而不是必要条件。

4.2.1 后门准则

以图模型分析为工具，分析计算变量之间的因果效应时，相应的图模型结构满足什么条件，就能基于被动的观察性数据集，计算出一个（或一组）变量对另一个（或另一组）变量的因果效应？其中有一个最重要、最常用的工具，我们称之为后门准则。根据后门准则，基于表示变量间因果关系的有向无环图（DAG）模型结构，我们可以判断哪些变量间基于什么变量集合进行调整，可以计算出相应的因果效应。

1. 后门准则

给定有向无环图 G 及其中的有序节点（变量）对（X，Y），如果节点（变量）集合 Z 满足以下条件：

1）Z 集合中没有节点是 X 节点的后代。
2）Z 集合中的节点阻断了所有从节点 X 到节点 Y 的后门路径。

则称节点（变量）集合 Z 相对于有序节点（变量）对（X，Y）满足后门准则。其中，"阻断"是指给定变量取值（或以该变量为条件）时，图模型中的路径被阻断，路径两端的节点变量相互独立；X 和 Y 之间的路径，若其中与节点 X 相连的有向边指向节点 X，则该路径称为从节点 X 到节点 Y 的后门路径。

在后门准则的基础上，我们可有相应计算因果效应的方法——后门调整，对应的计算表达式称为后门调整表达式。

2. 后门调整

若节点（变量）集合 Z 相对于有序节点（变量）对 (X, Y) 满足后门准则，则节点（变量）集合 Z 可以作为调整变量写出调整表达式，相应（干预）变量 X 对（结果）变量 Y 的因果效应为

$$P(Y = y \mid do(X = x)) = \sum_z P(Y = y \mid X = x, Z = z) P(Z = z) \quad (4.10)$$

后门调整的计算表达式与因果效应准则的表达式(4.4)类似，可以将因果效应准则表达式(4.4)看作后门调整表达式(4.10)的特例，式(4.4)中干预变量 X 的父节点集合 PA 显然满足后门准则。

3. 后门调整的定性分析

（干预）变量 X 对（结果）变量 Y 的因果效应 $P(Y=y\mid do(X=x))$，是在通过干预将变量 X 设定为不同指定值的条件下，干预变量 X 与结果变量 Y 取值之间的条件概率，也就是变量 Y 随着变量 X 的变化而变化的情况。式(4.10)将干预变量 X 与结果变量 Y 取值之间的这个条件概率，等价分解为多个非干预条件下、增加调整变量集合 Z 作为条件的条件概率的加权和，每个加项中的条件概率体现了在调整变量集合 Z 各个不同取值的条件下，变量 Y 随着变量 X 的变化而变化的情况，权值是调整变量集合 Z 各个不同取值的概率。在每个加项的条件概率中，以变量集合 Z 为条件，在对应的图模型分析中就是给定变量（或变量集合）Z 的取值。这些加项的条件概率，要在图模型中调整变量集合 Z 取值给定的条件下，正确反映变量 Y 随着变量 X 的变化而变化的情况，相应地，在图模型结构中变量集合 Z 需要满足下列条件：

1) 不改变从变量 X 到 Y 的有向路径（即路径 $X \rightarrow \cdots \rightarrow Y$）。变量 X 通过从变量 X 到变量 Y 的有向路径对变量 Y 产生因果效应，如果该有向路径发生变化，将可能改变变量 Y 随着变量 X 的变化而变化的规律，因此，在图模型中给定变量集合 Z 的取值，不能改变从变量 X 到 Y 的有向路径。

2) 阻断变量 X 与 Y 之间的后门路径。在图模型结构中，可能存在从变量 X 到变量 Y 的后门路径，但在式(4.10)的左边，在计算（干预）变量 X 对（结果）变量 Y 的因果效应 $P(Y=y \mid do(X=x))$ 时，将指向变量 X 的所有边都删除，相应所有从变量 X 到变量 Y 的后门路径都被阻断。若式(4.10)的右边，在以变量集合 Z 为条件时没有阻断变量 X 与 Y 之间的后门路径，则式(4.10)左、右两边对应的图模型结构不同。同时，若后门路径不阻断，在干预变量 X 时，变量 Y 随着变量 X 的变化而变化，但同时变量 Y 又通过后门路径反过来影响变量 X，进而再影响变量 Y。因此，式(4.10)将干预变量 X 与结果变量 Y 取值之间的这个条件概率，等价分解为多个非干预条件下、增加调整变量集合 Z 作

为条件的条件概率时，若不阻断相应的后门路径，将不能正确反映变量 Y 随着变量 X 的变化而变化的情况，对因果效应的计算造成偏差。所以，在选取调整变量集合 Z、计算变量 X 对变量 Y 的因果效应时，后门路径作为错误路径必须被阻断。

3) 不在变量 X 与 Y 之间产生新的（错误）路径。在图模型结构中给定变量集合 Z 的取值后，如果在变量 X 与 Y 之间产生了新的路径，则变量 X 可以通过新的路径对变量 Y 产生影响，这可能会改变变量 Y 随着变量 X 的变化而变化的规律，因此，在图模型结构中给定变量集合 Z 的取值后，不能在变量 X 与 Y 之间产生新的路径。

下面来看满足后门准则的变量集合 Z 是如何实现上述三个条件的。

1) 不改变从变量 X 到 Y 的有向路径。如果变量集合 Z 中包含了干预变量 X 的后代，假设为节点变量 W，该节点变量 W 可能在（也可能不在）从变量 X 到变量 Y 的有向路径 $X \to \cdots \to Y$ 上，即可能有路径 $X \to \cdots \to W \to \cdots Y$，则当调整表达式中以变量 X 的后代 W 为条件做调整时，也就是在图模型中将变量 W 取一个固定值，将阻断路径 $X \to \cdots \to W \to \cdots Y$。这就改变了从变量 X 到 Y 的有向路径。因此，变量集合 Z 中不能包含干预变量 X 的后代，否则就会改变从变量 X 到 Y 的有向路径，这通过后门准则第 1 个条件予以满足。

2) 阻断变量 X 与 Y 之间的所有后门路径。后门路径作为错误路径必须被阻断，这通过后门准则的第 2 个条件予以满足。

3) 不在变量 X 与 Y 之间产生新的路径。在图模型结构中，变量 X 的后代有可能作为对撞节点（假设该节点为 W）与节点 X 和 Y 一起形成对撞结构 $X \to W \leftarrow Y$。若节点集合 Z 包含了该节点 W，则在对节点集合 Z 做调整时，该后代节点 W 将取固定值（以其为条件），此时对撞结构 $X \to W \leftarrow Y$ 将打开，在节点 X 和节点 Y 之间形成一条新的路径，而该路径在节点 W 不取固定值时本来是阻断的。因此，节点集合 Z 中不能包含干预变量 X 的后代，这也是通过后门准则的第 1 个条件予以满足的。

上述分析是关于图模型结构中调整变量集合 Z 满足后门准则即可正确实现因果效应计算的定性分析，下面我们通过数学推导予以证明，需要再次说明的是，后门准则是充分而非必要条件。

4. 后门调整的数学证明

关于后门调整，我们也可以通过推导予以证明，从式(4.4)因果效应法则的表达式出发进行证明。

证明过程分为两个阶段：首先证明变量集合 Z 满足一定的条件，则后门调整表达式成立；再证明，若变量集合 Z 满足后门准则，则变量集合 Z 满足前述条件。这些条件都是充分条件而非必要条件。

首先证明，若变量集合 Z（为表达方便，以下推导中简称为变量）满足下列条件，则后门调整表达式成立。

a) $Y \perp\!\!\!\perp \mathrm{PA} \mid X, Z$（给定变量 X 和 Z 的条件下，变量 Y 与 PA 相互独立）。

b) $X \perp\!\!\!\perp Z \mid \mathrm{PA}$（给定变量 PA 的条件下，变量 X 与变量 Z 相互独立）。

将式(4.4)右边的加和表达式中第一项对变量集合 Z 展开，则式(4.4)右边为

$$\sum_t P(Y=y \mid X=x, \text{PA}=t) P(\text{PA}=t)$$

$$= \sum_t \sum_z P(Y=y \mid X=x, \text{PA}=t, Z=z) \times$$

$$P(Z=z \mid X=x, \text{PA}=t) P(\text{PA}=t)$$

$$= \sum_t \sum_z P(Y=y \mid X=x, Z=z) P(Z=z \mid \text{PA}=t) P(\text{PA}=t)$$

$$= \sum_t \sum_z P(Y=y \mid X=x, Z=z) P(Z=z, \text{PA}=t)$$

$$= \sum_z P(Y=y \mid X=x, Z=z) \sum_t P(Z=z, \text{PA}=t)$$

$$= \sum_z P(Y=y \mid X=x, Z=z) P(Z=z)$$

其中第一个等号是根据式(2.8) 直接将式(4.4) 右边的加和表达式中第一项对变量集合 Z 展开；第二个等号是根据条件 a) 将 $P(Y=y|X=x, \text{PA}=t, Z=z)$ 转换为 $P(Y=y|X=x, Z=z)$，根据条件 b) 将 $P(Z=z|X=x, \text{PA}=t)$ 转换为 $P(Z=z|\text{PA}=t)$；第三个等号是利用概率链式法则——$P(Z=z, \text{PA}=t) = P(Z=z|\text{PA}=t) P(\text{PA}=t)$；第四个等号是由于对变量集合 PA 的所有取值 t 求和只与其中的 $P(Z=z, \text{PA}=t)$ 项有关，故可将该求和符号转移到后面；第五个等号是概率边缘化计算 $\sum_t P(Z=z, \text{PA}=t) = P(Z=z)$。

所以，根据因果效应的调整表达式(4.4)，若变量集合 Z 满足条件 a) 和条件 b)，则有后门调整表达式

$$P(Y=y \mid \text{do}(X=x)) = \sum_z P(Y=y \mid X=x, Z=z) P(Z=z)$$

下面我们再通过图模型结构的分析予以证明，若变量集合 Z 满足后门准则的两个条件，即条件 1) 和条件 2)，则变量集合 Z 必定满足条件 a) 和条件 b)。

首先来分析条件 a)。PA 和 Y 之间的路径有两种：$Y \rightarrow \text{PA}$ 的路径和 $Y \leftarrow \text{PA}$ 的路径 ($Y \rightarrow \text{PA}$ 和 $Y \leftarrow \text{PA}$ 是用路径上与节点 Y 相连的边的方向来表示整条路径，在路径上还可能存在系列中间节点，以下 $X \rightarrow Z$ 和 $X \leftarrow Z$ 的路径表示类似)。

对于路径 $Y \rightarrow \text{PA}$，根据后门准则，给定变量集合 Z 时，阻断了 $X \rightarrow Y$ 的后门路径，也就阻断了路径 $Y \rightarrow \cdots \rightarrow X$，则必然阻断了 $Y \rightarrow \text{PA}$ 的路径。否则，路径 $Y \rightarrow \cdots \text{PA}$ 打开将导致节点 Y 通过 PA 到达节点 X 的后门路径 $Y \rightarrow \cdots \text{PA} \rightarrow X$ 打开。

再看 $Y \leftarrow \text{PA}$ 的路径，该路径或者经过节点 X，或者不经过节点 X。若 $Y \leftarrow \text{PA}$ 的路径不经过节点 X，假设在 $Y \leftarrow \text{PA}$ 的路径上 PA 的子节点为 X'，则会形成路径 $X \leftarrow \text{PA} \rightarrow X' \leftrightarrow \cdots \rightarrow Y$，这就形成了 $X \rightarrow Y$ 的后门路径，该路径中 $\text{PA} \rightarrow X' \leftrightarrow \cdots \rightarrow Y$ 部分必然本身是阻断的或者被节点变量集合 Z 所阻断，否则会打开后门路径 $Y \rightarrow X$。因此，当 $Y \leftarrow \text{PA}$ 的路径不经过节点 X 时，路径 $Y \leftarrow \text{PA}$ 本身是阻断的或被节点变量集合 Z 所阻断，总之该路径是阻断的。若 $Y \leftarrow \text{PA}$ 的路径经过节点 X，则在节点变量 X 取给定值时该路径

在节点变量 X 处被阻断。若在节点变量 X 取给定值时路径 $Y\leftarrow\text{PA}$ 在节点 X 处是连通而不是阻断的，则必然在节点变量 X 处形成以节点 X 为对撞节点的对撞结构。此时可将路径 $Y\leftarrow\text{PA}$ 再细化描述为 $\text{PA}\to X\leftarrow\cdots\leftrightarrow\cdots\to Y$，虽然不在节点 X 处被阻断，也必然在该路径上 $X\leftarrow\cdots\to Y$ 部分被阻断，否则就会打开 $X\to Y$ 的后门路径。

所以，当变量集合 Z 满足后门准则的条件 1) 和条件 2) 时，给定 $X=x$、$Z=z$，PA 和 Y 之间的所有路径都被阻断，变量 Y 与变量 PA 相互独立，即条件 a) ($Y \perp\!\!\!\perp \text{PA} | X, Z$)。

再分析条件 b) ($X \perp\!\!\!\perp Z | \text{PA}$)。$X$ 和 Z 之间的路径有两种：$X\to Z$ 的路径和 $X\leftarrow Z$ 的路径。

对于路径 $X\to Z$，由于变量集合 Z 中没有节点 X 的后代，则 $X\to Z$ 的路径必然被阻断。将 $X\to Z$ 的路径细化描述为 $X\to\cdots\leftrightarrow\cdots\leftrightarrow Z$。该路径显然不可能为 $X\to\cdots\to Z$ 形式，否则变量集合 Z 中会有节点 X 的后代。因此，$X\to\cdots\leftrightarrow Z$ 路径上必然会存在对撞结构，而现在只给定 PA，其他节点变量值都没有给定，PA 显然不可能出现在 $X\to\cdots\leftrightarrow Z$ 路径的对撞节点上，所以 $X\to\cdots\leftrightarrow Z$ 路径上存在对撞结构且其对撞节点的取值未给定，因此，$X\to\cdots\leftrightarrow\cdots\leftrightarrow Z$ 路径被阻断。

再来分析路径 $X\leftarrow Z$。路径 $X\leftarrow Z$ 必然经过 PA，由于图模型结构有 $\text{PA}\to X$，因此不可能形成以 PA 为对撞节点的对撞结构 $X\to\text{PA}\leftarrow\cdots\leftarrow Z$，否则会形成环 $X\to\text{PA}\to X$，所以，在给定父节点 $\text{PA}=t$ 取值时，也不会有打开 $X\to\text{PA}\leftarrow\cdots\leftarrow Z$ 对撞结构通路的可能。故在给定父节点 $\text{PA}=t$ 取值时，因进入节点 X 的所有路径必定要通过其父节点 PA，$X\leftarrow Z$ 的路径被阻断。

所以，若后门准则中的条件 1) 成立，在给定父节点 $\text{PA}=t$ 取值的条件下，变量 X 与变量 PA 相互独立，即条件 b) ($X \perp\!\!\!\perp Z | \text{PA}$)。

综上所述，当变量集合 Z 满足后门准则时，有

$$P(Y=y | \text{do}(X=x)) = \sum_z P(Y=y | X=x, Z=z) P(Z=z)$$

类似地，若 X 和 Y 为有向无环图中两个不相邻的节点变量集合，节点变量集合 Z 对于任意有序节点对 (X_i, Y_i) 都满足后门准则（其中 $X_i \in X$，$Y_i \in Y$），则称节点变量集合 Z 相对于节点变量集合 (X, Y) 满足后门准则。

例 4.1 分析图 4.6 所示的图模型结构中，相对于有序节点对 (X_i, X_j)，哪些变量集合满足后门准则。

解：

在图 4.6 中，相对于有序节点对 (X_i, X_j)，节点变量集合 $Z_1 = \{X_3, X_4\}$ 满足后门准则，因为其阻断了所有指向节点 X_i 的后门路径，且不是 X_i 的后代；节点变量集合 $Z_2 = \{X_4, X_5\}$ 满足后门准则，因为 X_4 阻断了最后通过 X_4 的后门路径，X_5 阻断了链

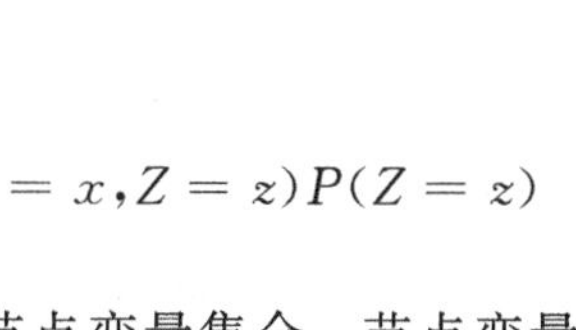

图 4.6 后门准则应用（对变量集合 $\{X_3, X_4\}$ 或 $\{X_4, X_5\}$ 做调整可以得到 $P(X_j | \text{do}(X_i))$ 的无偏估计，而对变量集合 $\{X_4\}$ 做调整将得到有偏估计）

式结构 $X_2 \to X_5 \to X_j$,虽然对撞结构 $X_1 \to X_4 \leftarrow X_2$ 连通,但最后通过 X_3 的后门路径 $X_i \leftarrow X_3 \leftarrow X_1 \to X_4 \leftarrow X_2 \to X_5 \to X_j$ 依然因其中的链式结构 $X_2 \to X_5 \to X_j$ 部分阻断而被阻断;而 $Z_3 = \{X_4\}$ 不满足后门准则,因为给定变量 X_4 时,对撞结构 $X_1 \to X_4 \leftarrow X_2$ 连通,路径 $X_i \leftarrow X_3 \leftarrow X_1 \to X_4 \leftarrow X_2 \to X_5 \to X_j$ 打开,未被阻断。

例 4.2 图 4.7 为关于学生学习的图模型,其中变量 X 表示学生努力程度,变量 Y 表示学生成绩,变量 T 表示教师努力程度,变量 F 表示家庭重视程度。四个变量的相互关系如图 4.7 所示,其中变量 F 对变量 X 和 T 都有影响,但无法测量。如何求变量 X 对变量 Y 的因果效应?

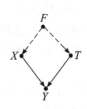

图 4.7 学生努力程度(X)、学生成绩(Y)、教师努力程度(T)和家庭重视程度(不可测量变量 F)关系图模型

解:

我们利用后门调整来计算该因果效应。为计算变量 X 对变量 Y 的因果效应,我们需要寻找相对有序节点对 X 和 Y 满足后门准则的变量集合。根据图 4.7,显然,变量 T 不是变量 X 的后代,同时,在链式结构 $F \to T \to Y$ 中给定变量 T 就阻断了 X 和 Y 之间唯一的后门路径 $X \leftarrow F \to T \to Y$,故变量 T 是相对于有序节点对 X 和 Y 满足后门准则的变量集合(虽然只有一个变量)。因此,对于如图 4.7 所示的图模型结构,计算变量 X 对于变量 Y 的因果效应的调整表达式为

$$P(Y=y \mid \mathrm{do}(X=x)) = \sum_t P(Y=y \mid X=x, T=t) P(T=t)$$

根据这个调整表达式,只要变量 T 可测量,相应的因果效应就可以从纯粹观察性数据中计算得到。

例 4.3 对于图 3.10 所示的图模型结构,假设需要计算 X 对 Y 的因果效应。我们应该基于哪些变量来列出调整表达式计算因果效应?

解:

这个问题也就是寻找满足后门准则的变量集合。对图 3.10 所示的图模型结构,这个问题比较简单,由于有序节点对 X 和 Y 没有后门路径,也就不需要满足后门准则的变量,因此,相应满足后门准则的变量集合是空集,则计算因果效应的调整表达式为

$$P(Y=y \mid \mathrm{do}(X=x)) = P(Y=y \mid X=x)$$

例 4.4 在下列图模型结构中,选取变量 Z 为调整变量来计算变量 X 对变量 Y 的因果效应,哪些满足后门准则?其中空心点为无法测量变量,实心点为可测量变量。

解:

图模型(1)、(2)和(3)中,变量 Z 相对于有序节点对变量 X 和 Y 满足后门准则。模型(4)、(5)和(6)中,变量 Z 相对于有序节点对变量 X 和 Y,也满足后门准则。模型(7)中,给定变量 Z 则连通了对撞结构 $U_1 \to Z \leftarrow U_2$,相应打开了后门路径 $X \leftarrow U_1 \to$

$Z \leftarrow U_2 \rightarrow Y$,故变量 Z 不满足后门准则。

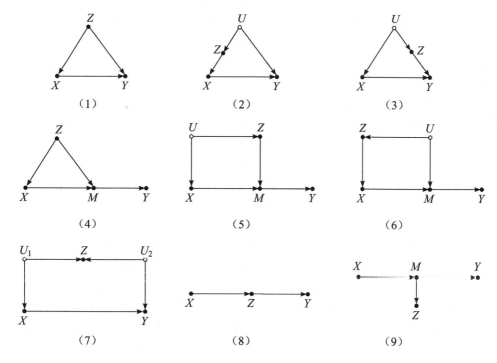

模型(8)中,变量 Z 是节点 X 和节点 Y 之间的中介变量,是节点 X 的后代节点,且给定变量 Z 则阻断了节点 X 到节点 Y 的路径,故变量 Z 也不满足后门准则。

模型(9)中,虽然变量 Z 不是节点 X 和节点 Y 之间的中介变量,但是中介变量 M 的后代也是变量 X 的后代,故变量 Z 也不满足后门准则。

在实际应用中,由于满足后门准则的变量集合可能有多个,因此,可以根据样本数据获取过程中不同变量数据的获取难度、获取精度以及获取成本,选择合适的变量集合作为调整变量计算因果效应,以降低试验成本,提高数据精度。同时,也可以根据图模型结构选取不同调整变量集合,分别按照调整表达式计算因果效应,若数据相互一致,则说明图模型结构正确,否则说明图模型结构错误。

4.2.2 前门准则

根据后门准则,我们可以采用适当的变量集合作为调整变量,列出调整表达式,从而基于观察性数据(而非干预性试验数据),对因果效应进行计算。但在实际工作中,有时无法找到满足后门准则的变量,有时则是有满足后门准则的变量,但这些变量无法观察测量或测量成本很高,因而无法通过后门调整对因果效应进行计算。本节介绍前门准则及其对应的前门调整,这也是一种基于观察性数据对因果效应进行计算的方法。下面以吸烟对肺癌的影响为例来进行介绍。

关于吸烟是否导致肺癌,反烟人士认为吸烟与肺癌存在因果关系。但也有人认为吸烟和肺癌之间只具有正相关性，而非因果关系。他们认为应该是某种致癌基因导致了肺癌，同时这个基因也导致了肺癌患者更爱吸烟，因此，是这个基因而不是吸烟导致了肺癌。为了验证两种说法的正确性，我们在假设致癌基因存在的条件下，对吸烟和肺癌之间的因果效应进行计算。如果吸烟对肺癌的因果效应显著，则可认为是吸烟导致了肺癌，反之则吸烟和肺癌之间只具有正相关性，而非因果关系，从而验证到底哪种说法正确。

按照一些人的说法，致癌基因变量 U 既影响吸烟变量 X 也影响肺癌变量 Y，吸烟变量 X 可能影响肺癌变量，而肺癌变量 Y 不可能影响吸烟变量 X，反映吸烟变量 X、致癌基因变量 U 和癌症变量 Y 之间的图模型结构如图 4.8a 所示。

在该图模型结构中，致癌基因变量 U 相对于有序节点变量对 X 和 Y 满足后门准则，可以用致癌基因变量 U 作为调整变量写出调整表达式，计算吸烟变量 X 对肺癌变量 Y 的因果效应。但由于致癌基因变量 U 无法测量，因此变量 X 对变量 Y 的因果效应，也就是吸烟对肺癌的因果效应无法应用后门调整表达式进行计算。为了解决这个问题，我们对吸烟与肺癌之间关系的分析场景做进一步梳理，采用类似平面几何中做辅助线的思路，看看能否通过引入新的节点变量，实现相关因果效应的计算。

吸烟会导致肺部焦油沉积，焦油沉积可能会对肺癌有影响，但焦油沉积只与吸烟有关，而与人的基因无关，吸烟不直接影响是否患肺癌，但可能通过焦油的沉积来影响是否患肺癌。如果我们在吸烟与肺癌之间关系的分析场景中加上焦油沉积这个变量，相应的图模型结构需要在图 4.8a 的基础上略做修改，在吸烟变量 X 和肺癌变量 Y 之间增加一个中介变量 Z，代表患者肺部焦油沉积量。吸烟变量 X 不直接连通肺癌变量 Y，而是通过焦油沉积变量 Z 来连通肺癌变量 Y；致癌基因变量 U 虽然影响肺癌变量 Y，但不直接影响焦油沉积变量 Z，也就无边与焦油沉积变量 Z 相连。反映这四个变量关系的图模型结构如图 4.8b 所示。

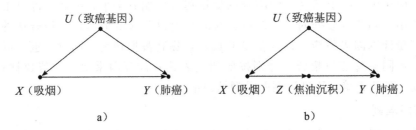

图 4.8 吸烟变量 X、肺癌变量 Y 与致癌基因变量 U 及焦油沉积变量 Z 之间关系图模型

同样，在这个图模型结构中，无法通过后门准则来计算干预变量 X 对结果变量 Y 的因果效应，因为 U 变量不可测量，后门路径 $X \leftarrow U \rightarrow Y$ 仍无法阻断。但是，在变量 X 和变量 Y 之间引入中介变量 Z 之后，如果我们能够应用后门调整表达式分别计算变量 X 对变量 Z 的因果效应和变量 Z 对变量 Y 的因果效应，那么在此基础上，是不是就能够实现因果关系效应 $P(Y=y|\text{do}(X=x))$ 的计算呢？具体分析如下。

根据图 4.8b 的图模型结构，我们首先来分析变量 X 对变量 Z 的因果效应，相应的后门路径在节点 Y 处形成对撞结构，在不给定变量 Y 的取值时，则该后门路径被阻断，根据后门准则，相应调整变量为空集，所以，计算干预变量 X 对结果变量 Z 的因果效应的调整表达式为

$$P(Z=z \mid do(X=x)) = P(Z=z \mid X=x) \tag{4.11}$$

然后，再来计算干预变量 Z 对结果变量 Y 的因果效应，此时相应的后门路径为 $Z \leftarrow X \leftarrow U \rightarrow Y$，变量 X 是变量 Z 的父节点而非后代，且阻断了后门路径，变量 X 满足后门准则，故计算变量 Z 对变量 Y 的因果效应时的调整表达式为

$$P(Y=y \mid do(Z=z)) = \sum_x P(Y=y \mid Z=z, X=x) P(X=x) \tag{4.12}$$

式(4.11) 和式(4.12) 中的因果效应都是通过后门调整表达式计算而得到的，前者是对空集做调整，后者是对变量 X 做调整。

以变量 Z 为中介，将两个等式联立，则可得变量 X 对变量 Y 的因果效应。该计算过程分为两步实现，先是计算干预变量 $X=x$ 条件下中介变量 $Z=z$ 的概率 $P(Z=z \mid do(X=x))$，再计算干预中介变量 $Z=z$ 条件下结果变量 $Y=y$ 的概率 $P(Y=y \mid do(Z=z))$，两个步骤顺序执行，根据概率的乘法原理，最终的概率是两个步骤概率相乘，且对中介变量 Z 的所有取值求和，故有：

$$P(Y=y \mid do(X=x)) = \sum_z P(Y=y \mid do(Z=z)) \times P(Z=z \mid do(X=x)) \tag{4.13}$$

将式(4.11) 和式(4.12) 代入式(4.13)，注意到式(4.12) 的调整表达式中，变量 X 是调整变量，X 的变量取值 x 只是用于求和公式的记号，而不是 X 变量的真实取值，但式(4.11) 中的干预 $do(X=x)$ 中的 x 是让变量 X 真实取值 x，故在式(4.12) 中需将 $P(Y=y \mid do(Z=z))$ 调整表达式中对应的 X 变量取值用 x' 代替以示区别，最终有变量 X 对变量 Y 的因果效应表达式

$$P(Y=y \mid do(X=x)) = \sum_z \sum_{x'} P(Y=y \mid Z=z, X=x') P(X=x') P(Z=z \mid X=x)$$

我们通过后门调整表达式的嵌套实现了因果效应的计算，上式即是前门调整表达式。

类似上述对吸烟变量与肺癌变量因果效应的分析，可以进一步推广到有多条从变量 X 到变量 Y 路径的图模型结构，相应有前门准则和前门调整。

前门准则

一个变量集合 Z 相对于有序节点变量对 (X,Y)，如果满足下列条件，则变量集合 Z 对于 (X,Y) 满足前门准则：

1) Z 中的变量阻断所有从节点变量 X 到节点变量 Y 的有向路径。

2) 从节点变量 X 到节点变量 Z 的所有后门路径都被阻断。
3) 所有从节点变量 Z 到节点变量 Y 的后门路径都被 X 所阻断。

在上述前门准则的条件中，条件 1) 确保能够通过因果效应的嵌套对干预变量 X 对结果变量 Y 的因果效应进行计算；条件 2) 确保变量 X 对变量 Z 的因果效应可以通过后门调整计算；条件 3) 确保变量 Z 对变量 Y 的因果效应可以通过后门调整计算。

前门调整

如果变量集合 Z 相对于有序节点对 (X,Y) 满足前门准则，且 $P(x,z)>0$，则变量 X 对变量 Y 的因果效应可由如下表达式计算：

$$\begin{aligned}&P(Y=y\,|\,\mathrm{do}(X=x))\\&=\sum_{z}\sum_{x'}P(Y=y\,|\,Z=z,X=x')P(X=x')P(Z=z\,|\,X=x)\\&=\sum_{z}P(Z=z\,|\,X=x)\sum_{x'}P(Y=y\,|\,Z=z,X=x')P(X=x')\end{aligned} \quad (4.14)$$

式 (4.14) 称为前门调整表达式。根据前门调整表达式，只要图模型结构中相关节点变量满足前门准则，我们就不再需要嵌套应用后门调整表达式，而是直接利用前门调整表达式计算相关因果效应。

例 4.5 吸烟变量 X、肺部焦油沉积变量 Z、致癌基因变量 U 和癌症变量 Y 之间的图模型结构如图 4.8b 所示，假设这些变量都是二值变量（取值为 0 或 1），并假设相应观察性数据如表 4.1 所示，分析吸烟对肺癌的影响。

表 4.1 吸烟与肺癌关系统计数据

分组类型		$P(x,z)$ 分组在总量中占比（%）	$P(Y=1\,|\,x,z)$ 分组中肺癌占比（%）
$X=0$, $Z=0$	非吸烟，无焦油沉积	47.5	5
$X=1$, $Z=0$	吸烟，无焦油沉积	2.5	85
$X=0$, $Z=1$	非吸烟，有焦油沉积	2.5	10
$X=1$, $Z=1$	吸烟，有焦油沉积	47.5	90

解：

分析吸烟对肺癌的影响要计算吸烟对肺癌的因果效应，将吸烟 $X=1$ 和不吸烟 $X=0$ 两种情况做比较，有

$$\mathrm{ACE}=P(Y=1\,|\,\mathrm{do}(X=1))-P(Y=1\,|\,\mathrm{do}(X=0))$$

根据表 4.1，可应用过滤法计算得到下列概率

$$P(Z=0\,|\,X=1)=\frac{2.5}{47.5+2.5}=0.05 \qquad P(Z=1\,|\,X=1)=\frac{47.5}{47.5+2.5}=0.95$$

$$P(Z=0\,|\,X=0)=\frac{47.5}{47.5+2.5}=0.95 \qquad P(Z=1\,|\,X=0)=\frac{2.5}{47.5+2.5}=0.05$$

$$P(X=1)=\frac{2.5+47.5}{2.5+47.5+2.5+47.5}=0.5 \quad P(X=0)=1-0.5=0.5$$
$$P(Y=1|Z=0,X=0)=5\%=0.05 \quad P(Y=1|Z=0,X=1)=85\%=0.85$$
$$P(Y=1|Z=1,X=0)=10\%=0.1 \quad P(Y=1|Z=1,X=1)=90\%=0.9$$

根据前门调整表达式，可有

$$\begin{aligned}
&P(Y=1|\mathrm{do}(X=1))\\
&=P(Z=0|X=1)[P(Y=1|Z=0,X=0)P(X=0)+\\
&\quad P(Y=1|Z=0,X=1)P(X=1)]+\\
&\quad P(Z=1|X=1)[P(Y=1|Z=1,X=0)P(X=0)+\\
&\quad P(Y=1|Z=1,X=1)P(X=1)]\\
&=0.05\times[0.05\times0.5+0.85\times0.5]+0.95\times[0.1\times0.5+0.9\times0.5]=0.4975\\
&P(Y=1|\mathrm{do}(X=0))\\
&=P(Z=0|X=0)[P(Y=1|Z=0,X=0)P(X=0)+\\
&\quad P(Y=1|Z=0,X=1)P(X=1)]|\\
&\quad P(Z=1|X=0)[P(Y=1|Z=1,X=0)P(X=0)+\\
&\quad P(Y=1|Z=1,X=1)P(X=1)]\\
&=0.95\times[0.05\times0.5+0.85\times0.5]+0.05\times[0.1\times0.5+0.9\times0.5]=0.4525
\end{aligned}$$

相应有

$$\begin{aligned}
\mathrm{ACE}&=P(Y=1|\mathrm{do}(X=1))-P(Y=1|\mathrm{do}(X=0))\\
&=0.4975-0.4525=0.045
\end{aligned}$$

这说明吸烟增加了肺癌的发病率，吸烟有害健康。虽然我们可以通过观察性数据看到吸烟与肺癌之间的正相关关系，但通过前门调整表达式(4.14)将吸烟对肺癌的因果关系做了量化计算，证实了我们关于吸烟易引发肺癌的猜想。

前门准则的条件是充分条件而非必要条件，在前门准则的实际应用中，准则要求条件2)和条件3)的要求可以放宽，只要所有从节点变量 X 到节点变量 Z、从节点变量 Z 到节点变量 Y 的后门路径都被可测量变量阻断，就可以应用前门准则。比如在图 4.9 中，除变量 U_0 和 U_1 外，其他变量均为可测量变量，下面分析变量 X 对变量 Y 的因果效应。从节点变量 X 到达节点变量 Y 的前向路径有两条，分别是 $\{X\to Z_2\to Y\}$ 和 $\{X\to Z_3\leftarrow Y\}$，其中路径 $\{X\to Z_3\leftarrow Y\}$ 形成以节点 Z_3 为对撞节点的对撞结构，路径被阻断，变量 X 对变量 Y 的因果效应都通过节点变量 Z_2 产生。这时可以将节点变量 Z_2 视为前门准则中的 Z 变量，则有

$$P(Y=y\mid\mathrm{do}(X=x))=\sum_{Z_2}P(Y=y\mid\mathrm{do}(Z_2=z_2))P(Z_2=z_2\mid\mathrm{do}(X=x))$$

在图 4.9 中，节点 Z_1 不但阻断了 $X\to Z_2$ 的后门路径，也阻断了 $Z_2\to Y$ 的后门路径，分

别两次应用后门准则,有

$$P(Z_2 = z_2 \mid do(X = x)) = \sum_{z_1} P(Z_2 = z_2 \mid X = x, Z_1 = z_1) P(Z_1 = z_1)$$

$$P(Y = y \mid do(Z_2 = z_2)) = \sum_{z_1} P(Y = y \mid Z_2 = z_2, Z_1 = z_1) P(Z_1 = z_1)$$

分别代入上面的 $P(Y=y\mid do(X=x))$ 表达式,即可求得变量 X 对变量 Y 的因果效应。

在实际应用中,将调整表达式、后门准则和前门准则结合在一起或多层嵌套,基本上可以解决大多数的问题。因此,因果图不但是表达因果关系的有效工具,也是计算因果效应的有力武器。

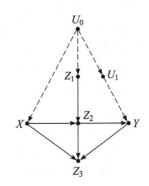

图 4.9 前门调整的应用条件

4.3 多变量干预和特定变量取值干预

前面的干预效应分析都是讨论对图模型中一个变量进行干预后,对另一个变量的因果效应,本节讨论两种复杂的情况:对图模型中多个变量进行干预后,对其余变量的因果效应;在图模型中某个变量取特定值的条件下,对一个变量干预后,对另一个变量的因果效应。

4.3.1 多变量干预

在前述调整表达式的推导和应用过程中,我们都是对一个变量进行干预。但在实际工作中,经常需要对多个变量进行干预,因此需要解决多变量干预的因果效应计算问题。干预的因果效应计算问题实质上是如何将干预后的概率分布用干预前的观察性(概率)数据进行表达的问题。对于多变量干预问题,则需要解决如何将多变量干预后的联合概率分布用干预前的观察性(概率)数据表达。获得这样的联合概率分布表达式后,要计算多变量干预后对剩余变量中部分变量(结果变量)的因果效应,只需在联合概率分布表达式基础上对非结果变量做边缘化即可。因此,我们可以从干预后的联合概率分布着手解决多变量干预的因果效应计算问题。

为分析多变量干预后的联合概率分布问题,我们先从最简单的单变量干预场景着手进行分析,观察规律,再推广到多变量干预的场景。以图 4.2 所示的图模型结构为例进行分析,根据因子分解法则,图 4.2 所示的图模型结构在干预前的联合概率分布为

$$P(x,y,z) = P(z)P(x\mid z)P(y\mid x,z) \tag{4.15}$$

这里 $P(x,y,z)$ 是 $P(X=x,Y=y,Z=z)$ 的简写,其他项也为类似简写。对变量 X 进行干预 $X=x$,则相应干预后的图模型结构如图 4.3 所示,根据联合概率分布的因子分解法则,可有干预后的联合概率分布

$$P_m(x,y,z) = P_m(x)P_m(z)P_m(y\mid x,z) \tag{4.16}$$

在干预前，若观察到样本数据 (x,y,z)，则其对应概率为 $P(x,y,z)$；在对变量 X 进行干预（令变量 $X=x$）后，同样可观察到样本数据 (x,y,z)，但此时其对应的概率应为 $P(z,y|\mathrm{do}(x))$，因为对变量 X 进行干预，令其取指定值 $X=x$，这个具体的取值 $X=x$ 非观察得到，而是通过干预得到的。所以有

$$P(z,y|\mathrm{do}(x))=P_m(x,y,z)=P_m(x)P_m(z)P_m(y|x,z)$$

在干预的条件下，变量 X 取指定值，关于变量 X 的概率 $P_m(x)=1$，故有

$$P(z,y|\mathrm{do}(x))=P_m(x)P_m(z)P_m(y|x,z)=P_m(z)P_m(y|x,z)$$

由于干预前后变量 Z 的概率分布不变，变量 X 和 Z 对变量 Y 的条件概率分布也不变，因此有干预前后的概率关系

$$P(z)=P_m(z)$$

及

$$P(y|x,z)=P_m(y|x,z)$$

故有

$$P(z,y|\mathrm{do}(x))=P(z)P(y|x,z) \tag{4.17}$$

式(4.17) 的右边就是对变量 X 干预后的联合概率分布。通过式(4.17)，我们就将干预后的联合概率分布表达为干预前的观察性概率数据的形式，这个联合概率分布也是对变量 X 进行干预后对变量 Y 和变量 Z 的因果效应。我们在式(4.17) 等号两端都对变量 Z 求和（以离散变量为例分析），也就是对变量 Z 做边缘化，则有

$$P(y|\mathrm{do}(x))=\sum_z P(y|x,z)P(z) \tag{4.18}$$

注意到上式中 x、y 和 z 分别是 $X=x$、$Y=y$ 和 $Z=z$ 的简写，故式(4.18) 与前面变量 X 对变量 Y 的因果效应计算调整表达式(4.3) 一致，也证明式(4.17) 中 $P(z,y|\mathrm{do}(x))$ 为变量 X 对变量 Y 和变量 Z 的因果效应。

比较式(4.17) 干预后的联合概率分布和式(4.15) 干预前的联合概率分布，可以将干预后的联合概率分布视为在干预前的联合概率分布表达式中，抽取掉其中与干预变量 X 的概率有关的因子而得到的，但不抽取以变量 X 作为条件的因子。比如，对变量 X 进行干预，则需要在式(4.15) 中抽取掉因子 $P(x|z)$，但不抽取掉因子 $P(y|x,z)$，因为这个因子虽然是与变量 X 有关的概率，但变量 X 在这个概率中只是作为条件出现。上述抽取规则也可以通过定性分析得到，由于对变量 X 进行干预，则变量 X 的相关概率分布为 1（不包括以变量 X 作为条件的概率），在因子分解表达式上则体现为抽取掉该因子。

我们可以将上述结论推广到更一般的情况，当对多个变量进行干预时，相应干预后的联合概率分布和干预前的联合概率分布也有同样的关系。多变量干预后的联合概率分布等于，在干预前的联合概率分布因子分解表达式中，抽取掉与被干预变量集合 X 概率

分布相关的因子，即

$$P(x_1, x_2, \cdots, x_n \mid \operatorname{do}(x)) = \prod_i P(x_i \mid \operatorname{pa}_i) \tag{4.19}$$

其中 pa_i 为变量 X_i 的父节点变量（集合），所有 i 满足 $X_i \notin X$。这个表达式称为截断因子分解或 g-表达式。截断因子分解表达式是对多个变量进行干预后的联合概率分布表达式，也是进行多个变量干预时对其余变量的因果效应。式(4.19)的推导与前述单变量干预的推导类似，可以根据变量干预情况对图模型结构进行相应的修改，予以推导证明，这里不做介绍。

在截断因子分解表达式(4.19)的基础上，针对图 4.8 所示的图模型结构可以推导前门调整表达式(4.14)。根据图 4.8，对变量 X 干预前的联合概率分布为

$$P(x, y, z, u) = P(u)P(x \mid u)P(z \mid x)P(y \mid u, z)$$

对变量 X 进行干预，根据截断因子分解表达式，相应有干预后联合概率分布

$$P(y, z, u \mid \operatorname{do}(X = x)) = P(u)P(z \mid x)P(y \mid u, z)$$

假设变量均为离散变量，上式两端对变量 Z 和 U 进行边缘化

$$\sum_{z,u} P(y, z, u \mid \operatorname{do}(X = x)) = P(y \mid \operatorname{do}(X = x)) = \sum_z P(z \mid x) \sum_u P(u) P(y \mid u, z)$$

根据图 4.8 所示的图模型结构，在给定变量 X 时，变量 U 与变量 Z 相互独立，有

$$P(u \mid x) = P(u \mid z, x)$$

在给定变量 U 和 Z 时，变量 X 和变量 Y 相互独立，有

$$P(y \mid u, z) = P(y \mid u, z, x)$$

进行变换

$$P(u) = \sum_x P(u, x) = \sum_x P(u \mid x) P(x)$$

则有

$$\sum_u P(u) P(y \mid u, z) = \sum_x \sum_u P(u \mid x) P(x) P(y \mid u, z)$$

代入上述条件独立性关系等式，有

$$\sum_x \sum_u P(u \mid x) P(x) P(y \mid u, z) = \sum_x \sum_u P(u \mid z, x) P(x) P(y \mid u, z, x)$$

根据式(2.8)条件概率展开式，将条件概率 $P(y \mid z, x)$ 对变量 U 展开，可有

$$P(y \mid z, x) = \sum_u P(y \mid u, z, x) P(u \mid z, x)$$

故有

$$\sum_u P(u)P(y\mid u,z) = \sum_x \sum_u P(u\mid z,x)P(x)P(y\mid u,z,x) = \sum_x P(y\mid z,x)P(x)$$

因此

$$P(y\mid \mathrm{do}(X=x)) = \sum_z P(z\mid x)\sum_u P(u)P(y\mid u,z)$$
$$= \sum_z P(z\mid x)\sum_{x'} P(y\mid z,x')P(x')$$

即为前门调整表达式(4.14),其中 $\sum_x P(y|z,x)P(x)$ 表达式中 X 的变量取值 x 只是用于求和公式的记号,而不是 X 变量的真实取值,需将其中对应的 X 变量取值用 x' 代替以示区别。

针对图 4.2 所示的图模型结构,联合式(4.15)和式(4.17),有

$$P(z,y\mid \mathrm{do}(x)) = \frac{P(x,y,z)}{P(x\mid z)} \tag{4.20}$$

式(4.20)表明,在已知干预前联合概率分布 $P(x,y,z)$ 的条件下,通过观察性数据(不实际执行干预操作),计算对变量 X 干预后的效应 $\mathrm{do}(x)$(让变量 X 取值 x),只需要计算与干预变量有关但干预变量不作为条件的条件概率即可,式(4.20)中条件概率为 $P(x|z)$。

例 4.6 假设对图 3.10 所示的图模型进行干预,让变量 W 取值为 w、变量 Z 取值为 z,求其干预后的联合概率分布。

解:

根据图 3.10 的图模型结构及因子分解,可有干预前的联合概率分布(不考虑外生变量)

$$P(t,z,w,u,x,y) = P(x)P(t)P(z|t)P(y|t,x)P(w|z,x)P(u|w)$$

将其中与变量 W 有关的因子 $P(w|z,x)$ 和与变量 Z 有关的因子 $P(z|t)$ 抽取掉(注意,这里需要保持因子 $P(u|w)$),则有对变量 W 和 Z 进行干预后的联合概率分布

$$P(t,u,x,y|\mathrm{do}(z,w)) = P(x)P(t)P(y|t,x)P(u|w)$$

4.3.2 特定变量取值时的干预分析

有时候,我们需要计算在图模型中某个变量取值固定的情况下,对一个变量进行干预后对另一个变量的因果效应。比如,在辛普森悖论关于服用新药和康复情况的例子中,我们关心特定年龄组($Z=z$)的患者服用新药治疗的效果或者具有某个特征($Z=z$)的患者服用新药治疗的效果。这样的干预称为特定变量取值条件下的干预,相应的数学表达式为

$$P(Y=y|\mathrm{do}(X=x),Z=z)$$

表示在图模型中另外一个变量 Z 取特定值时,对变量 X 进行干预时在结果变量 Y 上产生

的因果效应。这里的"另外一个变量 Z 取特定值",可以是由于对变量 X 进行干预后"另外一个变量 Z 取特定值",也可以是在对变量 X 进行干预前"另外一个变量 Z 取特定值"。对于前者,在图模型结构中变量 Z 是变量 X 的后代节点,而对于后者,在图模型结构中变量 Z 不是变量 X 的后代节点。相应地,特定变量取值时干预因果效应的计算有各种情况,我们由浅入深地分别进行介绍。

1. 特定取值的变量满足后门准则

研究患者服用新药对康复的影响时要考虑 4 个变量,其中变量 X 为患者是否服用新药,变量 Y 代表患者的康复情况,变量 W 为患者的体重,变量 Z 为不可测量的社会经济地位指标(其与其他节点相连的边用虚线表示)。患者的体重 W 会影响其康复,而患者的社会经济地位 Z 则会影响患者服用新药的情况和患者的体重,但不直接影响患者的康复,相应的图模型结构如图 4.10 所示。现在我们想比较在变量 W 不同取值的情况下,干预变量 X 对结果变量 Y 的因果效应。为此,需要先计算概率

$$P(Y=y \mid \mathrm{do}(X=x), W=w)$$

在此基础上,再对变量 W 代入不同的取值,分别计算和比较即可。

观察图 4.10 所示的图模型结构,由于变量 W 相对于有序节点对 (X,Y) 满足后门准则,在变量 W 取特定值时,比如 $W=w$,则图 4.10 中从节点变量 X 到节点变量 Y 的后门路径被阻断,因此,可以将变量 W 作为调整变量集合写出计算节点变量 X 对节点变量 Y 的因果效应的后门调整表达式

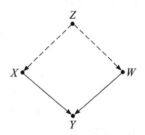

图 4.10　服用新药 X、康复情况 Y、体重 W 及不可测量的社会经济地位变量 Z 之间关系图模型

$$P(Y=y \mid \mathrm{do}(X=x)) = \sum_w P(Y=y \mid X=x, W=w) P(W=w)$$

当变量 W 取特定值($W=w$)时,有

$$P(Y=y \mid \mathrm{do}(X=x), W=w) = \left[\sum_w P(Y=y \mid X=x, W=w) P(W=w)\right] \mid W=w$$

此时有 $P(W=w)=1$,而 $P(W\neq w)=0$,故

$$P(Y=y \mid \mathrm{do}(X=x), W=w) = P(Y=y \mid X=x, W=w) \tag{4.21}$$

这说明,在计算特定变量取值时的干预因果效应时,若该特定变量本身满足后门准则,则相应的因果效应是特定变量取指定值、干预变量取干预值时的条件概率。

2. 特定取值的变量不满足后门准则且非干预变量后代

以如图 4.11 所示图模型结构为例,需要计算干预变量 X 对结果变量 Y 在给定变量 Z 的取值时的因果效应 $P(Y=y \mid \mathrm{do}(X=x), Z=z)$。

对于有序节点变量对 (X,Y)，这里有 4 条后门路径，所有的后门路径都要经过节点变量 Z，同时，节点变量 Z 在路径 $X \leftarrow E \rightarrow Z \leftarrow A \rightarrow Y$ 中是对撞节点。根据计算的要求，我们需要给定节点变量 Z 的取值，但这会打开后门路径 $X \leftarrow E \rightarrow Z \leftarrow A \rightarrow Y$，引入错误的路径。为正确计算干预节点变量 X 对结果变量 Y 的因果效应，我们需要在节点变量 Z 的基础上再增加节点变量集合 S，让节点变量集合 $Z \cup S$ 相对于有序节点变量对 (X,Y) 满足后门准则，从而在给定节点变量 Z 的取值、打开对撞结构路径的同时，对后门路径进行阻断。对图 4.11 所示的图模型结构，相应的节点变量集合 S 可为 $\{E\}$、$\{A\}$ 或 $\{E,A\}$，则 $Z \cup S$ 相应地可阻断所有的后门路径。由此，我们在给定节点变量 Z 的

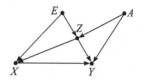

图 4.11 在节点变量 Z 取特定值时干预 X 对 Y 的因果效应图模型

取值、打开对撞结构路径的同时，避免了后门路径被打开，也就避免了在因果效应计算中引入偏差。

根据式(2.8)将 $P(Y=y|\mathrm{do}(X=x),Z=z)$ 对变量集合 S 展开，则有

$$P(Y=y \mid \mathrm{do}(X=x), Z=z)$$
$$= \sum_s P(Y=y \mid \mathrm{do}(X=x), Z=z, S=s) P(S=s \mid \mathrm{do}(X=x), Z=z)$$

在图 4.11 的图模型结构中，当给定变量集合 Z 和 S 的取值时，从节点变量 X 到节点变量 Y 的后门路径被阻断，类似式(4.21)有

$$P(Y=y|\mathrm{do}(X=x),Z=z,S=s)=P(Y=y|X=x,Z=z,S=s)$$

同时，在图 4.11 所示的图模型结构中，节点变量集合 S 阻断后门路径，所以无论节点变量集合 S 是 $\{E\}$、$\{A\}$ 还是 $\{E,A\}$，节点变量集合 S 都是节点变量 X 的因，干预变量 X 对节点变量集合 S 都没有影响，同时节点变量 Z 不是节点变量 X 的后代，干预变量 X 对节点变量 Z 也没有影响，故有

$$P(S=s|\mathrm{do}(X=x),Z=z)=P(S=s|Z=z)$$

因此有

$$P(Y=y \mid \mathrm{do}(X=x), Z=z)$$
$$= \sum_s P(Y=y \mid X=x, S=s, Z=z) P(S=s \mid Z=z) \tag{4.22}$$

所以，当特定取值变量 Z 不满足后门准则且不是干预变量的后代时，需要找到节点变量集合 S，$Z \cup S$ 满足后门准则，相应计算因果效应的调整表达式如式(4.22)所示。

3. 特定取值的变量不满足后门准则且为干预变量后代

对于图 3.10 所示的图模型结构，我们来看看如何在给定变量 W 的取值的条件下，计算干预变量 X 对结果变量 Y 的因果效应。在图中，由于 W 是一个对撞节点，因此给定变

量 W 的取值将打开一条新的从节点变量 X 到 Y 的路径 $X \to W \leftarrow Z \leftarrow T \to Y$。在给定变量 W 的取值前，节点变量 X 到节点变量 Y 只有 $X \to Y$ 这一条路径，虽然新打开的这条路径不是后门路径，但这条新的路径独立于原来从 X 到 Y 的路径，因此，给定变量 W 的取值（以 W 为条件）、打开这条新路径仍将引入偏差，从而导致计算结果错误。

现在我们要在给定变量 W 取值的条件下计算变量 X 对于 Y 的因果效应，如何实现呢？解决方案是，在计算因果效应的调整表达式中引入新的变量集合，对新打开的错误路径进行阻断。以图 3.10 所示的图模型结构为例，如果我们在调整表达式中引入变量 T 作为调整变量，则可以阻断分叉结构 $Z \leftarrow T \to Y$，也就阻断了新打开的错误的路径 $X \to W \leftarrow Z \leftarrow T \to Y$。指定 W 取值的因果效应可以表示为 $P(Y=y|\mathrm{do}(X=x), W=w)$。根据式（2.8）将其对变量 T 展开，则有

$$P(Y=y|\mathrm{do}(X=x), W=w)$$
$$= \sum_t P(Y=y|\mathrm{do}(X=x), W=w, T=t)$$
$$\quad P(T=t|\mathrm{do}(X=x), W=w)$$
$$= \sum_t P(Y=y|X=x, W=w, T=t) P(T=t|X=x, W=w) \quad (4.23)$$

式（4.23）中 $W=w$ 表示变量 W 取值为一个确定的值 w，第一个等号是按照式（2.8）将条件概率 $P(Y=y|\mathrm{do}(X=x), W=w)$ 对变量 T 展开。下面重点分析第二个等号，根据图 3.10，对于有序节点对 (X, Y)，变量集合 $\{W, T\}$ 满足后门准则，因此，类似式（4.21）有

$$P(Y=y|\mathrm{do}(X=x), W=w, T=t) = P(Y=y|X=x, W=w, T=t)$$

对于有序节点对 (X, T)，没有后门路径，类似式（4.21）有

$$P(T=t|\mathrm{do}(X=x), W=w) = P(T=t|X=x, W=w)$$

分别带入第一个等号右边的表达式，即为第二个等号。

通过以上分析可以看到，对特定变量取值条件下的干预因果效应进行计算比非特定变量取值条件下的干预因果效应计算要更复杂。将特定取值的 Z 变量增加到因果效应表达式的条件变量中，有可能产生新的依赖关系，打开新的从节点变量 X 到节点变量 Y 的后门路径，从而违反后门准则，或者打开一条从节点变量 X 到节点变量 Y 的新的前向路径，也会引入偏差。比如，如果 Z 变量是一个对撞节点，则以 Z 变量为条件就会在节点变量之间建立新的依赖关系，很可能就会违反后门准则。因此，在对特定变量取值条件下的干预因果效应进行计算时，往往需要增加更多的调整变量，以满足后门准则的要求。

4.3.3 条件干预

前面讨论的干预，都是让一个变量或者一组变量取给定的值。但在实际情况中，经常遇到的干预是一个动态的行为，被干预变量的取值随着另一个变量集 Z 取值的变化而变化，可以将被干预变量的取值看作另一个变量集合 Z 取值的函数 $X = g(Z)$。举一个现

实中的例子，比如政府对低收入群体的救济，政府只可能给家庭年收入低于一定值（$Z=z$）的家庭进行救济。这时，干预行为（政府的救济）取决于家庭年收入变量 Z 的取值情况，相应的干预行为可以表达为 $do(X=g(Z))$，其中 $g(Z)$ 在 $Z<z$ 时取值为 1，否则取值为 0（这里 $X=1$ 代表政府实施救济，$X=0$ 代表政府不实施救济）。由于变量 Z 是一个随机变量，因此，干预变量 X 的取值也是一个随着 Z 的变化而变化的随机变量，这样的干预称为条件干预，相应地，需要计算的因果效应为 $P(Y=y|do(X=g(Z)))$，其中干预变量 X 的取值取决于函数 g 和变量集 Z。

在特定变量取值条件下因果效应计算的基础上，我们可以实现条件干预下的因果效应的计算。假设一个具体的场景，医生根据患者某项指标的检查结果 Z 来决定给患者开具的用药量 X，两者之间的函数关系为 $X=g(Z)$。假设患者完全遵守医嘱服药，患者的服药量为 $do(X=g(Z))$，现在计算患者服药量对康复情况变量 Y 的影响，则需要计算概率 $P(Y=y|do(X=g(Z)))$。

通过下面的推导，可以将条件干预下的因果效应 $P(Y=y|do(X=g(Z)))$ 计算问题转换为特定变量取值条件下的因果效应计算问题 $P(Y=y|do(X=x),Z=z)$。

在计算 $P(Y=y|do(X=g(Z)))$ 时，我们将该条件概率对变量 Z 展开，根据条件概率展开式(2.8) 有

$$\begin{aligned} &P(Y=y|do(X=g(Z))) \\ &= \sum_z P(Y=y \mid do(X=g(Z)),Z=z)P(Z=z \mid do(X=g(Z))) \\ &= \sum_z P(Y=y \mid do(X=g(Z)),Z=z)P(Z=z) \end{aligned} \tag{4.24}$$

在上述推导过程中，由于变量 X 是变量 Z 的函数，变量 Z 发生在变量 X 之前，只能是变量 Z 影响变量 X，而变量 X 对变量 Z 没有影响，因此有

$$P(Z=z|do(X=g(Z)))=P(Z=z)$$

式(4.24) 可以改写为

$$\begin{aligned} &P(Y=y \mid do(X=g(Z))) \\ &= \sum_z P(Y=y \mid do(X=x),Z=z)|_{x=g(z)} P(Z=z) \end{aligned} \tag{4.25}$$

这说明，计算条件干预 $do(X=g(Z))$ 下的因果效应，可以在变量 Z 取特定值的因果效应公式 $P(Y=y|do(X=x),Z=z)$ 基础上令 $x=g(z)$，再对 Z 变量做期望来替代实现（其中会用到观察到的 Z 变量分布 $P(Z=z)$）。

4.4 直接因果效应与间接因果效应

前面讨论干预一个变量对另一个变量的影响时，没有考虑在图模型结构中干预变量和结果变量之间是否有边直接相连，并据此将干预一个变量对另一个变量的因果效应做

进一步细分,这在实际工作中经常无法满足需求。我们以政府为降低失业率提供的免费就业培训为例,假设政府提供的就业培训表示为变量 X(参加培训表示为 $X=1$,未参加培训表示为 $X=0$),参加培训人员的就业情况表示为变量 Y,经过就业培训后培训人员的综合职业素质表示为变量 Z。一些就业培训内容能直接帮助参加培训的人员重新就业,比如烹饪培训、缝纫培训内容等,因此变量 X 可能直接对就业变量 Y 有影响,相应地有一条从节点变量 X 指向节点变量 Y 的边;一些就业培训内容能提高参加培训人员的综合职业素质,并进而帮助参加培训人员实现就业,所以变量 X 可能会对职业素质变量 Z 有影响,相应地有一条从节点变量 X 指向节点变量 Z 的边;参加培训人员职业素质的提高会提高就业水平,职业素质变量 Z 会影响就业情况变量 Y,所以有一条从节点变量 Z 指向节点变量 Y 的边。因此,反映就业培训变量 X、职业素质变量 Z 和就业情况变量 Y 之间关系的图模型结构如图 4.12 所示。

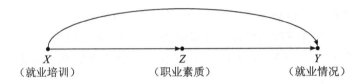

图 4.12 就业培训、职业素质与就业情况关系图模型结构

就业培训对就业情况的影响有两种,一种是就业培训的内容直接满足就业需求,从而直接影响参加培训人员的就业情况,在图 4.12 中体现为节点变量 X 通过路径 $X \to Y$ 对节点变量 Y 产生影响;另一种是通过就业培训提高了参加培训人员的职业素质,让参加培训人员更能适应就业市场的需求变化,进而提高了参加培训人员的就业率,在图 4.12 中体现为节点变量 X 通过路径 $X \to Z \to Y$ 对节点变量 Y 产生影响,授人以鱼不如授人以渔,这样的就业培训效果是我们都希望实现的目标。因此,分析就业培训(节点变量 X)对就业情况(节点变量 Y)的影响时,需要对上述两种不同情况予以区分。

本节,我们把因果效应进一步细分为两部分:在图模型中,当两个节点变量有边直接相连时,通过这条直接相连边的有向路径实现的因果效应称为直接因果效应(direct causal effect);通过非直接相连边有向路径实现的因果效应称为间接因果效应(indirect causal effect)。若干预变量和结果变量之间的有向路径没有边直接相连,则两者之间没有直接因果效应。从干预变量到结果变量的非直接边有向路径上的所有节点变量称为中介变量(mediator)。

在就业培训的例子中,在就业培训变量 X 对就业情况变量 Y 的因果效应中,通过路径 $X \to Y$ 形成的因果效应为直接因果效应,通过路径 $X \to Z \to Y$ 形成的因果效应为间接因果效应。我们前面讨论的因果效应都是直接因果效应和间接因果效应之和。通常,一个变量对另一个变量的因果效应包括直接因果效应和(通过一系列中介变量的)间接因果效应两种类型。在图 4.4 辛普森悖论的服药/血压/康复例子中,服药变量和康复变量有边直接相连,服药变量对康复变量具有直接因果效应;同时,服药变量又以血压变量作为中介,与康复变量相连,则服药变量对康复变量也有间接因果效应(治疗降低血压,进而促进康复)。在实际工作中,我们经常需要在变量 X 对变量 Y 的因果效应中区分有多少来自直接因果效应、有多少来自间接因果效应。下面通过例子来具体介绍如何计算直接因果效应,而间接因果效应的计算将在第 5 章进行介绍。

在就业培训的例子中,我们现在来计算就业培训变量 X 对于就业情况变量 Y 的直接因果效应。最直观的想法是,我们先控制中介变量——职业素质变量 Z 不变,再测量就业培训变量 X 与就业情况变量 Y 之间的因果效应。由于此时职业素质变量 Z 不变,因此任何就业情况变量 Y 的变化都应该是由就业培训变量 X 的变化所直接导致的。一般,控制中介变量不变,比如变量 $Z=z$(这里 z 表示变量 Z 的一个固定取值),表示为以中介变量为条件。在本例中,该直接因果效应则为:

$$直接因果效应 = P(Y=y|X=1,Z=z) - P(Y=y|X=0,Z=z)$$

在就业培训、职业素质和就业情况三个变量之间关系如图 4.12 所示的图模型结构时,上述直接因果效应的计算方法是正确的。但是,假如变量之间的关系更复杂,假设图模型结构如图 4.13 所示,在职业素质变量 Z(中介变量)和就业情况变量 Y 之间引入混杂因子变量,比如家庭背景变量 F:家庭背景好的人接受教育的机会可能更多,职业素质可能更高;同时,由于家庭背景好,因此社会资源更多,更有能力帮助其获得职位等。前述以中介变量为条件的方法计算直接因果效应仍然有效吗?

假如我们还是采用前述方法计算直接因果效应,以职业素质变量 Z 为条件,这将是以对撞结构 $X \rightarrow Z \leftarrow F$ 中的对撞节点 Z 为条件,此时对撞结构 $X \rightarrow Z \leftarrow F$ 连通,从就业培训变量 X 到就业情况变量 Y 的间接路径 $X \rightarrow Z \leftarrow F \rightarrow Y$ 将打开。可以理解为,当以 Z 变量为条件时,Z 变量取值固定,由于就业培训变量 X 不同导致的职业素质变量 Z 的变化,需要家庭背景变量 F 做相应变化来弥补,以确保变量 Z 不变,因此 X 变量变化导致家庭背景变量 F 变化,并且家庭背景变量 F 变化导致就业情况变量 Y 变化。此时,就业培训变量 X 对就业情况变量 Y 的影响,既包括从路径 $X \rightarrow Y$ 过来的直接因果效应,也包括从间接路径 $X \rightarrow Z \leftarrow F \rightarrow Y$ 传递来的间接因果效应。显然,在图 4.13 所示的图模型结构下,以中介变量 Z 为条件,无法将直接因果效应与间接因果效应区分出来。但如果不以职业素质变量 Z 为条件,路径 $X \rightarrow Z \rightarrow Y$ 将打开,直接因果效应也无法区分出来。总之,无论是否以职业素质变量 Z 为条件,都无法将就业培训变量 X 对就业情况变量 Y 的直接因果效应区分计算出来。

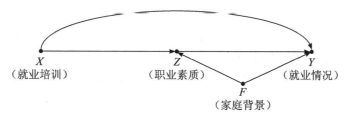

图 4.13 就业培训、职业素质、家庭背景与就业情况关系图模型结构

在图模型分析中,让节点变量保持不变,除了以该节点变量为条件外,还有一种方法——对该节点变量进行干预,两种方法都能够实现节点变量的取值不变,但区别在于前者不断开该节点变量与其父节点变量连接的边,而后者需要断开其与父节点变量连接的边。因此,为解决在中介变量与结果变量之间有混杂因子变量的图模型结构情况下无法区分出直接因果效应的问题,在实现中介变量不变的目标时,我们不采用以中介变量为条件的方法,而采用对中介变量进行干预 $\mathrm{do}(Z=z)$(假设中介变量为 Z)的方法,从而实现中介变量保持不变的目标。进一步分析,我们通过干预让中介变量保持不变,最终目的是让干预变量 X 只能通过与结果变量 Y 直接相连的边对结果变量 Y 产生影响,而不能通过其他任何路径对结果变量 Y 产生影响,这等价于让结果变量除干预变量外的所有父节点变量都保持不变,相应有直接因果效应的数学化定义:当干预变量 X 取值从 x 调整到 $x+1$ 时,对变量 Y 的直接因果效应为

$$P(Y=y|\mathrm{do}(X=x+1),\mathrm{do}(\mathrm{PA}_{Y\setminus X}=c)) \\ -P(Y=y|\mathrm{do}(X=x),\mathrm{do}(\mathrm{PA}_{Y\setminus X}=c)) \tag{4.26}$$

式(4.26)中,$\mathrm{PA}_{Y\setminus X}$ 表示图模型结构中,在从节点变量 X 到节点变量 Y 的有向路径上,节点变量 Y 除 X 以外的父节点变量集合,c 为固定值。这样的直接因果效应也称为"受控直接因果效应"(Controlled Direct Causal Effect,CDCE),简称为"直接因果效应"。

以图 4.13 为例,现在分析如何计算直接因果效应。根据式(4.26),相应有变量 X 的取值由 x 调整到 $x+1$(这里 $x=0$)时,对变量 Y 的(受控)直接因果效应

$$\mathrm{CDCE}=P(Y=y|\mathrm{do}(X=x+1),\mathrm{do}(Z=z),\mathrm{do}(F=f)) \\ -P(Y=y|\mathrm{do}(X=x),\mathrm{do}(Z=z),\mathrm{do}(F=f))$$

在图 4.13 所示的图模型结构中,节点变量 Z 是节点变量 X 和 F 的后代,从结构因果模型的角度来看,必然存在相应的函数表达式

$$Z:=f_Z(X,F)$$

这表明在这三个节点变量中,只要其中任意两个节点变量已知,则另一个节点变量也可得,从干预的角度来看,只要对其中任意两个节点变量进行干预,则等价于对三个节点变量进行干预,即

$$\mathrm{do}(X=x),\mathrm{do}(Z=z),\mathrm{do}(F=f)\Leftrightarrow\mathrm{do}(X=x), \\ \mathrm{do}(Z=z)\Leftrightarrow\mathrm{do}(X=x),\mathrm{do}(F=f)$$

由于变量 X 是干预变量,因此必须对其进行干预,而变量 Z 和 F 中可任选一个变量进行干预,我们以对变量 X 和变量 Z 干预为例进行分析,则相应干预变量 X 的取值由 x 调整到 $x+1$ 时,对结果变量 Y 的(受控)直接因果效应为

$$\mathrm{CDCE}=P(Y=y|\mathrm{do}(X=x+1), \\ \mathrm{do}(Z=z))-P(Y=y|\mathrm{do}(X=x),\mathrm{do}(Z=z)) \tag{4.27}$$

表达式(4.27)中有两个 do 算子,如何通过观察性数据计算直接因果效应的问题就是如何将两个 do 算子都转换为条件概率的问题。解决思路和前面的讨论一样,都是根据具体问题中各个变量之间图模型结构的特点,利用后门准则或前门准则,找到调整变量(集合),再通过调整表达式,将 do 算子变换为条件概率。对于本例,变量之间的图模型结构如图 4.13 所示,对于有序节点对 (X,Y),没有后门路径(满足后门准则的变量集合为空集),则可直接将 $do(X=x)$ 用对 x 的条件概率代替,相应式(4.27)的直接因果效应表达式转化为

$$\text{CDCE} = P(Y=y|X=x+1, do(Z=z)) - P(Y=y|X=x, do(Z=z)) \tag{4.28}$$

下一步,需要通过调整表达式再将式(4.28)中的 $do(Z=z)$ 转化为条件概率。注意,从节点变量 Z 到节点 Y 有两条后门路径,一条通过节点 X,一条通过节点 F。由于在式(4.28)中已经以变量 X 为条件($X=x$),则通过节点 X 的后门路径被阻断,现在只需要以变量 F 为调整变量,即可阻断通过节点 F 的后门路径,相应地式(4.28)转化为

$$\sum_f [P(Y=y \mid X=x+1, Z=z, F=f) - P(Y=y \mid X=x, Z=z, F=f)] P(F=f) \tag{4.29}$$

在式(4.29)中没有任何 do 算子,说明本例中的直接因果效应 CDCE 可以完全通过观察性数据计算得到。

根据式(4.26)直接因果效应的定义和式(4.29)可以看到,变量 X 对变量 Y 的直接因果效应的具体取值与父节点变量 Z(中介变量)的取值有关,为计算得到完整的直接因果效应,需要针对变量 Z 的不同取值,分别计算其对应的直接因果效应,再对变量 Z 的取值做加权平均,但当 SCM 为线性模型时,分析将得到简化,相关内容请参见 4.6 节。

更一般地,针对式(4.26)定义的直接因果效应,我们可以将其视为多变量干预进行计算,仍以图 4.13 为例,对变量 X 和 Z 进行干预前的联合概率分布为

$$P(x,y,z,f) = P(x)P(f)P(z|x,f)P(y|x,z,f) \tag{4.30}$$

其中 x 代表 $X=x$,其余变量同理。根据式(4.19)多变量干预的截断因子分解表达式,相应对变量 X 和 Z 进行干预后的联合概率分布为

$$P(y,f|do(X=x), do(Z=z)) = P(f)P(y|x,z,f) \tag{4.31}$$

需要求解变量 Y 的概率分布,在式(4.31)中对变量 F 做边缘化,假设变量 F 为离散变量,有

$$P(y \mid do(X=x), do(Z=z)) = \sum_f P(y,f \mid do(X=x), do(Z=z))$$
$$= \sum_f P(f) P(y \mid x,z,f) \tag{4.32}$$

相应地，将变量 X 的取值由 x 调整到 $x+1$ 时，对变量 Y 的（受控）直接因果效应 CDCE 为

$$\text{CDCE} = \sum_f P(f)P(y \mid x+1, z, f) - \sum_f P(f)P(y \mid x, z, f)$$
$$= \sum_f [P(y \mid x+1, z, f) - P(y \mid x, z, f)]P(f)$$

将上式中 x 用 $X=x$ 代替，其余变量同理，则有

$$\text{CDCE} = \sum_f [P(Y=y \mid X=x+1, Z=z, F=f)$$
$$- P(y \mid X=x, Z=z, F=f)]P(F=f)$$

与通过后门调整得到的式(4.29)相同。

因此，在一定的图模型结构下，干预变量 X 对结果变量 Y 的（受控）直接因果效应计算，可以在多变量干预下的联合概率分布表达式基础上对非结果变量进行边缘化而得到。若边缘化后得到的表达式中除干预变量和结果变量之外的变量均可测量，则相应直接因果效应可以完全通过观察性数据计算而得到。

针对图 4.13 所示的图模型结构，我们对（受控）直接因果效应的表达式进行了推导。针对图 4.14 所示更一般的图模型结构，假设变量（或变量集合）W_1 为干预变量 X 和结果变量 Y 之间的混杂因子，变量（或变量集合）W_2 为中介变量 M 和结果变量 Y 之间的混杂因子，我们根据多变量干预截断因子分解表达式，来推导其（受控）直接因果效应（这里指不通过中介变量 M 的因果效应）的表达式。

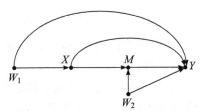

图 4.14 受控直接因果效应分析中干预变量、中介变量、结果变量及相关混杂因子变量间关系图模型

在对变量 X 和变量 M 进行干预前的联合概率分布为

$$P(x, y, m, w_1, w_2) = P(w_1)P(w_2)P(x \mid w_1)P(m \mid x, w_2)P(y \mid x, m, w_1, w_2)$$

对变量 X 和变量 M 进行干预后，有

$$P(y, w_1, w_2 \mid \text{do}(x), \text{do}(m)) = P(w_1)P(w_2)P(y \mid x, m, w_1, w_2)$$

对变量 W_1 和 W_2 进行边缘化，假设变量为离散变量，则有

$$P(y \mid \text{do}(x), \text{do}(m)) = \sum_{w_1} \sum_{w_2} P(w_1)P(w_2)P(y \mid x, m, w_1, w_2) \quad (4.33)$$

令干预变量 X 分别为 $X=x$ 和 $X=x+1$，则有受控直接因果效应

$$\text{CDCE} = \sum_{w_1}\sum_{w_2} P(W_1=w_1)P(W_2=w_2) \times$$
$$[P(y\mid X=x+1,m,W_1=w_1,W_2=w_2)$$
$$-P(y\mid X=x,m,W_1=w_1,W_2=w_2)] \qquad (4.34)$$

由式(4.34)可见,对于一般的图模型结构,若干预变量 X 和结果变量 Y 之间的混杂因子 W_1,以及中介变量 M 和结果变量 Y 之间的混杂因子 W_2 均可观察,则相应(受控)直接因果效应可以通过观察性数据计算而得到,更进一步的推导可参考相关文献,这里不做详细介绍。

前面是关于直接因果效应计算的介绍,计算间接因果效应则比计算直接因果效应需要更多的技巧。一般,计算得到总的因果效应和直接因果效应后,大家也许会认为间接因果效应就等于总的因果效应减去直接因果效应。对于线性系统,这个结论正确,但对于非线性系统,则未必如此。在第5章,我们将在引入反事实这个工具基础上,对间接因果效应进行数学化定义和计算。

4.5 因果效应的估计

在前面关于干预分析的因果效应计算中,我们主要讨论了如何将实施干预后的因果效应 $P(Y=y\mid do(X=x))$ 表达为非干预的观察性概率数据表达式,这也称为干预的"可识别性"(identifiability)问题。本节将讨论在解决了干预的"可识别性"问题、获得了计算因果效应的调整表达式之后,如何计算因果效应的具体数值,这也称为干预因果效应的估计(cstimation)问题。本节将介绍两种方法,分别是反概率权重法和倾向值评分匹配法。

4.5.1 反概率权重法

根据后门准则和前门准则,在计算对一个变量 X 进行干预后对另一个变量 Y 的因果效应时,我们可以根据实际情况选择满足后门准则或前门准则的变量集合作为调整变量,写出调整表达式,在不实际执行干预而仅仅基于观察性数据的情况下,实现因果效应的计算。

这个方法将因果效应计算的试验性数据需求转化为观察性数据需求,极大地增加了干预因果效应计算的可行性,并且计算过程直观、易理解。但在因果效应的具体计算过程中,如果完全按照调整表达式进行计算,还存在计算复杂度高、计算误差大的问题。以后门调整的表达式为例

$$P(Y=y\mid do(X=x)) = \sum_z P(Y=y\mid X=x,Z=z)P(Z=z)$$

我们根据后门准则选定调整变量集合 Z 后,针对变量集合 Z 计算其调整表达式时,需要针对变量集合 Z 的各种变量取值组合(一般称为一个分层),分别计算其相应的概率 $P(Z=z)$ 及其对应的条件概率 $P(Y=y\mid X=x,Z=z)$,再将条件概率按照 Z 变量集合的

各种组合（各个分层）做加权平均 $\sum_z P(Y=y\mid X=x, Z=z)P(Z=z)$。当调整变量集合 Z 中的变量数目较多、每个变量的取值也比较多时，调整表达式的计算量和计算精度将变得难以承受。下面举例来说明。假设样本数据集共有 v 个样本，变量集合 Z 中有 m 个变量，每个变量又有 n 个可能的离散取值，相应调整表达式中的加和项将会有 n^m 个，加和项数量呈指数增长，计算量非常大。与此同时，随着加和项数量的增加，落在每一个变量取值组合 $Z=z$ 分层中的样本数只有 v/n^m 个，将会非常少。我们根据样本数据集计算频率，进而对相应的概率进行近似估算，其前提条件是样本数量足够大，否则计算得到的频率与对应估算的概率之间差异较大，估计精度得不到保证。当落在每一个变量取值组合 $Z=z$ 分层中的样本数较少时，显然条件概率 $P(Y=y|X=x,Z=z)$ 的估计精度难以得到保证。因此，我们需要用更为巧妙的方法来规避直接计算调整表达式过程中的这个条件概率。

我们将后门调整表达式求和符号中的每个加和项看作一个分母为1的分式，对其分子和分母同时乘以 $P(X=x|Z=z)$（一般称为"倾向评分"），可有

$$\begin{aligned}
P(Y=y\mid do(X=x)) &= \sum_z P(Y=y\mid X=x, Z=z)P(Z=z) \\
&= \sum_z \frac{P(Y=y\mid X=x, Z=z)P(Z=z)P(X=x\mid Z=z)}{P(X=x\mid Z=z)} \\
&= \sum_z \frac{P(Y=y, X=x, Z=z)}{P(X=x\mid Z=z)} \quad (4.35)
\end{aligned}$$

在上面的推导中，第二个等号就是将加和项看作一个分母为1的分式，对其分子和分母同时乘以倾向评分 $P(X=x|Z=z)$，第三个等号是两次应用概率的乘法公式。显然，式(4.35)求和符号中求和项的分子 $P(Y=y, X=x, Z=z)$ 为干预前的联合概率分布。

根据式(4.35)，我们可以看到，在计算变量 X 对变量 Y 的因果效应 $P(Y=y|do(X=x))$ 时，若以变量集合 Z 为调整变量集合，则只需要在原始样本数据集（观察性数据）中，将每一个符合条件 $Z=z$ 的样本按照 Z 变量集合的不同取值组合分别乘以 $1/P(X=x|Z=z)$，再按照 Z 变量集合的不同取值组合相加即可。这样的因果效应计算方法称为反概率权重法，相应地，概率 $P(X=x|Z=z)$ 被称为"反概率权重"。通过反概率权重法，我们避开了对条件概率 $P(Y=y\mid X=x, Z=z)$ 的计算，也避免了该条件概率计算所带来的误差，提高了因果效应计算的精度。

根据反概率权重法，我们可以得到一个在给定有限样本数据集条件下，简单计算因果效应 $P(Y=y|do(X=x))$ 的方法，具体计算步骤如下：
1) 按照 (X,Y,Z) 的不同取值组合整理样本数据集，得到各种取值组合占总样本量的百分比；
2) 根据因果效应 $P(Y=y|do(X=x))$ 中的具体值 (y,x)，在样本数据集中筛选出符合条件 $(Y=y, X=x)$ 的样本及其对应百分比；

3) 在给定 $Z=z$ 的条件下，计算条件概率 $P(X=x|Z=z)$；

4) 对步骤 2) 筛选出来的样本组合，根据其不同 (X,Z) 的取值，其百分比乘以不同的权重 $1/P(X=x|Z=z)$，得到各个 (X,Y,Z) 取值组合的新的百分比；

5) 将符合 $(Y=y,X=x)$ 但 Z 取值不同的各个样本新的百分比相加，即为因果效应 $P(Y=y|\mathrm{do}(X=x))$。

下面是对上述步骤的补充说明：

- 将所有试验所得样本按照 (X,Y,Z) 的不同取值组合分类整理，其中 Z 可能为多个变量的组合。以最简单的情况为例，Z 是一个变量，这 3 个变量都是二值变量，则组合共有 8 个，所以需要将所有样本分为 8 类，并分别计算其在总样本中的百分比；
- 在计算因果效应 $P(Y=y|\mathrm{do}(X=x))$ 时，(y,x) 都是具体确定的值，因此，可以直接用于样本筛选；
- 在第 3) 步计算条件概率 $P(X=x|Z=z)$ 时，需要计算的条件概率的个数取决于 Z 变量取值组合的个数，假设 Z 变量集合中有 3 个变量，每个变量有 4 个值，X 变量有 2 个取值，则需要计算的条件概率有 $2\times 4^3=128$ 个；
- 在第 4) 步各个组合的百分比乘以不同的权重 $1/P(X=x|Z=z)$ 时，相应得到的加权后的样本数据可以视为服从干预后概率分布 P_m 的样本，而不是服从干预前的观察性数据概率分布 P。

上述应用反概率权重法计算因果效应的过程，我们以一个具体的例子来予以说明。

例 4.7 应用反概率权重的方法，计算辛普森悖论中服用新药对康复的影响，用变量 X 代表是否服用新药，用变量 Y 代表是否康复，这两个变量都是二值变量，取值为"是"或"否"，变量 Z 代表性别，取值为"男"或"女"。

解：

分析服用新药对患者康复的影响，需要分别计算 $P(Y=是|\mathrm{do}(X=是))$ 和 $P(Y=是|\mathrm{do}(X=否))$，则服用新药对康复的平均因果效应为

$$\mathrm{ACE}=P(Y=是|\mathrm{do}(X=是))-P(Y=是|\mathrm{do}(X=否))$$

1) 根据上述步骤 1，将样本数据集按照变量的取值组合分类整理，相应的数据如表 4.2 所示，由于包括干预变量、结果变量和调整变量共 3 个变量，因此共有 8 个取值组合。

表 4.2 服用新药、性别与康复关系统计数据

X	Y	Z	百分比
是	是	男	0.116
是	是	女	0.274
是	否	男	0.01
是	否	女	0.101
否	是	男	0.334

（续）

X	Y	Z	百分比
否	是	女	0.079
否	否	男	0.051
否	否	女	0.036

2) 在表 4.2 中筛选满足（$Y=$是，$X=$是）的样本，得到表 4.3；筛选满足（$Y=$是，$X=$否）的样本得到表 4.4。

表 4.3　服用了新药且康复患者统计数据

X	Y	Z	百分比
是	是	男	0.116
是	是	女	0.274

表 4.4　未服用新药但康复患者统计数据

X	Y	Z	百分比
否	是	男	0.334
否	是	女	0.079

3) 计算条件概率 $P(X=x|Z=z)$。由于变量 X 和变量 Z 都有两个取值，故本例中需要计算的条件概率有 4 个，根据表 4.2 中的数据，按照过滤法计算有条件概率

$$P(X=是|Z=男)=\frac{0.116+0.01}{0.116+0.01+0.334+0.051}\approx 0.247$$

$$P(X=是|Z=女)=\frac{0.274+0.101}{0.274+0.101+0.079+0.036}\approx 0.765$$

$$P(X=否|Z=男)=\frac{0.334+0.051}{0.116+0.01+0.334+0.051}\approx 0.753$$

$$P(X=否|Z=女)=\frac{0.079+0.036}{0.274+0.101+0.079+0.036}\approx 0.235$$

4) 对表 4.3 中的各个样本组合，根据其不同 (X,Z) 的取值，将其原百分比乘以不同的加权 $1/P(X=x|Z=z)$，得到各个 (X,Y,Z) 取值组合的新的百分比，如表 4.5 所示。对表 4.4 做类似处理得到表 4.6。

表 4.5　"$X=$是，$Y=$是"的样本干预后百分比

X	Y	Z	百分比	$P(X=x|Z=z)$	干预后百分比
是	是	男	0.116	0.247	0.470
是	是	女	0.274	0.765	0.358

表 4.6 "X＝否，Y＝是"的样本干预后百分比

X	Y	Z	百分比	$P(X=x\|Z=z)$	干预后百分比
否	是	男	0.334	0.755	0.442
否	是	女	0.079	0.235	0.336

5）计算相应的因果效应

$$P(Y=是\mid do(X=是)) = 0.47+0.358=0.828$$
$$P(Y=是\mid do(X=否)) = 0.442+0.336=0.778$$

则有平均因果效应

$$\text{ACE}=P(Y=是\mid do(X=是))-P(Y=是\mid do(X=否))=0.828-0.778=0.05$$

针对上述计算过程，补充说明 5 点。

- 反概率权重方法仅仅是后门调整（或前门调整）计算方法的简化，故反概率权重方法中的变量 Z 必须符合后门准则（或前门准则），否则会引入偏差。
- 应用反概率权重方法对原始样本数据进行加权调整以获得干预后的概率分布时，各个样本（各行）不是同比例加权，而是不等比例加权。具体的加权比例取决于反概率权重 $1/P(X=x\mid Z=z)$。
- 本例中由于 Z 的取值组合很少，因此计算复杂度的简化不明显，但当 Z 的取值（集合中变量取值组合）数量很大时，比如成千上万，而样本数量只有几百个时，我们需要计算的反概率权重数量将远大于样本的数量，采用本方法只根据各个样本计算相应的概率，这将大大减少计算量。
- 反概率权重方法避开了先求条件概率 $P(Y=y\mid X=x,Z=z)$，再在此条件概率基础上计算因果效应，而直接在样本数据集基础上计算因果效应。由于通过样本数据计算条件概率不可避免地会引入误差，因此此方法相应也降低了误差。
- 条件概率 $P(X=x\mid Z=z)$ 可以被视为一个函数 $f(X,Z)$，具体的条件概率值被视为该函数在不同 (X,Z) 取值组合下的函数值，因此，计算条件概率也可以通过类似线性回归的方法，以均方差最小化为目标，根据样本数据集来对函数 $f(X,Z)$ 进行拟合，具体方法取决于随机变量 X 是连续、离散、二值还是分类变量。

4.5.2 倾向值评分匹配法

在获得计算因果效应的调整表达式之后，如何高效、便捷地计算因果效应的具体数值？除了反概率权重法外，倾向值评分匹配法也是近年来用得较多的方法。下面以干预变量和结果变量都是二值变量为例，介绍倾向值评分匹配法，该方法实际可以应用到干预变量和结果变量非二值变量的情况。

计算平均因果效应 ACE，需要计算

$$\text{ACE}=E(Y=1\mid do(X=1))-E(Y=1\mid do(X=0))$$

在干预变量和结果变量为二值变量时，相应有
$$\text{ACE} = P(Y=1|\text{do}(X=1)) - P(Y=1|\text{do}(X=0))$$
代入式(4.3)的调整表达式，则有

$$\text{ACE} = \sum_z [P(Y=1|Z=z, X=1) - P(Y=1|Z=z, X=0)] P(Z=z) \tag{4.36}$$

在计算 ACE 的过程中，需要针对不同的调整变量集合 Z 的取值组合，分别计算 $[P(Y=1|Z=z,X=1)-P(Y=1|Z=z,X=0)]$，再按照 Z 变量集合的各种取值组合（各个分层）做加权平均。在式(4.36)的加和项中，两个条件概率相减，必须在 Z 变量集合的取值组合相同的条件下进行，这个条件称为两个条件概率相互匹配。但是，当调整变量集合 Z 中的变量数目较多、每个变量的取值也较多时，Z 变量集合的取值组合数量将非常大，调整表达式的计算量将变得难以承受。假设 Z 变量集合中有 p 个变量，考虑简单的情况，即每个变量都是二值变量，则 Z 变量集合的各种取值组合将有 2^p 个，若 $p=10$，则 Z 变量集合的各种取值组合将有 2^{10} 个。同时，随着 Z 变量集合的取值组合增加，在相同样本量的情况下，能够实现匹配的样本数量将减少，即使所有样本都能实现匹配，在 Z 变量集合的每一个取值组合下，匹配的样本量也会大幅减少，从而降低了计算精度。假设样本数据集有 10 000 个样本，Z 变量集合的取值组合有 2^{10} 个，则大致平均下来每个 Z 变量集合的取值组合仅有 10 个样本，ACE 的计算精度将难以得到保证。

罗森鲍姆和鲁宾在 1983 年合写的一篇名为"倾向值对于观察研究中因果效应的中心作用"的论文中提出了倾向值评分（propensity score）这一概念，针对观察性样本数据集中的每一个样本计算一个倾向值评分，具体计算如下。

样本数据集中样本 i 的倾向值评分为该样本被干预（$X=1$）的概率，设样本 i 对应的调整变量集合取值组合为 $Z_i = z_i$，则其倾向值评分为
$$\text{Pscore}(i) = P(X_i = 1 | Z_i = z_i)$$
倾向值评分可视为调整变量集合 Z 的函数，即
$$\text{Pscore}(Z) = P(X=1|Z=z)$$
罗森鲍姆和鲁宾证明，在给定 Pscore（Z）的条件下，变量 X 与变量集合 Z 相互条件独立，即
$$X \perp\!\!\!\perp Z | \text{Pscore}(Z)$$
相应地有式(4.3)中调整表达式的等价计算公式

$$\sum_z P(Y=y|Z=z, X=x) P(Z=z)$$
$$= \sum_p P(Y=y|\text{Pscore}=p, X=x) P(\text{Pscore}=p) \tag{4.37}$$

具体推导如下：

$$\sum_p P(Y=y \mid \text{Pscore}=p, X=x)P(\text{Pscore}=p)$$

$$= \sum_p \sum_z P(Y=y \mid \text{Pscore}=p, Z=z, X=x) \times$$
$$P(Z=z \mid \text{Pscore}=p, X=x)P(\text{Pscore}=p)$$

$$= \sum_p \sum_z P(Y=y \mid \text{Pscore}=p, Z=z, X=x) \times$$
$$P(Z=z \mid \text{Pscore}=p)P(\text{Pscore}=p)$$

$$= \sum_p \sum_z P(Y=y \mid \text{Pscore}=p, Z=z, X=x) \times$$
$$P(Z=z, \text{Pscore}=p)$$

$$= \sum_z \sum_p P(Y=y \mid Z=z, X=x) P(Z=z, \text{Pscore}=p)$$

$$= \sum_z P(Y=y \mid Z=z, X=x) P(Z=z)$$

上述推导过程，第一个等号根据条件概率展开式(2.8) 将 $P(Y=y|\text{Pscore}=p,X=x)$ 按照变量 Z 展开，有 $P(Y=y|\text{Pscore}=p,X=x)P(Y=y|\text{Pscore}=p,X=x)=\sum_z P(Y=y \mid \text{Pscore}=p, Z=z, X=x)P(Z=z \mid \text{Pscore}=p)$；第二个等号是根据条件独立性 $X \perp Z | \text{Pscore}(Z)$，有 $P(Z=z|\text{Pscore}=p,X=x)=P(Z=z|\text{Pscore}=p)$；第三个等号是根据概率乘法公式，有 $P(Z=z|\text{Pscore}=p)P(\text{Pscore}=p)=P(Z=z,\text{Pscore}=p)$；第四个等号是将关于变量 Z 的求和符号和关于变量 Pscore 的求和符号交换顺序，且因为 Pscore 是变量集合 Z 的函数，故有 $P(Y=y|\text{Pscore}=p,Z=z,X=x)=P(Y=y|Z=z,X=x)$；第五个等号是将表达式 $P(Z=z,\text{Pscore}=p)$ 对变量 Pscore 求和，有 $\sum_p P(Z=z, \text{Pscore}=p) = P(Z=z)$。

根据式(4.37)，在倾向值评分的基础上，相应的 ACE 计算如下

$$\text{ACE} = \sum_p [P(Y=1 \mid \text{Pscore}=p, X=1) -$$
$$P(Y=1 \mid \text{Pscore}=p, X=0)]P(\text{Pscore}=p)$$

由于倾向值评分 Pscore 是调整变量集合 Z 的函数，因此 Pscore 可根据样本数据集通过机器学习算法进行拟合计算，具体计算方法包括 logistic 回归、probit 模型等，但 logistic 回归用得较多，我们这里以 logistic 回归为例介绍 Pscore 的具体计算方法。

当干预变量 X 为二值变量时，即 $X=1$ 或者 $X=0$，则样本的倾向值评分 Pscore，也就是该样本被干预（$X=1$）的概率，可以通过二分类的 logistic 回归来进行计算。

$$\text{Pscore}(i) = P(X_i=1 | Z_i=z_i) = \frac{e^{z_i\beta}}{1+e^{z_i\beta}} = \frac{1}{1+e^{-z_i\beta}} \qquad (4.38)$$

式(4.38)中 β 为 logistic 回归模型参数,通过对样本数据集中各个样本的干预变量 X 取值及其对应的调整变量取值组合进行 logistic 回归拟合而得到。通过将这些调整变量纳入 logistic 回归模型来产生一个预测样本个体受到干预 ($X=1$) 的概率(倾向值评分)后,我们可以通过控制倾向值评分来遏制混杂偏差对因果效应的影响,从而保证因果效应计算的可靠性。

需要注意的是,等式(4.37)成立不要求变量集合 Z 为调整变量集合,只要倾向值评分 Pscore 为变量集合 Z 的函数即可;但若要将式(4.37)应用于在倾向值评分基础上 ACE 的计算,则变量集合 Z 必须为调整变量集合。

通过倾向值评分匹配法,在 ACE 计算过程中将对调整变量集合 Z 的取值组合的匹配要求转化为对倾向值评分匹配的要求。倾向值评分匹配中不再关注调整变量集合的每个具体取值组合,而是转而关注基于调整变量集合计算得到的倾向值评分。由于倾向值评分是个一维变量,因此倾向值评分匹配巧妙地解决了调整变量集合带来的"高维"(high dimensional)问题。在样本数据集中存在调整变量取值组合不同,但倾向值评分相同的样本,根据式(4.36)计算 ACE,这部分样本将无法利用,而倾向值评分匹配则可有效利用这部分样本,从而提高 ACE 的计算精度。

在倾向值评分匹配法中,倾向值匹配的算法有多种,包括精确匹配、完全匹配和近邻匹配等,这里不做详细介绍。

我们可以将式(4.37)推广到更一般的情况。假设在有向无环图模型 G 中,对于有序节点变量对 (X,Y) 的任意取值组合 (x,y),变量集合 Z 和变量集合 T 都满足等式

$$\sum_z P(Y=y \mid Z=z, X=x)P(Z=z) = \sum_t P(Y=y \mid T=t, X=x)P(T=t)$$

则称变量集合 Z 和变量集合 T 相对于有序节点变量对 (X,Y) 混杂等价(confounding equivalence),简记为"C-等价"。

为判定两个变量集合是否满足混杂等价,我们首先引入马尔可夫界的概念:在有向无环图模型 G 中,针对有序节点对 (X,Y),对于变量集合 S,若其子集 S_m 是将变量 X 与变量集合 S 中其余变量(即 $S-S_m$)做 d-划分的最小变量子集,则称 S_m 为变量集合 S 的马尔可夫界。

以图 4.6 所示的图模型结构为例,相对于有序节点对 (X_i,X_j),对于变量集合 $S=\{X_1,X_2,X_3,X_4\}$,其马尔可夫界 $S_m=\{X_3,X_4\}$。

相应可有两个变量集合混杂等价的判断条件。

在有向无环图模型 G 中,对于有序节点变量对 (X,Y),两个变量集合 Z 和 T 都不包含节点变量 X 的后代,则其相互混杂等价的充要条件为下列两个条件之一(这里不做证明):

1)变量集合 Z 和变量集合 T 的马尔可夫界相同,即 $Z_m=T_m$;
2)变量集合 Z 和变量集合 T 都是有序节点变量对 (X,Y) 的调整变量集合。

在如图 4.6 所示的图模型结构中,相对于有序节点对 (X_i,X_j),变量集合 $Z=\{X_3,$

X_4} 和 $T=\{X_4, X_5\}$ 混杂等价,因为 $\{X_3, X_4\}$ 和 $\{X_4, X_5\}$ 都阻断了有序节点对 (X_i, X_j) 的所有后门路径,也就是说,变量集合 Z 和变量集合 T 都满足后门准则,是有序节点对 (X_i, X_j) 的调整变量。变量集合 $Z=\{X_2\}$ 和 $T=\{X_2, X_5\}$,两者也混杂等价,因为 $Z_m = T_m = \{X_2\}$。若变量集合 $Z=\{X_1\}$ 和 $T=\{X_3\}$,则两者相对于有序节点对 (X_i, X_j) 不是混杂等价,因为这两个变量集合相对于有序节点对 (X_i, X_j) 不满足上述混杂等价两个充要条件中的任何一个。

针对有序节点变量对引入变量集合混杂等价的概念,有两个方面的应用。

1) 在同一个图模型中,不同的节点变量集合具有不同的节点变量数(对应于不同的变量取值组合数量)、不同的测量误差以及不同的测量成本,在混杂等价的多个节点变量集合中,我们可以根据实际情况,选取节点数量少或者测量误差、测量成本更低的节点变量集合,以取得同样的混杂偏差控制效果。

2) 我们也可以利用混杂等价来测试图模型结构的正确性。若根据图模型结构推导确定两个节点变量集合混杂等价,但根据样本数据集数据,混杂等价相应的等式不成立,则该图模型结构不正确。

4.6 线性系统中的因果推断

在前面关于因果推断的讨论中,包括 d-划分、后门准则和前门准则等的讨论,对变量之间的函数关系没有具体要求,在因果效应的相关计算中,对变量之间的函数关系也没有具体要求,只要知道变量之间存在影响与被影响的关系,相应图模型中有边相连,并根据相互影响的方向,确定有向边的方向即可。因此,前述因果推断中的分析方法和结论具有普遍性,在节点变量之间为任意函数关系条件下,均可应用。

在实际工作中,因果推断分析经常遇到的应用场景是变量之间存在线性的函数关系,或者当变量的取值在一定范围之内时是线性的函数关系,或者可以通过变量的数学变换将非线性函数关系转换为线性函数关系。在因果推断分析中,若(内生)变量之间的函数关系为线性关系,我们称这些变量及其相互关系构成了一个线性系统。本节将在前述因果效应分析方法基础上,对线性系统中的因果效应分析进行更深入的讨论。

4.6.1 线性系统因果推断分析的特点

在线性系统分析中,为简化因果推断分析,通常有三个假设:

1) 所有(内生)变量之间的关系都是线性关系;

2) 模型中所有外生变量(内生变量之间的关系用线性函数表达后与实际值之间的误差项)服从高斯分布;

3) 模型中所有外生变量(误差项)相互独立。

首先来看第 1 个假设,由于本节内容限定为研究线性系统,这个假设自然成立。以例 2.10 中的结构因果模型为例,其模型为:

$$I := U_1$$
$$F := U_2$$

$$T := F + U_3$$
$$L := U_4$$
$$Y := f_Y(I, F, T, L, U_5)$$

若 $Y := f_Y(I, F, T, L, U_5)$ 中的函数表达式 $f_Y(I, F, T, L, U_5)$ 为线性表达式, 比如:

$$f_Y(I, F, T, L, U_5) = r_0 I + r_1 F + r_2 T + r_3 L + U_5 \tag{4.39}$$

其中 r_k 为常数, $k=0, 1, 2, 3$, 则变量 I、F、T、L 和 Y 一起构成一个线性系统。

再看第 2 个假设, 由于模型中的外生变量是将一个内生变量用其他内生变量表达后的误差项, 因此这个误差可能由多个原因导致, 一般相互独立。根据中心极限定理, 当多个相互独立的原因导致一个结果时, 该结果通常服从高斯分布, 因此, 我们假设外生变量 (误差项) 服从高斯分布通常也与实际情况相符。

第 3 个假设, 模型中所有外生变量相互独立, 对于我们研究的可以用有向无环图表达的变量之间的关系, 这也成立。如果外生变量之间不相互独立, 比如, 以图 3.10 所示的图模型为例, 假设外生变量 U_Z 和 U_Y 相互不独立, 相互之间的影响通过连接外生变量 U_Z 和 U_Y 的虚线表示, 显然, 节点变量 Y 既不是节点变量 Z 的父节点, 也不是节点变量 Z 的后代, 在给定 Z 节点变量的父节点 T 的条件下, 虽然节点变量 Z 和 Y 之间的路径 $Z \leftarrow T \rightarrow Y$ 为分叉结构, 在给定节点 T 时被阻断, 但另一条路径 $Z \leftarrow U_Z \rightarrow U_Y \rightarrow Y$ (或 $Z \leftarrow U_Z \leftarrow U_Y \rightarrow Y$) 连通, 因此, 对于节点变量 Z, 在给定其父节点变量 T 的条件下, 节点变量 Z 与其非后代节点变量 Y 之间并不相互独立, 因而不满足马尔可夫性。所以, 当我们所研究的线性系统满足马尔可夫性时, 第 3 个假设也必然满足。

当我们所研究的线性系统满足上述 3 个假设时, 则系统中的各个内生变量都服从高斯分布。以例 2.10 的结构因果模型为例, 根据式 (4.39), 节点变量 Y 最终可以表达为各个外生变量的线性组合, 由于各个外生变量都服从高斯分布且相互独立, 而相互独立的高斯分布随机变量之和仍服从高斯分布, 因此节点变量 Y 服从高斯分布。类似地, 对于更复杂的图模型结构或结构因果模型, 只要内生变量之间的函数关系为线性关系, 则所有内生变量都可以表达为外生变量的线性组合, 因而也服从高斯分布。由于系统 (图模型结构或结构因果模型) 中的所有内生变量都服从高斯分布, 因此, 这些节点变量的联合概率分布服从多元高斯分布。系统中所有节点变量的联合概率分布服从多元高斯分布这一特点, 为因果推断分析带来了极大的便利:

1) 多元高斯分布可通过期望进行有效表达;
2) 条件期望转化为线性回归。

下面通过一些具体的例子, 分析说明系统中所有节点变量的联合概率分布服从多元高斯分布给线性系统因果推断研究带来的好处。

考虑最简单的多元高斯分布, 只有两个高斯分布变量 X 和 Y 的情况。如图 4.15 所示, 其联合概率密度函数表现为三维空间的一个尖峰 (高度体现在 Z 轴)。假如我们对这个尖峰按照给定的 Z 值进行水平切片, 则得到 X-Y 平面上的一个椭圆曲线, 该椭圆曲线可完全由 5 个参数确定，即 $E(X)$、$E(Y)$、δ_X、δ_Y 和 ρ_{XY}，参数的具体定义见 2.5 节。其中参数 $E(X)$ 和 $E(Y)$ 确定了椭圆在 X-Y 平面上的位置（椭圆的重心），δ_X 和 δ_Y 确定了椭圆分别沿着 X 轴和 Y 轴扩展的形状，相关系数 ρ_{XY} 确定了椭圆的方向。可以形象化地将这个联合概率密度函数视为悬在 X-Y-Z 空间的一个足球，如图 4.15 所示，其沿着 Z 轴的每一个切片都是 X-Y 二维平面上的一个椭圆。这 5 个参数确定了椭圆，也就是确定了这个二元高斯分布。

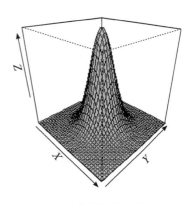

图 4.15 二元高斯分布联合概率密度

我们推广到高维的情况，假设有 N 个高斯分布的变量 $X_1, X_2, \cdots, X_N$，下面研究这 N 个高斯分布变量的联合概率分布。可将这 N 个变量两两一组分为 $N(N-1)/2$ 对变量 (X_i, X_j)，则这 N 个变量 $(X_1, X_2, \cdots, X_N)$ 的联合概率密度函数可由 $N(N-1)/2$ 对变量 (X_i, X_j) 的二维联合概率密度函数确定，其中 i 和 j 取值为 $1 \sim N$，且 $i \neq j$。由于每对变量的二元高斯分布联合概率密度函数由 5 个参数确定，因此，N 个高斯分布变量的联合概率密度函数的表达只需要 $5N(N-1)/2$ 个参数。事实上，对于 N 个高斯分布变量联合概率密度函数的表达还可以更加简化，只需要 $2N$ 个均值或方差、$N(N-1)/2$ 个相关系数即可。根据方差和相关系数的计算公式可知，方差和相关系数均可以表示为期望的形式，因此，表达多元高斯分布联合概率密度函数的每个参数（包括）均可用期望进行表达。基于这个性质，在多元高斯分布的研究中，我们可以不再关心具体的概率分布，而只需要关注相关的期望即可。因此，在关于多元高斯分布的研究中，条件概率的研究可以转化为条件期望的研究；图模型结构中节点变量的条件独立问题，可以转换为节点变量期望独立的问题。比如，图模型结构（或结构因果模型）中变量 Y 和 X 在给定变量集合 Z 的条件下相互独立，用条件概率的形式表达，则为

$$P(Y|X,Z) = P(Y|Z)$$

若这些变量都服从高斯分布，则上述以条件概率形式表达的条件独立等价于期望的条件独立，即

$$P(Y|X,Z) = P(Y|Z) \Leftrightarrow E[Y|X,Z] = E[Y|Z]$$

因果推断研究中的预测问题，就是在给定一些变量取值的情况下，希望推断得到另外一个（或一些）变量的取值，实质上就是一个条件概率问题。对于线性系统，系统中各个变量服从高斯分布，其联合分布服从多元高斯分布，因此，线性系统因果推断研究中的条件概率问题可以转换为条件期望问题。同时，线性系统中各个变量之间为线性函数关系，假设节点变量 Y 的父节点变量为 $\{X_1, X_2, \cdots, X_n\}$，则相应结构因果模型中有函数关系表达式

$$Y := a_1 X_1 + a_2 X_2 + \cdots + a_n X_n + U_Y \tag{4.40}$$

其中 U_Y 为外生变量（误差项），$\{a_1, a_2, \cdots, a_n\}$ 为结构因果模型系数，式(4.40)表示变量 Y 受其父节点变量 $\{X_1, X_2, \cdots, X_n\}$ 影响的情况。

由于变量 Y 与其父节点变量 $\{X_1, X_2, \cdots, X_n\}$ 之间为线性关系，若有相关样本数据集，则可对变量 Y 和其父节点变量 $\{X_1, X_2, \cdots, X_n\}$ 做线性回归，假设线性回归表达式为 $r_0 + r_1 X_1 + r_2 X_2 +, \cdots, + r_n X_n$，则有线性回归方程

$$Y = r_0 + r_1 X_1 + r_2 X_2 + \cdots + r_n X_n + \varepsilon \tag{4.41}$$

其中 ε 为回归后的残差。对式(4.41)两边取期望，相应有

$$E[Y] = E[r_0 + r_1 X_1 + r_2 X_2 + \cdots + r_n X_n + \varepsilon]$$

因为 $E[\varepsilon] = 0$（非零部分通过 r_0 体现），则有

$$E[Y] = E[r_0 + r_1 X_1 + r_2 X_2 + \cdots + r_n X_n]$$

令变量 Y 的父节点变量分别给定取值 $X_1 = x_1, X_2 = x_2, \cdots, X_n = x_n$，则变量 Y 此时的条件期望

$$E[Y | X_1 = x_1, X_2 = x_2, \cdots, X_n = x_n] = r_0 + r_1 x_1 + r_2 x_2 + \cdots + r_n x_n \tag{4.42}$$

根据式(4.42)，线性系统中变量之间的条件期望 $E[Y | X_1 = x_1, X_2 = x_2, \cdots, X_n = x_n]$ 转换为变量之间的线性回归表达式形式。显然，条件期望中的各个系数 r_i 与对应变量的取值大小无关，而只与其对应于哪个变量有关。

当线性回归表达式中变量 Y 的父节点变量只有一个 X 时（根据图模型结构可能有多个父节点变量，但线性回归表达式中只有一个父节点变量），线性回归为一元线性回归，回归系数体现了变量 X 对变量 Y 的影响，若变量 Y 对变量 X 的一元线性回归系数 $r = 0$，则说明变量 Y 与变量 X 相互边缘独立，变量 X 对变量 Y 的影响为零。当线性回归表达式中变量 Y 的父节点变量有多个变量 X_i 时，线性回归为多元线性回归，其中线性回归表达式的系数 $r_1, r_2, \cdots, r_n$ 为2.6.2节中的偏回归系数。根据偏回归系数的定义，偏回归系数 r_i 体现了在给定其他所有回归变量取值的条件下变量 X_i 对变量 Y 的影响。若 $r_i = 0$，则说明变量 Y 与变量 X_i 在给定其他所有回归变量取值的条件下相互条件独立，变量 X_i 对变量 Y 的影响为零。

从前述分析可以看到，通常线性系统满足前述3个假设条件，相应模型中的各个内生变量服从高斯分布，多个内生变量的联合分布服从多元高斯分布。由于多元高斯分布的参数完全由期望决定，因此，在线性系统的因果推断分析中，关于概率分布的研究可以全部转化为关于期望的研究。因果推断中的预测就是在给定一些变量取值的条件下预测另外变量的取值概率，实际上就是条件概率问题的求解，在线性系统中，条件概率的求解则转化为条件期望的求解。因此，线性系统中因果推断的预测转化为条件期望的求解。另一方面，根据式(4.42)，线性系统中的条件期望可以通过变量之间的线性回归表达式

进行计算。所以，对于线性系统，基于系统的样本数据集，针对需要求解的条件期望，可以通过最小二乘法或极大似然法进行线性回归，求得回归系数，得到变量之间的线性回归表达式，进而根据式(4.42)实现条件期望的计算。因此，对于线性系统，可以基于样本数据集进行线性回归，实现条件期望的计算，进而实现因果推断的预测。

在线性系统的分析中，计算条件期望可以通过机器学习中的线性回归来实现。线性系统在结构因果模型中的结构方程是线性表达式的形式，线性系统在机器学习中的线性回归方程也是线性表达式的形式，两者表现形式相同，但所对应的意义却大不相同。假设我们有一个回归方程 $Y=r_0+r_1X+r_2Z+\varepsilon$，这并不能说明变量 X 和变量 Z 的一定取值组合将会导致变量 Y 相应的取值产生，这个回归方程仅仅表示在样本数据集中，变量 Y、X 和 Z 之间的数值关系满足该方程。其中的误差项 ε 表示用 $Y=r_0+r_1X+r_2Z$ 来对变量 Y 进行拟合时的残差，回归中的这个残差是人为选择应用该线性表达式产生的。而结构因果模型中的结构方程 $Y:=\alpha X+\beta Z+U$，则表示变量 X 和 Z 是变量 Y 的因，变量 Y 是变量 X 和 Z 的果，变量 Y 的取值取决于变量 X 和变量 Z，其中的误差项 U 代表在影响变量 Y 的所有变量中，除变量 X 和变量 Z 之外的所有不便于表达的变量（有时也称为"扰动"或"可忽略变量"），这个变量 U 是客观存在而非人为的。

比较结构因果模型中的函数关系表达式(4.40)和条件期望表达式(4.42)。式(4.40)中的系数，比如 α_1，体现了变量 X_1 对变量 Y 的基于因果效应的影响。而式(4.42) 中的系数，比如 r_1，则体现了变量 X_1 对变量 Y 的所有影响，这个所有影响包含但不仅限于变量 X_1 对变量 Y 基于因果效应的影响。根据 3.1.3 节中对撞结构两端节点变量之间关系的分析，当对撞结构中对撞节点变量取值给定时，对撞结构两端的节点变量之间将可能产生相互影响，这样的影响就是变量之间并非基于因果效应的影响。

4.6.2 路径系数及其在因果推断分析中的应用

在线性系统中，由于各变量之间为线性关系，因此相应变量之间的条件期望可以表达为各个条件变量的线性组合的形式：

$$E[Y|X_1=x_1, X_2=x_2, \cdots, X_n=x_n]=r_0+r_1x_1+r_2x_2+,\cdots,+r_nx_n$$

基于系统的线性假设，我们可以对结构因果模型 SCM 中的函数或其对应的图模型结构引入"路径系数"（或者称为结构系数）的概念：若线性系统中节点变量 Y 的父节点变量为 $\{X_1, X_2, \cdots, X_n\}$，相应结构方程中关于节点变量 Y 的函数关系为线性表达式 $Y:=\sum_{i=1}^{n}r_iX_i+U$，相应在对应的图模型结构中有从节点 X_i 到节点 Y 的边 $X_i \rightarrow Y$，则该边对应的路径系数为 r_i。

显然，SCM 中的路径系数和回归中的回归系数虽然形式相似，但其实际意义却相去甚远，前者表示因果关系，而后者仅仅表示统计上的相关关系。在线性系统分析中，基于路径系数，可以很简便地计算直接因果效应和总效应。

1. 线性系统中的直接因果效应

在线性系统中，从节点 X_i 指向节点 Y 的边的路径系数代表了变量 X_i 对变量 Y 的直接因果效应,我们通过一个例子来进行分析,具体如下。

考虑如图 4.16 所示的图模型结构,我们以变量 X 对变量 W 的直接因果效应为例,分析路径系数与直接因果效应的关系。与图 4.16 所示的图模型结构对应的结构方程如下:

$$T := U_T$$
$$Z := aT + gX + U_z$$
$$Y := bT + U_y$$
$$X := cY + U_x$$
$$W := fZ + dX + U_w$$
$$U := eW + U_U$$

根据 4.4 节式(4.26)中受控直接因果效应(以下简称为直接效应)的定义,变量 X 对变量 W 的直接效应是在从节点 X 到节点 W 的有向路径上变量 W 的其他父节点变量保持不变的前提下,变量 X 增加一个单位时变量 W 的变化量。由于是线性系统,因此可将等式(4.26)改写为期望的形式,根据图 4.16 所示的图模型结构,有

$$\begin{aligned}\text{CDCE} = &E[W|\text{do}(X=x+1),\text{do}(Z=z)] - \\ &E[W|\text{do}(X=x),\text{do}(Z=z)]\end{aligned} \quad (4.43)$$

式(4.43)中的 Z 是图模型结构中在从节点 X 到节点 W 的有向路径上变量 W 的其他父节点变量集合,在本例中就是节点变量 Z(只有一个变量的节点变量集合)。现在我们需要通过对干预因果效应的计算,将式(4.43)转换为图模型结构中的路径系数的形式。

根据 do 算子干预做对应的图模型修改,将图 4.16 中所有指向节点变量 X 和 Z 的边都删除,则修改后的图模型结构如图 4.17 所示,相应的 SCM 结构方程为

$$T := U_T$$
$$Z := z$$
$$Y := bT + U_Y$$
$$X := x$$
$$W := fZ + dX + U_W$$
$$U := eW + U_U$$

其中 z 和 x 都为固定值。

将修改图模型结构的 SCM 结构方程代入上述 CDCE 表达式,同时不失一般性地考虑外生变量的均值为 0,则有

$$E[W|\text{do}(X=x+1),\text{do}(Z=z)] = d(x+1) + fz$$
$$E[W|\text{do}(X=x),\text{do}(Z=z)] = dx + fz$$
$$\text{CDCE} = [d(x+1) + fz] - [dx + fz] = d$$

CDCE 直接效应等于 d，即节点变量 X 到节点变量 W 的直接边的路径系数。需要注意，在上述 CDCE 推导过程中，变量 Y 及其相关的路径系数 b 和 c 都不出现，原因在于根据 CDCE 的定义，CDCE 表达式除了与干预变量 X 有关之外，只与从节点 X 到节点 W 的有向路径上结果变量 W 的其他父节点相关。

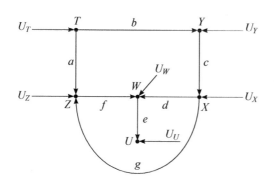

图 4.16 线性系统的路径系数与直接因果效应

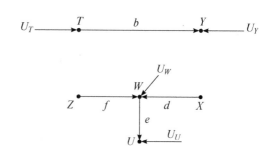

图 4.17 在对变量 X 和 Z 干预条件下对图 4.16 模型的修改

2. 线性系统中的总效应

类似于（受控）直接因果效应，总因果效应（Total Causal Effect，TCE）的定义为，通过干预让干预变量增加一个单位前后结果变量的变化量。相应有总因果效应（简称为总效应）的数学化定义：当干预变量 X 取值从 x 调整到 $x+1$ 时，对结果变量 Y 的总效应 TCE 为

$$P(Y=y|\text{do}(X=x+1)) - P(Y=y|\text{do}(X=x))$$

在线性系统中，可将概率改写为期望的形式，相应有线性系统中的总效应 TCE 为

$$E[Y|\text{do}(X=x+1)] - E[Y|\text{do}(X=x)]$$

在线性系统中，计算干预变量 X 对结果变量 Y 的总效应，首先找到从节点 X 到节点 Y 的所有有向路径（也称为"前门路径"），将每条有向路径上的路径系数分别相乘，再将得到的各个乘积相加，即为变量 X 对变量 Y 的总效应，下面通过一个例子予以具体说明。

考虑如图 4.16 所示的图模型结构及其对应的 SCM 结构方程，计算变量 X 对变量 W 的总效应。对变量 X 进行干预，相应地对图模型结构进行修改，删除所有指向节点 X 的边，修改后的图模型结构如图 4.18 所示。

与图 4.18 修改后的图模型相对应的 SCM 结构方程为

$$T := U_T$$
$$Z := aT + gX + U_Z$$
$$Y := bT + U_Y$$
$$X := x$$

$$W := fZ + dX + U_W$$
$$U := eW + U_U$$

其中 x 为给定值。

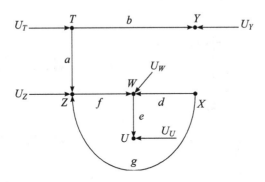

图 4.18 对图 4.16 模型中变量 X 进行干预后的修改图模型

根据修改后的图模型结构来计算干预变量 X 增加一个单位与结果变量 W 变化之间的函数关系。根据修改后的图模型结构及其对应的 SCM 方程，类似于前述线性系统中 CDCE 的分析，相应可有

$$E[W|do(X=x+1)]$$
$$= E[d(x+1) + fZ + U_W]$$
$$= E[d(x+1) + f(aT + gX + U_Z) + U_W]$$
$$= E[d(x+1) + f(aT + g(x+1) + U_Z) + U_W]$$
$$= d(x+1) + f(aT + g(x+1))$$
$$E[W|do(X=x)]$$
$$= dx + f(aT + gx)$$
$$TCE = E[W|do(X=x+1)] - E[W|do(X=x)]$$
$$= [d(x+1) + f(aT + g(x+1))] - [dx + f(aT + gx)]$$
$$= d + fg$$

显然，变量 X 增加一个单位，则变量 W 增加量为 $d+fg$，即总效应为 $d+fg$。

我们再来分析修改后的图模型结构，从节点变量 X 到节点变量 W 有两条有向路径：一条路径是 $X \to W$ 的直接路径，路径系数为 d，路径系数乘积也为 d（该路径上只有一条边）；另一条路径为 $X \to Z \to W$，路径系数的乘积为 fg，显然，从干预节点变量 X 到结果节点变量 W 的这两条有向路径分别得到的路径系数乘积之和为 $d+fg$，等于节点变量 X 对节点变量 W 的总效应。

综上，若线性系统中路径系数已知，则干预变量对结果变量的直接效应为连接干预变量节点与结果变量节点的边的路径系数；干预变量对结果变量的总效应为从干预变量节点到结果变量节点所有有向路径上路径系数乘积之和。

前面分析了线性系统中一个节点变量对另一个节点变量的（受控）直接因果效应和（受控）总因果效应的定义及其计算方法，下面分析线性系统中一个节点变量对另一个节点变量的影响。仍以图 4.16 所示的图模型结构为例，分析节点变量 X 对节点变量 W 的影响。在图模型中，节点变量 X 和节点变量 W 通过三条路径相互连通：一条路径是 $X \rightarrow W$，一条路径是 $X \rightarrow Z \rightarrow W$，再一条路径是 $X \leftarrow Y \leftarrow T \rightarrow Z \rightarrow W$。相应地，节点变量 X 通过这三条路径对节点变量 W 产生影响，其中通过路径 $X \rightarrow W$ 产生直接因果效应，通过路径 $X \rightarrow Z \rightarrow W$ 产生间接因果效应，通过路径 $X \rightarrow W$ 和 $X \rightarrow Z \rightarrow W$ 共同产生总因果效应，而通过路径 $X \leftarrow Y \leftarrow T \rightarrow Z \rightarrow W$ 则体现了节点变量 X 对节点变量 W 除因果效应以外的影响。在路径 $X \leftarrow Y \leftarrow T \rightarrow Z \rightarrow W$ 上，节点变量 X 既不是节点变量 W 的祖先节点，也不是节点变量 W 的后代节点，也就是说节点变量 X 既不是节点变量 W 的因，也不是节点变量 W 的果，节点变量 X 通过路径 $X \leftarrow Y \leftarrow T \rightarrow Z \rightarrow W$ 对节点变量 W 产生的影响，是非因果关系的影响。节点变量之间能够通过非因果关系产生影响，这也是我们强调相关性不等于因果关系的来源。因此，线性系统中一个节点变量 X 对另一个节点变量 W 的影响，数学上体现为条件概率 $E(W|X=x)$，既包括通过有向路径产生的因果效应，也包括通过非有向路径（一般为后门路径）产生的非因果效应，这一概念将用于 4.6.3 节路径系数的计算。

4.6.3 线性系统中路径系数的计算

从前面介绍的内容可以看到，在线性系统中，无论是变量之间的直接效应还是总效应，都可以表达为图模型结构中路径系数的形式，因此，线性系统对应的图模型结构中路径系数的计算是线性系统分析的关键。对于线性系统，通常我们可以获得关于系统中各个变量的观察性样本数据集，如何根据观察到的样本数据集计算得到图模型结构中的路径系数是本节将要介绍的内容。

由于线性系统中各变量之间关系为线性关系，根据样本数据集，可以通过机器学习对各个变量之间的线性关系进行线性回归，得到相应的线性回归表达式及其回归系数，因此，从数学上看，如何根据观察到的样本数据集计算得到图模型结构中的路径系数，就是如何将路径系数表达为线性回归表达式中回归系数 $R_{yx \cdot z}$ 形式的问题。$R_{yx \cdot z}$ 中 X 和 Y 为模型中任意两个变量，Z 为模型中特定的变量集合，回归系数的定义见第 2 章中的式(2.32) 和 (2.33)。

现在我们来研究如何根据观察得到的样本数据集求解线性系统中的路径系数。假设线性系统对应的图模型结构为图 4.19 中的图 G，其中有向边 $X \rightarrow Y$ 的路径系数为 α，如何根据观察得到的样本数据集求解该路径系数？

要通过回归系数来计算路径系数，首先来看变量之间的回归系数与变量之间相互影响的关系。根据式(4.42)，有

$$E[Y|X_1=x_1, X_2=x_2, \cdots, X_n=x_n] = r_0 + r_1 x_1 + r_2 x_2 +, \cdots, + r_n x_n$$

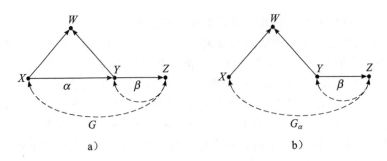

图 4.19 路径系数 α 等于回归系数 r_{YX}

当线性回归表达式中只有结果变量（因变量）Y 和一个干预变量（自变量）X_1 时，回归系数 r_1 体现了干预变量 X_1 对结果变量 Y 的影响；当线性回归表达式中有多个自变量时，偏回归系数 r_k 体现了在其他变量 $\{X_1, X_2, \cdots, X_i, \cdots, X_n\}$ （$i \neq k$）取值固定条件下干预变量 X_k 对结果变量 Y 的影响。

由于系统为线性系统，显然可以根据观察到的样本数据集将变量 Y 对变量 X 做一元线性回归（后续简称回归），相应的回归系数为

$$r_{YX} = \frac{\text{cov}(Y, X)}{\text{var}(X)}$$

该回归系数表达了干预变量 X 对结果变量 Y 总的影响。

假如变量 X 和变量 Y 有边直接相连，说明干预变量 X 对变量 Y 有直接效应，我们又可以将干预变量 X 对结果变量 Y 总的影响，即 r_{YX} 分解为变量 X 对变量 Y 的直接效应及除直接效应之外的其余部分，相应有

$$r_{YX} = \alpha + I_{YX} \tag{4.44}$$

其中 α 代表干预变量 X 对结果变量 Y 的总的影响中，通过直接相连的边，变量 X 对变量 Y 的直接作用（直接效应），而 I_{YX} 则代表除了该直接作用以外，变量 X 对变量 Y 的其他所有作用（包括因果关系和非因果关系的影响）。根据线性系统中路径系数与直接效应的关系，在图模型结构 G 中，对应于变量 X 对变量 Y 的直接效应的 α 为"有向边 $X \rightarrow Y$"的路径系数，而 I_{YX} 则对应于图模型结构 G 中，干预变量 X 通过其他所有将节点变量 X 与节点变量 Y 连通的路径（路径上有向、无向或双向边）对结果变量的产生的影响。

在图模型结构 G 中将连接干预变量 X 和结果变量 Y 的"有向边 $X \rightarrow Y$"删除，得到新的图模型结构为 G_α，若在新的图模型结构 G_α 中变量 X 与变量 Y 相互独立，即删除干预变量 X 对结果变量 Y 的直接效应后，干预变量对结果变量的影响为 0。从式（4.44）的角度看，即

$$r_{YX} = 0 = 0 + I_{YX}$$

则有

$$I_{YX} = 0$$

将 $I_{YX}=0$ 代入式(4.44)有

$$r_{YX} = \alpha + 0$$
$$r_{YX} = \alpha$$

因此，在将连接干预变量 X 和结果变量 Y 的边删除后所得到的新的图模型结构中，若变量 X 与变量 Y 相互独立，则节点 X 到节点 Y 的路径系数为将变量 Y 对变量 X 做一元线性回归时，变量 Y 对变量 X 的回归系数。可以直观地理解为，我们将节点变量 X 对节点变量 Y 的直接效应删除后，节点变量 X 对节点变量 Y 的影响为零，这说明节点变量 X 对节点变量 Y 的直接效应就是节点变量 X 对节点变量 Y 所有影响（包括因果关系和非因果关系的影响），也就是变量 Y 对变量 X 的回归系数。相应地，可以有如下定理。

直接效应法则：

在线性图模型结构 G 中，α 为有向边 $X \to Y$ 的路径系数，将"有向边 $X \to Y$"删除，得到新的图模型结构为 G_α。若在新的图模型结构 G_α 中变量 X 与变量 Y 相互独立，则"有向边 $X \to Y$"的路径系数 α 等于将变量 Y 对变量 X 做一元线性回归后的回归系数 r_{YX}。

例 4.8 对图 4.19a 中所示图模型结构，我们求解"有向边 $X \to Y$"的路径系数 α。图中双向虚线边表示边两端的节点变量受一个不可测量的（也称为隐藏）共同的父节点变量影响，这样的图模型也称为半马尔可夫模型。

解：

在图 G 中将"有向边 $X \to Y$"删除后，得到新的图模型结构 G_α，连接节点 X 和节点 Y 有三条路径。其中路径 $X \to W \leftarrow Y$，以节点 W 为对撞节点构成对撞结构 $X \to W \leftarrow Y$，该路径被阻断；路径 $X \leftarrow \to Z \leftarrow Y$（其中 $X \leftarrow \to Z$ 表示在节点 X 和 Z 之间有不可测量变量同时影响 X 和 Z 这两个变量，以下类似），在节点 Z 处形成以节点 Z 为对撞节点的对撞结构 $\to Z \leftarrow$（这种形式的对撞结构表示对撞结构两端节点变量存在，但不可测量，以下表示类似），该路径被阻断；路径 $X \leftarrow \to Z \leftarrow \to Y$ 也在节点 Z 处形成以节点 Z 为对撞节点的对撞结构 $\to Z \leftarrow$，该路径也被阻断。所以，在新的图模型结构 G_α 中，节点 X 与节点 Y 被空集 $Z = \{\emptyset\}$ 所 d-划分，说明在新的图模型结构 G_α 中变量 X 与变量 Y 相互独立（被空集 d-划分，则直接为相互边缘独立，非条件独立），根据直接效应法则，对应于"有向边 $X \to Y$"的路径系数 $\alpha = r_{YX}$。

在前面的讨论中，我们假设将"有向边 $X \to Y$"删除后得到的新图模型结构 G_α 中，若变量 X 与变量 Y 相互独立，则节点 X 到节点 Y 的边的路径系数为变量 Y 对变量 X 做一元线性回归的回归系数。我们来看更一般的情况，将"有向边 $X \to Y$"删除后，在新的图模型结构 G_α 中，变量 X 与变量 Y 不是相互边缘独立，而是基于特定的变量集合 Z 相互独立（条件独立），此时如何计算路径系数 α？

类似于前述第 2 章的内容，根据观察样本数据集，我们可以将变量 Y 对变量集 Z 和变量 X 做多元线性回归，相应地，可以得到变量 Y 对于变量 X 的偏回归系数

$$r_{YX-Z} = \frac{\text{cov}(YX)\text{var}(Z) - \text{cov}(YZ)\text{cov}(XZ)}{\text{var}(X)\text{var}(Z) - \text{cov}(XZ)^2}$$

该偏回归系数表达了在变量集 Z 取值固定的条件下，干预变量 X 对结果变量 Y 的影响。若在变量集 Z 取值固定的条件下变量 Y 与变量 X 相互独立，则在变量集 Z 取值固定的条件下干预变量 X 对结果变量 Y 的影响为 0，即偏回归系数 $r_{YX-Z}=0$。

再来分析在变量集 Z 固定的条件下，干预变量 X 对结果变量 Y 的影响，类似于前述推导，该影响可以分解为变量 X 对变量 Y 的直接效应及其余部分，则有

$$r_{YX-Z} = \alpha + I_{YX-Z} \tag{4.45}$$

其中 α 代表在变量集 Z 固定条件下，干预变量 X 对结果变量 Y 的影响中，变量 X 对变量 Y 的直接作用，而 I_{YX-Z} 则代表除了该直接作用以外变量 X 对变量 Y 的其他所有作用。从图模型结构 G 来看，α 是"有向边 $X \to Y$"的路径系数，是式(4.45)中的直接作用，而 I_{YX-Z} 则对应于图模型结构 G 中除直接作用外干预变量 X 对结果变量 Y 的其他所有作用。在图模型结构 G 中将"有向边 $X \to Y$"删除，得到新的图模型结构为 G_α。若在新的图模型结构 G_α 中，变量 X 与变量 Y 在给定变量集 Z（Z 中须无节点 Y 的后代，否则，因 Y 是 X 的后代，故变量集 Z 中有 Y 的后代即是有 X 的后代）的条件下相互独立，从式(4.45)的角度看，即

$$r_{YX-Z} = 0 = 0 + I_{YX-Z}$$

则有

$$I_{YX-Z} = 0$$

将 $I_{YX-Z} = 0$ 代入式(4.45)有

$$r_{YX-Z} = \alpha + 0$$
$$r_{YX-Z} = \alpha$$

即节点 X 到节点 Y 直接相连边的路径系数 α 为变量 Y 对变量 X 和变量集合 Z 做回归后，其中变量 Y 对变量 X 的偏回归系数。若变量 Y 对于变量 X 及变量集合 $Z(Z_1, Z_2, \cdots, Z_k)$ 的多元线性回归方程为（注意：在多元线性回归中，选取的其他变量不同，同一对变量之间的回归系数也不同）

$$Y = \alpha X + \beta_1 Z_1 + \cdots + \beta_k Z_k + \varepsilon \tag{4.46}$$

则偏回归系数 r_{YX-Z} 为回归方程(4.46)中变量 X 的系数 α。相应有如下定理：

条件直接效应法则：

在线性图模型结构 G 中，α 为有向边 $X \to Y$ 的路径系数，将"有向边 $X \to Y$"删除，得到新的图模型结构为 G_α。若在新的图模型结构 G_α 中存在变量集 Z 满足下列条件：

1）Z 中没有 Y 的后代；

2）Z 将有序节点对 (X, Y) d-划分。

则路径系数 α 等于将变量 Y 对变量 X 和变量集合 Z 做回归后的偏回归系数 r_{YX-Z}。若变量集 Z 不满足上述条件,则偏回归系数 r_{YX-Z} 不是路径系数的无偏估计。

例 4.9 我们应用条件直接效应法则来看一个具体的例子。在图 4.20 所示的图模型 G 中,求解路径系数 α,其中双箭头虚线表示有其他(不可测量)因素同时影响虚线两端的两个变量。

解:

在删除有向边 $X \to Y$ 得到的新图模型结构 G_α 中,假设双箭头虚线中同时影响变量 Z 和变量 Y 的不可测量变量为 U。节点变量 X 与节点变量 Y 相连的路径为 $Y \leftarrow U \to Z \to X$,该路径上有以节点 Z 为中间节点的链式结构 $U \to Z \to X$,故在图模型结构 G_α 中有序节点对 (X,Y) 被节点 Z 所 d-划分。因此,路径系数 α 可计算。将变量 Y 对变量 X 和变量 Z 做二元回归,得到偏回归系数 r_{YX-Z},$\alpha = r_{YX-Z}$。

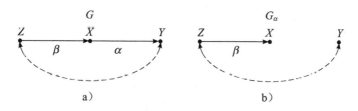

图 4.20 路径系数 α 等于偏回归系数 r_{YX-Z}

也可以求解路径系数 β,删除有向边 $Z \to X$ 后,在新的图模型结构中连接节点 Z 和 X 的唯一路径为 $Z \leftarrow U \to Y \leftarrow X$,该路径上有以节点 Y 为对撞节点的对撞结构 $U \to Y \leftarrow X$,变量 Z 和变量 X 相互边缘独立(非条件独立),故路径系数 β 可根据直接效应法则计算,将变量 X 对变量 Z 做一元回归后,$\beta = r_{XZ}$。

在应用条件直接效应法则时需注意,与计算因果效应中的后门准则不同,这里变量集 Z 不是仅仅阻断后门路径,而是阻断 X 和 Y 之间的所有路径。因为从前述推导中可以看到,以变量集 Z 为条件,需要实现的是变量 X 和变量 Y 的相互独立,而删除连接变量 X 与 Y 的有向边 $X \to Y$ 后,连接变量 X 与 Y 的路径除了后门路径之外,还可能有其他路径,这些路径都必须被变量集 Z 所阻断,才能确保变量 X 和 Y 在给定变量集 Z 取值时条件独立。

现在考虑一种更加复杂的情况,假如在求解有向边 $X \to Y$ 路径系数过程中,将有向边 $X \to Y$ 删除后得到的新的图模型结构 G_α 中,无法找到一个变量集 Z,对有序节点对 (X,Y) 进行 d-划分,这时如何求解路径系数?

如图 4.21 所示,在将有向边 $X \to Y$ 删除后的新的图模型结构 G_α 中,若变量集 Z 包含节点 Z_1,则路径 $X \to Z_1 \leftrightarrow Y$($Z_1$ 和 Y 之间是双箭头虚线路径)形成的对撞结构将连通 X 和 Y,而若变量集 Z 不包含节点 Z_1,则路径 $X \to Z_1 \to Y$(考虑 Z_1 和 Y 之间的单箭头实线)将连通 X 和 Y,故在图模型结构 G_α 中无法找到变量集 Z 满足条件直接效应法则的要求,也就无法应用条件直接效应法则计算路径系数。

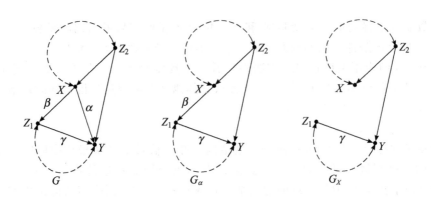

图 4.21　根据图模型中变量 X 对变量 Y 的总效应确定 $(\alpha+\beta\gamma)=r_{YX-Z_2}$

对此，我们参照条件直接效应法则推导的思路，但是删除边的情况不同，不但删除代表变量 X 对变量 Y 的直接效应的有向边 $X \rightarrow Y$，而且将从节点 X 出发的所有边都删除，这些边代表了变量 X 对变量 Y 的总效应（因果关系产生的影响），相应得到新的图模型结构 G_x。此时，有序节点对 (X,Y) 被仅包含一个节点 Z_2 的节点集 Z 所 d-划分，因为 X 和 Y 之间的两条路径 $X \leftarrow Z_2 \rightarrow Y$ 和 $X \leftrightarrow Z_2 \rightarrow Y$ 分别形成以节点 Z_2 为中间节点的分叉结构和链式结构，都被 Z_2 所阻断。在变量 Z_2 取值固定的条件下，我们将干预变量 X 对结果变量 Y 的影响分解为两部分，分别是变量 X 对 Y 的总效应和除总效应以外的其他影响。根据线性系统总效应与路径系数的关系可知，在图 4.21 所示的图模型结构 G 中，干预变量 X 对结果变量 Y 的总效应为 $\alpha+\beta\gamma$，那么在变量 Z_2 给定取值的条件下，干预变量 X 对结果变量 Y 的所有影响，即偏回归系数 r_{YX-Z_2} 可分解为

$$r_{YX-Z_2}=(\alpha+\beta\gamma)+I_{YX-Z_2} \tag{4.47}$$

由于将从节点 X 出发的所有边都删除后，得到新的图模型结构 G_x 中，有序节点对 (X,Y) 被仅包含一个节点 Z_2 的节点集 Z 所 d-划分，即变量 X 和 Y 基于变量 Z_2 条件独立，从式 (4.47) 角度来看，即

$$r_{YX-Z_2}=0=0+I_{YX-Z_2}$$

则有

$$I_{YX-Z_2}=0$$

将 $I_{YX-Z_2}=0$ 代入式 (4.47) 有

$$r_{YX-Z_2}=(\alpha+\beta\gamma)+0$$

因此有

$$(\alpha+\beta\gamma)=r_{YX-Z_2}$$

即变量 X 对于变量 Y 的总效应等于将变量 Y 对变量 X 和变量 Z_2 做回归后的偏回归系数 r_{YX-Z_2}。在这里，I_{YX-Z_2} 代表干预变量 X 对结果变量 Y 通过非有向路径 $X \leftarrow \rightarrow Z_2 \rightarrow Y$ 和 $X \leftarrow Z_2 \rightarrow Y$，（一般为后门路径）产生的非因果效应影响，在图 4.21 所示的图模型结构 G 中，非有向路径为 $X \leftarrow \rightarrow Z_2 \rightarrow Y$ 和 $X \leftarrow Z_2 \rightarrow Y$，显然在变量 Z_2 给定取值的条件下该路径阻断，此影响为零。相应有基于总效应计算路径系数的定理如下。

条件总效应法则：

在线性图模型结构 G 中，将从节点 X 出发的所有边删除，得到新的图模型结构为 G_x。若在新的图模型结构 G_x 中存在变量集 Z 满足下列条件：

1）Z 中没有 Y 的后代；

2）Z 在图模型结构 G_x 中将有序节点对 (X,Y) d-划分。

则变量 X 对于变量 Y 的总效应等于将变量 Y 对变量 X 和变量集合 Z 做回归后的偏回归系数 r_{YX-Z}。

在删除从节点变量 X 出发的所有边后得到的新的图模型结构中，变量 X 与变量 Y 相连的路径只有后门路径，这时，需要变量集 Z 阻断的所有路径也就是后门路径。因此，条件总效应法则也称为后门法则（注意与应用于调整表达式的后门准则区分）。

我们可以将前述计算路径系数的推导方式推广到更一般的情况。除了计算直接效应和总效应之外，我们还可以对图模型中变量 X 对变量 Y 在指定路径上的因果效应进行计算。具体方法是，通过边的删除将指定路径阻断后，得到新的图模型结构，若在新的图模型结构中能找到变量集 Z（满足条件总效应法则的要求且可测量）对变量 X 和变量 Y 实现 d-划分，则变量 X 对变量 Y 在指定路径上的因果效应等于将变量 Y 对变量 X 和变量集合 Z 做回归后的偏回归系数 r_{YX-Z}，而指定路径上的因果效应一般可以表达为多个路径系数的线性表达式，因此我们获得了关于多个路径系数的方程。在对多个路径进行阻断，获得多个这样的方程后，我们可以联立方程组实现路径系数的计算，具体应用见下面的例子。

例 4.10 图 4.22 中路径系数的计算。

解：

变量 X 对 Y 的总效应为 $(\alpha\beta+\gamma\delta)$，但将从变量 X 出发的边都删除后，新的图模型结构中无法找到一个变量集对有序节点对 (X,Y) 实现 d-划分，故无法对 $(\alpha\beta+\gamma\delta)$ 进行直接计算。我们对另外的效应进行分析，看看能否得到一些关于路径系数的方程。分析路径 $X \rightarrow W \rightarrow Y$ 上变量 X 对变量 Y 的效应 $\alpha\beta$，删除有向边 $X \rightarrow W$ 后，分析得到的新图模型结构中连接节点 X 和节点 Y 的路径。从节点 X 经节点 W 到达节点 Y 有两条路径，路径 $X \rightarrow W \rightarrow Y$ 和路径 $X \rightarrow W \leftarrow \rightarrow Y$ 都因有向边 $X \rightarrow W$ 被删除而阻断。此时，从节点 X 经节点 Z 到达节点 Y 的有两

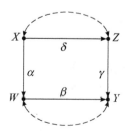

图 4.22 通过图模型确定路径系数 α、β 和 γ

条路径，路径 $X \to Z \to Y$ 和路径 $X \leftrightarrow Z \to Y$ 上都有以节点 Z 为中间节点的链式结构 $X \to Z \to Y$ 或 $\to Z \to Y$，此时若给定节点变量 Z，则路径 $X \to Z \to Y$ 和路径 $X \leftrightarrow Z \to Y$ 都被阻断，也就是说，在删除有向边 $X \to W$ 后给定节点变量 Z 将阻断连接节点 X 和节点 Y 的所有路径，节点 Z 对有序节点对 (X,Y) 实现了 d-划分。类似于前述推导，可有路径 $X \to W \to Y$ 上变量 X 对变量 Y 的效应为将变量 Y 对变量 X 和变量 Z 做回归后的偏回归系数 r_{YX-Z}，即

$$\alpha\beta = r_{YX-Z}$$

再看变量 X 对变量 W 的直接效应 α，删除有向边 $X \to W$ 后，分析连接节点 X 与节点 W 的路径。连接节点 X 与节点 W 的路径有四条：$X \to Z \to Y \leftrightarrow W$、$X \leftrightarrow Z \to Y \leftrightarrow W$、$X \to Z \to Y \leftarrow W$ 和 $X \leftrightarrow Z \to Y \leftarrow W$。这四条路径都在节点 Y 处形成对撞结构 $Z \to Y \leftarrow$，故有序节点对 (X,W) 相互边缘独立，根据直接效应法则，在路径 $X \to W$ 上变量 X 对变量 W 的直接效应为将变量 W 对变量 X 做回归后的回归系数 r_{WX}

$$\alpha = r_{WX}$$

联立这两个关于路径系数的方程，则有

$$\beta = \frac{r_{YX-Z}}{r_{WX}}$$

对于路径系数 γ，在将有向边 $Z \to Y$ 删除后的图模型结构中，分析连接节点 Z 和节点 Y 的路径。连接节点 Z 和节点 Y 的路径有四条，其中路径 $Z \leftarrow X \to W \to Y$ 和 $Z \leftarrow X \to W \leftrightarrow Y$ 中有以节点 X 为中间节点的分叉结构 $Z \leftarrow X \to W$，其中路径 $Z \leftrightarrow X \to W \to Y$ 和 $Z \leftrightarrow X \to W \leftrightarrow Y$ 中有以节点 X 为中间节点的链式结构 $\to X \to W$，因此在给定节点变量 X 时，连接节点 Z 和节点 Y 之间的所有路径都被阻断，有序节点对 (Z,Y) 在给定节点 X 的条件下相互条件独立。根据条件直接效应法则，在路径 $Z \to Y$ 上变量 Z 对变量 Y 的直接效应为变量 Y 对变量 Z 和变量 X 做回归后的偏回归系数 r_{YZ-X}，即

$$\gamma = r_{YZ-X}$$

例 4.11 在图 4.23 中计算路径系数 α。

解：

将有向边 $X \to Y$ 删除后，X 和 Y 既不相互边缘独立，也不会基于其他变量集合相互独立，路径系数 α 既不能通过直接效应法则计算，也不能通过条件直接效应法则计算。考虑对多条路径进行分析，联立方程计算。将有向边 $Z \to X$ 删除后，变量 Z 和变量 X 相互独立，故 β 为将变量 X 对变量 Z 做回归得到的回归系数

$$\beta = r_{XZ}$$

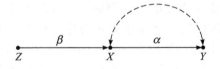

图 4.23 通过图模型确定路径系数 α 和 β

再来看变量 Z 和变量 Y，变量 Z 和变量 Y 之间路径只有路径 $Z \rightarrow X \rightarrow Y$ 和路径 $Z \rightarrow X \leftarrow \rightarrow Y$。其中路径 $Z \rightarrow X \leftarrow \rightarrow Y$ 上因有对撞结构 $Z \rightarrow X \leftarrow$ 而被阻断。将边 $Z \rightarrow X$ 删除后，路径 $Z \rightarrow X \rightarrow Y$ 被阻断，即将边 $Z \rightarrow X$ 删除后变量 Y 与变量 Z 相互独立，故变量 Z 对变量 Y 在路径 $Z \rightarrow X \rightarrow Y$ 上的效应 $\alpha\beta$ 等于变量 Y 对变量 Z 作回归后的回归系数（路径 $Z \rightarrow X \leftarrow \rightarrow Y$ 阻断，变量 Z 不会通过路径 $Z \rightarrow X \leftarrow \rightarrow Y$ 对变量 Y 产生影响）

$$\alpha\beta = r_{YZ}$$

将两个关于路径系数表达式的等式联立，则有

$$\alpha = \frac{r_{YZ}}{r_{XZ}}$$

图模型结构中的路径系数 α 得解。

从例 4.10 和例 4.11 中我们可以总结出求解线性系统模型路径系数的一般化方法：

1) 针对需要求解的边的路径系数，分析在将该边删除后的修改图模型结构中，边两端节点变量之间是否存在边缘独立或条件独立性关系，如存在，则可应用直接效应法则或条件直接效应法则求解边的路径系数；

2) 若因无法找到对应的条件变量集 Z 而无法应用条件直接效应法则直接求解，则可以尝试将从干预变量节点出发的所有边删除，应用条件总效应法则计算包括该路径系数的多条路径的因果效应之和，从而列出包含待求解路径系数的路径系数表达式方程；

3) 若条件总效应法则也无法求解，则可以选取任意适当的路径，分析阻断该路径后修改图模型中节点变量之间的边缘独立或条件独立性关系。若阻断该路径后两端节点变量相互边缘独立，或者可找到变量集合 Z，其两端节点变量关于变量集合 Z 相互条件独立，则可通过计算该路径两端节点变量的因果效应列出关于该路径系数的方程（路径系数乘积等于两端节点变量在给定变量集合 Z 条件下的偏回归系数）；

4) 由于步骤 2) 和步骤 3) 中列出的包含待求解路径系数的路径系数表达式方程中可能又引入了新的路径系数，则待求解路径系数仍可能无法求解，这时可以对更多的路径应用条件总效应法则列出路径系数表达式方程，相应得到多个关于路径系数表达式的方程组；

5) 直到方程组中未知路径系数个数与方程个数相等（各个方程之间无冗余），则可求解方程组得到相应的路径系数。

在计算得到线性系统的路径系数后，根据前述直接效应和总效应与路径系数的关系，即可计算获得直接效应和总效应，而前述路径系数的计算则依赖于在样本数据集基础上的线性回归。因此，在线性系统的分析中，无论是对路径系数的计算还是因果效应的估计，线性回归都是主要的工具。应用线性回归来计算相关的路径系数和因果效应的过程是：

1) 首先通过图模型分析，选择分析的路径以及对路径两端节点变量实现 d-划分的变量集合；

2）再确定哪个变量针对哪些变量来做回归（结果变量对干预变量及对其实现 d-划分的条件变量集合做回归）；

3）明确用回归方程中哪些系数可以用来列出计算路径系数的方程；

4）联立方程组计算路径系数及因果效应。

值得注意的是，在上述计算路径系数的过程中，可供选取分析的目标路径或许有多条，这时我们从中选择的目标路径上的节点变量应该满足易于测量、测量成本低的条件。

通过上述分析可以看到，在变量之间关系为线性关系的条件下，因果推断分析将大为简化。干预变量对结果变量的直接效应为连接干预变量节点与结果变量节点的边的路径系数；干预变量对结果变量的总效应为从干预变量节点到结果变量节点所有有向路径上路径系数乘积之和。线性系统的间接因果效应（Indirect Causal Effect，简称间接效应）ICE=TCE−DCE（TCE 为总效应，DCE 为直接效应），即总效应减去直接效应。路径系数则可以基于样本数据集通过线性回归予以求解。与之对比，非线性系统的间接效应并不等于总效应减去直接效应。关于非线性系统间接效应的定义及其计算，我们将在第 5 章反事实工具的基础上予以实现。

4.7 工具变量

前面介绍了计算因果效应的方法，无论是后门调整还是前门调整，或者其他在此基础上发展得来的计算方法，都需要列出调整表达式对因果效应进行计算，其可实现的前提是调整表达式中所涉及的变量都可测量。若无法满足该前提，则无法在观察性数据基础上通过调整表达式实现因果效应的计算。为此，在满足一定条件下，我们可以引入工具变量，对相应的因果效应进行计算。

图 4.24 中 U 为同时影响变量 X 和变量 Y 的变量（或变量集合），我们需要计算干预变量 X 对结果变量 Y 的因果效应，根据后门准则，我们可以通过对变量 U 进行调整来计算。但如变量 U 无法测量，则该因果效应无法通过观察性数据进行计算。为此，在一定条件下，我们引入工具变量来予以解决。图中变量 Z 即为需要引入的工具变量。通常，引入的工具变量需要满足如下条件：

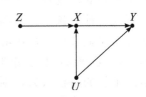

图 4.24 引入工具变量计算因果效应的图模型

A-1 变量 Z 与干预变量 X 相关；

A-2 变量 Z 与结果变量 Y 无直接联系，仅通过干预变量 X 影响结果变量 Y；

A-3 变量 Z 与结果变量 Y 之间不存在混杂因子；

A-4 干预变量 X 相对于变量 Z 具有单调性。

其中条件 A-4 并非必要条件，更一般的条件是个体常数假设，即假设对于每一个个体，工具变量 Z 对干预变量 X 的平均因果效应都相等。由于在具体计算中该条件难以实现，因此，为简化分析，这里假设条件为干预变量 X 相对于工具变量 Z 具有单调性，即对任意的个体 i，都有

$$X_i(z') \leqslant X_i(z) \quad \text{当} z' \leqslant z$$

若变量 Z、X 和 Y 都是二值变量，则单调性体现为

$$X_i(0) \leqslant X_i(1)$$

若条件 A-2 满足，则如有

$$X_i(Z=z_1) = X_i(Z=z_2)$$

则有

$$Y_i(Z=z_1) = Y_i(Z=z_2)$$

在二值变量情况下，如有

$$X_i(Z=1) = X_i(Z=0)$$

则有

$$Y_i(Z=1) = Y_i(Z=0)$$

我们先来推导工具变量 Z 对结果变量 Y 的平均因果效应

$$\text{ACE}(Z \to Y) = E[Y_i(Z=1)] - E[Y_i(Z=0)]$$

考虑变量 Z、X 和 Y 都是二值变量的情况，为简化书写，将 $Y_i(Z=1)$ 简化为 $Y_i(1)$，将 $X_i(Z=1)$ 简化为 $X_i(1)$，在 $Z=0$ 时同理。相关推导如下。

变量 X 对变量 Z 的响应结果共有 4 种情况：
1) $X_i(1)=1, X_i(0)=0$，干预变量 X 与工具变量 Z 的取值相同；
2) $X_i(1)=0, X_i(0)=0$，无论工具变量 Z 如何取值，干预变量 X 都为 0；
3) $X_i(1)=1, X_i(0)=1$，无论工具变量 Z 如何取值，干预变量 X 都为 1；
4) $X_i(1)=0, X_i(0)=1$，干预变量 X 与工具变量 Z 的取值相反。

将 $\text{ACE}(Z \to Y)$ 针对变量 X 对变量 Z 的 4 种响应情况做全概率分解，有

$$\begin{aligned}
\text{ACE}(Z \to Y) &= E[Y_i(Z=1)] - E[Y_i(Z=0)] \\
&= E[Y_i(1) - Y_i(0) | X_i(1)=1, X_i(0)=0] \times \\
&\quad P[X_i(1)=1, X_i(0)=0] + \\
&\quad E[Y_i(1) - Y_i(0) | X_i(1)=1, X_i(0)=1] \times \\
&\quad P[X_i(1)=1, X_i(0)=1] + \\
&\quad E[Y_i(1) - Y_i(0) | X_i(1)=0, X_i(0)=0] \times \\
&\quad P[X_i(1)=0, X_i(0)=0] + \\
&\quad E[Y_i(1) - Y_i(0) | X_i(1)=0, X_i(0)=1] \times \\
&\quad P[X_i(1)=0, X_i(0)=1]
\end{aligned} \quad (4.48)$$

根据条件 A-4 的单调性，变量 X 对变量 Z 响应的第 4 种情况，即 $X_i(1)=0, X_i(0)=1$ 不

可能发生，故 $P[X_i(1)=0, X_i(0)=1]=0$，式(4.48)右边最后一项为 0；根据条件 A-2，当 $X_i(1)=X_i(0)$ 时，$Y_i(1)=Y_i(0)$，则 $Y_i(1)-Y_i(0)=0$，故式(4.48)右边第二和第三项为 0，所以式(4.48)右边仅剩第一项，故有

$$\begin{aligned} \mathrm{ACE}(Z \to Y) &= E[Y_i(Z=1)] - E[Y_i(Z=0)] \\ &= E[Y_i(1)-Y_i(0)|X_i(1)=1, X_i(0)=0] \times \\ & \quad P[X_i(1)=1, X_i(0)=0] \end{aligned} \quad (4.49)$$

再来分析工具变量 Z 对干预变量 X 的平均因果效应

$$\mathrm{ACE}(Z \to X) = E[X_i(Z=1)] - E[X_i(Z=0)]$$

在二值变量情况下，采用类似前述 $\mathrm{ACE}(Z \to Y)$ 的推导，在变量 X 对变量 Z 的 4 种响应情况中，第 2 种和第 3 种情况由于 $X_i(1)=X_i(0)$，对 $\mathrm{ACE}(Z \to X)$ 没有贡献，第 4 种情况因为单调性不可能发生，所以只有满足 $X_i(1)=1$，$X_i(0)=0$ 条件的样本对 $\mathrm{ACE}(Z \to X)$ 有贡献。

$$\begin{aligned} \mathrm{ACE}(Z \to X) = &E[X_i(1)-X_i(0)|X_i(1)=1, \\ & X_i(0)=0]P[X_i(1)=1, X_i(0)=0] \end{aligned}$$

显然

$$E[X_i(1)-X_i(0)|X_i(1)=1, X_i(0)=0]=1$$

所以，当变量 X 和 Z 均为二值变量时，满足 $X_i(1)=1$，$X_i(0)=0$ 条件的样本比例即为工具变量 Z 对干预变量 X 的平均因果效应，即

$$\mathrm{ACE}(Z \to X) = P[X_i(1)=1, X_i(0)=0] \quad (4.50)$$

将式(4.50)其代入式(4.49)，则有

$$\frac{\mathrm{ACE}(Z \to Y)}{\mathrm{ACE}(Z \to X)} = E[Y_i(1)-Y_i(0)|X_i(1)=1, X_i(0)=0] \quad (4.51)$$

式(4.51)右边的表达式

$$\begin{aligned} & E[Y_i(1)-Y_i(0)|X_i(1)=1, X_i(0)=0] \\ & = E[Y_i(X=1)-Y_i(X=0)] = E[Y_i(X=1)] - E[Y_i(X=0)] \end{aligned} \quad (4.52)$$

即为干预变量 X 对结果变量 Y 的平均因果效应，说明在引入工具变量后，干预变量 X 对结果变量 Y 的平均因果效应为工具变量 Z 对结果变量 Y 的平均因果效应除以工具变量 Z 对干预变量 X 的平均因果效应，即

$$E[Y_i(X=1)] - E[Y_i(X=0)] = \frac{\mathrm{ACE}(Z \to Y)}{\mathrm{ACE}(Z \to X)} \quad (4.53)$$

由此，通过工具变量的引入，可以计算得到干预变量 X 对结果变量 Y 的平均因果效应。

需要注意的是，式(4.53)仅对总体中满足 $X_i(1)=1$，$X_i(0)=0$ 条件的部分样本成立。式(4.53)是基于引入工具变量的必要条件推导而得到的，因此，满足式(4.53)的样本都满足引入工具变量的必要条件，相应也满足上述推导过程中的条件 $X_i(1)=1$，$X_i(0)=0$，即 $X_i(1)=1$，$X_i(0)=0$ 是式(4.53)成立的必要条件。为此，针对满足条件 $X_i(1)=1$，$X_i(0)=0$ 的样本引入局部平均因果效应（Local Average Causal Effect，LACE）的定义

$$\text{LACE}=E[Y_i(1)-Y_i(0)|X_i(1)=1,X_i(0)=0]$$

在医学研究中，$X_i(1)=1$，$X_i(0)=0$ 说明干预变量 X 与工具变量 Z 的取值相同，即干预变量等于分配指示变量，相应的个体为"依从者"，则该平均因果效应也称为依从者平均因果效应（Compiler Average Causal Effect CACE）。因此，我们通过工具变量来计算变量之间的平均因果效应，通常只能求得属于"依从者"的这部分子总体的平均因果效应。

例 4.12 研究减少吸烟对体重变化的影响。假设吸烟情况为变量 X，体重为变量 Y，变量 X 和变量 Y 有共同的父节点变量 U，变量 U 对吸烟情况变量 X 和体重变量 Y 都有影响，相应的图模型如图 4.25 所示。由于变量 U 无法测量，因此无法通过后门调整表达式对变量 U 进行调整来计算变量 X 对变量 Y 的平均因果效应。如何通过引入工具变量来计算平均因果效应 $E[Y_i(X=1)]$ $E[Y_i(X=0)]$？

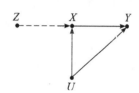

图 4.25 吸烟与体重变化关系图模型

解：

应用工具变量计算平均因果效应首先必须引入满足条件 A-1 到 A-4 这 4 个条件的变量作为工具变量。考虑引入香烟的价格变量 Z 作为工具变量。香烟的价格变量 Z 会影响吸烟情况变量 X，满足条件 A-1；香烟的价格变量 Z 显然不会直接影响吸烟者的体重 Y，但会通过影响吸烟的多少对体重变量 Y 产生影响，满足条件 A-2；一般来说，香烟价格 Z 和吸烟者体重 Y 之间没有共同的影响因素，满足条件 A-3。因此，引入香烟价格变量 Z 作为工具变量后，相应的图模型结构如图 4.25 所示。将图模型中所有变量二值化，假设香烟价格以 30 元/包作为判断标准，当香烟价格高于 30 元/包时，$Z=1$，当香烟价格低于 30 元/包时，$Z=0$；当变量 $Z=1$ 时，变量 $X=1$，即香烟的价格越高，吸烟者的吸烟量越少，反之，$X=0$。此时，变量 X 相对于变量 Z 具有单调性，满足条件 A-4。因此，为计算变量 Y 相对于变量 X 的平均因果效应，引入了香烟价格变量 Z 作为工具变量。

若根据实际采集数据计算，有

$$\begin{aligned}\text{ACE}(Z\to X)&=E[X_i(Z=1)]-E[X_i(Z=0)]\\&=P[X=1|Z=1]-P[X=1|Z=0]\\&=0.258-0.195=0.063\end{aligned}$$

$$ACE(Z \to Y) = E[Y_i(Z=1)] - E[Y_i(Z=0)]$$
$$= P[Y=1|Z=1] - P[Y=1|Z=0]$$
$$= 2.686 - 2.536 = 0.15$$

其中对于取值为 0 和 1 的二值变量,有 $E[X_i(Z=1)] = P[X=1|Z=1]$。
根据式(4.53),有

$$E[Y_i(X=1)] - E[Y_i(X=0)] = \frac{ACE(Z \to Y)}{ACE(Z \to X)} = \frac{0.15}{0.063} \approx 2.38$$

这说明,当香烟价格从低于 30 元/包上涨到高于 30 元/包时,吸烟人群平均体重增加 2.38kg。

值得注意的是,前述通过引入工具变量计算干预变量对结果变量的平均因果效应时,工具变量必须满足相应的 4 个条件,否则,计算得到的平均因果效应将会引入较大的偏差。如图 4.26a 中虚线所示,若工具变量 Z 与结果变量 Y 有直接边相连,也就是说,变量 Z 对变量 Y 的影响可不通过变量 X 中介,条件 A-2 不满足,则在计算干预变量 X 对结果变量 Y 的平均因果效应的表达式(4.53)中会增大分子 $ACE(Z \to Y)$,产生估计偏差;若工具变量 Z 和结果变量 Y 有共同的父节点变量 U(混杂因子),如图 4.26b 中虚线所示,即条件 A-3 不满足,也会在表达式(4.53)中增大分子 $ACE(Z \to Y)$,产生估计偏差;若工具变量对干预变量的影响较小,即式(4.53)中分母 $ACE(Z \to X)$ 很小,则会将前述条件 A-2 和 A-3 不满足带来的偏差错误放大,带来更大的偏差。

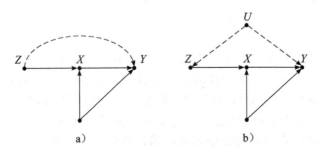

图 4.26 不满足引入工具变量条件的图模型结构

4.8 干预分析的程序实现

4.8.1 获取调整变量集合

在因果推断分析过程中,对变量 X 进行干预后,对于结果变量 Y 的因果效应,一般通过调整表达式进行计算。相应地,准确列出调整表达式中调整变量的集合是准确分析因果效应的关键。我们可以根据后门准则对图模型结构进行分析,得到相对于有序节点对 (X, Y) 满足后门准则的调整变量集合。为简化获取调整变量集合的工作,通常把在图模型结构中搜索调整变量集合的过程通过代码实现,并封装成接口函数的形式,以方便使用。在实际因果效应分析过程中，只需要直接调用该接口函数即可得到因果效应分析所需要的调整变量集合。在 Dagitty 包中，相应的函数为 adjustmentSets 函数。

adjustmentSets( )函数

adjustmentSets()函数根据输入的图模型，计算得到所需要的调整变量集合。
语法如下：

```
adjustmentSets(g,exposure = NULL,outcome = NULL,type = c("minimal",
"canonical","all"),effect = c("total","direct"))
```

参数说明如下。
- g 为输入的图模型。
- exposure 和 outcome 分别为因果效应分析中的干预变量和结果变量，若在函数调用时不输入，则分别采用图模型 g 生成时所定义的 exposure 和 outcome 变量作为干预变量和结果变量。
- type＝c("minimal","canonical","all") 说明调整变量集合的类型。当 type＝"all" 时，函数返回所有满足后门准则的节点变量集合；当 type＝"minimal" 时，函数返回最小调整变量集合，也就是说，该集合中任意一个变量被删除后，剩下的变量集合都不满足后门准则，此参数值为该参数的默认值，对应的 effect 参数可以为"total" 和"direct" 两种类型；当 type＝"canonical" 时，函数返回一个调整变量集合，该调整变量集合包含 exposure 和 outcome 变量的所有祖先节点，但剔除了因果路径上节点的后代节点。
- effect＝c("total","direct") 说明调整变量集合是针对直接因果效应还是总的因果效应。当 effect＝"total" 时，返回的调整变量集合是针对总的因果效应，此参数值为该参数的默认值；当 effect＝"direct" 时，返回的调整变量集合是针对直接因果效应，且当 effect＝"direct" 时，只支持 type＝"minimal" 的参数设置。

返回值为指定的调整变量集合。

例 4.13 对如下图模型 g，求解：

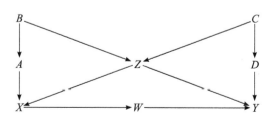

1）针对有序节点对 (X,Y) 的总效应，求所有满足后门准则的调整变量集合；
2）针对有序节点对 (X,Y) 的总效应，求所有满足后门准则的最小调整变量集合；
3）针对有序节点对 (D,Y) 的总效应，求所有满足后门准则的最小调整变量集合；

4) 若干预变量为 (D,W)，结果变量为 Y，求所有满足后门准则的最小调整变量集合；

5) 针对有序节点对 (X,Y) 的总效应，求所有满足后门准则且包含节点变量 Z 的最小调整变量集合；

6) 针对有序节点对 (X,Y) 的总效应，求所有满足后门准则、包含节点变量 Z 但不包含节点 B 的最小调整变量集合；

7) 针对有序节点对 (Z,Y) 的总效应，求所有满足后门准则的最小调整变量集合；

8) 针对有序节点对 (Z,Y) 的直接效应，求所有满足后门准则的最小调整变量集合；

9) 针对有序节点对 (X,Y) 的总效应，求所有满足后门准则的 type="canonical" 调整变量集合。

解：

本例应用 adjustmentSets 函数求解。

1)

输入语句：

```
> adjustmentSets(g,"X","Y",type= "all" )
```

输出结果：

```
{A,Z}
{B,Z}
{A,B,Z}
{C,Z}
{A,C,Z}
{B,C,Z}
{A,B,C,Z}
{D,Z}
{A,D,Z}
{B,D,Z}
{A,B,D,Z}
{C,D,Z}
{A,C,D,Z}
{B,C,D,Z}
{A,B,C,D,Z}
```

2)

输入语句：

```
> adjustmentSets(g,"X","Y")
```

输出结果：

```
{D,Z}
{C,Z}
```

{B,Z}
{A,Z}

3)

输入语句：

```
> exposures(g)< - c("D")
> outcomes(g)< - c("Y")
> adjustmentSets(g)
```

输出结果：

{W,Z}
{X,Z}
{A,Z}
{B,Z}
{C}

4)

输入语句：

```
> exposures(g)< - c("D","W")
> outcomes(g)< - c("Y")
> adjustmentSets(g)
```

输出结果：

{Z}
{C,X}

5)

输入语句：

```
> adjustedNodes(g)< - c("Z")
```

输出结果：

{D,Z}
{C,Z}
{B,Z}
{A,Z}

说明：通过语句 adjustedNodes(g)< - c("Z") 将节点 Z 纳入调整变量集合必选节点。

6)

输入语句：

```
> latents(g)< - "B"
> adjustmentSets(g,"X","Y")
```

输出结果：

    {D,Z}
    {C,Z}
    {A,Z}

说明：通过语句 latents(g)<- "B" 将节点 B 设置为不可观察，即可在搜索调整变量集合时剔除节点 B。

7)

输入语句：

> adjustmentSets(g,"Z","Y",effect="total")

输出结果：

    {A,D}
    {A,C}
    {B,D}
    {B,C}

8)

输入语句：

adjustmentSets(g,"Z","Y",effect="direct")

输出结果：

    {D,W}
    {D,X}
    {C,W}
    {C,X}

说明：比较 7) 和 8) 的输出结果，当求针对直接效应的调整变量集时，该变量集合还需要阻断路径 $Z \to X \to W \to Y$，因此两个问题的结果有所不同。

9)

输入语句：

> adjustmentSets(g,"X","Y",type="canonical")

输出结果：

    {A,B,C,D,Z}

4.8.2 通过倾向值评分匹配计算 ACE

在 ACE 计算过程中，通过倾向值评分匹配法，将对调整变量集合 Z 的取值组合的匹配要求，转化为对倾向值评分匹配的要求。在计算过程中，将不再关注调整变量集合的每个具体取值组合，而是关注基于调整变量集合计算而得到的倾向值评分。倾向值评分匹配法有多个 R 包实现，这里介绍通过 MatchIt 包实现倾向值评分的计算及匹配，具体通过 matchit 和 match.data 函数实现，下面分别予以介绍。

matchit( )函数

matchit 函数根据样本数据集中干预变量与调整变量集合的取值数据，计算各个样本的倾向值评分，并根据给定的样本倾向值匹配规则，对样本数据集中"干预"和"非干预"样本进行匹配。

语法如下：

```
matchit(formula,data,method= "nearest",distance= "logit",verbose= FALSE,...)
```

主要参数如下：

- formula 为倾向值评分计算中干预变量与调整变量集的关系式，假设二值的干预变量为 treatment，调整变量有两个，分别为 x1 和 x2，则相应 formula 为 treatment~x1+x2；
- data 为样本数据集，其中必须包括 formula 中的所有变量以及因果效应分析中的结果变量；method 是倾向值评分匹配法中根据样本数据集计算所得的倾向值评分进行样本匹配的方法，包括最近邻匹配 nearest、精确匹配 exact、完全匹配 full 等，为实现较高精度的匹配且充分利用样本数据，通常选用最近邻匹配 nearest，该参数默认值为 nearest；
- distance 在倾向值评分匹配法中为倾向值评分的计算方式，一般选择 logistic regression，该参数的默认值相应为 logit；
- verbose 表示是否打印输出函数结果。

返回值为一个 matchit 对象。

match.data( )函数

在 matchit 函数对样本进行倾向值评分计算和匹配后，match.data 函数从 matchit 函数的输出结果对象中抽取出匹配后的样本数据集。

语法如下：

```
match.data(object,group = "all")
```

主要参数如下。

- object 是 matchit 函数的输出结果对象。
- group 参数确定抽取的具体样本数据类型。group="treat" 表示只抽取匹配后的样本数据集中 treat=1 的样本；group="control" 表示只抽取匹配后的样本数据集中 treat=0 的样本；group="all" 表示抽取匹配后的样本数据集中所有样本。该参数的默认值是 all。

例 4.14 以 R 中内置 lalonde 数据集为例，计算个人参加就业培训对其 1978 年收入的平均因果效应。

解：

lalonde 数据集为倾向值匹配分析经常用到的数据集，数据集样例如下面 head

(lalonde)语句的输出结果所示。数据集中共有 10 个变量、614 个观测样本。干预变量为 treat 变量，代表是否参加就业培训，"treat=1"的样本参加了就业培训，称为试验组，"treat=0"的样本没有参加就业培训，称为对照组，试验组有 185 例，对照组有 429 例。re78（1978 年实际收入）变量为结果变量。数据集中的其他变量分别为：age（年龄），educ（教育年限），black（是否为黑人），hispan（是否为拉丁裔），married（是否结婚），nodegree（是否受过教育），re74（1974 年实际收入），re75（1975 年实际收入）。

```
> head(lalonde)
     treat age educ black hispan married nodegree re74 re75      re78
NSW1    1  37  11    1     0      1       1       0    0    9930.0460
NSW2    1  22   9    0     1      0       1       0    0    3595.8940
NSW3    1  30  12    1     0      0       0       0    0   24909.4500
NSW4    1  27  11    1     0      0       1       0    0    7506.1460
NSW5    1  33   8    1     0      0       1       0    0     289.7899
NSW6    1  22   9    1     0      0       1       0    0    4056.4940
> nrow(subset(lalonde,treat= = 1))
[1]185
> nrow(subset(lalonde,treat= = 0))
[1]429
```

假设根据图模型结构分析，针对干预变量 treat 和结果变量 re78，变量 re74、re75、age 和 educ 构成调整变量集合，则可将关系式 treat ~ re74 + re75 + age + educ 作为 formula 参数输入 matchit 函数，计算各个样本的倾向值评分 Pscore，即各个样本"treat=1"的概率，并进行样本匹配。

```
> m.out< - matchit(treat~re74+ re75+ age+ educ,data= lalonde,method= "nearest",distance= "logit")
```

其中样本匹配采用最近邻匹配，即针对试验组每个样本，根据倾向值评分距离最小原则在对照组中选择一个样本与其进行匹配；倾向值评分计算采用 logit 回归。

我们采用 match.data 函数分别从对象 m.out 抽取完成倾向值评分匹配后的试验样本数据 m_treat.data 和控制样本数据 m_control.data。

```
> m_treat.data< - match.data(m.out,group= "treat")
> m_control.data< - match.data(m.out,group= "control")
> nrow(m_treat.data)
[1]185
> nrow(m_control.data)
[1]185
```

采用最近邻匹配后，试验组中每个样本在对照组中都有一个样本与其匹配，因此，进行倾向值评分匹配后，对照组中的样本量与试验组中原有样本数量一致，都为 185 个。在完成倾向值评分计算及匹配后，即可根据式(4.37)进行平均因果效应的计算。

当干预变量和结果变量都为二值变量时，干预变量对结果变量的平均因果效应计算

表达式为

$$ACE = E(Y=1|do(X=1)) - E(Y=1|do(X=0))$$

当结果变量非二值变量,则相应平均因果效应计算表达式为

$$ACE = E(Y=y|do(X=1)) - E(Y=y|do(X=0))$$

根据均值的定义,相应有

$$ACE = \sum_y y * P(Y=y | do(X=1)) - \sum_y y * P(Y=y | do(X=0)) \quad (4.54)$$

由于在 $do(X=1)$ 和 $do(X=0)$ 两种条件下,样本数据集中结果变量的取值可能不同,因此需将式(4.54)中在 $do(X=1)$ 和 $do(X=0)$ 两种情况下样本数据集中结果变量的取值 y,分别用 y_1 和 y_0 予以表示,则相应式(4.54)改写为

$$ACE = \sum_{y_1} y_1 * P(Y=y_1 | do(X=1)) - \\ \sum_{y_0} y_0 * P(Y=y_0 | do(X-0)) \quad (4.55)$$

我们首先分析式(4.55)中的被减数。若对于干预变量 X 及结果变量 Y 的调整变量集合为 Z,则根据式(4.3)有

$$\sum_{y_1} y_1 * P(Y=y_1 | do(X=1)) = \sum_{y_1} y_1 * \sum_z P \\ (Y=y_1 | Z=z, X=1) P(Z=z) \quad (4.56)$$

若根据调整变量集合的取值组合 $Z=z$ 计算得到的倾向值评分为 $Pscore(Z=z)=p$,则根据式(4.37)有

$$\sum_z P(Y=y_1 | Z=z, X=1) P(Z=z) \\ = \sum_p P(Y=y_1 | Pscore=p, X=1) P(Pscore=p) \quad (4.57)$$

将式(4.57)代入式(4.56),则有

$$\sum_{y_1} y_1 * P(Y=y_1 | do(X=1)) \\ = \sum_{y_1} y_1 \sum_p P(Y=y_1 | Pscore=p, X=1) P(Pscore=p) \quad (4.58)$$

在本例经过倾向值评分匹配后的样本数据集中,$X=1$ 对应于 treat$=1$ 的试验组样本数据集。将试验组中各个样本逐一分别代入式(4.58)计算(即使两个样本的倾向值评分

Pscore 相等，也将这两个样本分别代入式(4.58)中对于 p 的求和式计算），当试验组样本量为 N 时，有

$$P(\text{Pscore}=p)=\frac{1}{N} \tag{4.59}$$

而 $P(Y=y_1 | \text{Pscore}=p, X=1)$ 代表试验组中每个样本出现的概率，同样有

$$P(Y=y_1 | \text{Pscore}=p, X=1)=\frac{1}{N} \tag{4.60}$$

式(4.58)中对倾向值评分 Pscore 各个不同取值 p 的求和是一个样本加一次（即使两个样本倾向值评分 Pscore 取值相同，也分别相加），N 个样本共加 N 次，故有

$$\sum_p P(Y=y_1 | \text{Pscore}=p, X=1)P(\text{Pscore}=p)$$
$$=\sum_p \frac{1}{N} * \frac{1}{N} = N * \frac{1}{N} * \frac{1}{N} = \frac{1}{N} \tag{4.61}$$

将式(4.61)代入式(4.58)则有

$$\sum_{y_1} y_1 * P(Y=y_1 | do(X=1)) = \sum_{y_1} y_1 * \frac{1}{N} = E(Y_1) \tag{4.62}$$

这里 Y_1 表示倾向值评分匹配后试验组中样本的结果变量 re78 变量，试验组数据集中各个样本 re78 变量的具体取值为随机变量 Y_1 的各个具体取值。类似地，可有

$$\sum_{y_0} y_0 * P(Y=y_0 | do(X=0)) = \sum_{y_0} y_0 * \frac{1}{N} = E(Y_0) \tag{4.63}$$

这里 Y_0 表示倾向值评分匹配后对照组中样本的结果变量 re78 变量。将式(4.62)和式(4.63)代入式(4.55)，则有

$$ACE = E(Y_1) - E(Y_0)$$

即参加就业培训对于 1978 年实际收入的平均因果效应为倾向值评分匹配后试验组和对照组 re78 变量均值之差。

```
> mean(m_treat.data$re78)
[1]6349.144
> mean(m_control.data$re78)
[1]5985.791
> mean(m_treat.data$re78)- mean(m_control.data$re78)
[1]363.3525
```

计算结果说明参加就业培训对于 1978 年实际收入的平均因果效应为 363.3525 美元。

需要补充说明的是，在本例中，为举例说明倾向值评分匹配法计算平均因果效应的过程，我们假定针对干预变量 treat 和结果变量 re78，变量 re74、re75、age 和 educ 构成调整变量集合，并在此基础上应用倾向值评分匹配方法进行平均因果效应的计算。而实际上该假定并不一定成立，故本例的计算结果很可能与实际情况并不相符，仅用于说明倾向值评分匹配法计算平均因果效应的过程。正确的方法应该是通过样本数据集学习反映各个变量之间关系的图模型结构，在此基础上获取调整变量集合，再应用倾向值评分匹配法计算平均因果效应。

CHAPTER 5

第 5 章

反事实分析及其应用

在前面的因果推断内容中，我们介绍了在满足一定条件时，可以通过后门调整或前门调整，在不实际执行干预的情况下，通过观察性数据对干预下的因果效应进行计算。本章将通过反事实概念及其数学表达式的引入，对与实际发生情况不同的虚拟假设情况下的相关概率进行表达、计算。

5.1 反事实概念的引入及表达符号

我们在工作和生活中经常听到类似以下的争论。

场景 1

　　甲：今天股票大跌，假如我昨天就把手里股票卖了就好了。

　　乙：在昨天的场景下，你把手里的股票卖了，还可能买其他股票，说不定结果比现在还差呢。

场景 2

　　甲：我们公司最近推出的降价促销产品销售火爆，要是当初价格再定高一点就好了。

　　乙：如果价格定高一点，销售量会不会下降很多，就达不到促销目的呢？

场景 3

　　甲：这次语文考试作文得分太少，要是考试时在作文上多花点时间就好了。

　　乙：在作文上多花时间可能作文得分高了，但用在其他地方的时间少了，分数可能减少，总分还未必有现在高呢。

赫拉克利特说过，"人不能两次踏进同一条河流"。由于时光不能倒流，我们没法对于已经过去的场景进行还原、比较，因此，类似这样的争论往往是莫衷一是。但是，通过"反事实"这个概念的引入，在一定的假设条件下，我们可以对类似上述讨论进行量化表达、计算。下面通过一个具体的场景案例引入"反事实"这个概念。

场景案例

　　每年中秋前月饼厂家都全力营销，力争取得好的市场业绩。月饼厂家甲今年打算投入广告费用以提升销售业绩，现在面临成本相同的两个广告营销方案的选择：投互联网广告（$X=1$），还是投电视媒体广告（$X=0$）。最终甲厂家选择投电视媒体广告（$X=0$），市场销售收入较往年没有投广告时增加了 10%。之后，甲厂家的市场营销人员想，如果不是投电视媒体广告而是投互联网广告，增加的销售收入会不会比 10% 更高呢？

这实际上就是揣测，在同一时间段、同样的市场营销环境、甲厂家还是同样的产品条件下，如果投互联网广告，会不会取得更多的销售收入增加。

分析：

这种陈述中有"如果"，并且"如果"部分的内容是虚拟假设的非真实的陈述，我们称这样的陈述为反事实（counterfactual）。反事实中的"如果"部分称为假设条件，或者更一般地，称为（逻辑）前件。我们用反事实来对两种情况下的结果进行比较，这两种情况除了前件这一个要素不同之外，其他要素都相同。在这个场景案例中，两种情况比较的对象是销售收入增加量，不同的前件分别是投电视广告和投互联网广告。反事实的陈述，和英语语法中的虚拟语气很相似，不过因果推断的反事实，更强调对两种不同前件下结果的比较，而虚拟语气只是强调在假设情况下会如何行动等，并不强调结果的比较。

与通常的假设分析相比，因果推断中的反事实研究更强调以下两个要素。

1) 因果推断中的反事实分析重点强调，对于假设条件下的估计是在"已知真实发生的结果"这个前提下进行的。因为在"已知真实发生的结果"和"未知真实发生的结果"这两种不同的前提条件下，对假设条件下的结果的估计可能会差异很大。本例中，在已知投电视广告带来 10% 销售收入增量的情况下，再对投互联网广告带来的销售收入增加进行估计时，我们可以据此推测，市场对甲厂家的月饼是接受的，但因为往年市场宣传不够导致部分目标客户不了解，影响了往年月饼的销售。如果加大广告宣传力度，扩大目标客户的范围，就可以提升在这部分客户中的销售收入，从而提升总体销售收入。相应地，投互联网广告也会带来销售收入的增加。但假如真实发生的情况是投电视广告基本没有带来销售收入的增加，我们会推测，或许市场竞争太激烈，单纯地投入广告、提高产品市场知晓度已经无法带来销售收入的增加，只有通过降价竞争才能撬动市场。那么，在这样的情况下，我们对投互联网广告带来的销售收入增加进行估计，情况就没有前述那么乐观，很可能也是没有销售收入的增长。所以，在本例中，我们对于投互联网广告带来的销售收入增加的"估计"，在实际取得投电视广告带来的销售收入数据之前与之后，是不同的，因为估计的信息数据基础不同。因此，在这个具体案例的因果推断中，我们需要估计的量并不是"投互联网广告带来的销售收入增加"，而是"在已知真实情况下投电视广告带来 10% 销售收入增量的条件下，假设投互联网广告带来销售收入的增加"。

2) 在因果推断的反事实分析中，在"已知真实发生的结果"这个前提下，对虚拟假设条件下的结果进行估计，重点强调在这两种情况下，除了假设条件（前件）这一要素不同之外，其他要素都完全相同。在本例中，我们在已知投电视广告带来 10% 销售收入增量的前提下，再对投互联网广告带来的销售收入增加进行估计。虚拟假设条件是"投互联网广告",真实情况是"投电视广告",两种情况下,除了广告投放方式不同之外,广告投放预算、广告投放地域、广告投放时间、月饼市场竞争环境和目标客户市场群体等要素都完全相同,不会存在任何一个除广告投放方式之外的因素发生变化,从而对销售收入的增加产生影响。

在因果推断中,要估计一个对象的量,那么首先要解决这个需要估计的对象的量的数学化表达。在本例中,需要估计的量是,"在已知投电视广告带来10%销售收入增量的情况下,假设将投电视广告改为投互联网广告,销售收入的增加"。如果我们用 do 算子来对这个需要估计的量进行表达,则是

$$E(销售收入增加 | do(投互联网广告), 投电视广告的销售收入增加 = 10\%)$$

但是,在这样的符号表达方式下,在同一个表达式中,既有观察到的真实发生的销售收入增加,也有在虚拟假设情况下对销售收入增加的估计,容易引起歧义。要避免这样的表达问题,我们需要引入一种新的数学表达符号的设计,在同一个数学表达式中将下面三个反事实分析中的关键要素予以准确地表达、区分:

1) 真实情况下(投电视广告)的销售收入增加;
2) 对假设情况下(投互联网广告)的销售收入增加进行估计;
3) 对假设情况下的估计是基于真实情况下的数据。

在此基础上,我们可以实现在一个表达式中表达,"在已知投电视广告带来10%销售收入增量的情况下,假设将投电视广告改为投互联网广告,销售收入的增加"。

为实现前面的两个要素,我们对变量引入下标,让下标来体现不同的"假设条件",从而让带不同下标的变量表示在不同的"假设条件"下的变量取值。当然,这里的"假设条件"是广义的假设条件,"真实发生"也被视为一种特殊的"假设条件",更准确的提法应该将这里的"假设条件"称作"前件",但为方便理解,这里用"假设条件"这个名称,只是需要注意到"真实发生"也是一种特殊的"假设条件"。引入带下标的变量后,这个案例中真实发生的情况(在真实情况下,投电视广告带来10%销售收入增量)、虚拟假设情况下的估计(估计假设投互联网广告带来销售收入的增加),都可以数学化表达。第三个要素,"对假设情况的估计是基于真实情况的数据",我们可以条件概率的形式予以表达。至此,因果推断中的反事实分析完全实现了数学化表达。

具体到上面的场景案例,假设广告投放方式的选择用变量 X 来表示,$X=1$ 表示投互联网广告,$X=0$ 表示投电视广告,销售收入的增加用变量 Y 表示,则投互联网广告带来的销售收入增加表示为 $Y_{X=1}$(可以简写为 Y_1),投电视广告带来的销售收入增加表示为 $Y_{X=0}$(可以简写为 Y_0)。在已知投电视广告带来10%销售收入增量的情况下,对投互联网广告带来的销售收入增加的估计相应可以数学化表示为

$$E[Y_{X=1} | Y_{X=0} = 10\%] \tag{5.1}$$

式(5.1)中有4个变量:两个是真实发生的变量,即 $X=0$ 时 $Y=10\%$($Y_{X=0}$),一个是假设的变量 $X=1$,一个是在假设情况下需要估计的变量,即当 $X=1$ 时的 Y 变量

$Y_{X=1}$。在假设情况下需要估计的变量 $Y_{X=1}$ 是在假设条件或事件（$X=1$）下对结果的预测，而真实的变量 $X=0$ 和 $Y_{X=0}$ 是真实发生并观察到的。类似于 $Y_{X=1}$ 这样带有下标的变量，比如 $Y_{X=0}$，称为"反事实变量"（下标 $X=1$ 代表的条件可能是虚拟假设与实际不一致的，也可能是真实发生的，更准确的提法应该是"潜在结果变量"，这里简称为"反事实变量"）。为分别表示真实和假设情况下的变量取值，我们对变量引入下标予以区分，则原来 do 算子表达式下两个结果的表示容易混淆的问题，在这种新的表达方式下，将不复存在。

在干预 $X=x$ 发生时的结果 Y 可以用 do 算子表达，相应的表达式为

$$E[Y|do(X=x)] \tag{5.2}$$

由于引入了变量下标，因此反事实的表达方式具有更强的表达能力。式(5.2)也可以采用类似反事实的表达方式（符号），则为 $E[Y_{X=x}]$。但由于这个表达式中所有的变量均是真实发生、可以观察的变量，因此一般采用 do 算子，而不需要采用反事实的表达方式。

将反事实的表达式(5.1)和 do 算子的表达式(5.2)相比。表达式(5.1)中包括了对真实情况和虚拟假设情况这两种情况的表达，我们把这两种情况分别称为"真实世界"和"虚拟假设世界"。其中"$Y_{X=0}=10\%$"是对真实世界的描述；而 $Y_{X=1}$ 是对虚拟假设条件下情况的描述，是对虚拟世界的描述。通过式(5.1)这个反事实的表达式，对于"根据真实情况下的结果数据，来对虚拟假设情况下的结果进行估计"这个推测过程，实现了形式化、数学化的表达、描述。而式(5.2)中所有的变量都是对真实世界、可观察情况的表达，难以对这个推测过程进行描述。

在上面的例子中，如果我们仅仅想对"投电视广告"和"投互联网广告"这两种选择下的销售收入增加情况进行比较，在实际工作中一般通过随机对照试验的方法来实现。在试验中，通过干预分别实现两个不同的选择，而对其他条件进行随机化，从而消除其他条件对最终结果的影响而仅仅保留两种不同选择对最终结果的影响。在数学表达上，用 do 算子分别对两种情况下的结果进行表达，用 $E[Y|do(投电视广告)]$ 和 $E[Y|do(投互联网广告)]$ 分别表示这两种选择下的销售收入增加情况，这就是随机对照试验所采用的方式。但是，这套随机对照试验所采用的表达方式和反事实表达方式所表达的内容仍有所区别。反事实表达式 $E[Y_{X=1}|Y_{X=0}=10\%]$ 所表达的是，在真实发生 $X=0$、观察到结果 $Y=10\%$ 的条件下，**我们让其他所有条件都严格保持不变**，仅仅是 $X=1$ 这个条件发生了变化，这样严格的虚拟假设场景下，对结果（销售收入增加情况）进行的估计。而在 do 算子的表达方式下，并没有严格强调其他所有条件都保持不变，而只是通过尽量对其他条件（因素）随机化，尽量消除这些条件（因素）对最终结果的影响，从而近似实现其他所有条件保持不变。比如，在这个例子中，我们通过随机对照试验比较两种广告投放方式下的销售收入增加情况，一般可以采取如下两种方式：

- 甲厂家在同一区域、不同时间。分别采用两种广告投放方式，比较销售收入增加情况；

- 甲厂家在同一时间、不同区域。分别采用两种广告投放方式，比较销售收入增加情况。

时光不能倒流，甲厂家在同一区域、同一时间选择了一种广告投放方式后，就不可能在同一区域、同一时间再选择另外一种广告投放方式。因此，只能对"同一区域、同一时间"这个条件进行近似。或者区域相同，而时间不同，但让两种广告投放方式下的时间尽量保持一致，比如，选择一天中相同的时间段；或者时间相同，而区域不同，但让两种广告投放方式下的区域尽量保持一致，比如，选择市场环境尽量相同的两个不同区域。在这两种随机对照试验方式下，在选择不同的广告投放方式的同时，"保持其他条件不变"都仅仅是一个近似不变。如果是"在同一区域、不同时间，分别采用两种广告投放方式"，那么由于市场环境（比如竞争对手的销售策略等）会随着时间的变化而变化，导致"保持其他条件不变"仅仅是一个近似不变；如果是"在同一时间、不同区域，分别采用两种广告投放方式"，那么也有可能因区域不同，市场环境有所不同，比如，不同区域的消费者特性不同，也会导致"保持其他条件不变"仅仅是一个近似不变。总之，在随机对照的试验环境下，用 do 算子对销售收入增加的情况进行比较，是在其他条件近似相同条件下的比较。而应用反事实表达式，则强调了两种情况下仅仅是广告投放方式选择不同，"保持其他条件不变"是精确的其他条件相同。

在引入反事实概念及其表达式的基础上，如果因果推断分析中的结构因果关系模型的所有参数已知，则可以对反事实表达式中的概率进行计算。在有些情况下，即使部分模型参数未知，我们也能对反事实表达式中的概率进行计算。在反事实表达式及相关概率计算的基础上，我们可以解决一些以前看来很复杂、似乎无法解决的问题。比如，在政府失业培训项目效果评估中，需要"针对已登记参加培训的失业人员，比较他们在登记参加培训和没有登记参加培训两种情况下重新就业率的差异"，在反事实表达式的基础上，就有可能完成。本章后面的内容将详细讨论反事实表达式及其相关概率的计算。

5.2 反事实分析的基本方法

在介绍反事实表达式及相关概率的计算前，我们先讨论反事实分析的基本方法。反事实分析的基本方法包括两个方面的内容，即与反事实假设对应的结构因果模型修改，以及反事实分析必须遵循的推导法则——一致性法则和因果关系法则。在这些基本方法的基础上，5.3 节将具体讨论反事实表达式及相关概率的计算。

5.2.1 反事实假设与结构因果模型修改

在因果推断分析中，变量之间的关系可以用结构因果模型（SCM）表达，也可以用图模型结构表达。在反事实分析中，经常涉及量化计算，因此，在反事实分析的量化计算中，变量之间的关系主要采用 SCM 的表达方式。在干预分析中，通过干预让一个变量 X 取值为 x，在对应的 SCM 中，则体现为将 SCM 各个式子中的变量 X 都赋值为 $X=x$。反事实假设可以被视为一种特殊的干预——假设的干预，因此，反事实分析与干预分析类似，也需要根据反事实假设对 SCM 中的相关变量做类似处理。

现在来分析反事实的假设（前件）与 SCM 修改的对应关系。在 SCM 中，每个内生变量都对应有一个函数表达式（结构因果方程），反映该内生变量与外生变量以及其他内生变量（如果存在）之间的依赖、量化关系。在反事实分析中，若有"如果 X 等于 x"这样的反事实假设（或前件），则在 SCM 中需要对模型进行相应修改，让内生变量 X 的取值直接为 x，而不再取决于其他内生变量和外生变量，模型中其他与此无关的部分则不做任何修改。根据反事实假设对 SCM 进行修改后的模型包括 3 个部分，即根据假设经过修改的内生变量函数表达式、外生变量和根据假设不涉及修改的内生变量函数表达式，这 3 个要素构成了反事实虚拟假设的计算环境。反事实的虚拟假设（或前件）也可以被视为一种特殊的外部干预——$do(X=x)$，这种特殊的外部干预所对应的内生变量 X 的取值，与实际发生且可以观察到的 X 的真实取值 $X(u)$ 不一致。

下面以一个仅仅包括两个内生变量 X 和 Y 以及两个外生变量 U 的简单的结构因果模型 M 为例，分析反事实假设下 SCM 的修改及相关变量的计算。

模型中的内生变量、外生变量及相关函数表达式如下：

$$X := aU_X \tag{5.3}$$

$$Y := bX + U_Y \tag{5.4}$$

我们首先来计算 $Y_x(u)$，也就是在外生变量 $U=u$（即 $U_X=u_X$ 和 $U_Y=u_Y$）的场景下，假设 $X=x$ 时变量 Y 的取值。对于这个特定场景、特定假设条件下反事实的计算，用 $X=x$ 代替上述函数关系式(5.3)，得到修正后的 SCM 模型 M_x，其函数表达式如下：

$$X = x$$
$$Y := bX + U_Y$$

再将 $U=u$ 和 $X=x$ 代入上述模型 M_x 的函数关系 $Y := bX + U_Y$，可以得到相应的 Y，即

$$Y_x(u) = bx + u_Y.$$

再进行另一个反事实的计算，$X_y(u)$ 也就是在外生变量 $U=u$（即 $U_X=u_X$ 和 $U_Y=u_Y$）的场景下，假设 $Y=y$ 时变量 X 的取值。用 $Y=y$ 代替内生变量 Y 的函数表达式(5.4)，则有相应修正后的模型 M_Y，其函数关系如下：

$$X := aU_X$$
$$Y = y$$

显然有 $X_y(u) = au_X$，这表明，在对变量 Y 的取值做虚拟假设（$Y=y$）时，变量 X 的取值不受该假设的影响。这个结果符合逻辑，根据 SCM 中的函数表达式(5.4)，变量 X 是变量 Y 的因，变量 Y 是变量 X 的果，也可能两者的时间关系是：变量 X 是过去，变量 Y 是现在。由于 SCM 中变量之间影响的单向性，只可能原因影响结果，不可能结果影响原因，因此，对结果变量 Y 的取值做假设（干预），将不会对原因变量 X 的取值有任何影响，或者说，对将来的结果做假设，将不会对过去的事实造成影响。

对于一个 SCM 可以做多个反事实的假设，模型中各个内生变量也相应有多个对应的取值。为了更好地对式(5.3)和式(5.4)所代表 SCM 的反事实场景进行描述，我们将该模型的参数具体化，假定参数 $a=b=1$，假设外生变量 U_X 和 U_Y 可能的取值都分别为 1、2 和 3。根据 SCM 中的函数表达式，针对外生变量 U 的 3 种可能取值，对 $X(u)$ 和 $Y(u)$，以及反事实的 $Y_x(u)$ 和 $X_y(u)$ 进行计算，可得表 5.1。

表 5.1　根据式(5.3)和式(5.4)所代表的模型计算得到的 $X(u)$、$Y(u)$、$Y_x(u)$ 和 $X_y(u)$ 值

U_X	U_Y	$X(u)$	$Y(u)$	$Y_1(u)$	$Y_2(u)$	$Y_3(u)$	$X_1(u)$	$X_2(u)$	$X_3(u)$
1	1	1	2	2	3	4	1	1	1
1	2	1	3	3	4	5	1	1	1
1	3	1	4	4	5	6	1	1	1
2	1	2	3	2	3	4	2	2	2
2	2	2	4	3	4	5	2	2	2
2	3	2	5	4	5	6	2	2	2
3	1	3	4	2	3	4	3	3	3
3	2	3	5	3	4	5	3	3	3
3	3	3	6	4	5	6	3	3	3

表 5.1 中相关内生变量及反事实变量计算如下。

模型参数确定后的 SCM 函数表达式分别是：

$$X := U_X$$
$$Y := X + U_Y$$

对于 $X(u)$ 和 $Y(u)$，将变量 U 的取值分别代入上述函数关系，即可得出。

计算 $Y_1(u)$，用假设 $X=1$ 代替原函数关系 $X := U_X$，相应修正模型的函数表达式为

$$X = 1$$
$$Y := X + U_Y$$

- 令 $U_X=1$、$U_Y=1$，则有 $Y_1(u)=Y_1(U_X=1, U_Y=1)=1+1=2$；
- 令 $U_X=1$、$U_Y=2$，则有 $Y_1(u)=Y_1(U_X=1, U_Y=2)=1+2=3$；
- 令 $U_X=1$、$U_Y=3$，则有 $Y_1(u)=Y_1(U_X=1, U_Y=3)=1+3=4$；
- 令 $U_X=2$、$U_Y=1$，则有 $Y_1(u)=Y_1(U_X=2, U_Y=1)=1+1=2$；
- 令 $U_X=2$、$U_Y=2$，则有 $Y_1(u)=Y_1(U_X=2, U_Y=2)=1+2=3$；
- 令 $U_X=2$、$U_Y=3$，则有 $Y_1(u)=Y_1(U_X=2, U_Y=3)=1+3=4$；
- 令 $U_X=3$、$U_Y=1$，则有 $Y_1(u)=Y_1(U_X=3, U_Y=1)=1+1=2$；
- 令 $U_X=3$、$U_Y=2$，则有 $Y_1(u)=Y_1(U_X=3, U_Y=2)=1+2=3$；
- 令 $U_X=3$、$U_Y=3$，则有 $Y_1(u)=Y_1(U_X=3, U_Y=3)=1+3=4$。

$Y_2(u)$ 和$Y_3(u)$ 的计算过程同理。

计算 $X_1(u)$，用假设 $Y=1$ 代替原函数表达式 $Y:=X+U_Y$，则相应修正模型的函数表达式为：

$$X:=U_X$$
$$Y=1$$

- 令 $U_X=1$、$U_Y=1$，则有 $X_1(u)=X_1(U_X=1, U_Y=1)=U_X=1$；
- 令 $U_X=1$、$U_Y=2$，则有 $X_1(u)=X_1(U_X=1, U_Y=2)=U_X=1$；
- 令 $U_X=1$、$U_Y=3$，则有 $X_1(u)=X_1(U_X=1, U_Y=3)=U_X=1$；
- 令 $U_X=2$、$U_Y=1$，则有 $X_1(u)=X_1(U_X=2, U_Y=1)=U_X=2$；
- 令 $U_X=2$、$U_Y=2$，则有 $X_1(u)=X_1(U_X=2, U_Y=2)=U_X=2$；
- 令 $U_X=2$、$U_Y=3$，则有 $X_1(u)=X_1(U_X=2, U_Y=3)=U_X=2$；
- 令 $U_X=3$、$U_Y=1$，则有 $X_1(u)=X_1(U_X=3, U_Y=1)=U_X=3$；
- 令 $U_X=3$、$U_Y=2$，则有 $X_1(u)=X_1(U_X=3, U_Y=2)=U_X=3$；
- 令 $U_X=3$、$U_Y=3$，则有 $X_1(u)=X_1(U_X=3, U_Y=3)=U_X=3$。

$X_2(u)$和 $X_3(u)$ 的计算过程同理。

比较反事实的计算与以 do 算子形式表达的干预的计算。两者相同的地方是，对应的图模型结构修改和 SCM 修改类似。在反事实计算中，对某个内生变量做 $X=x$ 的假设，在图模型结构中就是断开指向该节点变量 X 的所有边，并将该变量直接赋为假设的值 x，在 SCM 中就是将决定该内生变量取值的函数表达式用 $X=x$ 代替，其中 x 是该变量的假设值；类似地，在干预的计算中，干预某个内生变量 X 为一个指定值 x，在图模型结构中也是断开指向该节点变量 X 的所有边，并将该内生变量直接赋为假设的值 x，在 SCM 中就是将决定该内生变量取值的函数表达式用 $X=x$ 代替。但是，两者的不同也很明显。两者研究的目标对象不同，反事实变量$Y_x(u)$ 的计算是在一定场景条件下 ($U=u$)，针对给定的假设 $X=x$，计算变量 Y 的取值。由于是在给定的场景$U=u$ 下进行计算，因此计算所得到的变量 Y 的取值$Y_x(u)$ 并不是对应目标对象总体，而是对应目标对象总体中一个具体的"场景"。由于目标对象总体中一个具体的"场景"通常与一个具体的个体相对应，因此，也可以认为反事实变量$Y_x(u)$ 与总体中的一个具体的个体相对应。与之相比，采用 do 算子表达形式的干预计算中，计算的目标是 $P[Y=y|do(X=x)]$ 或 $E[Y|do(X=x)]$。这个计算值是针对目标对象总体，而不是针对目标对象总体中的具体个体。因此，虽然反事实中的假设和 do 算子表达中的干预对图模型结构和 SCM 的修改过程相似，但两者研究的目标对象不同，前者是针对具体（场景）个体的研究，而后者是针对总体的研究。

5.2.2 反事实分析的基本法则

在前面反事实分析的例子中，我们假定了一个简单、具体的 SCM 模型，并在此基础上完成了反事实变量的计算。现在，我们将反事实的分析推广到任意的 SCM 模型 M 后，看看如何分析、计算反事实变量。

针对任意的 SCM 模型 M，分析其中任意两个（内生）变量 X 和 Y，若反事实的虚拟假设条件为 $X=x$，根据 5.2.1 节反事实变量计算的例子，相应反事实变量的计算过程如下。

1) 根据虚拟假设条件，将 SCM 模型中左边为变量 X 的函数表达式替换为 $X=x$，相应的 SCM 模型由模型 M 修改为模型 M_x。

2) 基于修改后的模型 M_x，按照模型中相关函数表达式计算此时变量 Y 的取值 $Y_{M_x}(u)$，即为原模型 M 下的反事实变量 $Y_x(u)$，即反事实变量 $Y_x(u)$ 满足

$$Y_x(u)=Y_{M_x}(u) \tag{5.5}$$

其中 $Y_x(u)$ 是 $Y_{X=x}(u)$ 的简写。模型 M 中的反事实变量 $Y_x(u)$ 是根据假设条件对原模型 M 进行修改得到模型 M_x 后，变量 Y 在模型 M_x 中计算所得值。由此，我们在真实模型的基础上，根据假设条件对模型进行修改，并在修改后的模型基础上进行计算，就可以实现各种假设条件下反事实变量取值的计算，回答"假如 $X=x$，那么 Y 将是多少？"这样的问题。在前面的讨论中，X 和 Y 分别是模型中的一个内生变量，当 X 和 Y 是内生变量的集合时，上述关于反事实变量 $Y_x(u)$ 的计算方法仍然有效，这里不做详细说明。

从上述反事实变量的计算过程可以看到，模型中的内生变量和反事实变量必须满足 SCM（修改前的模型或修改后的模型）中的函数表达式，除此之外，模型中的内生变量和反事实变量还有没有其他的约束条件呢？我们对反事实的假设场景进行计算，希望基于真实发生的情况，对没有真实发生的虚拟假设场景进行推测，并且希望这个推测与现实吻合（目标是完全吻合，实际上是尽可能吻合）。显然，在进行反事实变量的分析计算时，各个变量取值之间的关系不但需要满足 SCM 中的函数表达式，还需要与真实发生过的情况一致。比如，如果我们在真实场景中观察到当 $X(u)=1$ 时 $Y(u)=0$，那么在反事实变量的分析计算中必定有 $Y_{X=1}(u)=0$。因为这个假设场景已经真实发生过，而我们希望基于真实发生的情况对没有真实发生的虚拟假设场景情况进行推测，所以，如果虚拟假设分析的场景中，相应的场景发生过，那么，这个假设场景中各个变量的取值关系必须与曾经发生过的真实发生情况一致。相应地，反事实分析必须遵循以下一致性法则。

若曾经发生过"在 $X=x$ 时 $Y=y$"，则必然有

$$Y_{X=x}=x \tag{5.6}$$

当变量 X 是二值变量（取值为 0 或 1）时，则相应的一致性法则简化为：

$$Y=XY_1+(1-X)Y_0 \tag{5.7}$$

显然，当 $X=1$ 时，对应的 Y 值 $Y_1=1*Y_1+(1-1)*Y_0=Y_1$；而当 $X=0$ 时，对应的 Y 值

$$Y_0=0*Y_1+(1-0)*Y_0=Y_0$$

我们再来分析结构因果模型（SCM）。SCM 中的函数表达式并不是左右两边相等的意思，而是将右边表达式的计算结果赋值给左边的变量。在因果关系中，右边表达式中的变量是因，而左边表达式中的变量是果。左边果的取值受右边因的取值的影响，而右边因的取值却不受左边果的取值的影响。在表 5.1 中则体现为无论对 Y 变量做什么虚拟假设，变量 X 的取值都不随变量 Y 的变化而变化，这就是反事实分析中必须遵循的**因果关系法则**：无论对 SCM 中的结果变量做什么假设，都不会对 SCM 中原因变量的取值有任何影响。

由于反事实假设可以被视为一种特殊的干预，事实上，因果关系法则不但适用于反事实分析，也适用于任何干预分析，在干预分析中相应的结论是：无论对 SCM 中的结果变量做什么干预，都不会对 SCM 中原因变量的取值有任何影响。

上述讨论是针对具有因果关系的两个变量，我们可以将上述因果关系法则推广到更一般的情况。若两个变量没有因果关系，即在图模型结构中两个节点变量没有有向路径相互连通，则无论对其中任意一个变量做什么干预，都不会对另一个变量的取值有任何影响。假设两个变量分别为 X 和 Y，则有

$$P(y|\mathrm{do}(x)) = P(y)$$

5.3 反事实分析计算

5.3.1 外生变量取值与个体

在具体讨论反事实的分析计算之前，我们先介绍结构因果模型中各个要素在具体应用场景分析中的作用。我们在第 2 章介绍过，在因果推断分析中用 SCM 表达变量之间的量化关系。SCM 包括三个要素：外生变量集合 U、内生变量集合 V，以及具体表达变量之间量化关系的函数集合 F。这三个要素在反事实分析计算具体应用场景中有不同的意义，其中内生变量集合 V 是研究的目标变量，函数集合 F 则具体表达了（内生和外生）变量之间的量化关系，外生变量集合 U 的具体取值则对应于研究的具体场景或目标对象个体，下面用一个具体的例子来进行说明。

我们以第 2 章中例 2.10 研究学生考试成绩的 SCM 为例，其中研究的目标变量即内生变量有 5 个，包括学生智商变量 I、家庭对教育的重视程度变量 F、课余学习时间变量 T、教师教学水平变量 L 和考试成绩变量 Y，即 $V=\{I, F, T, L, Y\}$；影响这 5 个内生变量的外生变量也有 5 个，即 $U=\{U_1, U_2, U_3, U_4, U_5\}$；具体表达变量之间量化关系的函数集合 F 体现为反映上述变量之间关系的 5 个结构因果方程（也称为函数表达式）.

$$\begin{aligned}
I &:= U_1 \\
F &:= U_2 \\
T &:= F + U_3 \\
L &:= U_4 \\
Y &:= f_Y(I, F, T, L, U_5)
\end{aligned}$$

在本例中，我们分析研究的目标变量是学生智商变量 I、家庭对教育的重视程度变量 F、课余学习时间变量 T、教师教学水平变量 L 和考试成绩变量 Y。这 5 个变量之间的相互关系通过 SCM 中的函数集合 F 表达。若 SCM 中函数集合 F 已知，我们称为 SCM 模型已知（简称模型已知）。在没有外部干预的条件下，当模型已知时，给定一组外生变量 $U=\{U_1,U_2,U_3,U_4,U_5\}$ 的取值 $u=\{u_1,u_2,u_3,u_4,u_5\}$，则根据模型中 5 个结构因果方程所表达的变量间的量化关系，可以计算得到相应的一组内生变量 $V=\{I,F,T,L,Y\}$ 的取值 $V(u)=\{I(u),F(u),T(u),L(u),Y(u)\}$，其中一个内生变量的取值可能与多个外生变量相关，比如 $Y(u)$ 不但与 U_5 有关，也与 U_1、U_2、U_3 和 U_4 有关。在不考虑外部干预的情况下，一组外生变量的取值对应一组内生变量的取值。进一步考虑反事实分析的场景，假设对其中一个内生变量进行干预，在本例中，假设对变量 F 进行干预，有 $F=f$，此时根据上述结构因果方程，若再给定一组外生变量 $U=\{U_1,U_2,U_3,U_4,U_5\}$ 的取值，仍可以计算得到相应的一组内生变量 $V=\{I,F,T,L,Y\}$ 的取值，只是其中内生变量 F 的取值 $F=f$ 是通过干预得到的，而不是根据上述反映变量之间量化关系的结构因果方程计算得到的。需要注意的是，在反事实的假设条件下，对内生变量的干预不会影响外生变量的取值，因为外生变量只能是因，不可能是果。由此可见，无论是有外部干预还是没有外部干预，若 SCM 模型已知，根据给定一组外生变量取值，基于反映变量之间量化关系的结构因果方程约束，都能唯一计算得到一组内生变量的取值。

根据第 2 章结构因果模型中外生变量的定义，外生变量体现了内生变量的函数表达式（结构因果方程）中无法用内生变量来表达、我们不了解或一些随机因素的影响。在本例中，当分析研究的目标对象是学生"总体"（比如一个学校或一个区域的学生等）时，相应外生变量 $U=\{U_1,U_2,U_3,U_4,U_5\}$ 为随机变量，有多个可能的取值，分别对应各个具体的学生"个体"。当分析研究的目标对象是具体的学生"个体"时，相应外生变量 $U=\{U_1,U_2,U_3,U_4,U_5\}$ 则为一组具体的取值。在本例中，当分析研究的目标对象是学生"总体"时，影响学生智商变量 I 的外生变量 U_1 是一个随机变量，不同的学生"个体"有不同的取值；但当分析研究的目标对象是具体的学生"个体"时，影响学生智商变量 I 的外生变量 U_1 则是一个确定的量，学生智商变量 I 是一个确定的量（暂不考虑学生智商随时间的变化），模型中其他外生变量同理。

类似地，如果我们研究城市房价 P、城市 GDP 收入 GDP、人均收入 AINCOM、气候宜人条件 CLI 和交通条件 TRP 之间的关系，研究的目标变量是上述 5 个变量，对应 SCM 模型中的内生变量是上述 5 个变量。同样，这 5 个内生变量的取值不但相互之间有影响，而且受 5 个外生变量 $U=\{U_1,U_2,U_3,U_4,U_5\}$ 的影响。当我们研究的目标对象是所有城市的总体时，外生变量 $U=\{U_1,U_2,U_3,U_4,U_5\}$ 是随机变量；而当我们研究的目标对象是一个具体的城市，即所有城市的总体中一个具体的个体时，则外生变量 $U=\{U_1,U_2,U_3,U_4,U_5\}$ 是一个确定的量。因此，在一般的反事实研究工作中，可以认为研究目标对象总体中一个具体的个体与外生变量 U 的一组具体取值对应，也可以认为研究工作的一个具体的分析"场景"与外生变量 U 的一组具体取值对应。

在实际反事实分析中，研究目标对象总体中的一个个体对应外生变量的一组具体取值，这个概念对于反事实计算至关重要。因为反事实分析的本质就是在已经观察、获取到真实发生数据的情况下，对虚拟假设条件下的内生变量取值进行计算预测。现在，研究目标对象总体中一个具体的个体与外生变量的一组取值相对应，而该个体在真实发生情况和虚拟假设情况下保持不变，所以 SCM 模型中外生变量的取值在真实发生情况和虚拟假设情况下相同，SCM 模型中的外生变量取值可以作为真实世界和虚拟假设世界联系的桥梁，方便我们根据已经观察获取到的真实发生数据，对虚拟假设条件下的内生变量取值进行计算预测。具体的计算步骤将在后面的反事实计算中介绍。

反事实分析根据外生变量的不同类型又分为确定性反事实分析和概率性反事实分析两类。当 SCM 中的外生变量是具有确定值的常量时，反事实分析为确定性反事实；当 SCM 中的外生变量是服从一定概率分布的随机变量时，反事实分析为概率性反事实。我们将在 5.3.2 节介绍确定性反事实的分析，在 5.3.3 节介绍概率性反事实分析。

5.3.2 确定性反事实分析

本节将介绍确定性反事实分析的计算过程，我们先介绍一个具体的例子，再归纳确定性反事实分析的步骤。

下面介绍如何通过反事实分析，对个体在虚拟假设条件下的行为进行计算推测。这个例子研究和分析学生补习与其考试成绩之间的关系。相应的图模型如图 5.1 所示。其中，变量 X 代表学生校外补习时间，变量 H 代表学生做的家庭作业量，变量 Y 代表学生考试分数。模型中所有变量的取值都进行了标准化，所有变量的均值为 0、方差为 1，具体取值为均值之上标准差的倍数。比如，$Y=1$ 表示学生的分数为整体分数均值之上加一个标准差。图 5.1 所示的图模型对应的 SCM 函数关系式为

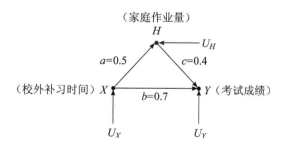

图 5.1 校外补习时间与考试成绩关系模型

$$X := U_X$$
$$H := aX + U_H$$
$$Y := bX + cH + U_Y$$
$$\rho_{U_i U_j} = 0 \quad i,j \in \{X,H,Y\}$$

在该 SCM 中，假设所有外生变量 U 之间相互独立，即这些变量之间的相关系数为 0（可以通过总体数据进行估计），且模型中的参数已知

$$a=0.5, b=0.7, c=0.4$$

则该 SCM 模型已知。

现有符合上述模型的学生小明的情况,我们对其观察得到真实发生的数据,$X=1$、$H=1$ 和 $Y=1.5$。现在我们想知道,假如小明的家庭作业量增加到原来的 2 倍,小明的考试分数应该是多少?

在 SCM 模型已知时,内生变量的取值取决于外生变量 U 的取值。模型中外生变量的取值反映了个体的特性,总体中一个具体的个体对应外生变量的一组取值,在本例中,不同的学生对应于不同的外生变量 U 取值。现在模型已知,要求解一个具体的个体——学生小明在虚拟假设条件下的内生变量——考试分数的取值。这项工作简单归纳起来,就是根据真实世界发生的内生变量观察数据,计算估计虚拟世界下的内生变量取值。由于外生变量是真实世界和虚拟世界联系的桥梁,因此首先根据观察得到的真实数据反推求解小明对应的外生变量 U。虽然根据 SCM 模型,只能是外生变量影响内生变量的取值,而不能是内生变量取值影响外生变量的取值,但我们可以根据 SCM 函数关系式,基于内生变量的取值反推外生变量的取值。具体到本例中,对应于小明的外生变量 U 反映了小明的个体特性,与真实世界实际发生还是虚拟假设无关,也就是说,在不同的假设条件下(真实情况被视为一种特殊的"假设"),对应于小明的外生变量 U 都应该相同。因此,我们可以先利用真实发生的情况——事实,来计算对应于小明的外生变量 U 的取值,再将外生变量 U 的取值和虚拟假设条件对应的假设值代入 SCM 函数关系式,则可求得虚拟假设条件下,对应于小明的内生变量,具体如下。

1) 将真实发生情况的数据 $X=1$、$H=1$ 和 $Y=1.5$ 代入 SCM 函数关系式,计算出外生变量 U,则有

$$U_X = 1$$
$$U_H = 1 - 0.5 \times 1 = 0.5$$
$$U_Y = 1.5 - 0.7 \times 1 - 0.4 \times 1 = 0.4$$

2) 代入假设条件(家庭作业量为原来的 2 倍,即 $H=2$)。根据反事实假设做相应的模型修改。在反事实假设条件下相应的图模型修改为如图 5.2 所示的模型。

相应修改后的 SCM 函数关系式为

$$X := U_X$$
$$H = 2$$
$$Y := bX + cH + U_Y$$

其中变量 X 的函数关系式不受反事实假设条件 $H=2$ 的影响,变量 H 的函数关系式直接修改为 $H=2$,变量 Y 的函数关系式保持不变,但具体取值受反事实假设条件 $H=2$ 的影响。

3) 再将 $H=2$ 和前面计算所得 U 值代入修改后的 SCM 函数关系式,则有

$$Y_{H=2}(U_X=1, U_H=0.5, U_Y=0.4)$$
$$=bX+cH+U_Y$$
$$=0.7\times1+0.4\times2+0.4$$
$$=1.9$$

因此,假如小明将家庭作业量增加到原来的 2 倍,预计他的考试成绩将会是 1.9。

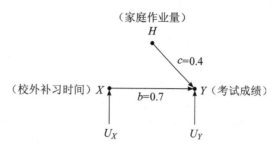

图 5.2 在家庭作业量 $H=2$ 的反事实假设条件下预测考试成绩

从关于小明补课的案例可以看到,确定性反事实的计算可以分为以下三步进行。

1) 外延:根据真实发生的数据(事实)$E=e$,计算对应于特定个体的外生变量 U。

2) 执行:根据反事实的假设条件 $X=x$,修改相应的模型,并将原来 SCM 结构因果方程中左边为 X 的结构因果方程替换为 $X=x$,将模型 M 修改为模型 M_x。

3) 预测:结合修改后的 SCM 模型 M_x 和此个体对应的外生变量 U,计算 M_x 中的内生变量,从而实现反事实假设下变量 Y 的计算。

可以这样理解该计算过程:
- 第 1 步,利用当前已经发生的数据(知识)e 来求解个体的特性(外生变量 U);
- 第 2 步,在满足反事实假设条件 $X=x$ 的前提下,对结构因果模型 SCM 做最小化的修改;
- 第 3 步,基于反事实的假设条件 $X=x$ 和新的模型,对虚拟假设场景下内生变量的取值进行计算、预测。

5.3.3 概率性反事实分析

上述步骤解决的反事实分析,我们称之为确定性反事实,这种反事实分析是针对总体中一个具体的个体,外生变量是一个(组)确定的值,可以求得与这个具体个体相对应的各个外生变量值。这种确定性反事实的预测相对比较简单,因为 SCM 中的各个函数关系式说明了个体的各个内生变量取值的生成机制。在已知这些生成机制后,我们可以根据反事实的假设条件对相应的生成机制进行修改,并在新的数据生成机制基础上推导出各个内生变量的取值。

但我们在工作中经常遇到的是概率性反事实分析问题,什么是概率性反事实分析呢?在确定性反事实分析计算中,研究的目标对象是总体中一个具体的个体,而概率性反事实分析中，所研究的目标对象不是总体中一个具体的个体，而是总体中满足一定条件的部分个体。比如，在校外补习案例中，我们想知道，对于考试分数 $Y<2$ 的这部分学生，家庭作业量增加到原来的 2 倍后，其考试分数是多少？这就是一个概率性反事实分析的问题。

在前面的确定性反事实分析中，我们最终计算得到的结果是，具体的个体在假设条件（场景）下各内生变量的具体取值。当我们将反事实分析从确定性反事实分析推广到概率性反事实分析时，需要求解的目标是，在虚拟假设条件（场景）下反事实变量的概率分布或期望。比如，满足图 5.1 模型的学生小明，现在其考试分数 $Y=y$。假如将小明的校外补课时间增加 5 个小时，求其考试成绩 $Y=y'$ 的概率分布，或者在此假设下求他的考试成绩 Y 的期望。与前面确定性反事实分析例子不同的是，由于这里没有真实发生的内生变量取值数据 $\{x, y, h\}$，因此，也就无法求得对应于小明的外生变量 u。事实上，小明很可能就不是一个具体的学生，而是符合已经观察到的已发生事实（考试分数 $Y=y$）的一类学生，由于这类学生由多个具体的学生个体构成，相应地就可能有多个不同的外生变量 U 取值，因此，根据已经观察到的已发生事实（考试分数 $Y=y$），无法求解得到相应外生变量 U 的具体取值，而只能求解得到相应外生变量 U 的概率分布 $P(U=u)$。与确定性反事实分析相比，概率性反事实分析体现了不确定性，这个不确定性一方面体现为研究对象的不确定性，这时所研究的对象不是总体中的一个具体个体，而是符合已经观察到的已发生事实的部分个体；另一方面也体现在外生变量 U 不再是一个确定值，而是服从一定的概率分布 $P(U=u)$。其中，研究对象的不确定性是外生变量取值不确定的原因。

概率性反事实分析需要处理的问题可以抽象为"针对特定的部分个体，在已经观察到已发生事实 $E=e$ 的条件下，如果内生变量 $X=x$，求内生变量 Y 的取值及其相关概率和期望"，相应的数学表达式为 $P(Y_{X=x}=y|E=e)$ 或 $E[Y_{X=x}|E=e]$，其中 $E=e$ 代表在这部分个体上观察到的已经发生的事实，包括 X、Y 以及模型中任意其他内生变量的取值，$X=x$ 是反事实的假设条件（前件），一般假设 $X=x$ 与事实 $E=e$ 不一致，因此其为虚拟假设条件。类似确定性反事实分析的计算步骤，相应有概率性反事实分析的计算步骤。

针对任意的反事实表达式 $E[Y_{X=x}|E=e]$，相应的计算步骤如下。

1) 外延：根据真实发生的数据（事实）$E=e$，计算对应于这部分个体的外生变量 U 的概率分布 $P(u)=P(u|E=e)$。

2) 执行：根据反事实的假设条件 $X=x$，修改相应的模型，并将原来 SCM 结构因果方程中左边为 X 的结构因果方程替换为 $X=x$，将模型 M 修改为模型 M_x。

3) 预测：结合修改后的模型 M_x 和计算得到的外生变量分布 $P(u|E=e)$，计算 M_x 中内生变量 Y 的取值及其相关概率和期望以及反事实表达式概率。

上述计算方法可以用于特定部分个体的概率性反事实的分析计算，也可以用于一些 do 算子无法表达的干预分析。比如，在很多试验中，我们需要分析的干预效应是在干预变量 X 对结果变量 Y 已经存在影响的条件下，将干预变量 X 增加或减少（增量为负数）一定的量，分析干预变量 X 的这个干预增量对结果变量 Y 的效应。比如，在胰岛素试验中，我们的干预不是让患者胰岛素的剂量为一个特定的值，而是让每个患者胰岛素的剂量增加一个特定的值（比如 5mg/L），由于干预之前各个患者的剂量各不相同，因此，在干预之后，各个患者的胰岛素剂量都增加相同的值后，也会各不相同，此时，就无法用 do 算子对此干预予以表达、分析。

用反事实的方式进行干预分析的另一个例子是图 5.1 所示的校外补习的案例。我们的干预是让家庭作业量小（$H \leqslant H_0$）的学生参加校外补习，让其补习时间 $X=1$，以增加其家庭作业量，尽量提高考试分数。这个干预也无法在 do 算子下通过让变量 $X=1$ 来表达，因为变量 X 影响变量 H，令 $X=1$ 可能会让个体的筛选条件（$H \leqslant H_0$）不再成立。所以，这个案例下的干预也无法用 do 算子来表达。而采用反事实的表达方式，上述干预及干预后的效果可以表示为 $(Y_{X=1} | H \leqslant H_0)$，并采用上述三个步骤进行计算。因此，针对总体中符合特定条件的部分个体进行干预的分析，也可以通过反事实的方式予以表达、计算。

为说明概率性反事实的计算过程，我们来看一个具体的例子。

例 5.1 为简化分析，考虑简单的 SCM（这里为简化概率性反事实计算过程说明，内生变量 X 和 Y 共用一个外生变量 U），模型已知，SCM 函数表达式分别是

$$X := U$$
$$Y := X + U$$

模型中的外生变量 U 可能取值集合为 $U = \{1, 2, 3\}$，分别对应总体中三种类型的个体，同一种类型的个体 U 变量的取值相同，外生变量 U 取值的概率分布为

$$P(U=1) = \frac{1}{2}, \quad P(U=2) = \frac{1}{3}, \quad P(U=3) = \frac{1}{6}$$

求下列概率：$P(Y_2=3)$，$P(Y_2>3)$，$P(Y_2>3, Y_1<4)$，$P(Y_1<4, Y-X>1)$，$P(Y_1<Y_2)$ 和 $P(Y_3>Y | Y>2)$。

解：

要求解关于反事实变量的概率，首先计算反事实变量的值，再根据反事实变量取值与外生变量取值的对应关系，结合外生变量取值的概率分布，得到所需要的反事实变量概率值。

按照前述概率性反事实的计算步骤，相应有：

1) 外延：根据真实发生的数据（事实）$E=e$，计算对应于这部分个体的外生变量 U 概率分布 $P(u) = P(u | E=e)$。本例中没有指定具体事实，但直接给出了外生变量 U 的概率分布 $P(u)$，故该步骤省略。

2) 执行：根据反事实的假设条件 $X=x$，修改相应的模型，并将原来 SCM 结构因果方程中左边为 X 的结构因果方程替换为 $X=x$，将模型 M 修改为模型 M_x。本例后续概率计算的假设条件涉及不同的 X 变量取值，因此，在不同给定外生变量 U 取值的条件下，按照前述确定性反事实的分析计算方法，分别对不同的假设 $X=x$ 或 $Y=y$ 做模型修改。

3) 预测：结合修改后的模型 M_x 和计算得到的外生变量分布 $P(u | E=e)$，计算 M_x

中内生变量 Y 的取值及其相关概率和期望以及反事实变量或表达式概率。

当给定外生变量 U 的取值后,相应的反事实分析计算转化为确定性反事实的计算,所以,在给定不同外生变量 U 取值的条件下,可以按照前述确定性反事实的分析计算方法,分别对不同的假设 $X=x$ 或 $Y=y$ 做模型修改后,计算相应的反事实变量,得到表 5.2 中的第 4 列及其右边各列。在表 5.2 中,变量 U 的一个取值对应于表中同一行(也对应一种类型的个体)。在得到表 5.2 所示反事实变量取值数据的基础上,可以计算相关的反事实变量或表达式概率,这也是本例的重点内容,下面进行详细介绍。

表 5.2　根据 SCM 模型计算得到的 $X(u)$、$Y(u)$、$Y_x(u)$ 和 $X_y(u)$ 值

u	$X(u)$	$Y(u)$	$Y_1(u)$	$Y_2(u)$	$Y_3(u)$	$Y_4(u)$	$X_1(u)$	$X_2(u)$	$X_3(u)$
1	1	2	2	3	4	5	1	1	1
2	2	4	3	4	5	6	2	2	2
3	3	6	4	5	6	7	3	3	3

(1) $P(Y_2=3)$

在计算得到反事实变量取值数据的基础上,比如,当 $U=1$ 时(针对这部分个体),其在假设 $X=2$ 条件下 Y 变量的取值 $Y_{X=2}(u)=3$(后续将 $Y_{X=2}(u)$ 简写为 $Y_2(u)$)。从表 5.2 可以看到,Y_2 在不同的 U 值下有不同的取值,可以取值 3、4 和 5,分别与 U 的取值 1、2 和 3 一一对应。因此,Y_2 取不同值的概率分别等于对应的 U 变量取值的概率,$Y_2=3$ 对应于 $U=1$,则 $P(Y_2=3)$ 的概率等于 $P(U=1)$,故有 $P(Y_2=3)=1/2$。

(2) $P(Y_2>3)$

类似地,Y_2 取值 3、4 和 5 分别对应于 U 的取值 1、2 和 3,故

$$P(Y_2=4)=P(U=2)=1/3$$
$$P(Y_2=5)=P(U=3)=1/6$$

$P(Y_2>3)$ 对应于 U 取值 2 和 3,故 $P(Y_2>3)=P(U=2)+P(U=3)=1/3+1/6=1/2$。

我们也可以在反事实的假设条件下对多个事件同时发生的联合概率进行计算,多个事件可以都是假设发生的事件,也可以有的是假设事件而有的是真实发生的事件。

(3) $P(Y_2>3, Y_1<4)$

观察 Y_2 列,其中 $Y_2>3$ 对应于 $U=2$ 和 3;观察 Y_1 列,$Y_1<4$ 对应于 $U=1$ 和 2;故这两个事件同时发生时的外生变量取值为 $U=2$,其对应概率为 $1/3$,故

$$P(Y_2>3, Y_1<4)=P(U=2)=1/3。$$

(4) $P(Y_1<4, Y-X>1)$

观察 Y_1 列,$Y_1<4$ 对应于 $U=1$ 和 2;观察 $X(u)$ 和 $Y(u)$ 列,$Y-X>1$ 对应于 $U=2$ 和 3;故这两个事件同时发生时外生变量 $U=2$,其对应概率为 $1/3$,故

$$P(Y_1<4, Y-X>1)=P(U=2)=1/3。$$

(5) $P(Y_1<Y_2)$

观察Y_1和Y_2列，$Y_1<Y_2$事件发生时U可以取值1、2和3，其对应概率为1，故$P(Y_1<Y_2)=1$。

从上述反事实假设条件下多个事件同时发生的联合概率计算过程可以看到，无论事件是虚拟假设发生的事件还是真实发生观察到的事件，计算其同时发生的联合概率时，只需要分别找到事件发生所对应的外生变量U值（即特定行），然后对各个事件发生对应的U取值情况取交集，并对交集下各个U取值的概率相加，即可得到多个事件同时发生的联合概率。

(6) $P(Y_3>Y|Y>2)$

在计算反事实假设条件下多个事件同时发生的联合概率的基础上，根据贝叶斯公式，我们可以计算反事实假设条件下事件发生的条件概率。条件概率$P(Y_3>Y|Y>2)$代表在Y变量大于2的个体中，假设变量$X=3$的条件下，相应的变量Y_3将增加$(Y_3>Y)$的概率。为计算此条件概率，首先计算联合概率$P(Y_3>Y,Y>2)$，采用上述方法，根据表5.2中的数据，事件$Y_3>Y$和事件$Y>2$同时发生对应于$U=2$，故$P(Y_3>Y,Y>2)=P(U=2)=1/3$。

再计算概率$P(Y>2)$，同样根据表5.2，有$P(Y>2)=P(U=2$或$U=3)=1/3+1/6=1/2$。根据贝叶斯公式，

$$P(Y_3>Y|Y>2)=\frac{P(Y_3>Y,Y>2)}{P(Y>2)}=\frac{1/3}{1/2}=\frac{2}{3}$$

从例5.1可以看到，在概率性反事实分析计算中，根据外生变量的取值及其概率分布$P(U=u)$，可以推导得到内生变量V的取值及其概率分布$P(V=v)$，在此基础上，不但可以求得单个反事实变量的概率$P(Y_X=y)$，而且可以求得已观察到变量和反事实变量的联合概率，以及与反事实变量相关的条件概率。第2章中介绍了事件相互依赖、独立和条件独立的分析。在与反事实变量相关条件概率计算的基础之上，我们也可以对与反事实相关的事件之间的相互依赖、独立和条件独立进行分析。

采用上述概率性反事实分析的计算方法，分别计算$P\langle(Y_{x+1}-Y_x)=y|X=x\rangle$和$P[(Y_{x+1}-Y_x)=y]$，我们可以分析判断事件$(Y_{x+1}-Y_x)=y$与事件$X=x$是否相互独立。根据表5.2，变量$X$有三个可能取值1、2和3，在变量$X$的三个取值下，分别有：

- 当$X=1$时，$Y_{x+1}-Y_x=Y_2-Y_1=1$，即$P\langle(Y_{x+1}-Y_x)=y=1|X=1\rangle=1$；
- 当$X=2$时，$Y_{x+1}-Y_x=Y_3-Y_2=1$，即$P\langle(Y_{x+1}-Y_x)=y=1|X=1\rangle=1$；
- 当$X=3$时，$Y_{x+1}-Y_x=Y_4-Y_3=1$，即$P\langle(Y_{x+1}-Y_x)=y=1|X=1\rangle=1$。

在$X=x$（x取值为1、2或3）时，都有$(Y_{x+1}-Y_x)=y=1$（y取值仅为1），即

$$P\langle(Y_{x+1}-Y_x)=y|X=x\rangle=P[(Y_{x+1}-Y_x)=y=1]=1$$

因此，事件$(Y_{x+1}-Y_x)=y$与事件$X=x$相互独立。

$(Y_{x+1}-Y_x)$是干预变量X增加1个单位时结果变量Y相应的增量，即干预变量X

对结果变量 Y 的总效应。说明在本例的 SCM 中，干预变量 X 对结果变量 Y 的总效应与变量 X 的具体取值无关，其原因在于本例 SCM 中的函数表达式都是线性表达式，是线性系统，这也是所有线性系统所具有的性质。

5.3.4 反事实分析中概率计算的一般化方法

例 5.1 中的计算工作主要是预测阶段的反事实相关概率计算，该例中反事实相关概率的计算比较简单，首先对各种外生变量取值条件下、各种反事实假设条件下反事实变量的取值进行穷尽枚举计算，在此基础上，以概率表达式中反事实变量的取值条件为依据，对相应的外生变量取值进行筛选，找到符合反事实变量取值条件的外生变量取值组合，该外生变量取值组合发生的概率即为概率表达式的概率，从而实现相关概率的计算。但在一般的情况下，对反事实变量取值进行穷尽枚举计算难以实现，为此，我们引入反事实分析中相关概率计算的一般化方法，具体又分为以下两种情况。

(1) 外生变量的概率分布已知

假设图模型结构为 M，外生变量（集合）U 的概率分布为 $P(u)$，则内生变量集合 V 中的任意一个变量 Y，其具体取值 $Y=y$ 的概率有

$$P(Y=y) = \sum_{\{u|Y(u)=y\}} P(u) \tag{5.8}$$

其中，$\{u|Y(u)=y\}$ 表示满足 $Y(u)=y$ 的 U 变量的取值。

类似地，在变量 $X=x$ 的假设条件下，变量 $Y=y$ 的概率为

$$P(Y_x=y) = \sum_{\{u|Y_x(u)=y\}} P(u) \tag{5.9}$$

其中，$\{u|Y_x(u)=y\}$ 表示满足 $Y_x(u)=y$ 的 U 变量的取值。

类似地，可有假设多个变量取值的概率

$$P(Y_x=y, X=x') = \sum_{\{u|Y_x(u)=y \& X(u)=x'\}} P(u) \tag{5.10}$$

$$P(Y_x=y, Y_{x'}=y') = \sum_{\{u|Y_x(u)=y \& Y_{x'}(u)=y'\}} P(u) \tag{5.11}$$

其中，$\{u|Y_x(u)=y \& X(u)=x'\}$ 表示同时满足 $Y_x(u)=y$ 和 $X(u)=x'$ 的 U 变量的取值；$\{u|Y_x(u)=y \& Y_{x'}(u)=y'\}$ 表示同时满足 $Y_x(u)=y$ 和 $Y_{x'}(u)=y'$ 的 U 变量的取值。需要注意的是，这里 y 和 y' 必须满足可以同时存在的条件。

(2) 需要根据已经观察到的事实计算外生变量的概率分布

在已经观察到的事实 $X=x$ 和 $Y=y$ 的条件下，求反事实假设 $X=x'$ 时 $Y=y'$ 的概率 $P(Y_{x'}=y'|X=x,Y=y)$，则有

$$\begin{aligned} P(Y_{x'}=y' \mid X=x, Y=y) &= \sum_u P(Y_{x'}=y' \mid U=u)P(u) \\ &= \sum_u P(Y_{x'}(u)=y')P(u \mid x,y) \end{aligned} \tag{5.12}$$

上式中第一个等号是将概率 $P(Y_{x'}=y')$ 对事件 $U=u$ 做全概率展开；第二个等号是观察到的事实决定外生变量的分布。所以计算过程是，首先根据已经观察到的事实 $X=x$ 和 $Y=y$，计算在此事实（条件）下外生变量的分布 $P(u|x,y)$，再利用 $P(u|x,y)$ 计算 $Y_{x'}(u)=y'$ 的概率的期望。我们以一个行刑队的例子来具体说明上述反事实分析中相关概率的计算过程。

例 5.2 行刑队案例

在行刑队案例中，法庭判决为变量 U（$U=1$ 表示执行死刑，$U=0$ 表示不执行死刑），下达给行刑队长，行刑队长根据法庭判决又将执行命令变量 C（$C=1$ 代表射击，$C=0$ 代表不射击）下达给两个行刑队员，两个行刑队员根据接收到的队长命令分别执行开枪动作，分别表示为变量 A 和变量 B（A 或 $B=1$ 表示实际开枪了，A 或 $B=0$ 表示没有开枪），执行完毕后犯人的状态为变量 D（$D=1$ 表示犯人死亡，$D=0$ 表示犯人活着）。假设法庭下达执行死刑（即让行刑队开枪）的概率 $P(U=1)=p$，行刑队员 A 开枪射击有两种情况，一种情况是接收到队长射击的命令 $C=1$，另外一种情况是在没接收到队长射击命令的条件下，由于失误开枪，表示为变量 $W=1$，$W=1$ 的概率 $P(W=1)=q$，这几个变量之间的关系为 $A=C\cup W$，即队员 A 可能根据队长命令开枪，也可能由于失误开枪。变量 W 与变量 U 相互独立，其他变量之间关系为：$C=U$、$B=C$、$D=A\cup B$，相应地，该案例图模型结构的 SCM 为：

$$C:=U$$
$$A:=C\cup W$$
$$B:=C$$
$$D:=A\cup B$$

外生变量 U 和 W 的联合分布为 $P(u,w)$。

现在需要求解在犯人实际死亡的情况下，假设队员 A 未开枪时犯人未死亡的概率，即

$$P(D_{A=0}=0|D=1)。$$

解：

1）第一步：外延，求解给定事实条件下外生变量的概率分布。

先求解原图模型结构下的外生变量联合概率分布 $P(u,w)$。由于两个变量为二值变量且相互独立，因此有联合概率分布

$$P(u,w)=\begin{cases} pq & \text{当 } u=1,w=1 \\ p(1-q) & \text{当 } u=1,w=0 \\ (1-p)q & \text{当 } u=0,w=1 \\ (1-p)(1-q) & \text{当 } u=0,w=0 \end{cases} \quad (5.13)$$

再求解给定事实条件下的外生变量条件概率分布 $P(u,w|D=1)$。利用概率链式法则有

$$P(u,w|D=1) = \frac{p(u,w)}{P(D=1)}$$

先求解 $P(D=1)$，根据上述模型中变量之间关系，容易得到 $P(D=0)=(1-p)(1-q)$，所以 $P(D=1)=1-(1-p)(1-q)$。根据概率链式法则，可有给定事实 $D=1$ 条件下的外生变量概率分布

$$P(u,w|D=1) = \begin{cases} \dfrac{p(u,w)}{1-(1-p)(1-q)} & \text{当 } u=1 \text{ 或 } w=1 \\ 0 & \text{当 } u=0 \text{ 且 } w=0 \end{cases} \tag{5.14}$$

其中当 $u=0$ 且 $w=0$ 时，$P(D=1)=0$，故 $P(u,w|D=1)=0$。

2) 第二步：执行，根据反事实表达式的前件修改 SCM（图模型结构）得到新的 SCM（图模型结构），有修改后的 SCM $M_{a=0}$

$$C := U$$
$$A = 0$$
$$B := C$$
$$D := A \cup B$$

3) 第三步：预测，根据修改后的新的 SCM（图模型结构）计算相应的反事实概率。根据图 5.3 所示各变量之间的关系分析，若 $D=0$ 且 $A=0$，则必有 $U=0$，故有

$$P(D_{A=0}=0|D=1) = P(U=0|D=1)$$

根据式(5.14)，在 $P(u,w|D=1)$ 概率分布表达式中，$u=0$ 有两种情况，即 $u=0$ 且 $w=1$ 和 $u=0$ 且 $w=0$，若 $u=0$ 且 $w=0$，则必有 $D=0$，与 $P(u,w|D=1)$ 中的条件 $D=1$ 矛盾，故在本例中 $u=0$ 事件只能对应事件（$u=0$ 且 $w=1$），故有

$$P(U=0|D=1) = P(U=0,W=1|D=1)$$
$$= \frac{p(u,w)}{1-(1-p)(1-q)}\bigg|_{u=0\&w=1} \tag{5.15}$$

将 $u=0\&w=1$ 代入式(5.13) 有

$$P(u,w) = (1-p)q$$

将上式代入式(5.15)，则有

$$P(U=0|D=1) = (1-p)q/[1-(1-p)(1-q)]$$

故

$$P(D_{A=0}=0|D=1) = (1-p)q/[1-(1-p)(1-q)]$$

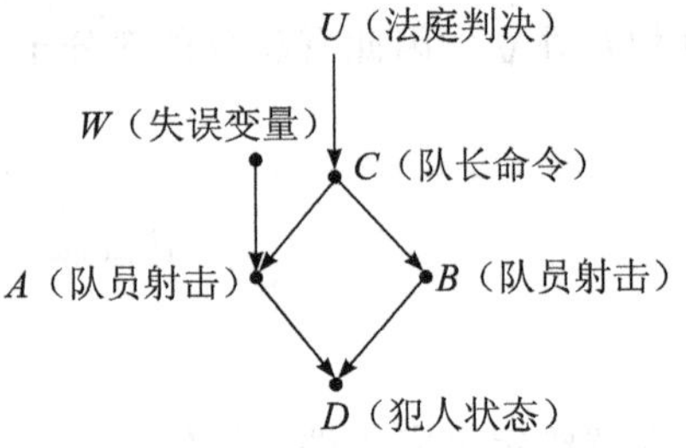

图 5.3 行刑队案例中各变量关系图模型

5.4 反事实符号表达式与 do 算子符号表达式的对比

可以将反事实假设视为一种特殊的干预，因此，反事实分析中的反事实假设和干预分析中干预所对应的图模型结构修改和 SCM 修改类似。但在反事实分析中，通过反事实表达符号（下标形式）的引入，我们可以对分属不同世界（真实发生和虚拟假设发生）的多个事件发生的联合概率进行表达。与之相比，干预分析中的 do 算子符号表达式只能对同一个世界中事件发生（干预 $X=x$）的概率进行表达，而不能对分属不同世界的多个事件发生的联合概率进行表达。我们通过一个具体的例子予以说明。

我们对等式(5.3)和(5.4)所对应的 SCM 做修改，在变量 X 和变量 Y 中间引入中介变量 Z，修改后的 SCM 函数关系是

$$X:=U_X, Z:=aX+U_Z, Y:=bZ+U_Y \tag{5.16}$$

对应的图模型结构如图 5.4 所示。

为分析说明方便，SCM 中各内生变量分别代表的意义如下：内生变量 X 是二值变量，$X=1$ 代表员工接受了大学教育，$X=0$ 代表员工没有接受大学教育，内生变量 Z 表示员工工作中的技能水平，内生变量 Y 表示员工的工资水平。我们针对现在工作技能水平 $Z=1$ 的部分个体进行分析，在假设其接受了大学教育 $X=1$ 的条件下，

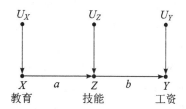

图 5.4 教育水平、技能水平与工资水平关系模型

求其工资的期望。在反事实符号表达体系下，这个工资期望的表达式为 $E[Y_{X=1}|Z=1]$；在 do 算子符号表达体系下，这个工资期望的表达式为 $E[Y|do(X=1),Z=1]$，我们对这两个表达式进行比较分析。

在反事实的符号表达体系下，前述工资的期望表示为 $E[Y_{X=1}|Z=1]$，在该表达式中，$Z=1$ 表示在真实世界中员工的情况技能水平为1，而 $X=1$ 代表虚拟假设的情况，虽然这两个条件分别是对两个世界情况的描述，但在反事实的符号表达体系下，$Z=1$ 和 $X=1$ 两者仍然可以同时存在，$E[Y_{X=1}|Z=1]$ 代表在真实世界中满足 $Z=1$（真实情况）的这部分员工，假设其满足 $X=1$（虚拟假设情况）后相应变量 Y 的期望，这个变量 Y 在真实世界和虚拟世界分别同时满足 $Z=1$ 和 $X=1$ 两个条件。

假如我们试图用 do 算子来表达上述工资期望，比如表达式 $E[Y|do(X=1),Z=1]$，它和前述用反事实符号表达式所表达的工资期望具有不同的意义。由于 do 算子的表达符号只能表示同一个世界的事实，因此在表达式 $E[Y|do(X=1),Z=1]$ 中，干预 $do(X=1)$ 和数据 $Z=1$ 都在同一个世界（现实世界）中发生。同时，根据图模型结构，在同一个世界中，在变量 X 与变量 Z 的关系上，变量 X 是原因，变量 Z 是结果。因此，在同一个世界中，事件 $Z=1$ 必定是干预 $do(X=1)$ 的结果（当然，如果有表达式 $E[Y|do(X=0), Z=1]$，事件 $Z=1$ 也必定是干预 $do(X=0)$ 的结果），所以，从本质上看，"干预

do($X=1$)"和"事件 $Z=1$"这两个条件是<u>一个条件</u>。表达式 $E[Y|\mathrm{do}(X=1),Z=1]$ 最终表达的是(部分员工)在接受大学教育 $X=1$ 后且技能水平 Z 为 1 时,工资变量 Y 的期望。根据图 5.4 所示的图模型结构(一般图模型结构表达同一世界中变量之间的关系,多个世界中变量之间的关系将通过后面介绍的孪生网络图模型予以描述),在同一个世界中,工资变量 Y 只取决于技能水平变量 Z,而与对变量 X 的干预无关。显然,无论干预是 do($X=1$) 还是 do($X=0$),只要干预的结果是职业技能水平 $Z=1$,则最终的工资期望都相等,即有

$$E[Y|\mathrm{do}(X=0),Z=1]=E[Y|\mathrm{do}(X=1),Z=1]$$

与之相比,反事实的表达式 $E[Y_{X=1}|Z=1]$ 表示的是在现实世界中技能水平 $Z=1$ 的这部分个体,我们再假设其又接受了大学教育 $X=1$,在这一新的条件下求其工资的期望。"现实世界中技能水平 $Z=1$" 和 "假设其又接受了大学教育 $X=1$" 属于两个不同世界。前者是真实发生的,后者是在真实发生的事实(数据)的基础上做的虚拟假设,而我们关注的工资的期望是在真实发生事实的基础上再加上虚拟假设条件后,在这两个条件约束下的工资期望。这个结果既受真实发生事实的影响,也受虚拟假设条件的影响。为计算这个受跨越两个世界的条件约束的结果(工资的期望),我们需要将两个世界的约束条件"翻译"到一个世界中(一般是"翻译"到真实世界),再利用(反映同一世界中变量之间关系的)图模型结构进行计算。在本例中,真实发生的事实是员工技能水平 $Z=1$,在此基础上,我们再做虚拟假设——员工接受了大学教育 $X=1$,求这时员工的工资期望水平。由于满足"在真实世界中员工技能水平 $Z=1$"的这部分员工变量 X 的取值有两种可能的情况,因此我们在将虚拟假设的条件及其对工资水平的影响"翻译"到现实世界中时,相应又分为两种情况,分别"翻译"如下。

- 如果员工在现实世界中本来已经接受了大学教育 $X=1$,那么,加上这个"接受了大学教育"虚拟假设,员工的技能水平 Z 不会变化,相应的工资水平及其期望也不会变化。将虚拟假设条件"翻译"到现实世界中时,对现实世界图模型结构中的变量没有影响。
- 如果员工在现实世界中本来没有接受大学教育 $X=0$,这时加上虚拟假设条件"接受了大学教育",员工的技能水平 Z 将会增加,相应的工资水平及其期望也会增加。此时将虚拟假设条件"翻译"到现实世界中,将会导致真实世界中这部分员工技能水平变量 Z 的增加。

显然,可有

$$E[Y_{X=1}|Z=1]\neq E[Y_{X=0}|Z=1]$$

在反事实的符号表达体系中,我们表达的场景可以是现实情况加虚拟假设情况,而 do 算子符号表达体系中可以表达的场景只包含真实发生的情况。在 do 算子下,

$$E[Y|\mathrm{do}(X=0),Z=1]=E[Y|\mathrm{do}(X=1),Z=1]$$

因为干预内容 do 部分和 $Z=1$ 都是同一个世界——真实世界中的事实（数据），do 部分是对 X 干预的内容，由于变量 X 是变量 Z 的因，$Z=1$ 必然是干预的结果。由于在同一个世界中，$do(X=0)$ 和 $do(X=1)$ 不可能同时发生，因此"$do(X=0),Z=1$"和"$do(X=1),Z=1$"两个干预同时发生，则 do 对应的干预必定是针对不同的群体采取了不同的干预，而 $Z=1$ 在两个表达式中都代表最终干预的结果（这种说法的前提是在图模型结构中变量 X 是变量 Z 的原因）。这两个 do 算子表达式表达的意思是：在同一世界中对不同群体采取不同干预后，具有相同的结果；而在反事实的符号表达式中，$E[Y_{X=1}|Z=1]$ 和 $E[Y_{X=0}|Z=1]$ 是针对真实世界的同一个群体做出了不同的虚拟假设。$E[Y_{X=1}|Z=1]$ 中的 $Z=1$ 是真实世界发生的，而 $X=1$ 是虚拟世界假设的，两个条件分别属于不同的世界。如果将虚拟假设视为一种特殊的干预，则 $Z=1$ 属于干预前，而 $X=1$ 是干预内容，需要求解的变量 Y 属于干预后。根据 do 算子和反事实所表达意义的差异，结合前述 do 算子下的等式和反事实表达式下的不等式，可有

$$E[Y_{X=1}|Z=1] \neq E[Y|do(X=1),Z=1] \tag{5.17}$$

前面讨论了反事实表达式与 do 算子表达式的区别，包括是否对应不同世界、是否对应不同的研究对象，现在我们来看看两者的联系。事实上，相对于 do 算子表达式，反事实表达式表达能力更强，在一定条件下，反事实表达式可以退化为 do 算子表达式，反事实表达式可以对 do 算子表达式所描述的场景进行表达，而 do 算子表达式则无法对反事实表达式所描述的场景进行描述。

do 算子表达式 $E[Y|do(X=1),Z=1]$ 描述的场景可以用反事实的符号表达式予以表达。一般在反事实表达式的结构中，条件符号"|"后面是现实世界中的条件（也可称为"事实"），而"|"之前是虚拟世界中的假设条件及待求解变量。但我们也可以让条件符号"|"前后的内容对同一个世界的场景进行描述。比如，对于反事实表达式 $E[Y_{X=1}|Z=1]$，如果我们将原来描述现实世界场景的事实 $Z=1$ 用 $Z_{X=1}=1$ 代替，则有 $E[Y_{X=1}|Z_{X=1}=1]$，其中"|"后面的 $Z_{X=1}=1$ 表示在虚拟假设条件（干预）$X=1$ 后的变量 $Z=1$，"|"之前的 $Y_{X=1}$ 表示虚拟假设条件（干预）$X=1$ 下变量 Y 的取值，"|"前后的内容都是对虚拟假设世界的表达，因而 $E[Y_{X=1}|Z_{X=1}=1]$ 是对同一个世界场景的描述，这与 do 算子是对同一个世界的描述相同。所以，当反事实符号表达式中条件符号"|"前后的内容 $Y_{X=1}$ 与 $Z_{X=1}$ 都是对同一个世界（虚拟世界）的描述后，$E[Y_{X=1}|Z_{X=1}=1]$ 中的两个条件等价于 do 算子表达式中的"$do(X=1),Z=1$"条件，即有

$$E[Y_{X=1}|Z_{X=1}=1] = E[Y|do(X=1),Z=1]$$

需要重点注意的是，产生前述 do 算子表达式与反事实表达式的不等式关系（5.17）的前提是在图模型结构（或 SCM）中变量 X 是变量 Z 的原因。若在 SCM 中变量 X 是变量 Z 的结果，变量 Y 仍然直接受变量 Z 的影响，而不是直接受变量 X 的影响，则有

$$E[Y_{X=1}|Z=1] = E[Y|Z=1]$$
$$E[Y|do(X=1),Z=1] = E[Y|Z=1]$$

所以有
$$E[Y_{X=1}|Z=1]=E[Y|\text{do}(X=1),Z=1]$$

此时 do 算子表达式和反事实表达式相等。也可以从另外一个角度来理解这个等式,当变量 X 是变量 Z 的结果时,根据反事实的因果关系法则,有
$$Z_{X=1}=Z$$

即对结果 X 的反事实的假设对原因变量 Z 的取值没有影响。在前述关于 $E[Y_{X=1}|Z=1]\neq E[Y_{X=0}|Z=1]$ 的推导中,由于 X 变量是原因、变量 Z 是结果,在现实中 $X=0$ 的情况下,做反事实假设 $X=1$ 将导致 Z 发生改变,进而导致 Y 发生改变,从而产生上述不等式。现在 X 变量是结果而变量 Z 是原因,反事实假设不会导致 Z 的变化,也就不会导致变量 Y 的变化,上述不等式将转化为等式。当然,这个推导中用到了一个图模型结构的条件,变量 Y 直接受变量 Z 的影响,而不是直接受变量 X 的影响。这是我们上述推导得出不等式或等式的前提,若图模型结构中该条件发生变化,则相应的推导也会发生变化。

下面通过具体的例子来对反事实表达式和 do 算子表达式进行对比说明。采用式(5.16)对应的 SCM,假设外生变量 U_X 和 U_Z 为二值变量,取值为 0 或 1,$U_Y=0$ 即忽略变量 Y 的外生变量影响,其对应的图模型结构如图 5.4 所示。根据 SCM 中变量之间的函数关系,在不同外生变量取值组合 U_X 和 U_Z 的情况下,相应模型中各变量取值及反事实假设条件下变量 Y 和 Z 的取值如表 5.3 所示,其计算方法同表 5.1($Y_{X=1}$ 简写为 Y_1,$Z_{X=1}$ 简写为 Z_1,其他反事实变量同理)。

表 5.3 根据式(5.16)所代表的模型计算得到的 $X(u)$、$Z(u)$、$Y(u)$、$Y_x(u)$ 和 $Z_x(u)$ 值

		$X:=U_X,$	$Z:=aX+U_Z,$	$Y:=bZ+U_Y$				
U_X	U_Z	$X(u)$	$Z(u)$	$Y(u)$	$Y_0(u)$	$Y_1(u)$	$Z_0(u)$	$Z_1(u)$
0	0	0	0	0	0	ab	0	a
0	1	0	1	b	b	$(a+1)b$	1	$a+1$
1	0	1	a	ab	0	ab	0	a
1	1	1	$a+1$	$(a+1)b$	b	$(a+1)b$	1	$a+1$

相应有
$$E[Y_1|Z=1]=(a+1)b \tag{5.18}$$
$$E[Y_0|Z=1]=b \tag{5.19}$$
$$E[Y|\text{do}(X=1),Z=1]=b \tag{5.20}$$
$$E[Y|\text{do}(X=0),Z=1]=b \tag{5.21}$$

各等式的具体计算过程如下。

式(5.18) 计算在 $Z=1$ 的条件下假设 $X=1$ 时 Y 的期望。$Z=1$ 是真实发生的条件，假设 $X=1$ 是虚拟假设的条件，这是一个涉及两个世界——真实世界和虚拟世界的反事实计算。现在求解在真实条件 $Z=1$ 下，假设 $X=1$ 发生时变量 Y 的取值。根据表 5.3，$Z=1$ 为表中第 2 行，假设 $X=1$ 时 Y 的取值为表中第 7 列，同时满足这两个条件的只有表中第 2 行第 7 列的元素 $(a+1)b$，故不再需要做期望计算，有 $E[Y_1|Z=1]=(a+1)b$。

式(5.19) 计算在 $Z=1$ 的条件下假设 $X=0$ 时 Y 的期望。根据表 5.3，$Z=1$ 为表中第 2 行，假设 $X=0$ 时 Y 的取值为表中第 6 列，同时满足这两个条件的只有表中第 2 行第 6 列的元素 b，故不再需要做期望计算，有 $E[Y_0|Z=1]=b$。

式(5.20) 计算在通过干预让 $X=1$ 且 $Z=1$ 的条件下真实发生的 Y 的期望。这是一个只涉及真实世界的干预估计问题。根据表 5.3，$Z=1$ 为表中第 2 行，由于图模型结构中 X 对 Y 的影响通过 Z 来实现，故在 $Z=1$ 值确定的情况下，不再考虑 X 变量的取值，真实发生的 Y 的取值情况为表中第 5 列，满足 $Z=1$ 的 Y 取值只有表中第 2 行第 5 列的元素 b，故不再需要做期望计算，有 $E[Y|do(X=1),Z=1]=b$。

式(5.21) 计算在通过干预让 $X=0$ 时且 $Z=1$ 的条件下真实发生的 Y 的期望。同理，只考虑 $Z=1$，不考虑 X 变量的取值。满足 $Z=1$ 的 Y 取值只有表中第 2 行第 5 列的元素 b，故不再需要做期望计算，有 $E[Y|do(X=0),Z=1]=b$。

从上述计算结果可见：

1) $\{E[Y_1|Z=1]=(a+1)b\} \neq \{E[Y|do(X=1),Z=1]=b\}$ 验证了不等式(5.17)，说明两者表述的对象确有差异。

2) 令真实世界中的变量表示为 X、Z 和 Y，虚拟世界中对应的变量为 XX、ZZ 和 YY。虽然从图模型结构上看，在真实世界中，变量 X 对变量 Y 的影响被变量 Z 所屏蔽（根据图模型结构理论，链式结构 $X \rightarrow Z \rightarrow Y$ 中间节点变量 Z 取值固定时，两边的节点变量相互独立），在变量 Z 取值固定的情况下，变量 X 的变化对变量 Y 没有影响；但在真实世界中变量 Z 取值固定（比如 $Z=1$）的条件下，（反事实）虚拟假设变量 XX 发生变化，则会导致变量 YY 变化。

在本例中，YY 变量随 XX 变量而变化的解释如下。

在虚拟假设的反事实分析中，真实世界中变量 $Z=1$ 这个条件确定了真实世界分析中的目标群体及外生变量取值，在虚拟世界中，分析的目标群体及外生变量取值，还与真实世界相同。真实世界中变量 $Z=1$ 这个条件对于虚拟世界的唯一影响是确定了同样的分析目标群体和同样的外生变量，但无法确定在虚拟世界中对应的变量 ZZ 的取值。所以，根据反事实假设，当虚拟世界变量 XX 发生变化时，如从 $x1$ 变化到 $x2$，则相应虚拟世界中的变量 ZZ 也会发生变化，从 $z1$ 变化到 $z2$（因为外生变量不变）。由于 ZZ 发生变化，因此变量 YY 也会发生相应变化。在真实世界（一个世界）中，当链式结构的中间变量 Z 取值固定时，两个变量 X 和 Y 之间没有依赖关系；但反事实假设条件下，虽然在虚拟世界中变量之间关系仍然是 $XX \rightarrow ZZ \rightarrow YY$ 链式结构，但由于此时变量 ZZ 不再固定，这时 XX 和 YY 这两个变量会发生依赖关系，当变量 XX 发生变化时，变量 YY 也会发生相应变化。下面我们以式(5.16)对应的 SCM 为例，代入具体场景数据予以分析说明。

根据表 5.3 中的数据，假设 $b \neq 0$，有如下几种情况。

1) 当 $a \neq 1$ 且 $a \neq 0$ 时，条件 $Z=1$ 只有在外生变量 $U_X=0$ 且 $U_Z=1$ 时才能满足，根据表 5.3，Y、Y_0 和 Y_1 的取值都只有一个值，该值为期望值，因此，在前述根据表 5.3 进行反事实和 do 表达式的计算过程中，不需要应用 $P(u_X)$ 和 $P(u_Z)$ 进行概率平均计算期望，$E[Y_1|Z=1] \neq E[Y_0|Z=1]$。

2) 当 $a=1$ 时，则 $Z=1$ 的条件对应的外生变量取值组合有两种（表 5.3 中的第二和第三行），分别是 $(U_X=0, U_Z=1)$ 和 $(U_X=1, U_Z=0)$。由于此时 Y_0 和 Y_1 的取值都有两个值，因此其期望需要根据对应外生变量取值组合的概率来做加权平均。外生变量取值组合 $(U_X=0, U_Z=1)$ 的概率为 $P(U_X=0)P(U_Z=1)$，取值组合 $(U_X=1, U_Z=0)$ 的概率为 $P(U_X=1)P(U_Z=0)$。在此基础上，我们可计算反事实相关概率及期望如下：

设

$$P1 = P(U_X=0)P(U_Z=1)$$
$$P2 = P(U_X=1)P(U_Z=0)$$
$$P = P1 + P2$$

则

$$\begin{aligned}
E[Y_1|Z=1] &= (a+1)b * P1/P + ab * P2/P \\
&= 2b * P1/P + b * P2/P \quad （将 a=1 代入得） \\
&= b(2P1+P2)/P \\
&= b(P1+P2+P1)/P \\
&= b[(P1+P2)/P + P1/P] \\
&= b(1+P1/P) \quad （将 P=P1+P2 代入得）
\end{aligned}$$

即

$$E[Y_1|Z=1] = b\left(1 + \frac{P(U_X=0)P(U_Z=1)}{P(U_X=0)P(U_Z=1) + P(U_X=1)P(U_Z=0)}\right)$$

类似地有

$$E[Y_0|Z=1] = b * P1/P$$

即

$$E[Y_0|Z=1] = b\left(\frac{P(U_X=0)P(U_Z=1)}{P(U_X=0)P(U_Z=1) + P(U_X=1)P(U_Z=0)}\right)$$

显然，$E[Y_1|Z=1] \neq E[Y_0|Z=1]$，说明在真实世界中 $Z=1$ 的条件下，虚拟世界中变量 XX 的变化将导致变量 YY 的变化。

3) 当 $a=0$ 时，则 $Z=1$ 的条件对应的外生变量取值组合有两种（表 5.3 中的第二和第四行），也可以采用类似上述方法进行分析，这里不做详细讨论。

从上述结果中可总结以下两点。

1) 反事实期望的计算过程包括 2 步。

① 根据图模型 M，针对不同的外生变量 U 取值组合，分别计算其对应的变量 X、Z 和 Y 的取值；根据修正图模型 M_x，针对不同的外生变量 U 取值组合和假设变量 X 的取值，分别计算其对应的反事实假设下的变量 Z_x 和 Y_x 的取值。得到相应的（外生和内生）变量取值组合记录表。

② 在（外生和内生）变量取值组合记录表的基础上，根据反事实表达式中（真实世界或虚拟世界中）的条件及反事实变量，在记录表中筛选出相应的元素，再根据其发生的概率（一般对应于外生变量取值组合的概率），计算得到具体值或期望值。

2) $E[Y_1|Z=1]$ 大于 $E[Y_0|Z=1]$，证实了我们前面的分析。在研究处于同一个世界——真实世界时（一般用 do 算子来表达），同一世界中的变量 X、Z 和 Y 之间的关系遵从图模型结构及其对应的 SCM 函数关系。由于图模型的链式结构中，变量 Z 取值固定阻断了变量 X 对变量 Y 的影响，因此只要技能水平 $Z=1$ 不变，无论变量 X 取值如何变化都不会对变量 Y 造成影响；但在反事实分析的情况下，研究跨越两个世界，一个是真实世界，一个是虚拟世界。其中真实世界的变量表示为 X、Z 和 Y，虚拟世界的变量表示为 XX、ZZ 和 YY。现在条件是真实世界中的变量 $Z=1$，这个条件对反事实的虚拟世界的影响是，锁定了反事实分析时虚拟世界中目标对象群体及外生变量的取值，这是真实世界和虚拟世界的唯一连接（研究目标对象群体相同、外生变量相同），但这个条件并不能保证在虚拟世界中的变量 ZZ 与真实世界中的对应变量 Z 相同——$ZZ=Z=1$，即在两个世界的连接中，不包括分别在两个世界中的变量 Z 和 ZZ 相互一致。在虚拟世界中，变量 XX、ZZ 和 YY 仍然遵从原来的图模型结构及 SCM 函数关系，但当假设这部分员工接受了大学教育，即虚拟世界中的变量 XX 相对于真实世界中对应的变量 X 发生变化，则在虚拟世界中，由于变量 ZZ 的父节点变量 XX 发生变化，相应在虚拟世界中（其技能水平）变量 ZZ 就可能变化，进而导致在虚拟世界中变量 YY 的增加。

上述关于真实世界、虚拟世界变量之间关系的分析较为抽象，下面我们在图模型分析中引入"孪生网络"图模型技术，相应的分析过程将变得较为直观。

5.5 基于图模型的反事实分析

根据 SCM 可以进行量化的反事实分析，基于图模型无法进行量化的反事实分析，但基于图模型可以对反事实分析中变量之间的定性关系（相互独立还是相互依赖）进行直观的分析。本节将引入"孪生网络"图模型技术进行反事实的图模型分析。我们需要研究的真实世界图模型结构 M 如图 5.5a 所示，在虚拟假设条件 $X=x$ 下，应用孪生网络技术的孪生网络图模型结构如图 5.5b 所示。在图 5.5b 中，真实世界的图模型结构 M 在图 5.5 的虚线框外（含共用的外生变量 U_W、U_Y 和 U_{Z_2}），虚拟世界假设条件下的修改图模型结构 M_x 在虚线框内，孪生网络技术下的孪生网络图模型将真实世界下的图模型 M 和虚拟假设条件下的修改图模型 M_x 表现在一个图中。孪生网络技术中的图模型有以下三个特点。

1) 根据反事实分析的特点，真实世界和虚拟世界具有相同的节点变量集合。我们将真实世界和虚拟世界的节点变量进行对应命名，比如，真实世界中节点变量名为 X，则在虚拟世界中对应节点变量命名为 XX，真实世界中节点变量名为 Z_3，则对应虚拟世界中节点变量名为 ZZ_3，其余变量命名以此类推。

2) 虚拟世界的图模型根据假设条件 $X=x$，在真实世界图模型的基础上，删除相应的边得到。在图 5.5 中的虚线框内删除了指向节点 XX 的两条边 $WW_1 \to XX$ 和 $ZZ_3 \to XX$。真实世界和虚拟世界的图模型其余所有边都相同。

3) 由于反事实分析中，真实世界和虚拟世界图模型结构中的外生变量相同，在图 5.5 中，我们通过真实世界图模型 M 和虚拟世界图模型 M_x 共用外生变量节点 U_W、U_Y 和 U_{Z_2} 来表达。为简化图模型结构表达，这里仅考虑三个外生变量，但这不影响分析的结论。

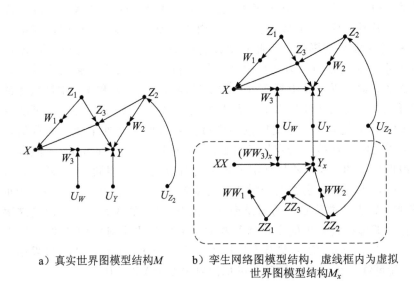

a) 真实世界图模型结构 M　　b) 孪生网络图模型结构，虚线框内为虚拟世界图模型结构 M_x

图 5.5 反事实的图模型分析

根据反事实假设 $X=x$，令节点变量 XX 取值为 x。同时根据式(5.5) 有 $Y_x(u)=Y_{M_x}(u)$，在虚拟世界图模型 M_x 下的变量 Y，即为原图模型 M 中的反事实变量 Y_x，我们在图 5.5 的虚拟世界图模型结构 M_x 中将该 Y 变量直接标注为 Y_x。在虚拟世界图模型结构 M_x 中，反事实假设 $X=x$ 对变量 XX 的后代节点变量也有影响，如图 5.5 中的 $(WW_3)_x$ 变量和 Y_x 变量，为表示其受反事实假设影响，这里增加了下标 x。

在真实世界图模型结构 M 中，针对有序节点变量对 (X,Y)，满足后门准则的节点变量集合 $Z=\{Z_3, W_1\}$，我们首先来分析在如图 5.5 所示的孪生网络图模型中，给定节点变量集合 Z 后，真实世界的变量 X 与虚拟世界的反事实变量 Y_x 是否相互独立？由图 5.5 可见，从节点 X 到节点 Y_x 的前门路径 $X \to W_3 \leftarrow U_W \to (WW_3)_x \to Y_x$ 在节点 W_3 处形成对撞结构，而 W_3 不在集合 Z 中，该路径被阻断；类似地，另一条前门路径 $X \to W_3 \to Y \leftarrow U_Y \to Y_x$ 在节点 Y 处形成对撞结构，也被阻断。节点 X 到节点 Y_x 的所有前门路径都被阻断。再看从节点 X 到节点 Y_x 的后门路径，也就是连接（非连通）节点 X 和节点 Y_x 的所有路径中，与节点 X 相连的边是指向节点 X 的路径。这些后门路径在真实世界网络中，部分与从节点 X 到节点 Y 的后门路径基本重合，比如从节点 X 到节点 Y_x 的后门路径 $X \leftarrow W_1 \leftarrow Z_1 \rightarrow Z_3 \leftarrow Z_2 \leftarrow U_{Z_2} \rightarrow ZZ_2 \rightarrow WW_2 \rightarrow Y_x$，其在真实世界网络中部分 $X \leftarrow W_1 \leftarrow Z_1 \rightarrow Z_3 \leftarrow Z_2$ 与节点 X 到节点 Y 的后门路径 $X \leftarrow W_1 \leftarrow Z_1 \rightarrow Z_3 \leftarrow Z_2 \rightarrow W_2 \rightarrow Y$ 基本重合。所以，在给定节点变量集合 Z 时，有序节点变量对 (X, Y) 的所有后门路径都被阻断，则相应从节点 X 到节点 Y_x 的后门路径也都被阻断（这里不做严格证明，详细内容见相关参考文献）。因此，在图 5.5 所示的孪生网络中，在给定变量集合 $Z = \{Z_3, W_1\}$ 阻断有序节点变量对 (X, Y) 的所有后门路径时，变量 X 与反事实变量 Y_x 相互独立。对于其他图模型结构，也有类似结论，相应有反事实后门准则。

反事实后门准则

若（真实世界）图模型结构中变量集合 Z 相对有序节点对 (X, Y) 满足后门准则，则在反事实假设条件 $X = x$ 下的反事实变量 Y_x 与变量 X 关于变量集合 Z 条件独立，即

$$P(Y_x | X, Z) = P(Y_x | Z) \tag{5.22}$$

若（真实世界）图模型结构中有序节点对 (X, Y) 后门路径被阻断，则在反事实假设条件 $X = x$ 下的反事实变量 Y_x 与变量 X 相互边缘独立，即

$$P(Y_x | X) = P(Y_x)$$

上式可以视为式(5.22)在变量集合 Z 为空集时的特例，也称为变量 X 相对变量 Y 具有强外生性，我们将在第 6 章做详细介绍。

根据反事实后门准则，可以推导得出类似计算干预因果效应的调整表达式，也称为反事实变量 Y_x 的调整表达式，从而可以基于观察性数据实现反事实变量 Y_x 的计算。具体推导如下：

$$\begin{aligned} P(Y_x = y) &= \sum_z P(Y_x = y | Z = z) P(Z = z) \\ &= \sum_z P(Y_x = y | Z = z, X = x) P(Z = z) \\ &= \sum_z P(Y = y | Z = z, X = x) P(Z = z) \end{aligned} \tag{5.23}$$

上述推导中，第一个等号是根据式(2.8) 将 $P(Y_x = y)$ 基于变量集合 Z 做全概率公式展开；第二个等号利用了反事实后门准则的条件独立性；第三个等号利用了反事实的一致性法则，反事实变量 Y_x 的取值应该与观察到的当变量 $X = x$ 时的 Y 变量值相等，或者说在变量 $X = x$ 的条件下 $Y = Y_x$，所以有 $P(Y_x = y | X = x) = P(Y = y | X = x)$，故有

$$P(Y_x = y | Z = z, X = x) = P(Y = y | Z = z, X = x)$$

反事实 $P(Y_x = y)$ 的调整表达式(5.23) 与 do 算子 $P(Y = y | do(x))$ 所对应的调整表

达式(4.3)很相似,其原因在于do算子的干预$X=x$与反事实假设$X=x$类似,唯一区别在于前者仅仅是在真实世界,而后者作用跨真实世界和虚拟世界。同样,基于反事实的调整表达式,通过寻找真实世界图模型结构中符合后门准则的变量集合Z,我们可以完全基于观察性数据,通过对变量集合Z写出调整表达式,实现反事实变量的计算。

在图5.4所示的教育水平、技能水平和工资水平关系模型中,我们通过SCM中各个变量之间的函数关系式,分析说明了在真实世界中给定技能水平Z的取值,比如$Z=1$,反事实假设$X=x$取值的变化对最终的工资水平Y有影响,即:

$$E[Y_x|Z=z] \neq E[Y_{x'}|Z=z]$$

其中变量Z属于真实世界,而变量X和Y_x都属于虚拟假设世界。

我们也可以从图模型结构的角度推导得到这个结论。为此我们应用"孪生网络"作为反事实分析的图模型工具。以图5.4所示的教育水平、技能水平和工资水平关系模型图模型为例,其对应的反事实分析"孪生网络"图模型如图5.6所示。

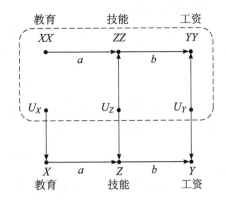

图5.6 教育水平、技能水平与工资水平关系模型孪生网络

在图5.6中,内生变量X、Z和Y代表真实世界中的教育水平、技能水平和工资水平变量,内生变量XX、ZZ和YY代表虚拟假设世界中的教育水平、技能水平和工资水平变量。根据反事实分析的特点,真实世界和虚拟假设世界具有共同的外生变量,所以,真实世界和虚拟假设世界共享同样的外生变量U_X、U_Z和U_Y。同时,反事实假设$X=x$在孪生网络中则是变量$XX=x$,相应删除从外生变量U_X到节点变量XX的边,最终得到如图5.6所示的孪生网络图模型结构,其中虚线框内为虚拟假设条件下的修改图模型结构M_x。在真实世界中给定变量Z的条件下,分析虚拟假设世界变量XX的取值假设$XX=x$是否对反事实变量Y_x有影响。在图5.6所示的孪生网络中,反事实变量Y_x即变量YY,因此,问题转化为分析孪生网络中变量XX与变量YY(虚拟世界中)是否d-划分。由于变量Z取值给定,并不能导致虚拟世界变量ZZ取值固定,因此链式结构$XX \to ZZ \to YY$连通,因此,在变量Z取值给定的条件下,变量XX与变量YY(Y_x)相互依赖,所以有

$$E[Y_x|Z=z] \neq E[Y_{x'}|Z=z]$$

显然,通过孪生网络图模型的分析,我们能够比较简单地分析出反事实假设条件下,(真实世界或虚拟世界中)各个变量之间的独立或依赖关系。孪生网络图模型通过真实世界网络和虚拟世界网络相互共享外生变量的图模型形式,反映了真实世界和其对应的虚拟假设世界变量之间的关系。如果反事实分析中有多个反事实虚拟假设,则可构建含有

多个虚拟假设网络的孪生网络图模型，其中各个虚拟假设网络和真实世界网络都具有相同的外生变量。

5.6 SCM 参数未知及线性环境下的反事实分析

5.6.1 SCM 参数未知条件下的反事实分析

在 SCM 结构因果模型已知的情况下，当给定观察性样本数据时，我们可以根据模型参数计算得到相应的外生变量，在此基础上实现反事实的分析、计算，进一步通过概率加权平均得到各种内生变量、反事实变量的期望值，具体步骤见 5.3 节。但在实际工作中，经常是 SCM 模型参数未知或部分未知，并且我们只能通过（观察性）试验，获得 SCM 中内生变量的观察样本数据集，在这样的条件下，如何通过有限的观察样本数据来进行反事实的分析计算呢？这是本节将要介绍的内容。

我们以图 5.1 所示的"校外补习"案例为例来讨论。在模型参数已知的情况下，我们可以通过确定性反事实计算的步骤分析、计算得到相关数据，如表 5.4 所示。在这个案例中，我们分析研究 10 个学生的数据，每个学生数据对应于表中的一行数据。根据每个学生的内生变量的观察性数据，计算得到与该学生相对应的一组外生变量的取值组合 $U_i = (U_X, U_H, U_Y)$，这个外生变量的取值组合反映了该学生的特性。外生变量的相关数据在表 5.4 中左边前 3 列。

表 5.4 与图 5.1 模型对应的观察数据及潜在结果计算数据

编号	学生特点			观察值			潜在结果（反事实变量）值				
	U_X	U_H	U_Y	X	Y	H	Y_0	Y_1	H_0	H_1	Y_{00}
1	0.5	0.5	0.5	0.5	1.2	0.75	0.7	1.6	0.5	1	0.5
2	0.3	0.4	0.5	0.3	0.9	0.6	0.66	1.56	0.4	0.9	0.5
3	0.7	0.3	0.5	0.7	1.3	0.7	0.62	1.52	0.3	0.8	0.5
4	0.6	0.5	0.3	0.6	1.04	0.8	0.5	1.4	0.5	1	0.3
5	0.5	0.8	0.9	0.5	1.67	1.05	1.22	2.12	0.8	1.3	0.9
6	0.7	0.9	0.3	0.7	1.29	1.25	0.66	1.56	0.9	1.4	0.3
7	0.2	0.3	0.8	0.2	1.1	0.4	0.92	1.82	0.3	0.8	0.8
8	0.6	0.3	0.7	0.6	1.4	0.6	0.82	1.72	0.3	0.8	0.7
9	0.5	0.7	0.4	0.5	1.1	1	0.68	1.58	0.7	1.2	0.4
10	0.6	0.9	0.4	0.6	1.3	1.2	0.76	1.66	0.9	1.4	0.4

在 SCM 模型参数已知的条件下，在计算得到了与某个学生相对应的三元组 (U_X, U_H, U_Y) 后，我们可以计算得到与该学生相对应的所有内生变量和反事实变量（表 5.4 中表示为潜在结果）。在表 5.4 中，X、Y 和 H 列是内生变量的取值情况，而 Y_0、Y_1、H_0、H_1 分别是变量 $X=0$ 和 $X=1$ 时的反事实变量取值情况。我们也可以通过对两个变

量做假设 $X=0.5$ 和 $H=2.0$，得到相应的反事实变量 $Y_{X=0.5, H=2.0}$。在计算得到各个内生变量和反事实变量（潜在结果）取值的基础上，可以进一步通过概率加权平均，得到各种内生变量、反事实变量的期望值。

如果已知 SCM 模型参数，我们可以根据内生变量的观察数据 $\{X, H, Y\}$，反推与研究目标对象——对应的外生变量三元组 (U_X, U_H, U_Y) 的取值组合，进而计算反事实变量。但如果模型参数未知，则基于内生变量的观察数据 $\{X, H, Y\}$ 很难推导出与研究目标对象个体相对应的外生变量三元组 (U_X, U_H, U_Y)，也就无法推导反事实变量 $\{Y_1, Y_0\}$。唯一能够推导出的反事实变量数值是符合反事实一致性法则的反事实变量数值。比如，针对特定个体，可以推导得出该个体的 Y_1 等于该个体在 $X=1$ 时的变量 Y 观察值，Y_0 等于其在变量 $X=0$ 时的变量 Y 观察值。除此以外，其他针对个体的反事实变量很难根据获取的内生变量观察性数据推导计算得到。因此，在实际的工作环境中，当我们既无法获取外生变量的取值 (U_X, U_H, U_Y) 又无法得到 SCM 模型的参数时，将难以按照上述方法推导计算针对特定个体的反事实变量。但反事实变量在总体层面上的期望值，有没有可能通过内生变量的观察数据推导近似计算得到呢？答案是肯定的。

在既不知道外生变量的取值 (U_X, U_H, U_Y) 也不知道 SCM 模型参数时，在一定条件下，我们可以根据非干预性试验所获得的内生变量观察性数据，近似计算反事实变量在总体层面的统计均值。我们仍然以"校外补习"案例为例来介绍。

假设现在对应于个体的外生变量未知、模型参数也未知，考虑比较简单的情况，变量 X 只有两个取值，即 0 或 1。我们希望通过（观察性）试验获得的观察性数据，来近似计算学生在补习和不补习这两种情况下考试成绩的平均值，即反事实变量的统计值 $E(Y_1)$ 和 $E(Y_0)$，以及补习对学生考试成绩的平均提升作用，即 $E(Y_1 - Y_0)$。

假设在设计的试验中有 10 个学生参与试验，显然，参加试验的学生人数越多，样本量越大，近似计算值与统计值越接近，这里为简化表格数据，假设只有 10 个学生参与试验。在试验中，每个学生对应的内生变量 X 取值为 $X=0$ 或 $X=1$，相应试验观察到的数据如表 5.5 中最右边两列所示。其中，第 1、5、6、8 和 10 行数据是观察到学生的变量 $X=0$ 时变量 Y 的观察数据 $Y | X=0$；其余行的数据是观察到学生的变量 $X=1$ 时的变量 Y 观察数据 $Y | X=1$。表 5.5 中左边两列来自表 5.4 中的 Y_0 和 Y_1，是在假设模型参数已知的条件下，根据已知的模型参数及观察数据计算所得的反事实变量（在表 5.4 中称为潜在结果）数值，这里用于与基于观察性数据计算得到的统计结果进行对比。

下面在未知模型参数且仅有观察性数据的条件下，分别计算 $E(Y_1)$ 和 $E(Y_0)$。由于

$$E(Y_x) = \sum_y P(Y_x = y) * y$$

因此需要首先计算概率分布 $P(Y_1 = y)$ 和 $P(Y_0 = y)$，并将其表达为观察性数据形式（条件概率）。根据图 5.1 所示的图模型结构，对于有序节点变量对 (X, Y)，没有从节点变量 X 到节点变量 Y 的后门路径，根据反事实后门调整表达式可有

$$P(Y_x = y) = \sum_z P(Y = y | Z = z, X = x) P(Z = z) = P(Y = y | X = x)$$

其中变量集合 Z 为空集。变量 X 和变量 Y 之间满足等式 $P(Y_x=y)=P(Y=y|X=x)$，我们也称为两个变量之间具有外生性，后面将对此内容进行详细介绍。

因此有

$$P(Y_1=y)=P(Y=y|X=1)$$
$$P(Y_0=y)=P(Y=y|X=0)$$

故

$$E[Y_1]=\sum_y P(Y_1=y)*y=\sum_y P(Y=y|X=1)*y$$

表 5.5 中对 10 个学生做随机观察性试验得到的数据不失一般性，可以认为在变量 $X=1$ 的学生中，各个观察到的变量 Y 的取值（数据行）概率 $P(Y=y|X=1)$ 相同，则上式为

$$E[Y_1]=\sum_y P(Y_1=y)*y=\sum_y P(Y=y|X=1)*y=E[Y|X=1]$$

根据表 5.5 中的数据，近似计算得到的 $E[Y|X=1]$ 即为最右边一列的均值。

同理有

$$E[Y_0]=E[Y|X=0]$$

根据表 5.5 近似计算得到的 $E[Y|X=0]$ 即为右数第二列的均值。

相应有

$$E(Y_1-Y_0)=E[Y_1]-E[Y_0]=E[Y|X=1]-E[Y|X=0]$$

根据表 5.5 右边两列观察性数据，近似计算可有

$$E[Y_1]\approx 1.61, E[Y_0]\approx 0.804$$

则

$$E(Y_1-Y_0)=E[Y_1]-E[Y_0]\approx 0.806$$

而根据表 5.5 左边两列由模型参数计算得到的数据，可有

$$E'[Y_1]=1.654, E'[Y_0]=0.754$$

则

$$E'(Y_1-Y_0)=E'[Y_1]-E'[Y_0]=0.9$$

统计数据 $E(Y_1-Y_0)$ 根据观察性数据估计为 0.806，根据模型参数计算值为 0.9，两者不相等，这是因为根据观察性数据计算时是在有限样本下近似计算，随着样本量的增加，观察性数据计算得到的结果值将无限逼近根据模型参数计算得到的结果值。

由此可见，在实际工作中，在既不知道外生变量的取值也不知道 SCM 模型参数的条件下，虽然难以根据（非干预）观察性试验得到的内生变量观察性数据推导出与个体相

对应的反事实变量,但在一定条件下,我们仍然可以通过观察性试验所获得的内生变量观察性样本数据,近似计算反事实变量在总体层面的统计均值,且近似计算的精确度随着试验样本量的增加而总体呈增加趋势。

表 5.5 与图 5.1 模型对应的变量 Y 观察性数据及潜在结果计算数据比较

编号	变量 Y 潜在结果计算数据		变量 Y 观察性数据	
	Y_0	Y_1	$Y\|X=0$	$Y\|X=1$
1	0.7	1.6	0.8	*
2	0.66	1.56	*	1.81
3	0.62	1.52	*	1.51
4	0.5	1.4	*	1.55
5	1.22	2.12	1.1	*
6	0.66	1.56	0.76	*
7	0.92	1.82	*	1.92
8	0.82	1.72	0.74	*
9	0.68	1.58	*	1.26
10	0.76	1.66	0.62	*

计算值 $E'(Y_1-Y_0)$ 试验值 $E(Y_1-Y_0)$

5.6.2 线性模型在给定事实条件下的反事实分析

当 SCM 中模型参数未知时,难以根据(非干预)观察性试验获得的样本数据集针对个体推导计算出其反事实变量,但在一定条件下,我们可以通过试验采集得到的观察性样本数据,对反事实变量的统计均值 $E(Y_x)$ 进行近似估算,估算的精度随着试验样本量的增加而总体呈增加趋势,这是 5.6.1 节介绍的内容。在工作中,我们有时需要对给定事实条件下的反事实变量统计均值 $E[Y_{X=x}|Z=z]$ 进行计算,比如,在药物效果评估中,我们需要在患者已经服用药物的条件下,比较患者服用和不服用药物的平均效果,假设 $X=1$ 表示患者服用药物、$X=0$ 表示患者没有服用药物,患者康复状况用变量 Y 的取值表示,则需要分别计算 $E[Y_{X=1}|X=1]$ 和 $E[Y_{X=0}|X=1]$。$E[Y_{X=1}|X=1]$ 可以根据反事实的一致性法则得到,而 $E[Y_{X=0}|X=1]$ 因为没有对应的观察性数据,所以难以采用 5.6.1 节的方法根据观察性试验样本数据进行近似计算。类似这样的反事实变量统计均值,通常很难在观察性试验样本数据的基础上进行估算。但是,如果 SCM 模型是线性模型,则问题要简单得多,由于变量之间的函数关系为线性关系,因此可以根据 4.6 节介绍的方法通过(非干预)观察性试验采集观察性数据,计算模型参数(路径系数),进而得到模型中变量之间的函数关系,再根据模型中的函数关系,计算得到反事实分析中的相关数据。但假如针对一个线性模型,基于现有的样本观察数据,我们不能计算得到所有的模型参数(路径系数),在这种场景下如何计算反事实变量统计均值?相应地,线性模型的反事实计算法则如下。

线性模型反事实计算法则

如果线性模型存在事实 e,让模型的 do 算子表达式 $E[Y|\mathrm{do}(x)]$ 可计算,则该模型的反事实数据 $E[Y_x | Z=e]$ 可计算。

设

$$T = E[Y|\mathrm{do}(x+1)] - E[Y|\mathrm{do}(x)] \tag{5.24}$$

T 为变量 X 对变量 Y 的总效应,则对任意的事实 $Z=e$,都有

$$E[Y_{X=x}|Z=e] = E[Y|Z=e] + T(x - E[X|Z=e]) \tag{5.25}$$

式(5.25)中反事实计算法则可以直观地解释为:线性模型在给定事实 $Z=e$ 的条件下,反事实的期望 $E[Y_{X=x}|Z=e]$ 可以分为两部分,一部分是在不考虑假设条件 $X=x$ 但给定事实 $Z=e$ 条件下变量 Y 的期望,另一部分等于变量 X 的假设条件值 x 相对于在给定事实 $Z=e$ 下变量 X 的期望值的偏移乘以总效应 T。式(5.25)表明,在计算反事实变量统计均值时,只要模型的 do 算子表达式 $E[Y|\mathrm{do}(x)]$ 可计算,则对应总效应 T 可计算,该模型的反事实数据 $E[Y_X|Z=e]$ 可根据存在的事实 e(样本观察数据)进行计算。

根据 4.6.2 节中总效应的概念和式(5.24),对于线性模型显然有

$$E[Y|\mathrm{do}(x)] - E[Y|\mathrm{do}(X=E[X|Z=e])] = T(x - E[X|Z=e]) \tag{5.26}$$

故线性模型的反事实计算法则等式(5.25)又可写为如下形式

$$E[Y_{X=x}|Z=e] = E[Y|Z=e] + E[Y|\mathrm{do}(x)] - E[Y|\mathrm{do}(X=E[X|Z=e])] \tag{5.27}$$

线性模型反事实计算法则可推导如下。

由于为线性模型,因此我们需要研究的目标变量——变量 Y 的函数关系式可简化为(这里为简化书写,将":="写为"=")

$$Y = TX + I + U \tag{5.28}$$

其中 T 满足式(5.24),为变量 X 对变量 Y 的总效应,具体计算方式见 4.6.2 节线性系统总效应的计算,I 代表除变量 X 以外的其他所有内生变量对变量 Y 的总效应,变量 U 代表外生变量。对于式(5.28),令 $X=x$,则有

$$Y_{X=x} = Tx + I + U \tag{5.29}$$

对式(5.29)两边在给定事实 e 的条件下取期望,则有

$$E[Y_{X=x}|Z=e] = Tx + E[(I+U)|Z=e] \tag{5.30}$$

再对式(5.28)两边在给定事实 e 的条件下取期望,有

$$E[Y|Z=e] = TE[X|Z=e] + E[(I+U)|Z=e] \tag{5.31}$$

式(5.31)移项可有

$$E[(I+U)|Z=e]=E[Y|Z=e]-TE[X|Z=e] \qquad (5.32)$$

将式(5.32)代入式(5.30)再整理,即得线性模型反事实计算法则

$$E[Y_{X=x}|Z=e]=E[Y|Z=e]+T(x-E[X|Z=e])$$

这说明在线性模型中,只要变量 X 对变量 Y 的总效应已知,则在给定事实 $Z=e$ 条件下,反事实的期望 $E[Y_{X=x}|Z=e]$ 就可通过线性模型反事实计算法则进行简化计算,而不需要先根据给定事实求解模型外生变量和所有的模型参数。下面讨论在三种不同类型的事实 $Z=e$ 下的反事实计算法则形式。

1) 当事实 $Z=e$ 为 $X=x'$,$Y=y'$,用 $X=x'$,$Y=y'$ 替换式(5.25)中的 $Z=e$,则相应式(5.25)为

$$E[Y_{X=x}|X=x',Y=y']=y'+T(x-x') \qquad (5.33)$$

说明,此时反事实变量 $Y_{X=x}$ 的期望值为变量 Y 的观察值加上变量 X 假设值与观察值的差乘以变量 X 对变量 Y 的总效应。

2) 当事实 $Z=e$ 为 $X=x'$,用 $X=x'$ 替换式(5.25)中的 $Z=e$,则有

$$\begin{aligned}E[Y_{X=x}|X=x']&=E[Y|X=x']+T(x-x')\\&=rx'+T(x-x')\\&=rx'+E[Y|do(x)]-E[Y|do(X=x')]\end{aligned} \qquad (5.34)$$

上述推导中,第一个等号是用 $X=x'$ 替换式(5.25)中的 $Z=e$;第二个等号是利用线性模型回归系数定义,其中 r 为变量 Y 对变量 X 的回归系数;第三个等号是利用式(5.26)。

3) 当事实 $Z=e$ 为 $Y=y'$,用 $Y=y'$ 替换式(5.25)中的 $Z=e$,则有

$$\begin{aligned}E[Y_{X=x}|Y=y']&=y'+T[x-E[X|Y=y']]\\&=y'+E[Y|do(x)]-E[Y|do(X=r'y')]\end{aligned} \qquad (5.35)$$

其中第二个等号对于 $T[x-E[X|Y=y']]$ 利用了式(5.26)。式(5.26)中的 $Z=e$ 替换为 $Y=y'$,同时 $E[Y|do(X=E[X|Z=e])]$ 等价于 $E[Y|do(X=r'y')]$,则得到式(5.35),其中 r' 是变量 Y 对变量 X 的回归系数。

线性模型反事实计算法则的应用

基于线性模型反事实计算法则,可以简化线性模型在给定事实条件下反事实变量的统计均值的求解。在前述图5.1所示的"校外补习"案例中,基于事实 $e=\{X=1,H=1,Y=1.5\}$ 计算反事实变量 $Y_{H=2}$,是先通过事实计算外生变量,再根据模型中的函数关系计算反事实变量。现在,由于该案例中 SCM 模型为线性模型,因此可以直接应用线性模型反事实计算法则来对反事实变量的统计均值进行简化计算。

在"校外补习"案例中,我们现在需要求解在学生已经完成校外补习的条件下,校外补习对考试成绩提高的影响,即 $E[Y_1-Y_0|X=1]$。

显然
$$E[Y_1-Y_0|X=1]=E[Y_1|X=1]-E[Y_0|X=1]$$

根据反事实的一致性法则，有
$$E[Y_1|X=1]=E[Y|X=1]$$

需要计算 $E[Y_0|X=1]$，利用线性模型反事实计算法则式(5.25)计算 $E[Y_0|X=1]$，假设变量 X 对变量 Y 的总效应为 T，则有

$$\begin{aligned}E[Y_0|X=1]&=E[Y|X=1]+T(x-E[X|X=1])\\&=E[Y|X=1]+T(0-E[X|X=1])\\&=E[Y|X=1]+T(0-1)\\&=E[Y|X=1]-T\end{aligned}$$

上述推导中，第一个等号是直接应用线性模型反事实计算法则，即式(5.25)；第二个等号是代入 $x=0$；第三个等号是因为 $E[X|X=1]=1$。

故有

$$\begin{aligned}E[Y_1-Y_0|X=1]&=E[Y_1|X=1]-E[Y_0|X=1]\\&=E[Y|X=1]-(E[Y|X=1]-T)\\&=T\end{aligned}$$

即在学生已经完成校外补习的条件下，校外补习对考试成绩提高的影响等于变量 X 对变量 Y 的总效应，而从图 5.1 可知，$T=b+ac=0.9$。

更一般地，在研究变量 X 对变量 Y 的影响中，我们将 $E[Y_1-Y_0|X=1]$ 称为"已处理条件下的平均处理效应"(Effect of Treatment on the Treated，ETT)，即

$$\text{ETT}=E[Y_1-Y_0|X=1] \tag{5.36}$$

由上述"校外补习案例"中 ETT 的计算结果可知，在该案例中，"已处理条件下的处理效应"ETT 与总效应 T 相等，而与是否处理的事实 $Z=e$ 无关，该结论适用于任何线性系统。对于非线性系统（由于变量 Y 的表达式中有非线性项）则上述结论不成立。

5.7 中介分析

在第 4 章关于直接因果效应的分析中，直接因果效应定义为通过直接相连边的有向路径实现的因果效应，在其数学化定义中，中介变量保持不变和干预变量变化均通过 do 算子实现，相应直接因果效应为受控直接因果效应。本章在反事实工具的基础上，将直接因果效应的定义由受控直接效应扩展到更一般化的情况——不要求中介变量取值不变，第 4 章介绍的受控直接效应将是直接因果效应中的一个特例。同时，也对间接因果效应进行数学化定义，相关内容称为中介分析。

5.7.1 自然直接效应和自然间接效应的定义

首先假设中介分析的图模型结构如图 5.7 所示，SCM 模型的一般化形式如下：

$$\begin{aligned} T &:= f_T(U_T) \\ M &:= f_M(T, U_M) \\ Y &:= f_Y(T, M, U_Y) \end{aligned} \tag{5.37}$$

其中 T 是干预变量、M 是中介变量、Y 是结果变量，这三个变量是内生变量，可以是连续或离散随机变量。f_T、f_M 和 f_Y 是任意函数，U_T、U_M 和 U_Y 是分别对应于内生变量 T、M 和 Y 的外生变量。三元组 (U_T, U_M, U_Y) 构成一个决定模型具体应用场景的随机向量。

根据式(5.37)对应的 SCM 及反事实的相关符号表达式，针对图 5.7 所示的图模型结构，干预变量 T 从 $T=t$ 变化到 $T=t'$（在干预变量为二值变量的情况下简化为从 $T=0$ 变化到 $T=1$）时，相应有四种因果效应的定义。

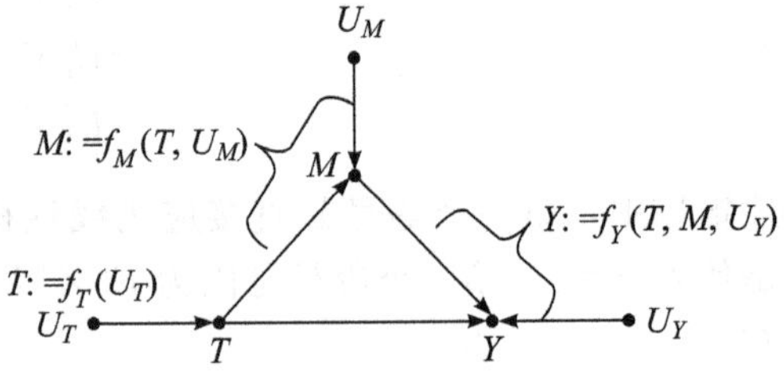

图 5.7 中介分析图模型结构

(1) 总效应

$$\begin{aligned} \text{TCE} &= E[Y_{t'} - Y_t] \\ &= E[Y|\text{do}(T=t')] - E[Y|\text{do}(T=t)] \end{aligned}$$

二值变量情况下简化为

$$\begin{aligned} \text{TCE} &= E[Y_1 - Y_0] \\ &= E[Y|\text{do}(T=1)] - E[Y|\text{do}(T=0)] \end{aligned} \tag{5.38}$$

TCE 度量当干预变量 T 从 $T=t$ 变化到 $T=t'$（二值变量情况下，从 $T=0$ 变化到 $T=1$）时结果变量 Y 的期望的增加值，这时对中介变量 M 的取值不做限定，其根据 SCM 中的函数 f_M，随干预变量 T 的变化而自然变化。

(2) 受控直接效应

$$\begin{aligned} \text{CDCE}(m) &= E[Y_{t',m} - Y_{t,m}] \\ &= E[Y|\text{do}(T=t', M=m)] - E[Y|\text{do}(T=t, M=m)] \end{aligned}$$

二值变量情况下简化为

$$\begin{aligned} \text{CDCE}(m) &= E[Y_{1,m} - Y_{0,m}] \\ &= E[Y|\text{do}(T=1, M=m)] - E[Y|\text{do}(T=0, M=m)] \end{aligned} \tag{5.39}$$

CDCE 度量当中介变量 M 通过干预设置为 $M=m$ 时，干预变量 T 从 $T=t$ 变化到 $T=t'$（二值变量情况下，从 $T=0$ 变化到 $T=1$）时，结果变量 Y 的期望的增加值。显然，

CDCE(m) 的取值与 m 相关，比如，可能当 $m=0$ 时

$$\text{CDCE}(0)=E[Y_{1,0}-Y_{0,0}]=0$$

而当 $m=20$ 时

$$\text{CDCE}(20)=E[Y_{1,20}-Y_{0,20}]=1$$

受控直接效应中的"受控"就是要将中介变量 M 人为干预控制到一个指定的值。

(3) 自然直接效应（Natural Direct Causal Effect，NDCE）

$$\text{NDCE}=E[Y_{t',M_t}-Y_{t,M_t}]$$

二值变量情况下简化为

$$\text{NDCE}=E[Y_{1,M_0}-Y_{0,M_0}] \quad (5.40)$$

NDCE 度量当干预变量 T 从 $T=t$ 变化到 $T=t'$（二值变量情况下，从 $T=0$ 变化到 $T=1$）时结果变量 Y 的期望的增加值，但其中中介变量 M 取值保持为变量 $T=t$ 时的值 M_t（即 M 取值为对 T 实施干预前变量 M 的自然取值）。NDCE 排除了中介变量 M 变化导致的结果变量 Y 的变化。自然直接效应中的"自然"，就是不人为干预控制中介变量 M 的值，而是让其取值为对 T 实施干预前变量 M 的自然取值，这个具体数值是实际发生而非人为干预确定的，虽然让其取值保持不变是人为干预实现的。

(4) 自然间接效应（Natural Indirect Causal Effect，NICE）

$$\text{NICE}=E[Y_{t',M_{t'}}-Y_{t',M_t}]$$

二值变量情况下简化为

$$\text{NICE}=E[Y_{1,M_1}-Y_{1,M_0}] \quad (5.41)$$

NICE 度量当干预变量 T 保持不变为 $T=t'$（为干预后的取值）时，结果变量 Y 的期望的增加值，但其中中介变量 M 的取值会发生变化，从干预变量 $T=t$ 时对应的 M 的值 M_t 变化到 $T=t'$ 时对应的 M 的值 $M_{t'}$。NICE 度量了结果变量 Y 的变化中，由于 T 变化导致 M 变化，进而导致 Y 变化的部分，即只考虑了 M 变量变化导致的变量 Y 的变化，而排除了 T 变量变化本身所导致的 Y 变量的变化。同样，自然间接效应中的"自然"，也是不人为干预控制中介变量 M 的值，而是让其取值为对 T 实施干预前后变量 M 的自然取值，这个数值是实际发生而非人为干预确定的。

以上所有效应的定义均针对总体，是通过对总体中各个个体做期望而得到的。所有的期望实际均是针对（随机）外生变量 U_M 和 U_Y 执行。

(5) 各种效应之间的关系

$$\text{TCE}=E[Y_{t'}-Y_t]$$

为当干预变量 T 从 $T=t$ 变化到 $T=t'$（二值变量情况下，从 $T=0$ 变化到 $T=1$）时结果

变量 Y 的期望的增加值。由于不对中介变量进行控制，因此当干预变量从 $T=t$ 变化到 $T=t'$ 时，中介变量 M 的取值自然会发生变化，从干预变量 $T=t$ 时对应的 M 的值 M_t，变化到 $T=t'$ 时对应的 M 的值 $M_{t'}$。因此

$$TCE = E[Y_{t'} - Y_t] = E[Y_{t',M_{t'}} - Y_{t,M_t}]$$

进行以下变换

$$Y_{t',M_{t'}} - Y_{t,M_t} = Y_{t',M_{t'}} - Y_{t',M_t} + Y_{t',M_t} - Y_{t,M_t} = (Y_{t',M_{t'}} - Y_{t',M_t}) + (Y_{t',M_t} - Y_{t,M_t})$$

即各种效应之间有关系：

$$TCE = NDCE + NICE \qquad (5.42)$$

根据式 (5.42)，TCE、NDCE 和 NICE 三者中，只要得到其中任意两个数值，则第三个数值可得。

根据第 4 章式 (4.27) 中 CDCE（其中中介变量为 Z，而本节中介变量为 M）的表达式，CDCE 可以表示为 do 算子形式，因此，CDCE(m) 可以通过干预试验得到的数据计算，也可以根据前门调整表达式或后门调整表达式，或者多变量干预的截断因子分解表达式，在观察数据的基础上计算而得。NDCE 和 NICE 的计算相对更复杂，只有在一定的假设条件下以反事实符号表达式为工具才能计算。

5.7.2 自然直接效应和自然间接效应的计算

由于实际应用中图模型结构的复杂性，NDCE 和 NICE 的量化计算很复杂，因此，通常在一定简化假设条件下对 NDCE 和 NICE 进行量化计算。在实际应用场景中进行 NDCE 和 NICE 计算时，我们总是通过变量变换，以满足简化假设条件的要求，实现量化计算。

为分析量化计算所需要的简化假设条件，我们引入的图模型结构如图 5.8 所示。其中，干预变量为 T，结果变量为 Y，中介变量为 M，与中介分析相关的变量为 W_1、W_2 和 W_3（$W = \{W_1, W_2, W_3\}$）。W_1（图中表示为一个变量，实际可为变量的集合）是干预变量 T 和结果变量 Y 的混杂因子，W_2（图中表示为一个变量，实际可为变量的集合）是中介变量 M 和结果变量 Y 的混杂因子，W_3（图中表示为一个变量，实际可为变量的集合）是干预变量 T 和中介变量 M 的混杂因子。图中 W_1 和 W_2

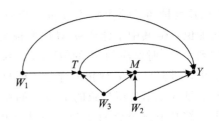

图 5.8 中介分析中干预变量、中介变量、结果变量及相关混杂因子变量间关系图模型

之间没有联系，但如果有联系，也不影响下述讨论结果。NDCE 和 NICE 可以通过观察性数据量化计算的充分条件为：

● A-1 所有干预变量 T 和结果变量 Y 的混杂因子可测量；

- A-2 所有中介变量 M 和结果变量 Y 的混杂因子可测量；
- A-3 所有干预变量 T 和中介变量 M 的混杂因子可测量；
- A-4 所有中介变量 M 和结果变量 Y 的混杂因子都不受干预变量 T 的影响。

在满足上述条件基础上，则有 NDCE 和 NICE 的计算公式为：

$$\begin{aligned} \text{NDCE} &= E[Y_{t',M_t} - Y_{t,M_t}] \\ &= \sum_m \{E[Y \mid T=t', M=m] - E[Y \mid T=t, M=m]\} P(M=m \mid T=t) \end{aligned}$$

(5.43)

$$\begin{aligned} \text{NICE} &= E[Y_{t',M_{t'}} - Y_{t',M_t}] \\ &= \sum_m E[Y \mid T=t', M=m][P(M=m \mid T=t') - P(M=m \mid T=t)] \end{aligned}$$ (5.44)

其中，小写字母为对应变量的取值，如 t' 表示 $T=t'$，$\sum_m f(x,m)$ 表示对变量 M 不同取值的 $f(x,m)$ 求和。在图 5.8 中，条件 A-1 即要求变量 W_1 可测量，条件 A-2 即要求变量 W_2 可测量，条件 A-3 即要求变量 W_3 可测量，条件 A-4 即要求没有从变量 T 指向变量 W_2 的箭头。这里不做详细推导，具体可参考相关文献。

需要注意的是，如果试验设计中对干预变量 T 进行随机化（实施干预和不实施干预的样本随机化产生），则干预组（或非干预组）样本数据的生成不受其他变量的影响，与干预变量 T 相关的混杂因子不存在，条件 A-1 和 A-3 的要求将得到满足，因为对干预变量 T 进行随机化，可以使混杂因子 W_1 和 W_3 为空集。但对干预变量 T 进行随机化，无法保证中介变量 M 得到随机化，无法保证混杂因子变量 W_2 不存在，则条件 A-2 的要求无法得到满足。

式(5.43) 和式(5.44) 称为中介表达式。由式(5.43) 中 NDCE 的计算表达式可见，NDCE 可以被视为 CDCE 在不同中介变量取值下的加权平均，但对于 NICE 则没有类似的结论。

在式(5.40) 和 (5.41) 关于 NDCE 和 NICE 定义的基础上，我们可以定义"响应比例"，以反映在总的因果效应中（自然）直接效应和间接效应分别所占的比例：

1) 比值 NDCE/TCE 表示，在干预变量 T 对结果变量 Y 总的因果效应中，假设中介变量 M "冻结不变"而仅对干预变量变化进行响应部分的比例；

2) 比值 NICE/TCE 表示，在干预变量 T 对结果变量 Y 总的因果效应中，假设干预变量 T "冻结不变"而仅对中介变量 M 变化进行响应部分的比例。

5.8 反事实的应用

前面介绍了反事实的概念及其分析计算方法，本节将介绍反事实分析在实际工作中的具体应用，通过本节案例的介绍，加深对反事实概念及其分析应用的理解。

例 5.3 校外补习案例（二值中介变量）

为更好地理解中介分析，我们来讨论 5.3.2 节中的校外补习案例，变量之间关系如图 5.9 所示。假设所有变量都是二值变量，即取值为 0 或者 1。变量 $T=1$ 代表学生参加校外补习（原图中是变量 X，这里改为 T），$T=0$ 代表学生未参加校外补习。变量 $Y=1$ 代表学生通过考试，变量 $Y=0$ 代表学生未通过考试。中介变量 $M=1$（原图中变量是 H，这里改为 M）代表学生每周增加了 3 个小时的家庭作业，中

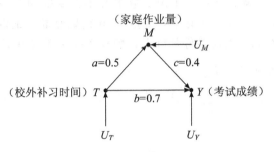

图 5.9 校外补习时间与考试成绩关系模型

介变量 $M=0$ 代表学生每周未增加 3 个小时的家庭作业。假设表 5.6 和表 5.7 中的数据是得到的观察性数据结果，且中介变量和结果变量之间没有混杂（相应的外生变量之间相互独立）。从表 5.6 和表 5.7 中的数据可以看到，校外补习增加了家庭作业量，也增加了考试通过率。并且，在校外补习和增加家庭作业量两者共同作用下，学生考试通过率比两个因素分别单独作用时更高。

现在我们需要通过分析计算解决的问题是，在影响考试成绩提升的两个因素中，校外补习变量 T 和家庭作业变量 M 哪个影响更大？

表 5.6 变量 T 与变量 M 不同组合条件下考试通过率 Y 的条件期望值

校外补习时间 T	家庭作业量 M	考试通过率条件期望 $E[Y|T=t, M=m]$
1	1	0.8
1	0	0.4
0	1	0.3
0	0	0.2

表 5.7 变量 T 不同取值条件下家庭作业量 M 的条件期望值

校外补习时间 T	家庭作业量 M 的条件期望 $E[M|T=t]$
0	0.4
1	0.75

解：

这个问题通过中介表达式予以解决，其中干预变量是校外补习变量 T，中介变量是家庭作业变量 M，结果变量是考试成绩变量 Y。NDCE 代表了校外补习变量 T 的直接影响，NICE 体现了家庭作业变量 M 的影响，分别计算 NDCE 和 NICD，并比较相互之间的大小，即可判断校外补习变量和家庭作业变量两者中，哪个变量对考试成绩变量 Y 的影响更大。

对此问题，我们考虑通过中介变量的调整表达式（5.43）和（5.44）来分别计算 NDCE 和 NICE。显然，根据图 5.5 所示的图模型结构，因为变量 T 与 M、变量 M 与 Y、变量 T 与 Y 都没有混杂因子，所以变量 T、M 和 Y 之间的关系满足中介表达式计算所需要的四个条件，可以用中介变量的调整表达式（5.43）和（5.44）来分别计算 NDCE 和 NICE。

为计算 NDCE 和 NICE，我们首先根据表 5.6 和表 5.7 中的数据计算中介表达式中各相关条件概率。由于干预变量、中介变量和结果变量均为取值 0 或 1 的二值变量，因此表 5.6 中的 $E[Y|T=t,M=m]=P([Y=1|T=t,M=m])$，表 5.7 中 $E[M|T=t]=P(M=1|T=t)$，$t=0$，$t'=1$。

NDCE 和 NICE 调整表达式中相关的条件概率：

$$P(M=1|t)=P(M=1|T=0)=0.4$$
$$P(M=0|t)=P(M=0|T=0)=1-P(M=1|T=0)=1-0.4=0.6$$
$$P(M=1|t')=P(M=1|T=1)=0.75$$
$$P(M=0|t')=P(M=0|T=1)=1-P(M=1|T=1)=1-0.75=0.25$$
$$E[Y|t',M=0]=E[Y|T=1,M=0]=0.4$$
$$E[Y|t,M=0]=E[Y|T=0,M=0]=0.2$$
$$E[Y|t',M=1]=E[Y|T=1,M=1]=0.8$$
$$E[Y|t,M=1]=E[Y|T=0,M=1]=0.3$$

则有

1) $\text{NDCE} = E[Y_{t',M_t} - Y_{t,M_t}]$
$$= \sum_m \{E[Y|T=t',M=m]-E[Y|T=t,M=m]\}P(M=m|T=t)$$
$$= \{E[Y|t',M=0]-E[Y|t,M=0]\}P(M=0|t)+$$
$$\quad \{E[Y|t',M=1]-E[Y|t,M=1]\}P(M=1|t)$$
$$= (0.4-0.2)\times 0.6+(0.8-0.3)\times 0.4=0.32$$

上式中，第一个和第二个等号应用了 NDCE 的计算公式，第三个等号将 NDCE 计算公式对求和符号作展开，第四个等号将计算公式中各个条件概率的具体取值代入。

2) $\text{NICE} = E[Y_{t',M_{t'}} - Y_{t',M_t}] = \sum_m E[Y|T=t',M=m]$
$$[P(M=m|T=t')-P(M=m|T=t)]$$
$$=E[Y|t',M=0][P(M=0|t')-P(M=0|t)]+E[Y|t',M=1]\times$$
$$[P(M=1|t')-P(M=1|t)]$$
$$=0.4\times(0.25-0.6)+0.8\times(0.75-0.4)=0.14$$

则总效应 TCE 为

$$\text{TCE}=\text{NDCE}+\text{NICE}=0.25+0.14=0.39$$
$$\frac{\text{NDCE}}{\text{TCE}}=\frac{0.25}{0.39}\approx 0.641$$

$$\frac{\text{NICE}}{\text{TCE}} = \frac{0.14}{0.39} \approx 0.359$$

根据上述计算结果,综合考虑直接效应和间接效应,补习计划导致学生考试通过率提高 39%。其中补习计划通过中介变量(家庭作业量增加)实现的通过率提高部分占比为 35.9%,64.1% 的通过率提高是由补习计划的直接效应导致。

例 5.4 在企业招聘中经常存在性别歧视,但性别歧视又具体分为两种情况,一种是直接因为性别差异原因导致企业对不同性别采取不公平的雇佣政策,另一种是因为性别差异导致应聘者综合条件产生差异,进而得到不同的雇佣结果。如果性别歧视原因是前者,则需要加大针对性别歧视的处罚力度;如果性别歧视原因是后者,就需要加强劳动技能的教育培训,消除因性别差异导致的综合条件差异。现在行政管理部门需要区分现在的性别歧视主要是哪一种情况,以便针对性地采取促进男女平等的就业扶持政策。请问如何对这两种性别歧视的重要程度进行估计?

解:

企业招聘过程中的性别歧视问题涉及三个变量。假设申请者的性别为变量 X,$X=1$ 代表男性,$X=0$ 代表女性;申请者的综合条件分数为变量 Q(Q_1 代表性别为男性时的综合条件分数,Q_0 代表性别为女性时的综合条件分数);申请者的录取率为变量 Y。三个变量之间的图模型结构关系如图 5.10 所示。性别变量 X 对录取率变量 Y 的影响有两种情况:一种是变量 X 直接对变量 Y 的影响,称为变量 X 对变量 Y 的直接效应;一种是变量 X 通过变量 Q 对变量 Y 产生影响,称为变量 X 对变量 Y 的间接效应。如果直接效应采用受控直接效应定义进

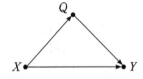

图 5.10 企业招聘过程中性别对录用影响图模型

行计算,需要对变量 Q 的值进行固定,但具体固定到什么取值难以确定,所以,我们这里分析性别变量 X 对录取率变量 Y 的直接效应和间接效应,需要采取自然直接效应(NDCE)和自然间接效应(NICE)。

根据 NDCE 和 NICE 的定义,分别有性别变量 X 对录取率变量 Y 的自然直接效应和自然间接效应表达式

$$\text{NDCE} = E[Y_{1,Q_0} - Y_{0,Q_0}]$$
$$\text{NICE} = E[Y_{1,Q_1} - Y_{1,Q_0}]$$

由于变量 X、Q 和 Y 之间的关系如图 5.10 所示,没有相关的混杂因子变量,满足 NDCE 和 NICE 中介表达式(5.43)和(5.44)的要求,因此可有相应的计算表达式

$$\text{NDCE} = \sum_q \{E[Y \mid X=1, Q=q] - E[Y \mid X=0, Q=q]\} \times$$
$$P(Q=q \mid X=0) \qquad (5.45)$$

$$\text{NICE} = \sum_q E[Y \mid X=1, Q=q] \times$$

$$[P(Q=q \mid X=1) - P(Q=q \mid X=0)] \qquad (5.46)$$

式(5.45)和(5.46)中的 q 为综合条件分数变量 Q 的具体取值。在 NDCE 和 NICE 计算表达式的基础上，结合案例中实际观察采集得到的相关概率数据，即可对 NDCE 和 NICE 进行计算估计，从而判断在具体的性别歧视场景中，企业是直接按照性别的不同采取不同的雇佣政策，还是由于性别差异导致应聘者综合条件产生差异，企业相应给出不同的雇佣结果。

前面计算本例的 NDCE 和 NICE 时，直接应用了中介表达式(5.43)和(5.44)，这里也可以根据本例中的图模型结构直接推导出 NDCE 和 NICE 的计算表达式。

考虑性别变量 X 对录取率变量 Y 的自然直接效应，即为中介变量 Q 保持为在 $X=0$ 时的取值 $Q_{X=0}$ 条件下，当性别变量 X 从 0 变化到 1 时，相应变量 Y 的变化。当 $X=0$ 且中介变量 Q 为 $Q_{X=0}$ 时，对应的录取率变量 Y 的均值为

$$\sum_q E[Y_{X=0,Q=q}] P(Q=q \mid \mathrm{do}(X=0))$$

在图 5.10 所示的图模型结构中，对于有序节点对 (X,Q)，没有后门路径，故

$$P(Q=q \mid \mathrm{do}(X=0)) = P(Q=q \mid X=0)$$

所以

$$\sum_q E[Y_{X=0,Q=q}] P(Q=q \mid \mathrm{do}(X=0)) = \sum_q E[Y_{X=0,Q=q}] P(Q=q \mid X=0)$$

根据图 5.10 所示的图模型结构，相应的联合概率分布为

$$P(x,y,q) = P(x) P(q \mid x) P(y \mid x,q)$$

应用多变量干预下的截断因子分解表达式，有

$$P(y \mid \mathrm{do}(x), \mathrm{do}(q)) = P(y \mid x,q)$$

因此有

$$E[Y_{X=0,Q=q}] = E[Y \mid X=0, Q=q]$$

所以，当 $X=0$ 时，对应的录取率变量 Y 的均值为

$$\sum_q E[Y \mid X=0, Q=q] P(Q=q \mid X=0) \qquad (5.47)$$

同理，当 $X=1$ 时，对应的录取率变量 Y 的均值为

$$\sum_q E[Y \mid X=1, Q=q] P(Q=q \mid X=0) \qquad (5.48)$$

将式(5.48)减去式(5.47)，即有反映性别变量 X 对录取率变量 Y 的自然直接效应

$$\begin{aligned}
\text{NDCE} &= \sum_q E[Y \mid X=1, Q=q] P(Q=q \mid X=0) - \\
&\quad \sum_q E[Y \mid X=0, Q=q] P(Q=q \mid X=0) \\
&= \sum_q \{E[Y \mid X=1, Q=q] - E[Y \mid X=0, Q=q]\} \times \\
&\quad P(Q=q \mid X=0)
\end{aligned} \tag{5.49}$$

式(5.49)的 NDCE 表达式与式(5.43)的 NDCE 表达式相同。使用类似方法，也可以推导出与式(5.44)相同的 NICE 计算表达式。

CHAPTER 6

第 6 章

因果关系概率分析

在反事实表达式的基础上，我们可以对人工智能、医学或法学领域中值得关注的一些概念进行量化表达。比如，在医学研究中，我们评估将患者患病归结为某个原因的可能性大小，以反事实的表达式来表达则是，"在真实世界中，患者发生某个原因且患病（一种具体的疾病）的情况下，假设患者在没有发生这个原因的条件下，患者没有患病的概率"。在这个因果关系中，因是"该原因"，果是"患病"，这个反事实表达式的概率则称为必要性概率（Probability of Necessity，PN）。与之相对应的，有充分性概率的概念。仍以医学研究为例，我们评估某个原因致病的可能性大小，以反事实的表达式来表达则是，"在真实世界中，一个健康人没有发生某个原因也没有患病的情况下，假设该健康人发生该原因后就会患病的概率"。在这个因果关系中，因是"该原因"，果是"患病"，这个反事实表达式的概率则称为充分性概率（Probability of Sufficiency，PS）。在 PS 和 PN 的基础上，有充分必要性概率（Probability of Necessity and Sufficiency，PNS），即"因是果的必要且充分原因的概率"。我们将 PS、PN 和 PNS 统称为因果关系概率，因果关系概率的分析计算非常重要，比如，在法律诉讼中，原告需要通过必要性概率（PN）来证明被告行为与损害结果之间存在事实上的因果关系，但因果链条上各个因素与损害的结果之间都有因果关系，到底哪个因素更重要、哪个或哪些因素需要承担相应的侵权责任，则需要分析因果链条上各个因素的充分性概率（PS），只有原告能够举证被告行为与损害结果之间的 PS 足够大，才能证明被告应承担相应的侵权责任。因此，关于因果关系概率的分析至关重要。

6.1 因果关系概率的定义

下面通过一组医学方面的案例对这三个基于反事实概念的因果关系概率的概念进行介绍。

肿瘤患者的治疗方案选择通常是一个风险决策问题。采用手术治疗可能治愈，但也可能因为手术过程对患者身体带来的伤害导致病情恶化；不做手术，采用保守方案治疗，不会因做手术对患者身体健康带来负面影响，但肿瘤可能继续恶化。现在摆在肿瘤患者甲先生面前的有两个治疗方案，需要做出选择：

（ⅰ）采取手术治疗肿瘤；

（ⅱ）不做手术，采用保守方案治疗。

甲先生经反复考虑最终决定采用治疗方案（ⅰ）。手术后，经一年调养，甲先生肿瘤得到治愈，身体健康。但他有时候想：如果当初不做手术，采用保守方案治疗，会不会现在也一样身体健康？手术治疗对身体健康到底有多大影响？

类似地，肿瘤患者乙先生在治疗方案上选择了保守的治疗方案（ⅱ），不做手术，但不幸的是他的肿瘤持续恶化。他很后悔，也许当初选择手术治疗现在就没问题了。但假设他当初选择了手术治疗，现在肿瘤治愈的可能性又有多大呢？

类似这样的疑问有很多，比如，在医学研究中，我们需要估计将患者患病归结为某个原因的可能性大小；在法律诉讼方面，在被告采取某个行动导致一定后果后，我们需要估计，如果被告不采取这个行动，则该后果不会发生的可能性到底有多大？类似这样的疑问能不能得到数学量化的表达和计算？如果能，又如何表达和计算呢？

在反事实概念的基础上，类似的疑问都可以用数学的方式表达出来。我们假设所有变量都是二值变量，其中干预变量 $X=x$ 代表干预动作发生，结果变量 $Y=y$ 代表干预动作发生所对应的结果；干预变量 $X=x'$ 代表干预动作未发生，结果变量 $Y=y'$ 代表干预动作未发生时所对应的结果。

在前述案例中，假设变量 $X=x$ 代表做手术治疗，变量 $Y=y$ 代表做手术治疗后肿瘤治愈、身体健康；变量 $X=x'$ 代表未做手术治疗，变量 $Y=y'$ 代表未做手术治疗后肿瘤恶化、身体不健康。那么甲先生将其身体健康归结于做手术治疗 $X=x$ 的概率用数学表达式表示为

$$\mathrm{PN}(x,y)=P(Y_{X'}=y'|X=x,Y=y) \tag{6.1}$$

式(6.1)表示：在甲先生采用手术治疗（$X=x$）、身体健康（$Y=y$）已经发生的条件下，如果他不采用手术治疗（$X=x'$），肿瘤恶化、身体不健康（$Y=y'$）的概率。PN 是甲先生为获得身体健康（正面结果）而采取的行动（$X=x$）的必要性程度的度量。更一般地，PN（必要性概率）表示了"在实际 $X=x$、相应结果 $Y=y$ 已发生的条件下，假设变量 $X=x'$ 时其对应的结果变量为 $Y=y'$ 的概率"，经常用于司法判决中的"如果⋯没有⋯"句式中。比如，"如果没有被告的行为，相应的损害将不会发生"表明，被告的行为是损害发生的原因，法官将据此认为被告的行为与原告的损害之间存在事实上的因果关系。

类似地，乙先生后悔的概率用数学表达式表示为

$$\mathrm{PS}(x,y)=P(Y_x=y|X=x',Y=y') \tag{6.2}$$

式(6.2)表示：在乙先生没有采用手术治疗（$X=x'$）、肿瘤恶化（$Y=y'$）已经发生的条件下，如果他采用手术治疗（$X=x$），肿瘤治愈、身体健康（$Y=y$）的概率。PS 是乙先生为得到身体健康（正面结果）而采取的行动（$X=x$）的充分性的度量。更一般地，PS

表示了"在实际 $X=x'$、相应结果 $Y=y'$ 的条件下,假设变量 $X=x$ 时其对应的结果变量 $Y=y$ 的概率",在医学研究中,经常用于表达健康人群如果暴露于某个致病因素下致病的概率。

PN 和 PS 这两个关于因果关系的概率都是反事实变量的概率,并且其中所有变量都是二值变量,只取一种值。或者是"实际 $X=x$ 相应结果 $Y=y$",或者是"实际 $X=x'$ 相应结果 $Y=y'$"。另一个关于因果关系的概率 PNS,即"因是果的充分且必要原因的概率"(简称为"充分必要性概率"),是在二值变量两种取值都发生的条件下的反事实概率,我们通过一个医学案例来进行介绍。

在上述肿瘤治疗的案例中,假设现在有肿瘤患者丙先生也面临着肿瘤治疗方案的选择,他的想法是:如果我的肿瘤不进行手术治疗也不会复发,我就没必要进行手术治疗;如果我的肿瘤无论是否进行手术治疗都会复发,我当然也不用去做手术治疗;只有当我的肿瘤经过手术治疗后就会有缓解、身体健康,并且不做手术治疗肿瘤就会复发,我才会去做手术治疗,那么这个可能性有多大呢?相应地,丙先生关心的问题可以数学化为一个概率的计算,就是手术治疗是身体健康的充分且必要性原因(条件)的概率,相应的数学表达式是

$$\text{PNS}(x,y) = P(Y_x=y, Y_{x'}=y') \tag{6.3}$$

其中 $Y_x=y$ 表示他采用手术治疗($X=x$)就会使肿瘤治愈、身体健康($Y=y$);$Y_{x'}=y'$ 表示他不做手术治疗就会使肿瘤恶化、身体不健康。相应 $\text{PNS}(x,y)$ 就代表丙先生所关心的"当我的肿瘤经过手术治疗后就会使肿瘤治愈、身体健康,并且不做手术治疗就会使肿瘤恶化、身体不健康"的概率。有了 PNS,丙先生将更容易评估是做手术治疗还是不做手术治疗更好。更一般地,PNS(因是果的充分且必要原因的概率)表示"在 $X=x$ 相应结果 $Y=y$ 的同时,变量 $X=x'$ 时其对应的结果变量 $Y=y'$ 的概率"。其中类似 Y_x 的表达式也可称为"潜在响应(potential respond)结果",因为作为原因变量的取值是假设,而非真正发生,故此处可称为"潜在响应结果"。潜在响应结果 $P(Y_x=y)$ 的计算等价于 do 算子的表达式 $P(Y=y|do(X=x))$ 的计算,对应在图模型结构中的操作,也是删除所有指向节点 X 的边,令 $X=x$,得到改进的图模型结构(或 SCM)后,在新的图模型结构下计算得到的变量 Y 的值。因此,计算 $P(Y_x=y)$ 时,我们可以采用第 4 章干预效应的计算方法。

PN、PS 和 PNS 这三个概率统称为"因果关系概率",它对于法学、医学或个人决策方面的因果关系研究非常重要,它有助于我们对因果链条上的因果关系做出准确的评估,帮助我们做出正确的决策。但是,这三个概率通常无法基于观察性数据和试验性数据(do 算子干预试验得到的数据)计算得到,因为时光无法倒流,一个患者如果采用了手术治疗,就无法再得到他不采用手术治疗的情况,反之亦然。因此,我们需要研究,如何在这三个因果关系概率的反事实数学表达式的基础上,基于一定的简化假设条件,通过数学变换在观察性数据和试验性数据的基础上,求得这三个因果关系概率的具体取值或取值范围,这就是本章将要介绍的内容。

6.2 因果关系概率的性质

在进行因果关系概率的量化分析、计算之前，我们首先讨论因果关系概率的性质。PS、PN 和 PNS 满足如下性质。

性质 1：

$$\begin{aligned}\text{PNS}(x,y) &= P(x,y)P(Y_{x'}=y'|X=x,Y=y) + P(x',y')P(Y_x=y|X=x',Y=y') \\ &= P(x,y)\text{PN} + P(x',y')\text{PS}\end{aligned} \quad (6.4)$$

证明：

根据反事实的一致性法则，有：在 $X=x$ 条件下，$Y=Y_x$；在 $X=x'$ 条件下，则 $Y=Y_{x'}$。

要分析概率之间的关系，首先要分析事件之间关系，再对事件取概率，则可以得到概率之间的关系。

事件之间的关系有

$$\begin{aligned}&(Y_x=y) \cap (Y_{x'}=y') \\ &= [(Y_x=y) \cap (Y_{x'}=y')] \cap [(X=x) \cup (X=x')] \\ &= [(Y_x=y) \cap (X=x) \cap (Y_{x'}=y')] \cup [(Y_x=y) \cap (Y_{x'}=y') \cap (X=x')] \\ &= [(Y=y) \cap (X=x) \cap (Y_{x'}=y')] \cup [(Y_x=y) \cap (Y=y') \cap (X=x')]\end{aligned}$$

其中，第一个等号是因与概率为 1 的事件 $(X=x) \cup (X=x')$ 做交集，（从概率角度看）事件不变；第二个等号是运用并集的分配律，将最后的并集操作展开，并在连续取交集时交换顺序；第三个等号是在 $X=x$ 发生时，将反事实一致性结果 $Y=Y_x$ 代入 $Y_x=y$ 有 $Y=y$（这是并集符号 $\cup$ 前的分析，符号 $\cup$ 后的分析同理）。

对等式两边都取概率，则：

- 对左边取概率，有 $P[(Y_x=y) \cap (Y_{x'}=y')] = \text{PNS}$。
- 对右边取概率，有

$$\begin{aligned}&P\{[(Y=y) \cap (X=x) \cap (Y_{x'}=y')] \cup [(Y_x=y) \cap (Y=y') \cap (X=x')]\} \\ &= P(Y=y,X=x)P(Y_{x'}=y'|Y=y,X=x) + P(Y=y',X=x')P(Y_x=y|Y=y',X=x') \\ &= P(x,y)P(Y_{x'}=y'|Y=y,X=x) + P(x',y')P(Y_x=y|Y=y',X=x') \\ &= P(x,y)\text{PN} + P(x',y')\text{PS}\end{aligned}$$

其中，第一个等号是取概率时，事件的并集对应概率取和，并应用了概率的链式法则，因为并集符号"$\cup$"前后的事件分别有 $X=x$ 和 $X=x'$，"$\cup$"前后的事件互斥，故事件并集的概率为"$\cup$"前后事件概率之和；第二个等号是利用了 $P(x,y)$ 是 $P(Y=y,X=x)$ 的简写，$P(x',y')$ 同理；第三个等号用了 PN 和 PS 的定义。

性质 1 说明，PNS 可以分解为 PN 和 PS 的表达形式。

性质 2：

设 $\mathrm{PN}(x,y)$ 是变量 X 对变量 Y 的必要性概率，变量 Z 满足 $(Z=z)=[(Y=y)\bigcap(Q=q)]$，即变量 Z 的取值是变量 Y 的取值按照变量 Q 的概率 $P(Q)$ 进行抽样所得，若 $Q\perp\!\!\!\perp\{X,Y,Y_{x'}\}$，即该抽样条件对于 $\{X,Y,Y_{x'}\}$ 完全随机，则有

$$\mathrm{PN}(x,z)=P(Z_{x'}=z'\mid X=x,Z=z)=P(Y_{x'}=y'\mid X=x,Y=y)=\mathrm{PN}(x,y) \quad (6.5)$$

证明：

$$\begin{aligned}\mathrm{PN}(x,z)&=P(Z_{x'}=z'\mid X=x,Z=z)\\&=\frac{P(Z_{x'}=z',X=x,Z=z)}{P(x,z)}\\&=\frac{P(Z_{x'}=z',X=x,Z=z\mid Q=q)P(Q=q)+P(Z_{x'}=z',X=x,Z=z\mid Q=q')P(Q=q')}{P(x,z,q)+P(x,z,q')}\end{aligned} \quad (6.6)$$

其中，第二个等号是根据概率的链式法则；第三个等号，分子部分是将 $P(Z_{x'}=z',X=x,Z=z)$ 对变量 Q 做全概率分解后应用链式法则，分母部分是将 $P(x,z)$ 对变量 Q 做全概率分解。

因为 $Q\perp\!\!\!\perp\{X,Y,Y_{x'}\}$，即变量 Q 的取值不受 X、Y 和 $Y_{x'}$ 的影响，所以可以根据变量 Q 的不同取值条件分析其他变量的取值情况。当 $Q=q$ 时，即对变量 Y 做相应抽样时，有 $Z=Y$；同时，因为变量 X、Y 和 Z 均为二值变量，所以在 $Q=q$ 时，如 $Z=z'$，则必有 $Y=y'$，否则根据 $(Z=z)=[(Y=y)\bigcap(Q=q)]$，此时应为 $Z=z$，因此有如下等式：

$$P(Z_{x'}=z',X=x,Z=z\mid Q=q)=P(Y_{x'}=y',X=x,Z=z\mid Q=q)$$

当 $Q=q'$（q' 表示对事件 q 取反）时，由于变量 Z 为二值变量，因此此时有等式 $Z=z'$。将上述等式代入式(6.6) 中，相应有：

- 分子中第一项 $P(Z_{x'}=z',X=x,Z=z\mid Q=q)P(Q=q)$ 转化为 $P(Y_{x'}=y',X=x,Z=z\mid Q=q)P(Q=q)$；
- 分子中第二项 $P(Z_{x'}=z',X=x,Z=z\mid Q=q')P(Q=q')$，由于 $Q=q'$ 时 $Z=z'$，与 $Z=z$ 不相容，故其为 0；
- 分母中第二项 $P(x,z,q')$ 同样由于 $Q=q'$ 时 $Z=z'$，与 $Z=z$ 不相容，故其为 0。

所以有

$$\begin{aligned}\mathrm{PN}(x,z)&=\frac{P(Y_{x'}=y',X=x,Z=z\mid Q=q)P(Q=q)+0}{P(x,z,q)+0}\\&=\frac{P(Y_{x'}=y',X=x,Z=z\mid Q=q)P(Q=q)}{P(x,z,q)}\\&=\frac{P(Y_{x'}=y',X=x,Z=z\mid Q=q)P(Q=q)}{P(x,z\mid Q=q)P(Q=q)}\\&=\frac{P(Y_{x'}=y',X=x,Z=z\mid Q=q)}{P(x,z\mid Q=q)}\end{aligned}$$

当有条件 $Q=q$ 时，即对变量 Y 做相应抽样时，则有 $Z=Y$，所以可将上式中所有 Z 用 Y、z 用 y 代替，且去掉相应的概率条件，则有

$$\mathrm{PN}(x,z) = \frac{P(Y_{x'}=y', X=x, Y=y)}{P(x,y)}$$
$$= P(Y_{x'}=y' \mid X=x, Y=y)$$
$$= \mathrm{PN}(x,y)$$

上述第二个等号应用了概率的链式法则，最后一步是 PN 的定义。

性质 2 说明，已知干预变量 X 对结果变量 Y 的必要性概率，对结果变量 Y 进行抽样得到新的结果变量 Z，若抽样条件随机化，则干预变量 X 与新的结果变量 Z 之间的必要性概率等于干预变量 X 与原结果变量 Y 的必要性概率。

性质 3：

设 $\mathrm{PS}(x,y)$ 是干预变量 X 对结果变量 Y 的充分性概率，变量 Z 满足 $(Z=z)=(Y=y) \cup (R=r)$，即变量 Y 的取值为真或变量 R 为真都可导致变量 Z 为真，若 $R \perp\!\!\!\perp \{X, Y, Y_{x'}\}$，即该产生样本的条件对于 $\{X, Y, Y_{x'}\}$ 完全随机，则有 $\mathrm{PS}(x,z) = P(Z_x=z \mid X=x', Z=z') = P(Y_x=y \mid X=x', Y=y') = \mathrm{PS}(x,y)$。

证明过程与前述类似，此处不做推导。

6.3 必要性概率与充分性概率的量化计算

在得到 PN、PS 和 PNS 的数学表达式及其性质后，我们进一步讨论，基于观察性数据、试验性数据或者两者兼而有之，如何计算得到这些概率值或概率值的界？本节，为便于因果关系概率的量化计算推导，在前述二值变量假设的基础上，我们对变量之间的关系增加了一些简化假设条件，在此假设条件的基础上，推导出 PN、PS 和 PNS 的概率值或概率值的界的量化计算公式。在实际应用中，当这些假设条件能够得到满足或者通过变量的变换这些假设条件能够得到满足时，则可以应用相应的量化计算公式。

6.3.1 外生性与单调性

为便于因果关系概率分析，我们引入了变量之间外生性和单调性的概念。

1. 外生性

外生性包括弱外生性（weak exogeneity）和强外生性（strong exogeneity），定义分别如下。

弱外生性：在图模型结构 M 中，变量 X 是干预变量（因），变量 Y 是结果变量（果），若变量 X 与变量 Y 满足关系（当且仅当满足下列条件）$P(y_x)=P(y \mid x)$ 和 $P(y_{x'})=P(y \mid x')$，则称变量 X 相对变量 Y 具有弱外生性。

强外生性：在图模型结构 M 中，变量 X 是干预变量（因），变量 Y 是结果变量（果），若变量 X 与变量 Y 满足关系（当且仅当满足下列条件）$\{Y_{x'}, Y_x\} \perp\!\!\!\perp X$，则称变量 X 相对变量 Y 具有强外生性。换句话说，当且仅当变量 Y 相对于变量 X 的潜在

响应结果，与变量 X 在真实世界的实际取值无关时，变量 X 相对变量 Y 具有强外生性。

性质：

若变量 X 对变量 Y 具有强外生性，则变量 X 对变量 Y 具有弱外生性，即有

$$P(Y_{X=x}=y)=P(Y=y|X=x) \tag{6.7}$$

证明：

$$P(Y_{X=x}=y)$$
$$=P(Y_{X=x}=y|X=x)$$
$$=P(Y=y|X=x)$$

其中第一个等号是根据变量的强外生性，加上条件 $X=x$ 不影响相应概率；第二个等号是根据潜在响应结果的一致性原则（这点与反事实表达式一致），在条件 $X=x$ 下，$Y_{X=x}=Y$，得证。

同理，有

$$P(Y_{X=x'}=y)=P(Y=y|X=x') \tag{6.8}$$

此处不做推导。但若变量 X 对变量 Y 具有弱外生性，则变量 X 对变量 Y 未必具有强外生性。

强外生性的图模型的特点如下。

变量 X 相对变量 Y 具有强外生性，等价于在图模型结构 M 中，变量 X 和 Y 没有共同的祖先节点。

（1）若变量 X 和变量 Y 没有共同祖先，则变量 X 相对变量 Y 具有强外生性

在真实世界的图模型结构 M 中，若变量 X 和 Y 没有共同的祖先节点，则从节点变量 X 到节点变量 Y 的后门路径只可能为一条从节点变量 Y 到节点变量 X 的有向路径。另一方面，由于变量 X 是干预变量（因），变量 Y 是结果变量（果），必然存在一条从节点变量 X 到节点变量 Y 的有向路径，若此时同时存在一条从节点变量 Y 到节点变量 X 的有向路径，则会形成环，因此，从节点变量 Y 到节点变量 X 的有向路径不可能存在，即从节点变量 X 到节点变量 Y 的后门路径被阻断。

根据 5.5 节的反事实后门准则，若（真实世界）图模型结构中有序节点对 (X,Y) 后门路径被阻断，则在反事实假设条件 $X=x$ 下的反事实变量 Y_x 与变量 X 相互边缘独立，即

$$P(Y_x|X)=P(Y_x)$$

也就是 $\{Y_{x'},Y_x\} \perp\!\!\!\perp X$，变量 X 相对变量 Y 具有强外生性。

（2）若变量 X 相对变量 Y 具有强外生性，则变量 X 和变量 Y 没有共同祖先

反过来，我们看当 $P(Y_x|X)=P(Y_x)$ 成立时，变量 X 和 Y 是否有共同的祖先节点。我们以图 5.5 的孪生网络图模型为例进行分析说明，更一般的推导见相关参考文献。$P(Y_x|X)=P(Y_x)$ 成立对应于图模型结构中节点变量 X 和 Y_x 之间的所有路径被阻

断。若变量 X 和 Y 有共同的祖先节点，假设在真实世界中共同的祖先节点变量为 AN_{XY}，则有路径 $X \leftarrow \cdots \leftarrow AN_{XY} \leftarrow U_{AN_{XY}} \rightarrow AAN_{XY} \rightarrow \cdots \rightarrow Y_x$ 将节点变量 X 和 Y_x 连接（未必连通）。其中 AAN_{XY} 为真实世界中变量 X 和 Y 共同祖先节点变量 AN_{XY} 在虚拟世界网络中对应的节点变量，$U_{AN_{XY}}$ 为 AN_{XY} 和 AAN_{XY} 共同的外生变量。若变量 X 和 Y 有共同的祖先节点 AN_{XY}，则 AAN_{XY} 为虚拟世界网络中节点变量 XX 和 Y_x 的祖先节点。AN_{XY} 为节点变量 X 的祖先节点，路径 $X \leftarrow \cdots \leftarrow AN_{XY}$ 必然连通；AAN_{XY} 为虚拟世界网络中 Y_x 的祖先节点，路径 $AAN_{XY} \rightarrow \cdots \rightarrow Y_x$ 必然连通；连接路径 $X \leftarrow \cdots \leftarrow AN_{XY}$ 和路径 $AAN_{XY} \rightarrow \cdots \rightarrow Y_x$ 的路径为分叉结构 $AN_{XY} \leftarrow U_{AN_{XY}} \rightarrow AAN_{XY}$ 且没有给定中间节点变量取值，因此，总的路径 $X \leftarrow \cdots \leftarrow AN_{XY} \leftarrow U_{AN_{XY}} \rightarrow AAN_{XY} \rightarrow \cdots \rightarrow Y_x$ 必然连通。也就是说，当变量 X 和 Y 有共同的祖先节点时，有路径将节点变量 X 和节点变量 Y_x 连通，$P(Y_x|X)=P(Y_x)$ 不成立。以图 5.5b 为例进行说明，当变量 X 和 Y 有共同的祖先节点 Z_2 时，有路径 $X \leftarrow Z_3 \leftarrow Z_2 \leftarrow U_{Z_2} \rightarrow ZZ_2 \rightarrow WW_2 \rightarrow Y_x$ 将节点变量 X 和 Y_x 连接。所以，当 $P(Y_x|X)=P(Y_x)$ 成立时，变量 X 和 Y 必然没有共同的祖先节点，否则 $P(Y_x|X)=P(Y_x)$ 不成立。

在强外生性图模型结构特点的基础上，当变量 X 对变量 Y 具有强外生性时，其潜在响应结果的概率等于条件概率——式(6.7)，即具有弱外生性，也可通过图模型分析得到相应的结论。

1) 当 X 和 Y 两个变量没有共同的祖先，即有强外生性时，$P(Y_{X=x}=y)=P(Y=y|X=x)$。

当图模型结构 M 中变量 X 和变量 Y 没有共同祖先、不受共同的变量影响时，若有从 X 到 Y 的后门路径，假设中间节点为 Z，则该路径必然是 $X \leftarrow \cdots \leftarrow Z \leftarrow \cdots \leftarrow Y$ 形式（因为若后门路径为 $X \leftarrow \cdots \leftarrow Z \rightarrow \cdots \rightarrow Y$ 的形式，则变量 Z 形成了变量 X 和变量 Y 的共同祖先）。由于同时又有路径 $X \rightarrow Y$，则形成了环，因此，在两者没有共同祖先时，变量 X 到变量 Y 的后门路径必然被阻断，根据反事实变量后门调整表达式(5.23)，显然此时可有

$$P(Y_{X=x}=y)=P(Y=y|X=x).$$

2) 当 X 和 Y 两个变量有共同的祖先时，则不能保证 $P(Y_{X=x}=y)=P(Y=y|X=x)$。当两个变量有共同的祖先，假设共同的祖先节点为变量 AN：

- 若计算潜在响应结果 $P(Y_{X=x}=y)$，需要在图模型结构中删除所有指向变量 X 的边，则切断了变量 AN 对变量 X 的影响，再令 $X=x$，求此时的概率 $P(Y=y)$。由于此时变量 X 已经不受变量 AN 的影响，此时 AN 变量的取值不需要保证 $X=x$；
- 若计算条件概率 $P(Y=y|X=x)$，这时不需要切断变量 AN 对变量 X 的影响，求 $X=x$ 时的概率 $P(Y=y)$，此时，AN 变量的取值会影响变量 X 的取值，其取值需要保证 $X=x$。

显然，在分别计算潜在响应结果 $P(Y_{X=x}=y)$ 和条件概率 $P(Y=y|X=x)$ 的两种情况下，变量 X 的取值相同，都是 $X=x$，变量 X 通过路径 $X \rightarrow \cdots \rightarrow Y$ 对变量 Y 的影响在两种情况下相同。但两种情况下 AN 变量的取值不一定相同。在计算潜在响应结果 $P(Y_{X=x}=y)$ 时，AN 变量的取值不需要保证 $X=x$；而在计算条件概率 $P(Y=y|X=x)$ 时，由于没有

切断变量 AN 对变量 X 的影响，AN 变量的取值会影响变量 X 的取值，因此，要让 $X=x$，则需要 AN 变量的取值满足 $X=x$ 的要求。所以在这两种情况下，AN 变量的取值不一定相等，相应地，AN 变量（不通过变量 X）对 Y 变量的影响在两种情况下也不一定相等。所以，在这两种情况下，在影响 $P(Y=y)$ 的各个因素中，来自 $X\rightarrow\cdots\rightarrow Y$ 的影响相同，而来自 $AN\rightarrow\cdots\rightarrow Y$ 的影响则不一定相同。由于 $P(Y=y)$ 既包括来自 $X\rightarrow\cdots\rightarrow Y$ 的影响，也包括来自 $AN\rightarrow\cdots\rightarrow Y$ 的影响，因此最终两种情况（潜在响应结果和条件概率）下 $P(Y=y)$ 的取值情况不一定相同，即不能保证 $P(Y_{X=x}=y)=P(Y=y|X=x)$。

在下述关于 PN、PS 和 PNS 的计算推导中，均以强外生性（以下简称"外生性"）为例进行推导、说明，其中部分推导仅仅应用了弱外生性的性质 $P(Y_{X=x}=y)=P(Y=y|X=x)$ 和 $P(Y_{X=x'}=y')=P(Y=y'|X=x')$，则相应计算表达式在弱外生性条件下即可成立。

2. 单调性

定义：在图模型结构 M 中，若对于任意的外生变量 U 的取值 u，潜在响应结果 $Y_x(u)$ 都有单调性，即 $Y_x(u) > Y_{x'}(u)(x>x')$（假设 x 大于 x'），则称变量 Y 相对于变量 X 具有单调性。假设 $y>y'$，显然，"变量 Y 相对于变量 X 具有单调性"等价于

$$(Y_x=y') \bigcap (Y_{x'}=y) = 0 \tag{6.9}$$

因为根据单调性定义，当变量 X 由 $X=x'$ 变化到 $X=x$（从小变到大）时，不可能对应的 Y 变量从 $Y=y$ 变化到 $Y=y'$（从大变到小）。

6.3.2 在外生性条件下 PN、PS 和 PNS 的计算

定理 6.1 若变量 X 与变量 Y 满足外生性条件，则 PNS 可有如下的界：

$$\max[o, P(Y=y|X=x)-P(Y=y|X=x')] \leqslant \text{PNS} \\ \leqslant \min[P(Y=y|X=x), P(Y=y'|X=x')] \tag{6.10}$$

证明：

对任意两个事件 A 和 B，必定有

$$\max[o, P(A)+P(B)-1] \leqslant P(A,B) \leqslant \min[P(A), P(B)] \tag{6.11}$$

$P(A,B) \leqslant \min[P(A), P(B)]$ 显然成立，重点分析 $\max[0, P(A)+P(B)-1] \leqslant P(A,B)$。

对任意两个事件 A 和 B，设事件 $\overline{B}$ 为事件 B 的反事件，则有

$$P(A) = P(A,B) + P(A,\overline{B})$$

相应

$$P(A)+P(B) = P(A,B)+P(A,\overline{B})+P(B) = P(A,B)+P(A,\overline{B})+1-P(\overline{B}) \\ = 1 + P(A,B) + P(A,\overline{B}) - P(\overline{B})$$

因

$$P(A,\overline{B}) - P(\overline{B}) \leqslant 0$$

故有
$$P(A)+P(B)\leqslant 1+P(A,B)$$
$$P(A)+P(B)-1\leqslant P(A,B)$$

考虑到可能
$$P(A)+P(B)-1<0$$

而
$$P(A,B)\geqslant 0$$

故有
$$\max[0,P(A)+P(B)-1]\leqslant P(A,B)$$

令 $A=(Y_x=y)$ 和 $B=(Y_{x'}=y')$，$P(A,B)=P(Y_{X=x}=y,Y_{X=x'}=y')=\text{PNS}$，则有

$$\max[o,P(Y_x=y)+P(Y_{x'}=y')-1]\leqslant \text{PNS}\leqslant \min[P(Y_x=y),P(Y_{x'}=y')] \quad (6.12)$$

根据变量 X 和变量 Y 的外生性，有 $P(Y_{X=x}=y)=P(Y=y|X=x)$ 和 $P(Y_{X=x'}=y')=P(Y=y'|X=x')$，另有 $1-P(Y=y'|X=x')=P(Y=y|X=x')$，同时代入式(6.12)，即可得式(6.10)。

显然，若变量 X 和变量 Y 不满足外生性，则相应 PNS 的上、下界为式(6.12)。

定理6.2 若变量 X 与变量 Y 满足外生性条件，则 PN、PS 和 PNS 有如下关系：

$$\text{PN}=\frac{\text{PNS}}{P(Y=y|X=x)} \quad (6.13)$$

$$\text{PS}=\frac{\text{PNS}}{P(Y=y'|X=x')} \quad (6.14)$$

并且根据式(6.10) 中 PNS 的上下界，相应有 PN 和 PS 的上下界，其中 PN 的上下界为：

$$\frac{\max[o,P(Y=y|X=x)-P(Y=y|X=x')]}{P(Y=y|X=x)}\leqslant \text{PN}$$
$$\leqslant \frac{\min[P(Y=y|X=x),P(Y=y'|X=x')]}{P(Y=y|X=x)} \quad (6.15)$$

PS 的上下界表达式类似。

证明：

根据反事实（潜在响应结果）的一致性法则，有"在条件 $X=x$ 下，$Y_{X=x}=Y$"，可有如下推导

$$\text{PN}=P(Y_{X=x'}=y'|X=x,Y=y)$$
$$=\frac{P(Y_{X=x'}=y',X=x,Y=y)}{P(X=x,Y=y)}$$

$$= \frac{P(Y_{X=x'}=y', X=x, Y_x=y)}{P(X=x, Y=y)}$$

$$= \frac{P(Y_{X=x'}=y', Y_x=y)P(X=x)}{P(X=x, Y=y)}$$

$$= \frac{P(Y_{X=x'}=y', Y_x=y)}{P(Y=y|X=x)}$$

$$= \frac{\text{PNS}}{P(Y=y|X=x)}$$

上述推导中第一个等号的依据是 PN 的定义；第二个等号利用了概率的链式法则对 PN 表达式的分子和分母（分母为1）同时乘以 $P(X=x, Y=y)$；第三个等号利用一致性法则，在 $X=x$ 时，将分子中的 Y 用 $Y_{X=x}$ 代替；第四个等号利用了变量 X 与变量 Y 之间的外生性，变量 X 的取值与 $Y_{X=x'}=y'$ 和 $Y_x=y$ 都相互独立，故可在联合概率中将变量 $X=x$ 的概率 $P(X=x)$ 单独提出来；第五个等号是分子和分母同时除以 $P(X=x)$；最后一步是代入 PNS 的定义。将 PNS 与 PN 关系式(6.13) 代入式(6.12) 即有 PN 的上下界式(6.15)。

PS 的关系式推导同理。

6.3.3 在外生性和单调性条件下 PN、PS 和 PNS 的计算

定理6.3 如变量 X 和变量 Y 之间具有外生性，且变量 Y 相对变量 X 具有单调性，则 PN、PS 和 PNS 均可计算如下：

$$\text{PNS} = P(Y=y|X=x) - P(Y=y|X=x') \tag{6.16}$$

$$\text{PN} = \frac{P(Y=y|X=x) - P(Y=y|X=x')}{P(Y=y|X=x)} \tag{6.17}$$

$$\text{PS} = \frac{P(Y=y|X=x) - P(Y=y|X=x')}{1 - P(Y=y|X=x')} \tag{6.18}$$

证明：

我们对式(6.16) 的 PNS 进行证明，PN 和 PS 可根据其与 PNS 的关系推导。

由于变量 X 和变量 Y 具有外生性，$P(Y_{X=x}=y)=P(Y=y|X=x)$，在以下关于事件关系的推导中，我们将所有的潜在响应结果均用对应的条件概率代替。

证明过程分两步：首先分析事件之间的关系，得到相应的等式；再对事件的关系等式两边取概率。

显然有

$$(Y=y|X=x') \cup (Y=y'|X=x') = 1 (\text{为真})$$

和

$$(Y=y|X=x) \cup (Y=y'|X=x) = 1 (\text{为真})$$

因此，可做如下变换

$$(Y=y|X=x) = (Y=y|X=x) \cap [(Y=y|X=x') \cup (Y=y'|X=x')]$$

$$=[(Y=y|X=x) \bigcap (Y=y|X=x')] \bigcup [(Y=y|X=x)$$
$$\bigcap (Y=y'|X=x')] \qquad (6.19)$$

式(6.19)中的第一个等号是指,(从概率的角度看)一个事件等于将一个事件与一个为真的事件做交集,需要注意的是,我们所有讨论事件的等价性,都是考虑事件概率的等价性,而非事件本身的等价性。第二个等号应用了分配律。类似式(6.19)的推导,可有

$$(Y=y|X=x') = (Y=y|X=x') \bigcap [(Y=y|X=x) \bigcup (Y=y'|X=x)]$$
$$= [(Y=y|X=x') \bigcap (Y=y|X=x)] \bigcup [(Y=y|X=x') \bigcap (Y=y'|X=x)]$$
$$= (Y=y|X=x') \bigcap (Y=y|X=x) \qquad (6.20)$$

式(6.20)中的第一个等号与(6.19)相同;第二个等号应用了分配律;第三个等号是因为前面并集的第二项 $[(Y=y|X=x') \bigcap (Y=y'|X=x)]=0$,即该事件(并集的第二项)不可能发生,其依据是变量 Y 相对变量 X 具有单调性。

根据式(6.20)有结果(等号两端反过来)

$$(Y=y|X=x') \bigcap (Y=y|X=x) = (Y=y|X=x')$$

故可用 $(Y=y|X=x')$ 代替式(6.19)中并集中的前面一个项 $[(Y=y|X=x) \bigcap (Y=y|X=x')]$,则式(6.19)变换为

$$(Y=y|X=x) = (Y=y|X=x') \bigcup [(Y=y|X=x) \bigcap (Y=y'|X=x')] \qquad (6.21)$$

对式(6.21)两端取概率,且等式右边"$\bigcup$"前、后两项无交集,则有

$$P(Y=y|X=x) = P(Y=y|X=x') + P[(Y=y|X=x) \bigcap (Y=y'|X=x')]$$
$$P(Y=y|X=x) = P(Y=y|X=x') + P[(Y=y|X=x),(Y=y'|X=x')] \qquad (6.22)$$

在式(6.22)中,等式右边第二项即为 PNS,将等号右边第一项移到左边,有

$$\text{PNS} = P(Y=y|X=x) - P(Y=y|X=x'))$$

从而将 PNS 表达为变量 X 和变量 Y 的条件概率的形式,得证。

6.3.4 在不具有外生性但具有单调性条件下 PN、PS 和 PNS 的计算

当变量 X 和 Y 之间不具有外生性,则可能 $P(Y_{X=x}=y) \neq P(Y=y|X=x)$,此时我们不能通过条件概率来表达潜在响应结果,也就无法以条件概率的形式来表达 PN、PS 和 PNS 这些因果关系概率。但若潜在响应结果可以通过调整表达式或试验的方法得到,则这些因果关系概率仍然可量化计算,相应有定理 6.4。

定理 6.4 若变量 Y 相对变量 X 具有单调性,则当潜在响应结果 $P(Y_{X=x}=y)$ 和 $P(Y_{X=x'}=y)$ 可获得时,PNS、PS 和 PN 可量化计算如下:

$$\text{PNS} = P(Y_{X=x}=y, Y_{X=x'}=y') = P(Y_{X=x}=y) - P(Y_{X=x'}=y) \qquad (6.23)$$

$$\mathrm{PN} = P(Y_{X=x'} = y' \mid x, y) = \frac{P(Y=y) - P(Y_{X=x'} = y)}{P(X=x, Y=y)} \tag{6.24}$$

$$\mathrm{PS} = P(Y_{X=x} = y \mid x', y') = \frac{P(Y_{X=x} = y) - P(Y=y)}{P(X=x', Y=y')} \tag{6.25}$$

证明：

我们对 PS 的等式进行推导，PNS 和 PN 通过其类似方式相应推导可得。根据 PS 的定义并应用概率的链式法则，可有

$$\begin{aligned}
\mathrm{PS}(x,y) &= P(Y_x = y \mid X=x', Y=y') \\
&= \frac{P(Y_x = y, X=x', Y=y')}{P(X=x', Y=y')} \\
&= \frac{P(Y_x = y, X=x', Y_{X=x'} = y')}{P(X=x', Y=y')}
\end{aligned} \tag{6.26}$$

式(6.26) 最后一个等号是根据事件的一致性关系，有事件关系

$$[(X=x') \cap (Y=y')] = [(X=x') \cap (Y_{X=x'} = y')] \tag{6.27}$$

因此可以在式(6.26) 的最后一个等号中，将分子中的事件 $X=x'$，$Y=y'$ 用 $X=x'$，$Y_{X=x'} = y'$ 代替。

根据前面推导的式(6.21) 有

$$(Y=y \mid X=x) = (Y=y \mid X=x') \cup [(Y=y \mid X=x) \cap (Y=y' \mid X=x')]$$

与式(6.21) 的推导相比较，此处变量 X 和变量 Y 不具有外生性，但事件之间的关系仍相同，故只需要将 (6.21) 关系中的条件概率改写为潜在响应结果的形式，则有事件之间的关系

$$(Y_{X=x} = y) = (Y_{X=x'} = y) \cup [(Y_{X=x} = y) \cap (Y_{X=x'} = y')] \tag{6.28}$$

将式(6.28) 两边同时对事件 $X=x'$ 取交集，则有

$$\begin{aligned}
(X=x') \cap (Y_{X=x} = y) &= (X=x') \cap \{(Y_{X=x'} = y) \cup [(Y_{X=x} = y) \cap (Y_{X=x'} = y')]\} \\
(X=x') \cap (Y_{X=x} = y) &= [(X=x') \cap (Y_{X=x'} = y)] \\
&\quad \cup [(X=x') \cap (Y_{X=x} = y) \cap (Y_{X=x'} = y')]
\end{aligned} \tag{6.29}$$

对式(6.29) 两边取概率，考虑到右边"∪"前后两项无交集，则有

$$\begin{aligned}
P[(X=x'), (Y_{X=x} = y)] &= P[(X=x'), (Y_{X=x'} = y)] + \\
&\quad P[(X=x'), (Y_{X=x} = y), (Y_{X=x'} = y')]
\end{aligned}$$

移项则有

$$\begin{aligned}
&P[(X=x'), (Y_{X=x} = y), (Y_{X=x'} = y')] \\
&= P[(X=x'), (Y_{X=x} = y)] - P[(X=x'), (Y_{X=x'} = y)]
\end{aligned}$$

$$= P[(X=x'),(Y_{X=x}=y)] - P[(X=x'),(Y=y)]$$
$$= P(Y_{X=x}=y) - P(X=x,Y_{X=x}=y) - P(X=x',Y=y)$$
$$= P(Y_{X=x}=y) - P(X=x,Y=y) - P(X=x',Y=y)$$
$$= P(Y_{X=x}=y) - P(Y=y) \tag{6.30}$$

式(6.30) 中第二个等号是前面减数中的 $[(X=x'),(Y_{X=x'}=y)]$ 用 $[(X=x'),(Y=y)]$ 代替，因为根据潜在响应结果的一致性法则，在 $X=x'$ 时，$Y_{X=x'}=Y$；第三个等号应用了 $P(Y_{X=x}=y) = P[(X=x'),(Y_{X=x}=y)] + P(X=x,Y_{X=x}=y)$，移项有 $P[(X=x'),(Y_{X=x}=y)] = P(Y_{X=x}=y) - P(X=x,Y_{X=x}=y)$；第四个等号应用了潜在响应效果的一致性法则 $(X=x,Y_{X=x}=y) = (X=x,Y=y)$，做等价替换；第五个等号应用了 $P(Y=y) = P(X=x,Y=y) + P(X=x',Y=y)$。

将式(6.30) 代入式(6.26)，则有

$$\mathrm{PS}(x,y) = P(Y_x=y \mid X=x',Y=y') = \frac{P(Y_{X=x}=y) - P(Y=y)}{P(X=x',Y=y')}$$

即式(6.25) 得证。

也可采用另一种推导方法，将式(6.28) 两边分别对式(6.27) 两边做交集（两个式子左边与左边取交集，右边与右边取交集），继续相等。则

- 左边 $= [(X=x') \cap (Y=y')] \cap (Y_{X=x}=y)$
- 右边 $= [(X=x') \cap (Y=y' \mid X=x')] \cap \{(Y_{X=x'}=y) \cup [(Y_{X=x}=y) \cap (Y_{X=x'}=y')]\}$

类似地，可以推导得到变量 Y 相对 X 只有单调性而无外生性时 PN 的表达式。

$$\mathrm{PN} = P(Y_{X=x'}=y' \mid x,y) = \frac{P(Y=y) - P(Y_{X=x'}=y)}{P(X=x,Y=y)} \tag{6.24}$$

比较只有单调性时的 PN 表达式(6.24) 和同时具有外生性和单调性时的 PN 表达式(6.17)。

将只具有单调性的 PN 表达式(6.24) 尽量分解为式(6.17) 的形式，则有

$$\mathrm{PN} = P(Y_{X=x'}=y' \mid x,y) = \frac{P(Y=y) - P(Y_{X=x'}=y)}{P(X=x,Y=y)}$$
$$= \frac{P(Y=y \mid X=x)P(X=x) + P(Y=y \mid X=x')P(X=x') - P(Y_{X=x'}=y)}{P(Y=y \mid X=x)P(X=x)}$$

这里首先在分子里面做变换，将事件 $Y=y$ 对变量 X 做全概率分解有

$$P(Y=y) = P(Y=y \mid X=x)P(X=x) + P(Y=y \mid X=x')P(X=x')$$

为简化书写，此处以小写字母 x 代表变量的取值 $X=x$，以 $y_{x'}$ 代表 $(Y_{X=x'}=y)$，其他以此类推，则上式简化为

$$\begin{aligned}
\text{PN} &= \frac{P(y|x)P(x)+P(y|x')P(x')-P(y_{x'})}{P(y|x)P(x)} \\
&= \frac{P(y|x)P(x)+P(y|x')P(x')+[P(y|x')P(x)-P(y|x')P(x)]-P(y_{x'})}{P(y|x)P(x)} \\
&= \frac{P(y|x)P(x)-P(y|x')P(x)+P(y|x')P(x')+P(y|x')P(x)-P(y_{x'})}{P(y|x)P(x)} \\
&= \frac{P(y|x)P(x)-P(y|x')P(x)}{P(y|x)P(x)}+\frac{P(y|x')P(x')+P(y|x')P(x)-P(y_{x'})}{P(y|x)P(x)} \\
&= \frac{P(y|x)-P(y|x')}{P(y|x)}+\frac{P(y|x')-P(y_{x'})}{P(x,y)}
\end{aligned}$$

即

$$\text{PN}=\frac{P(y|x)-P(y|x')}{P(y|x)}+\frac{P(y|x')-P(y_{x'})}{P(x,y)} \tag{6.31}$$

上述推导中第二个等号是在分子加减同一个项 $P(y|x')P(x)$；第三个等号是在分子中移项；第四个等号是将分子中前两项合并在一个分式中，后面三项合并在一个分式中；第五个等号是在第一个分式中上下同除以 $P(x)$，在第二个分式中利用了

$$P(y|x')P(x')+P(y|x')P(x)=P(y|x')$$

另一个推导方法是，在（6.24）PN 的表达式中，将分子中的 $P(y)$ 按照全概率展开，有 $P(y)=P(x,y)+P(x',y)=P(y|x)P(x)+P(y|x')P(x')=P(y|x)P(x)+P(y|x')[1-P(x)]$)，将其中有 $P(x)$ 的两项合并为一个分子，并与分母同时除以 $P(x)$，则得到式(6.31) 的第一项；将 $P(y)$ 分解得到剩余的 $P(y|x')$ 和 $P(Y_{X=x'}=y)$ 合并为一个分子，则得到式(6.31) 的第二项。

观察式(6.31)，第一项是单调性和外生性同时存在时的 PN 表达式(6.17)，第二项是由于两个变量不具有外生性（有共同祖先节点，混杂因子）所带来的校正项，显然，当外生性成立时，$P(y|x')=P(y_{x'})$，第二项是 0。式(6.31) 右边的第一项一般称为"超风险比率"（Excess Risk Ratio，ERR），有时这项也称为归于风险比例（Attributable Risk Fraction）。右边第二项称为混杂因素（Confounding Factor，CF）代表在干预变量 X 和结果变量 Y 有混杂因子（$P(y|x')\neq P(y_{x'})$）时对 PN 的一个校正。在实际应用场景中，$P(y|x')\neq P(y_{x'})$ 体现为，将变量 X 通过干预设置为 $X=x'$ 时 $Y=y$ 的样本比例 $P(Y=y)$，与非干预情况下样本自行选择实现 $X=x'$ 时 $Y=y$ 的样本比例 $P(Y=y)$ 不等，其原因在于干预变量 X 和结果变量 Y 具有相同的祖先节点变量。根据式(6.31)，在只满足单调性的条件下，计算 PN 需要计算潜在响应结果 $P(y_{x'})$，我们可以通过随机对照试验直接得到相应的数据（因为 $P(y_{x'})=P(Y=y|\text{do}(X=x'))$，或者通过后门调整等方法在观察性数据的基础上获得相应数据，再结合通过观察性数据得到式(6.31) 中其他部分数据，即可计算得到 PN。在没有试验性数据且无法通过后门调整等方法在观察性数据基础上得到 $P(y_{x'})$ 时，一般用 ERR 这项数据对 PN 进行近似估计。

下面举个例子,以加深对等式(6.31)的理解。有个男子购买了某厂家的汽车,驾驶该车辆发生车祸死亡,该男子家属针对汽车厂家提起诉讼,认为是该厂家汽车质量问题导致了该男子发生车祸死亡。那么汽车厂家到底有没有责任呢?我们需要分析驾驶该厂家汽车与该男子的死亡之间是否有因果关系。将驾驶该厂家汽车用干预变量 X 表示($X=1$ 表示驾驶该厂家汽车,$X=0$ 表示驾驶其他厂家汽车),男子死亡情况用结果变量 Y 表示($Y=1$ 表示死亡,$Y=0$ 表示没有死亡)。驾驶该厂家汽车与该男子的死亡之间是否有因果关系,根据法律事实判断上采用的"but—for"检验法,我们需要计算相应的必要性概率 $PN(x,y)=P(Y_{X=0}=0|X=1,Y=1)$。如果变量 X 和变量 Y 没有共同的祖先节点变量,则根据式(6.31),必要性概率 PN 就是其中的 ERR 部分。但如果变量 X 和变量 Y 有共同的祖先节点变量,比如该男子喜欢开快车,喜欢开快车的客户都更倾向于选择该厂家的汽车,而开快车显然也更容易发生车祸导致死亡,此时 $P(y|x')\neq P(y_{x'})$,则在计算必要性概率 PN 时,需要在 ERR 的基础上加上第二项 CF 进行校正。

在变量间具有单调性的条件下,我们得到了 PNS、PS 和 PN 的表达式(6.23)、(6.24)和(6.25),这三个表达式都是概率的表达式,利用概率都大于 0 的约束条件,可以推导出在干预变量和结果变量之间满足单调性的条件下,潜在响应结果概率之间的关系

$$P(Y_{X=x}=y)\geqslant P(Y=y)\geqslant P(Y_{X=x'}=y)$$

我们可以利用这个概率不等式关系对样本数据质量和变量之间的单调性条件进行验证。若根据样本数据集计算得到的结果是该不等式不成立,则需要回过头来仔细分析,到底是干预变量和结果变量之间的单调性条件不成立,还是采集得到的样本数据不准确。

6.3.5 在外生性和单调性都不成立条件下 PN、PS 和 PNS 的计算

对于外生性和单调性都不满足的更一般的情况,根据相关理论推导(可参考相关文献,这里不做推导介绍),可有关于 PN 值的上下界(为简化书写,此处以小写字母 x 代表变量的取值 $X=x$,$y_{x'}$ 代表 $(Y_{X=x'}=y)$ 其他以此类推,后续内容均采用此简化书写方式):

$$\max\left\{0,\frac{P(y)-P(y_{x'})}{P(x,y)}\right\}\leqslant PN\leqslant\min\left\{1,\frac{P(y'_{x'})-P(x',y')}{P(x,y)}\right\} \qquad (6.32)$$

按照 6.3.4 节中 ERR 和 CF 的定义分别有

$$\mathrm{ERR}=\frac{P(y|x)-P(y|x')}{P(y|x)}=1-\frac{P(y|x')}{P(y|x)} \qquad (6.33)$$

$$\mathrm{CF}=\frac{P(y|x')-P(y_{x'})}{P(x,y)} \qquad (6.34)$$

令 q 为:

$$q=\frac{P(y'|x)}{P(y|x)} \qquad (6.35)$$

暂不考虑概率大于等于 0 和小于等于 1 的条件,则式(6.32)中的下界(LB)和上界

(UB) 简化为

$$LB = ERR + CF$$
$$UB = ERR + CF + q \tag{6.36}$$

首先来看 LB 的推导：

$$\begin{aligned}
ERR + CF &= 1 - \frac{P(y|x')}{P(y|x)} + \frac{P(y|x') - P(y_{x'})}{P(x,y)} \\
&= 1 - \frac{P(y|x')P(x)}{P(y|x)P(x)} + \frac{P(y|x') - P(y_{x'})}{P(x,y)} \\
&= 1 + \frac{P(y|x')[1 - P(x)] - P(y_{x'})}{P(x,y)} \\
&= 1 + \frac{P(y|x')P(x') - P(y_{x'})}{P(x,y)} \\
&= 1 + \frac{P(x',y) - P(y_{x'})}{P(x,y)} \\
&= \frac{P(x,y) + P(x',y) - P(y_{x'})}{P(x,y)} \\
&= \frac{P(y) - P(y_{x'})}{P(x,y)} = LB
\end{aligned}$$

我们再推导 UB 的表达式即 UB=LB+q：

$$LB + q = \frac{P(y) - P(y_{x'})}{P(x,y)} + \frac{P(y'|x)}{P(y|x)} = \frac{P(y) - P(y_{x'}) + P(x,y')}{P(x,y)} \tag{6.37}$$

分析事件关系有 $x \cup x' = 1$，两边同时对事件 y' 取交集，则有

$$(x \cup x') \cap y' = 1 \cap y' = y'$$

对左边应用分配律

$$(x \cap y') \cup (x' \cap y') = y'$$

对上式两边取概率，因并集符号 $\cup$ 两端的事件交集为空，则有

$$P(x,y') + P(x',y') = P(y')$$
$$P(x,y') = P(y') - P(x',y')$$

将上式代入式(6.37) 的分子，则有

$$P(y) - P(y_{x'}) + P(x,y') = P(y) - P(y_{x'}) + P(y') - P(x',y')$$
$$= 1 - P(y_{x'}) - P(x',y')$$

上式第二个等号是因为

$$P(y) + P(y') = 1$$

同时由于 Y 变量是二值变量，则有 $1-P(y_{x'})=P(y'_{x'})$，则最终式 (6.37) 的分子为 $P(y'_{x'})-P(x',y')$，与式 (6.32) 中上界的分子相同，得证。

根据式 (6.36)，可知：
- 必要性概率 PN 的上界和下界的间隔（UB−LB）始终为 q，即 $P(y'|x)/P(y|x)$，这是纯粹的观察性数据；
- 在实际应用场景中，如需提升必要性概率 PN，由于上界 UB 和下界 LB 都包含 ERR 与 CF 之和，故可通过对这两项进行提升以提升 PN；
- 在实际应用场景中，可以针对总体中的同一批样本做试验性和观察性研究，并基于得到的试验性数据和观察性数据对 PN 中的潜在响应结果概率进行计算，进而计算得到 PN 的上界和下界。

6.4 因果关系概率的应用

本节，我们通过几个实际应用案例，介绍如何应用前述因果关系概率的定义及在一定简化假设条件下因果关系概率的量化计算公式，对实际应用场景中的相关概率进行分析，以加深对前述知识的理解。

例 6.1（法律中的因果关系）

现在有一个针对制药厂的法律诉讼，原告提出指控，A 先生服用该厂的药物 M 以缓解背部疼痛，但在服药期间死亡，是该药物导致了其死亡。对此，制药厂认为，自己针对背部疼痛的患者开展了（干预性）试验，试验数据表明，药物 M 对患者死亡率的影响很小。对此，原告提出，试验的结论数据是针对试验对象的平均统计结果，而 A 先生与试验中的试验对象并不相同，因而试验结论不能应用于本案例。原告特别指出，A 先生是按照自己的意愿服用药物 M，而试验中的患者对象是按照试验的干预安排服用药物 M，因而两者情况不同。为加以说明，原告对类似 A 先生自己选择通过服用药物 M 来缓解背部疼痛但非制药厂试验对象的患者数据进行了搜集，这些观察性统计数据表明，服用药物 M 的患者比不服用该药物的患者似乎具有更低的死亡率，服用药物 M 真的导致了 A 先生的死亡吗？现在，法庭需要根据制药厂的试验数据和原告搜集整理的观察数据（见表 6.1），分析服用药物 M 与 A 先生死亡之间的因果关系概率。

表 6.1 用于计算药物 M 是否应对 A 先生死亡负责的概率 PN 的试验和观察性数据

结果	试验数据		观察数据	
	$do(x)$	$do(x')$	x	x'
死亡	16	14	2	28
存活	984	986	998	972

解：

为分析服用药物 M 与 A 先生死亡之间是否存在因果关系，我们需要分析"在 A 先生服用药物 M 后死亡的条件下，如 A 先生不服用药物不死亡的概率"，即必要性概率 PN，此概率说明服用药物与 A 先生的死亡之间是否存在因果关系。若服用药物与 A 先生的死亡之间存在因果关系，但由于与 A 先生死亡之间存在因果关系的因素很多，在这个因果链条上，对于制药厂是否应当承担相应的侵权责任、需要承担多大的侵权责任，则需要分析"在 A 先生不服用药物不死亡的条件下，如 A 先生服用药物 M 后死亡的概率"，即充分性概率 PS，若充分性概率 PS 足够大，则制药厂应当承担相应的侵权责任。

表 6.1 中变量 $X=x$ 代表服用药物 X，$X=x'$ 代表未服用药物；变量 $Y=y$ 代表死亡，$Y=y'$ 代表未死亡。显然，需要计算的必要性概率为 $PN=P(Y_{x'}=y'|X=x,Y=y)$，充分性概率为 $PS=P(Y_x=y|X=x',Y=y')$。

我们可以根据式(6.32)计算 PN 的界，或者在满足单调性条件下，根据式(6.31)或(6.24)计算其具体值。为此，首先需要计算如下概率：

根据试验性数据计算得

$$P(y_x)=P(Y=y|\mathrm{do}(X=x))=\frac{16}{1000}=0.016$$

$$P(y_{x'})=P(Y=y|\mathrm{do}(X=x'))=\frac{14}{1000}=0.014$$

$$P(y'_x)=P(Y=y'|\mathrm{do}(X=x))=\frac{984}{1000}=0.984$$

根据收集到的观察性数据计算得到

$$P(y)=30/2000=0.015$$
$$P(x,y)=2/2000=0.001$$
$$P(x',y)=28/2000=0.014$$
$$P(x,y')=998/2000=0.499$$
$$P(x',y')=972/2000=0.486$$
$$P(y|x)=2/1000=0.002$$
$$P(y|x')=28/1000=0.028$$

在本案例分析中，一般服用药物 M 会致死而不会防止死亡，故可认为变量 X 和变量 Y 之间满足单调性要求，则根据式(6.31)有

$$\mathrm{PN}=\frac{P(y|x)-P(y|x')}{P(y|x)}+\frac{P(y|x')-P(y_{x'})}{P(x,y)}$$
$$=\frac{0.002-0.028}{0.002}+\frac{0.028-0.014}{0.001}=-13+14=1$$

根据上述 PN 计算结果可知，在 A 先生服用药物 M 后已经死亡的条件下，假设其未服用该药物 M，其不会死亡的概率，即必要性概率 PN 为 100%，这个概率说明服用药物 M 与 A 先生的死亡之间存在因果关系。

假设不考虑 X 和 Y 之间满足单调性条件，则可以根据式(6.32)计算 PN 的下界，则有

$$\mathrm{PN} \geqslant \max\left\{o, \frac{P(y)-P(y_{x'})}{P(x,y)}\right\} = \frac{0.015-0.014}{0.001} = 1$$

同样为1，说明必要性概率 PN 等于 1（概率不可能大于 1），即 PN=1。

验证变量 X 与变量 Y 之间是否满足单调性，计算相关不等式有

$$P(y_x) = 0.016 \geqslant P(y) = 0.015 \geqslant P(y_{x'}) = 0.014$$

不等式成立，说明采集数据的准确性满足变量 X 与变量 Y 之间单调性成立的不等式要求。可以通过类似方法计算 PS 和 PNS 值的上下界。

由于 $Y_X(U)$ 具有单调性，根据式(6.23) 可有充分必要性概率

$$\begin{aligned}\mathrm{PNS} &= P(Y_{X=x}=y, Y_{X=x'}=y') = P(Y_{X=x}=y) - P(Y_{X=x'}=y) \\ &= 0.016-0.014 = 0.002\end{aligned}$$

根据式(6.25) 可有充分性概率

$$\mathrm{PS} = P(Y_{X=x}=y \mid x', y') = \frac{P(Y_{X=x}=y)-P(Y=y)}{P(X=x', Y=y')} = \frac{0.016-0.015}{0.486} \approx 0.002$$

这说明服用药物 M 与 A 先生的死亡之间确实存在事实上的因果关系，制药厂对于 A 先生的死亡有责任，但在导致 A 先生死亡的因果链条中，制药厂具体应承担的侵权责任大小则限于与其充分性概率相匹配的部分。

例 6.2 赌硬币问题

抛硬币的结果有两个，即正面朝上或背面朝上，我们对抛硬币的结果进行打赌，如果赌对了，赢 1 美元，如果赌错了，输 1 美元。假设我们不看抛硬币的实际结果，赌正面朝上，并赢得了 1 美元。现在问，我们赌正面朝上，是赌赢的充分因、必要因或充分必要因的概率分别是多少？

解：

假设变量 X 代表抛硬币后赌正面是否朝上，变量 Y 代表是否赌赢，变量 U 代表抛硬币后正面是否朝上。变量 X 取值 x（完整的说法应该是 $X=x$，简写为 x，其他变量类似）代表"赌正面朝上"事件，变量 Y 取值 y 代表"赢得了 1 美元"事件，变量 U 取值 u 代表"抛硬币后实际结果是正面朝上"事件，变量 X、Y 和 U 分别取值 x'、y' 和 u' 代表相反的事件。本例需要分析变量 X 和变量 Y 之间的因果概率关系，分别是：

- 必要性概率 $\mathrm{PN} = P(y'_{x'} \mid x, y)$；
- 充分性概率 $\mathrm{PS} = P(y_x \mid x', y')$；
- 充分必要性概率 $\mathrm{PNS} = P(y_x, y'_{x'})$。

由于本案例中 x 和 x'、y 和 y' 没有大小关系，显然本案例不能判定变量 X 和变量 Y 之间具有单调性。同时，因为没有观察性数据或干预试验性数据，也无法应用前述因果概率的量化计算公式。所以，我们直接根据定义计算 PN、PS 和 PNS。为此，首先分析事件（变量取值）之间的关系，再在事件关系的基础上计算相关概率。具体以变量 U 为

中间变量来分析事件之间的关系，可有
$$y=(x\cap u)\cup(x'\cap u')$$
因为事件赌赢 $Y=y$ 只有两种情况，赌抛硬币后正面朝上 $X=x$，同时实际抛硬币后正面朝上 $U=u$ 和赌抛硬币后正面朝下 $X=x'$，同时实际抛硬币后正面朝下 $U=u'$。

由于 $x\cap y\to u$（表示已知 $(X=x)\cap(Y=y)$ 可推导出 $U=u$，类似表示同理），即赌正面朝上且赢得1美元，可推断必然是抛硬币的实际结果是正面朝上；$u\to Y_{x'}(u)=y'$，即在抛硬币的实际结果是正面朝上时，赌头朝下必然输1美元，则有：
$$PN=P(y'_{x'}|x,y)=P(y'_{x'}|u)=1$$
其中第一个等号是 PN 的定义，第二个等号应用了 $x\cap y\to u$，第三个等号应用了 $u\to Y_{x'}(u)=y'$。

类似地，因为 $x'\cap y'\to u$，而 $u\to Y_x(u)=y$
可得
$$PS=P(y_x|x',y')=P(y_x|u)=1$$
$$\begin{aligned}PNS&=P(y_x,y'_{x'})\\&=P(y_x,y'_{x'}|u)P(u)+P(y_x,y'_{x'}|u')P(u')\\&=1\times(0.5)+0\times(0.5)=0.5\end{aligned}$$

上面推导中第二个等号是对变量 U 做全概率展开；第二个等号右边第二项中 $P(y_x,y'_{x'}|u')=0$，因为 $x\cap y\to u$ 且 $x'\cap y'\to u$，与 $U=u'$ 不相容，且 $P(u)=P(u')=0.5$。

根据上述计算结果，在赌正面朝上，并赢得了1美元的条件下，我们赌正面朝上，是赌赢的必要性概率为100%，因为"赌正面朝上，并赢得了1美元"说明抛硬币的实际结果是正面朝上，此时赌正面朝下，100%赌输。类似地，若"赌正面朝下，赌输了1美元"，则必然有抛硬币的实际结果是正面朝上，此时若赌正面朝上，100%赌赢1美元，所以我们赌正面朝上，是赌赢的充分性概率也为100%。但是赌正面朝上，是赌赢的充分、必要性概率 PNS 仅为50%，因为"赌正面朝上，并赢得了1美元"和"赌正面朝下，赌输了1美元"同时发生，只有"抛硬币的实际结果是正面朝上"这一种情况，而"抛硬币的实际结果是正面朝上"的概率只有50%。

例 6.3 行刑队案例

图 6.1 是行刑队案例的图模型结构。假设行刑队长为 C，队员为 A 和 B，犯人为 T；变量 U 为法庭判决，变量 $U=u$（简写为 u）代表法庭判决执行死刑，变量 X 为队员 A 的射击情况，$X=x$ 代表队员 A 开枪射击，变量 Y 代表犯人的状态，$Y=y$ 代表犯人死亡；当变量 X、Y 和 U 分别等于 x'、y' 和 u' 时，代表变量 X、Y 和 U 处于相反的状态。我们同时假设法庭判决死刑的概率 $P(U=u)=P(u)=0.5$，队长严格执行法庭判决，队员都严格执行队长的命令，队员开枪射击，犯人就会死亡，并且犯人只有在队员开枪射击时才会死亡。现在需要求解变量 X（队员 A 的射击情况）与变量 Y（犯人的死亡状态）之间

的因果概率关系 PN、PS 和 PNS。

解：

由于图模型结构及其参数均确定，我们直接按照定义来计算这些概率。先分析对应的事件之间的关系，再计算相关概率。

由于 $x \cap y \to U = u$（因为 $x \to U = u$），因此有

$$PN = P(y'_{x'} | x, y) = P(y'_{x'} | u) = 0$$

因为 $U = u$，则队长执行法庭判决，命令队员 A 和 B 都开枪。在这样的条件下分析 $y'_{x'}$，根据潜在响应（反事实）对应的图模型修改规则，删除由节点 C 指向节点 A 的边，再令 $X = x'$，分析此时 $Y = y'$ 的情况。这时候虽然根据反事实假设 $X = x'$，队员 A 不开枪，但队员 B 会根据队长的命令开枪，犯人必然死亡，所以此时概率 $P(Y = y') = 0$。

由于 $x' \cap y' \to u'$（因为 $x' \to U = u'$），因此有

$$PS = P(y_x | x', y') = P(y_x | u') = 1$$

在 $U = u'$ 的条件下分析 y_x，删除由节点 C 指向节点 A 的边，再令 $X = x$，分析此时 $Y = y$ 的情况。由于队员 A 开枪，犯人必然死亡，因此此时概率 $P(Y = y) = 1$。

为计算 PNS，需要分析 y_x 和 $y'_{x'}$。分析 $y'_{x'}$，在删除由节点 C 指向节点 A 的边后，令 $X = x'$ 时若有 $Y = y'$，则必然队员 B 未开枪，B 未开枪则可推测 $U = u'$；分析 y_x，在删除由节点 C 指向节点 A 的边后，令 $X = x$ 后若有 $Y = y$，此时变量 U 可能有两种取值，无法推测变量 U 的取值。所以，$y'_{x'} \cap y_x \to U = u'$，则事件 $y'_{x'} \cap y_x$ 与事件 $U = u$ 不相容，故有 $P(y_x, y'_{x'} | u) = 0$，相应有

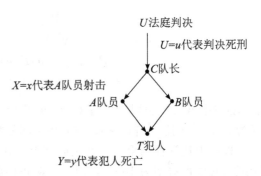

图 6.1 行刑队案例中各变量关系图模型

$$\begin{aligned}PNS &= P(y_x, y'_{x'}) = P(y_x, y'_{x'} | u) P(u) + P(y_x, y'_{x'} | u') P(u') \\ &= 0 \times 0.5 + 1 \times 0.5 = 0.5\end{aligned}$$

队员 A 开枪是犯人 T 死亡的充分性概率 PS = 1，说明只要队员 A 开枪，犯人就会死亡，这和我们的生活经验是相符的；队员 A 开枪是犯人 T 死亡的必要性概率 PN = 0，说明犯人死亡并不能推导得出队员 A 一定开了枪，因为可能是队员 B 根据法庭判决开枪。

根据图 6.1 的图模型结构，显然变量 X 和 Y 有共同的祖先，比如变量 U 或队长的命令，因此，变量 X 和 Y 之间不满足外生性。但是，对任意的 U 变量取值，均有 $P(Y_x(u)) \geqslant P(Y_{x'}(u))$，因为队员 A 开枪后犯人死亡的概率大于或等于队员 A 不开枪后犯人死亡的概率，即变量 Y 相对于变量 X 具有单调性。因此，对于本案例的相关概率，我们也可以应用单调性条件下的因果关系概率计算公式式(6.23)、

式(6.24)和式(6.25)进行计算。首先计算公式中的各个概率。

将 $P(y_x)$ 针对变量 U 作全概率展开

$$P(y_x)=P(y_x|u)P(u)+P(y_x|u')P(u')=1\times 0.5+1\times 0.5=1$$

同理

$$P(y_{x'})=P(y_{x'}|u)P(u)+P(y_{x'}|u')P(u')=1\times 0.5+0\times 0.5=0.5$$

由于 $P(U=u)=P(u)=0.5$,因此 $P(x)=P(x')=0.5$,故有

$$P(x,y)=P(x)=0.5$$

因为队员 A 开枪必然导致犯人死亡,即在 $X=x$ 时,必然有 $Y=y$,所以 $P(x,y)=P(x)$。

$$P(x',y')=P(x',y'|u)P(u)+P(x',y'|u')P(u')=0*0.5+1*0.5=0.5$$

因为当 $U=u$ 时,即使 $X=x'$,但队员 B 会开枪,此时 $P(Y=y')=0$,所以 $P(x',y'|u)=0$;而当 $U=u'$ 时,队员 B 不会开枪,当 $X=x'$ 时必有 $P(Y=y')=1$,所以 $P(x',y'|u')=1$。

当 $X=x'$ 时,按照图 6.1 所示的图模型结构,此时必有 $U=u'$,队员 B 也不可能开枪,有 $Y=y'$,所以

$$P(x',y)=0$$

当 $X=x$,按照图 6.1 所示的图模型结构,此时必有 $Y=y$,所以

$$P(x,y')=0$$

将 $P(y)$ 针对变量 U 做全概率展开

$$P(y)=P(y|u)P(u)+P(y|u')P(u')=1\times 0.5+0\times 0.5=0.5$$

将上述结果代入单调性条件下相关概率计算公式,则有

$$\text{PN}=\frac{P(y)-P(y_{x'})}{P(x,y)}=\frac{0.5-0.5}{0.5}=0$$

$$\text{PS}=\frac{P(y_x)-P(y)}{P(x',y')}=\frac{1-0.5}{0.5}=1$$

$$\text{PNS}=P(y_x)-P(y_{x'})=1-0.5=0.5$$

在本案例中,根据图模型结构,若 $X=x'$,则可推断 $U=u'$,则队长不会发出开枪命令,队员 A 和 B 都不会开枪,犯人也就不会死亡,有 $P(y|x')=0$,但是,在该图模型结构下,潜在响应结果 $P(y_{x'})=0.5$,有 $P(y|x')\neq P(y_{x'})$。这说明,在干预变量 X 与结果变量 Y 有共同祖先的图模型结构下,观察性数据的条件概率不等于对应的潜在响应结果概率(也可以将其视为干预后的结果),与前述结论相吻合。就本案例而言,可以分析如下,在计算潜在响应结果时,删除指向变量 X 的边后,令 $X=x'$(队员 A 不开枪射击),犯人死亡的概率仍有 0.5。其原因在于此时法庭还有 0.5 的概率下达死刑判决,若法庭下

达死刑判决，虽然队员 A 确定不开枪射击，但此时队员 B 会按照命令开枪射击，故犯人仍然有 0.5 的概率死亡；但在观察性数据下，图模型结构不变，若 $X=x'$，则可推断 $U=u'$，则队长不会发出开枪命令，队员 A 和 B 都不会开枪，犯人也就不会死亡，有 $P(y|x')=0$。

例 6.4 某人在存放易燃物资的普通房间划火柴，房间发生了爆炸。通常大家直观地会认为是有人划火柴导致了起火爆炸。但是，如果房间里面没有氧气，即使有人划火柴，也不会发生起火爆炸，划火柴和房间里有氧气这两个条件对于起火爆炸发生都是缺一不可的条件，从逻辑上来看，这两个因素对于房间发生起火爆炸应负责任。那么，为什么大家会认为是有人划火柴导致了起火爆炸呢？（更准确的说法是，划火柴对于房间发生起火爆炸应负更大的责任）。我们如何通过充分性概率 PS 对大家这种直观看法进行量化分析说明？

解：

首先引入 3 个变量对起火爆炸、划火柴和有氧气这三种事件进行表达。其中变量 $F=1$ 表示发生起火爆炸，$F=0$ 表示没有发生起火爆炸；$M=1$ 表示划火柴，$M=0$ 表示没有划火柴；$OX=1$ 表示房间有氧气，$OX=0$ 表示房间没有氧气。

显然，这三个变量之间有如下关系

$$F=\begin{cases} 1 & M=1 \text{ 且 } OX=1 \\ 0 & \text{其他情况} \end{cases} \tag{6.38}$$

假设房间有氧气的概率为

$$P(OX=1)=P_{ox}$$

有人划火柴的概率为

$$P(M=1)=P_m$$

根据日常经验，对于普通房间有

$$P_{ox} \gg P_m$$

房间有氧气就会导致房间起火爆炸的概率，即房间有氧气是起火爆炸原因的充分性概率

$$\text{PS}(OX,F)=P(F_{OX=1}=1|OX=0,F=0)$$

有人划火柴就会导致房间起火爆炸的概率，即有人划火柴是起火爆炸原因的充分性概率

$$\text{PS}(M,F)=P(F_{M=1}=1|M=0,F=0)$$

现在我们需要计算 $\text{PS}(OX,F)$ 和 $\text{PS}(M,F)$，哪个充分性概率更大，则哪个原因对于房间起火爆炸应负更大的责任。

根据式(6.38)，相应有如图 6.2 所示的本案例的图模型结构。

图模型 G 中 U_{OX} 和 U_M 分别是影响变量 OX 和 M 的外生变量，且在其影响下变量 OX 等于 1 的概率为 P_{ox}、变量 M 等于 1 的概率为 P_m。U_{OX} 和 U_M 相互独立。值得注意的是，

这里的概率 P_{ox} 和 P_m 体现的是在变量 F 的取值未给定的一般情况下相应外生变量的影响，此时划火柴 M 和有氧气 OX 这两个变量相互独立。

图 6.2　氧气、划火柴和起火爆炸关系图模型 G

由于充分性概率是反事实的表达式形式，我们采用反事实计算的三个步骤进行计算：

1）外延：根据真实发生的数据（事实）$E=e$，计算对应的外生变量 U 概率分布 $P(u)=P(u|E=e)$。

外生变量 U（U_{OX} 和 U_M）的概率分布体现为在外生变量 U 的影响下，变量 OX 和变量 M 的概率分布，故在外延这个步骤，根据 $PS(OX,F)$ 的表达式，需要计算在给定事实 $(OX=0,F=0)$ 的条件下，在外生变量影响下，变量 M 等于 1 的概率 P'_m，相应图模型结构 G'_{ox} 如图 6.3 所示；根据 $PS(M,F)$ 的表达式，需要计算在给定事实 $(M=0,F=0)$ 的条件下，在外生变量影响下，变量 OX 等于 1 的概率 P'_{ox}，相应图模型结构 G'_m 如图 6.4 所示。

图 6.3　在 $OX=0$、$F=0$ 的条件下，氧气、划火柴和起火爆炸关系的图模型 G'_{ox}

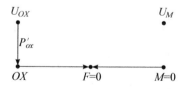

图 6.4　在 $M=0$、$F=0$ 的条件下，氧气、划火柴和起火爆炸关系的图模型 G'_m

根据图 6.3，在给定事实 $(OX=0,F=0)$ 的条件下，在外生变量影响下，变量 M 等于 1 的概率 P'_m 为

$$P'_m = P(M=1 \mid OX=0, F=0)$$

根据式(6.38)，当 $OX=0$、$F=0$ 时，P'_m 可以为任意值，即 P'_m 只受外生变量 U_M 的

影响，故

$$P'_m = P(M=1 \mid OX=0, F=0) = P_m$$

类似，根据图 6.4 和式(6.38)，在给定事实 $(M=0, F=0)$ 的条件下，在外生变量影响下，变量 OX 等于 1 的概率 P'_{ox} 为

$$P'_{ox} = P(OX=1 \mid M=0, F=0) = P_{ox}$$

2) 执行：根据反事实的假设条件 $X=x$，修改相应的图模型，将原模型 M 修改为模型 M_x，并将原来 SCM 中左边为 X 的函数关系式替换为 $X=x$。

计算房间有氧气导致起火爆炸的充分性概率

$$\text{PS}(OX, F) = P(F_{OX=1}=1 \mid OX=0, F=0)$$

相应修改后的图模型结构如图 6.5 所示。

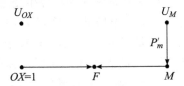

图 6.5　计算房间有氧气导致起火爆炸关系的修改图模型 $G_{OX=1}$

计算划火柴导致起火爆炸的充分性概率

$$\text{PS}(M, F) = P(F_{M=1}=1 \mid M=0, F=0)$$

相应修改后的图模型结构如图 6.6 所示。

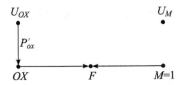

图 6.6　计算划火柴导致起火爆炸关系的修改图模型 $G_{M=1}$

3) 预测：结合修改后的模型 M_x 和计算得到的外生变量分布 $P(u \mid E=e)$，计算反事实表达式概率。

计算房间有氧气导致起火爆炸的充分性概率 $\text{PS}(OX, F) = P(F_{OX=1}=1 \mid OX=0, F=0)$，即在修改图模型 $G_{OX=1}$ 下的概率 $P(F=1)$。根据图 6.5 及式(6.38)，此时已有 $OX=1$，概率 $P(F=1)$ 完全取决于 $M=1$ 的概率，即划火柴的概率 P'_m，所以

$$\text{PS}(OX, F) = P(F=1) = P'_m = P_m$$

同理，划火柴导致起火爆炸的充分性概率 $\mathrm{PS}(M,F) = P(F_{M=1}=1 \mid M=0, F=0)$，即在修改图模型 $G_{M=1}$ 下的概率 $P(F=1)$。根据图 6.6 及式(6.38) 有

$$\mathrm{PS}(M,F) = P(F=1) = P'_{ox} = P_{ox}$$

由于 $P_{ox} \gg P_m$，故 $\mathrm{PS}(M,F) \gg \mathrm{PS}(OX,F)$，划火柴导致房间起火爆炸的概率远远大于房间有氧气导致起火爆炸的概率，这与大家的直觉相吻合。

根据式(6.38)，若 $OX=0$，则必然有 $F=0$，相应可以得到，如果房间没有氧气就不会导致房间起火爆炸的概率，即房间有氧气是起火爆炸原因的必要性概率

$$\mathrm{PN}(OX,F) = P(F_{OX=0}=0 \mid OX=1, F=1) = 1$$

类似地，如果没有人划火柴就不会导致房间起火爆炸的概率，即有人划火柴是起火爆炸原因必要性概率

$$\mathrm{PN}(M,F) = P(F_{M=0}=0 \mid M=1, F=1) = 1$$

相应结果也与大家的直觉相吻合。

CHAPTER 7

第 7 章

复杂条件下因果效应的计算

前面对一些简单的因果效应分析场景进行了介绍,因果效应的计算一般通过前门调整或后门调整完成。但在实际工作中,因果效应分析的场景更为复杂,本章将对一些复杂条件下因果效应的计算进行介绍,主要包括 4 个方面的内容:非理想依从条件下因果效应的计算,已干预条件下因果效应的计算,复杂图模型条件下因果效应的计算,以及样本数据采集阶段存在选择性时因果效应的计算。

7.1 非理想依从条件下因果效应的计算

在前面介绍的内容中,我们通常假设干预试验处于理想状态,所有试验对象均按照试验设计的干预安排严格执行。以临床试验为例,我们研究一种药物对康复的效果,干预动作是安排患者服用一定剂量的药物,对应的数学表达式是 $X=x$,则因果效应分析中就认为患者实际服用了该剂量的药物。但在实际的试验过程中,由于种种原因,患者未必严格按照试验要求服用药物,他(她)可能担心药物的副作用,自己私下减少了服用的剂量甚至没有服用。在这样的试验情况下,将搜集得到的试验结果数据仍与安排的干预 $X=x$ 相对应进行分析,将不可避免地带来分析结果的偏差。在类似这样的试验中,实际执行的干预与安排的干预不完全一致场景下的因果效应,称为非理想依从条件下的因果效应。本节将对非理想依从条件下的因果效应进行分析。由于非理想依从条件下因果效应分析计算的复杂性,我们将在一定的简化假设条件下,对干预的平均因果效应的上界和下界进行分析。

7.1.1 研究模型假设

如图 7.1 所示为非理想依从条件下干预的图模型结构,变量 Z 为试验中安排的干预,变量 X 为试验中干预对象实际执行的干预,变量 Y 为针对实际执行的干预的响应(结果变量),变量 U 为影响因子变量。安排干预和实际干预可能相同,也可能不

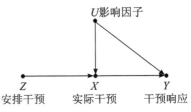

图 7.1 非理想依从条件下干预的图模型

同，是否相同取决于影响因子变量 U 的影响，该影响因子变量对干预的响应变量取值也有影响。在图 7.1 所示的图模型中，变量 Z、X 和 Y 是可测量的变量，而变量 U 是不可测量的变量。

为简化书写，用 x 代表 X＝x，其他变量及其取值类似。为简化分析，有如下假设。

- 变量 Z、X 和 Y 都是二值变量。z_0 代表未安排干预，z_1 代表安排了干预；x_0 代表实际未执行干预，x_1 代表实际执行了干预；y_0 代表对干预产生的负响应，y_1 代表对干预产生的正响应。
- 变量 Z 对变量 Y 没有直接影响，必须通过变量 X 才能对变量 Y 产生影响。
- 变量 Z 和变量 U 之间相互边缘独立。
- 试验中各个个体对安排干预的响应情况相互独立。

相应地，当变量 Z、X 和 Y 都是二值变量时，我们在非理想依从条件下的干预因果效应分析中，需要分析计算的是响应变量 Y 对于实际干预变量 X 的平均因果效应

$$ACE(X \to Y) = P(y_1 | do(x_1)) - P(y_1 | do(x_0)) \tag{7.1}$$

针对图 7.1 所示的图模型结构，应用后门调整表达式，则有

$$\begin{aligned} ACE(X \to Y) &= P(y_1 | do(x_1)) - P(y_1 | do(x_0)) \\ &= \sum_u [P(y_1 | x_1, u) - P(y_1 | x_0, u)] P(u) \end{aligned} \tag{7.2}$$

但式(7.2) 中有不可测量变量 U，因此，计算 $ACE(X \to Y)$ 的取值，需要根据图 7.1 所示的模型中各个变量之间的关系消去式(7.2) 中的变量 U，或者根据图模型结构得到关于变量 U 的约束条件，从而根据该约束条件推导出 $ACE(X \to Y)$ 的上下界。

7.1.2 一般条件下平均因果效应的计算

针对图 7.1 所示的图模型结构，应用因子分解法则，可有联合概率分布

$$P(y,x,z,u) = P(y|x,u) P(x|z,u) P(z) P(u) \tag{7.3}$$

由于式(7.3) 两端都有不可测量变量 U，因此需要对其进行变换，让等式的一端消掉变量 U，从而将含有不可测量变量的表达式用可测量数据表示出来，得到不可测量变量 U 的约束表达式。

$$\begin{aligned} P(y,x|z)P(z) &= P(y,x,z) = \sum_u P(y,x,z,u) = \sum_u P(y|x,u) P(x|z,u) P(z) P(u) \\ P(y,x|z)P(z) &= P(z) \sum_u P(y|x,u) P(x|z,u) P(u) \\ P(y,x|z) &= \sum_u P(y|x,u) P(x|z,u) P(u) \end{aligned} \tag{7.4}$$

分析式(7.4)，其右边的表达式含有不可测量变量 U，但其左边的表达式不含变量 U，可通过搜集可测量样本数据计算而得到。因此，基于式(7.4)，可以通过搜集样本数据得到关于变量 U 的约束表达式。根据图 7.1 所示的图模型结构，变量 Z 可控，而变量 X 和变

量 Y 不可控,故样本数据为 P(y,x|z) 的形式。

所以,计算 $ACE(X\to Y)$ 的值或其上下界问题,转换为在式(7.4)约束下的最优化问题。考虑到简化假设中变量 X、Y 和 Z 为二值变量,因此,其取值组合有限,不可测量变量 U 对 $X\to Y$ 和 $Z\to X$ 的影响相应可以简化为几种情况,具体如下。

首先来看不可测量变量 U 对 $Z\to X$ 的影响,将变量 U 对 $Z\to X$ 的影响分为几类,分别用变量 r_x 的不同取值来代表。变量 Z 和 X 的取值组合只有 4 种,相应从变量 Z 到变量 X 的函数关系 $x=f(z,u)$ 有 4 种,分别是

$$f_{X_0}: x=0 \quad f_{X_1}: x=z$$
$$f_{X_2}: x\neq z \quad f_{X_3}: x=1$$

f_{X_0} 和 f_{X_3} 分别代表无论变量 Z 如何取值,变量 X 取值不受变量 Z 取值影响,始终为 0 或为 1。f_{X_1} 代表变量 X 取值始终和变量 Z 相同;f_{X_2} 代表变量 X 的取值与变量 Z 的取值不同,在二值变量情况下,也就是正好相反。相应地,$Z\to X$ 的 4 种函数关系分别对应变量 r_x 的 4 个取值,我们定义其取值分别为 0、1、2 和 3。r_x 的取值反映了变量 X 与变量 Z 的依从性关系,当 $r_x=1$ 时,变量 X 取值与变量 Z 取值相同,称为变量 X 对变量 Z 完全依从,而当 $r_x=2$ 时,变量 X 的取值与变量 Z 的取值相反,称为变量 X 对变量 Z 完全不依从。显然,在 f_{X_1} 和 f_{X_2} 这两种函数关系下,根据变量 Z 的两种具体取值,变量 X 的具体取值又可再分别细化为两种情况,因此,二值变量 Z 和二值变量 X 的所有取值组合映射关系共有 6 种,每一种映射关系取决于 r_x 的取值(函数关系)和变量 Z 取值的组合。变量 Z 和 X 的取值组合及其受变量 U 的影响情况汇总如下:

$$x=f_X(z,r_x)=\begin{cases} x_0 & \text{当 } r_x=0 \\ x_0 & \text{当 } r_x=1 \text{ 且 } z=z_0 \\ x_1 & \text{当 } r_x=1 \text{ 且 } z=z_1 \\ x_1 & \text{当 } r_x=2 \text{ 且 } z=z_0 \\ x_0 & \text{当 } r_x=2 \text{ 且 } z=z_1 \\ x_1 & \text{当 } r_x=3 \end{cases} \quad (7.5)$$

同理,变量 X 和变量 Y 的取值组合及其受变量 U 的影响情况(用 r_y 的不同取值代表)汇总如下:

$$y=f_Y(x,r_y)=\begin{cases} y_0 & \text{当 } r_y=0 \\ y_0 & \text{当 } r_y=1 \text{ 且 } x=x_0 \\ y_1 & \text{当 } r_y=1 \text{ 且 } x=x_1 \\ y_1 & \text{当 } r_y=2 \text{ 且 } x=x_0 \\ y_0 & \text{当 } r_y=2 \text{ 且 } x=x_1 \\ y_1 & \text{当 } r_y=3 \end{cases} \quad (7.6)$$

根据式(7.6)可得（代表 U 影响的）变量r_y取值情况与变量 X 和 Y 的取值组合的事件对应关系

$$Y_{x_1} = \begin{cases} y_1 & \text{当}\, r_y = 1 \,\text{或}\, r_y = 3 \\ y_0 & \text{其他情况} \end{cases} \tag{7.7}$$

$$Y_{x_0} = \begin{cases} y_1 & \text{当}\, r_y = 2 \,\text{或}\, r_y = 3 \\ y_0 & \text{其他情况} \end{cases} \tag{7.8}$$

对式(7.7)两边取概率，因事件$r_y=1$和$r_y=3$的交集为空，故相应在$ACE(X \to Y)$表达式中的项

$$P(y_1 | do(x_1)) = P(Y_{x_1} = y_1) = P(r_y = 1) + P(r_y = 3) \tag{7.9}$$

类似对式(7.8)两边取概率，类似有

$$P(y_1 | do(x_0)) = P(Y_{x_0} = y_1) = P(r_y = 2) + P(r_y = 3) \tag{7.10}$$

将式(7.9)减去式(7.10)，相应变量 X 对变量 Y 的平均因果效应有

$$ACE(X \to Y) = P(y_1 | do(x_1)) - P(y_1 | do(x_0)) = P(r_y = 1) - P(r_y = 2) \tag{7.11}$$

计算$ACE(X \to Y)$的上下界问题转换为计算$P(r_y = 1) - P(r_y = 2)$的上下界问题。为此，需要找到关于r_y的约束条件，再在此约束条件下进行约束条件下的最优化，则可求得式(7.11)的上下界。

由于变量 X、Y 和 Z 可测量，因此考虑寻找$P(y, x | z)$与r_y的关系，从而获得关于r_y约束关系。为简化书写，定义如下：

$$\begin{aligned} P_{00.0} &= P(y_0, x_0 | z_0), & P_{00.1} &= P(y_0, x_0 | z_1) \\ P_{01.0} &= P(y_0, x_1 | z_0), & P_{01.1} &= P(y_0, x_1 | z_1) \\ P_{10.0} &= P(y_1, x_0 | z_0), & P_{10.1} &= P(y_1, x_0 | z_1) \\ P_{11.0} &= P(y_1, x_1 | z_0), & P_{11.1} &= P(y_1, x_1 | z_1) \end{aligned} \tag{7.12}$$

$$q_{jk} = P(r_x = j, r_y = k) \quad j, k \in \{0, 1, 2, 3\} \tag{7.13}$$

显然有约束条件

$$\sum_{n=00}^{11} p_{n.0} = 1 \text{ 和 } \sum_{n=00}^{11} p_{n.1} = 1 \tag{7.14}$$

$$\sum_{j=0}^{3} \sum_{k=0}^{3} q_{jk} = 1 \quad q_{jk} \geqslant 0 \tag{7.15}$$

式(7.5)和式(7.6)实际上表达了变量 Z、X 和 Y 的取值组合事件之间的关系，将式(7.5)和式(7.6)用式(7.12)和式(7.13)的简化书写定义表示，则有$P(y, x | z)$与q_{jk}的约束关系

$$P_{00.0} = q_{00} + q_{01} + q_{10} + q_{11}, \quad P_{00.1} = q_{00} + q_{01} + q_{20} + q_{21}$$
$$P_{01.0} = q_{20} + q_{22} + q_{30} + q_{32}, \quad P_{01.1} = q_{10} + q_{12} + q_{30} + q_{32}$$
$$P_{10.0} = q_{02} + q_{03} + q_{12} + q_{13}, \quad P_{10.1} = q_{02} + q_{03} + q_{22} + q_{23}$$
$$P_{11.0} = q_{21} + q_{23} + q_{31} + q_{33}, \quad P_{11.1} = q_{11} + q_{13} + q_{31} + q_{33} \tag{7.16}$$

可以将式(7.16)简化为矩阵形式

$$\vec{p} = R\vec{q} \tag{7.17}$$

以 $P_{00.0} = q_{00} + q_{01} + q_{10} + q_{11}$ 为例,说明如何根据式(7.5) 和式(7.6) 得到式(7.16)。分析方法还是先分析事件之间的关系,再对事件取概率,从而得到概率表达式之间的关系。

根据式(7.5) 可有 $X = x_0$ 事件和 $Z = z_0$ 事件与 U 变量取值事件之间的关系

$$Z = z_0 \text{ 条件下 } X = x_0 \Leftrightarrow (r_x = 0 \text{ 或 } r_x = 1)$$

根据式(7.6) 可有 $Y = y_0$ 事件和 $X = x_0$ 事件与 U 变量取值事件之间的关系

$$X = x_0 \text{ 条件下 } Y = y_0 \Leftrightarrow (r_y = 0 \text{ 或 } r_y = 1)$$

根据图 7.1,变量 Z 对变量 Y 没有直接影响,必须通过变量 X 才能对变量 Y 产生影响,因此有事件之间的关系

$$(y_0, x_0 | z_0) = (y_0 | x_0) \times (x_0 | z_0)$$
$$(y_0, x_0 | z_0) = (r_y = 0 \text{ 或 } r_y = 1) \times (r_x = 0 \text{ 或 } r_x = 1)$$
$$(y_0, x_0 | z_0) = (r_y = 0 \times r_x = 0) \bigcup (r_y = 0 \times r_x = 1) \bigcup$$
$$(r_y = 1 \times r_x = 0) \bigcup (r_y = 1 \times r_x = 1)$$

上式右边四项相互交集为空,两边取概率,并移项则有

$$P(y_0, x_0 | z_0) = P(r_x = 0, r_y = 0) + P(r_x = 0, r_y = 1) + P(r_x = 1, r_y = 0) + P(r_x = 1, r_y = 1)$$

即

$$P_{00.0} = q_{00} + q_{01} + q_{10} + q_{11}$$

根据式(7.11) 有 $ACE(X \rightarrow Y) = P(r_y = 1) - P(r_y = 2)$,改写为 q_{jk} 的形式,注意到

$$P(r_y = 1) = P(r_x = 0, r_y = 1) + P(r_x = 1, r_y = 1) + P(r_x = 2, r_y = 1) + P(r_x = 3, r_y = 1)$$

即

$$P(r_y = 1) = q_{01} + q_{11} + q_{21} + q_{31}$$

同理

$$P(r_y = 2) = q_{02} + q_{12} + q_{22} + q_{32}$$

故有

$$ACE(X \to Y) = (q_{01} + q_{11} + q_{21} + q_{31}) - (q_{02} + q_{12} + q_{22} + q_{32}) \tag{7.18}$$

现在问题转化为在式(7.14)、式(7.15) 和式(7.17) 的约束条件下，求式(7.18) 的上下界。

根据 $Balke$ 的推导，可有下面的 ACE 的上界和下界

$$ACE(X \to Y) \geqslant max \begin{cases} P_{11.1} + P_{00.0} - 1 \\ P_{11.0} + P_{00.1} - 1 \\ P_{11.0} - P_{11.1} - P_{10.1} - P_{01.0} - P_{10.0} \\ P_{11.1} - P_{11.0} - P_{10.0} - P_{01.1} - P_{10.1} \\ -P_{01.1} - P_{10.1} \\ -P_{01.0} - P_{10.0} \\ P_{00.1} - P_{01.1} - P_{10.1} - P_{01.0} - P_{00.0} \\ P_{00.0} - P_{01.0} - P_{10.0} - P_{01.1} - P_{00.1} \end{cases} \tag{7.19}$$

$$ACE(X \to Y) \leqslant min \begin{cases} 1 - P_{01.1} - P_{10.0} \\ 1 - P_{01.0} - P_{10.1} \\ -P_{01.0} + P_{01.1} + P_{00.1} + P_{11.0} + P_{00.0} \\ -P_{01.1} + P_{11.1} + P_{00.1} + P_{01.0} + P_{00.0} \\ P_{11.1} + P_{00.1} \\ P_{11.0} + P_{00.0} \\ -P_{10.1} + P_{11.1} + P_{00.1} + P_{11.0} + P_{10.0} \\ -P_{10.0} + P_{11.0} + P_{00.0} + P_{11.1} + P_{10.1} \end{cases} \tag{7.20}$$

7.1.3 附加假设条件下平均因果效应的计算

式(7.19) 和式(7.20) 分别给出了非理想依从条件下干预的平均因果效应的上界和下界计算公式。在几种特定假设下，可以进一步简化平均因果效应的上界和下界计算公式，具体推导此处不做介绍，相关结论分别介绍如下。

1. 正效应条件下的平均因果效应

若 $P(x_1|do(z_1)) \geqslant P(x_1|do(z_0))$，即 $ACE(Z \to X) \geqslant 0$，则称变量 X 相对变量 Z 具有正效应；同理，若 $P(y_1|do(z_1)) \geqslant P(y_1|do(z_0))$，即 $ACE(Z \to Y) \geqslant 0$，则称变量 Y 相对变量 Z 具有正效应。由图 7.1 可见，对于有序节点对 (Z,X) 和 (Z,Y)，分别都没有后门路径，故有

$$P(x|do(z)) = P(x|z)$$
$$P(y|do(z)) = P(y|z)$$

相应正效应条件简化为 $P(x_1|z_1) \geqslant P(x_1|z_0)$ 和 $P(y_1|z_1) \geqslant P(y_1|z_0)$。

若非理想依从条件下干预平均因果效应的计算中，根据样本数据 $P(y,x|z)$ 可有变量 X 相对变量 Z 具有正效应且变量 Y 相对变量 Z 具有正效应，表达为 $P(y,x|z)$ 的形式时，

即同时满足

$$P_{01.1} + P_{11.1} \geq P_{01.0} + P_{11.0}$$
$$P_{10.1} + P_{11.1} \geq P_{10.0} + P_{11.0}$$

则相应 $ACE(X \to Y)$ 的下界和上界简化为

$$ACE(X \to Y) \geq \max \begin{Bmatrix} P_{11.1} + P_{00.0} - 1 \\ P_{11.1} - P_{11.0} - P_{10.0} - P_{01.1} - P_{10.1} \\ -P_{01.1} - P_{10.1} \\ -P_{01.0} - P_{10.0} \\ P_{00.0} - P_{01.0} - P_{10.0} - P_{01.1} - P_{00.1} \end{Bmatrix} \quad (7.21)$$

$$ACE(X \to Y) \leq \min \begin{Bmatrix} 1 - P_{01.1} - P_{10.0} \\ 1 - P_{01.0} - P_{10.1} \\ -P_{01.0} + P_{01.1} + P_{00.1} + P_{11.0} + P_{00.0} \\ P_{11.1} + P_{00.1} \\ P_{11.0} + P_{00.0} \\ -P_{10.1} + P_{11.1} + P_{00.1} + P_{11.0} + P_{10.0} \end{Bmatrix} \quad (7.22)$$

在实际应用中，正效应条件很容易满足，若在当前的符号体系下 $ACE(Z \to X) < 0$，则在定义中将 x_0 和 x_1 交换即可满足 $ACE(Z \to X) \geq 0$；同理，若有 $ACE(Z \to Y) < 0$，则在定义中将 y_0 和 y_1 交换即可满足 $ACE(Z \to Y) \geq 0$。

2. 干预充分性和正效应条件下的平均因果效应

若在给定实际干预变量 X 的条件下，安排干预变量 Z 与干预响应变量 Y 之间相互条件独立，即 $Z \perp\!\!\!\perp Y | X$，则称该试验具有干预充分性（$treatment\ sufficiency$）。

若根据样本数据 $P(y, x | z)$，有变量 X 相对变量 Z 具有正效应且变量 Y 相对变量 X 具有正效应，同时满足干预充分性即 $Z \perp\!\!\!\perp Y | X$，则 $ACE(X \to Y)$ 的下界和上界分别简化为式（7.19）和式（7.20）中的第一项，即

$$ACE(X \to Y) \geq P_{11.1} + P_{00.0} - 1$$
$$ACE(X \to Y) \leq 1 - P_{01.1} - P_{10.0}$$

而

$$P(y_1 | z_1) - P(y_1 | z_0) - P(y_1, x_0 | z_1) - P(y_0, x_1 | z_0)$$
$$= P(y_1, x_1 | z_1) + P(y_1, x_0 | z_1) - P(y_1, x_1 | z_0) - P(y_1, x_0 | z_0) -$$
$$\quad P(y_1, x_0 | z_1) - P(y_0, x_1 | z_0)$$
$$= P(y_1, x_1 | z_1) - P(y_1, x_1 | z_0) - P(y_1, x_0 | z_0) - P(y_0, x_1 | z_0)$$
$$= P(y_1, x_1 | z_1) - [P(y_1, x_1 | z_0) + P(y_1, x_0 | z_0) + P(y_0, x_1 | z_0)]$$
$$= P(y_1, x_1 | z_1) - [1 - P(y_0, x_0 | z_0)]$$
$$= P_{11.1} - [1 - P_{00.0}] = P_{11.1} + P_{00.0} - 1$$

故有

$$ACE(X \to Y) \geqslant P(y_1|z_1) - P(y_1|z_0) - P(y_1, x_0|z_1) - P(y_0, x_1|z_0) \quad (7.23)$$

同理有

$$ACE(X \to Y) \leqslant P(y_1|z_1) - P(y_1|z_0) + P(y_0, x_0|z_1) + P(y_1, x_1|z_0) \quad (7.24)$$

因为有 $P(y|do(z)) = P(y|z)$，故

$$ACE(Z \to Y) = P(y_1|do(z_1)) - P(y_1|do(z_0)) = P(y_1|z_1) - P(y_1|z_0)$$

故式(7.23) 和式(7.24) 可改写为

$$ACE(X \to Y) \geqslant ACE(Z \to Y) - P(y_1, x_0|z_1) - P(y_0, x_1|z_0)$$
$$ACE(X \to Y) \leqslant ACE(Z \to Y) + P(y_0, x_0|z_1) + P(y_1, x_1|z_0)$$

由于式(7.23) 和 (7.24) 的计算较为简单，在实际中应用较多，也称为"自然界"。但在一般情况下，式(7.21) 和 (7.22) 估计更为精确。根据式(7.23) 和 (7.24)，$ACE(X \to Y)$ 的取值不会超过 $ACE(Z \to Y)$ 加上 $P(y_0, x_0|z_1) + P(y_1, x_1|z_0)$，也不会低于 $ACE(Z \to Y)$ 减去 $P(y_1, x_0|z_1) + P(y_0, x_1|z_0)$，上下界的差为 $P(x_1|z_0) + P(x_0|z_1)$，也就是不依从性。

根据图 7.1，在给定变量 X 的条件下，对于对撞结构 Z→X←U，这是给定对撞节点变量的取值，根据 3.1.3 节对撞结构的性质，此时两端节点变量 Z 和 U 之间可能连通、相互依赖，相应变量 Z 可能通过路径 Z→X←U→Y 与变量 Y 连通、相互依赖，因此，图 7.1 所示的图模型结构中 Z⊥Y|X 是否成立，需要通过样本数据集 P(y,x|z) 对条件独立性 Z⊥Y|X 进行验证。

例 7.1 药物效果评估。以 337 个受试人员为研究对象，将他们大致均分为两组，一组开具消胆胺（降低胆固醇的药物），一组开具安慰剂（不开降低胆固醇的药物）。对每个人员在开始试验前测量其胆固醇水平，作为服用消胆胺干预前的胆固醇水平。试验开始后，几年内多次测量其胆固醇水平，将多次测量值的均值作为服用消胆胺干预后的胆固醇水平。现在需要评估服用消胆胺这个干预对胆固醇降低的平均效果。

解：

在试验中，给试验对象开具消胆胺，但其未必服用，也就是试验对象对于干预的安排未必完全依从，因此，这是一个非理想依从条件下的干预因果效应估计问题。

设变量 Z 代表试验中对试验对象是否开具消胆胺，变量 X 代表试验对象是否服用消胆胺，变量 Y 代表胆固醇降低情况。显然，变量 Z 是二值变量：

$$Z = \begin{cases} z_0 & \text{没有开具消胆胺} \\ z_1 & \text{开具了消胆胺} \end{cases}$$

变量 X 和变量 Y 为连续变量，由于非理想依从条件下平均因果效应的估计只能针对二值变量，因此需要先将变量 X 和 Y 通过选取一定阈值进行二值化处理。

$$X = \begin{cases} x_0 & \text{没有服用消胆胺或者开具后服用量小于 50 个单位} \\ x_1 & \text{服用了消胆胺且服用量大于或等于 50 个单位} \end{cases}$$

$$Y = \begin{cases} y_0 & \text{干预前后胆固醇降低量小于 28 个单位} \\ y_1 & \text{干预前后胆固醇降低量大于或等于 28 个单位} \end{cases}$$

假设将试验中观察到的数据整理为 $P(y,x|z)$ 的形式有

$$P_{00.0} = P(y_0, x_0 | z_0) = 0.919 \quad P_{01.0} = P(y_0, x_1 | z_0) = 0.000$$
$$P_{10.0} = P(y_1, x_0 | z_0) = 0.081 \quad P_{11.0} = P(y_1, x_1 | z_0) = 0.000$$
$$P_{00.1} = P(y_0, x_0 | z_1) = 0.315 \quad P_{01.1} = P(y_0, x_1 | z_1) = 0.139$$
$$P_{10.1} = P(y_1, x_0 | z_1) = 0.073 \quad P_{11.1} = P(y_1, x_1 | z_1) = 0.473$$

首先判断正效应条件是否成立:

$$\text{ACE}(Z \to X) = P_{11.1} + P_{01.1} - P_{11.0} - P_{01.0} = 0.612$$
$$\text{ACE}(Z \to Y) = P_{11.1} + P_{10.1} - P_{11.0} - P_{10.0} = 0.465$$

正效应成立,故可以用式(7.21)和(7.22)对 $\text{ACE}(X \to Y)$ 进行估计,有

$$\text{ACE}(X \to Y) \geqslant \max \begin{cases} P_{11.1} + P_{00.0} - 1 = 0.392 \\ P_{11.1} - P_{11.0} - P_{10.0} - P_{01.1} - P_{10.1} = 0.180 \\ -P_{01.1} - P_{10.1} = -0.212 \\ -P_{01.0} - P_{10.0} = -0.081 \\ P_{00.0} - P_{01.0} - P_{10.0} - P_{01.1} - P_{00.1} = 0.384 \end{cases}$$

$$\text{ACE}(X \to Y) \leqslant \min \begin{cases} 1 - P_{01.1} - P_{10.0} = 0.78 \\ 1 - P_{01.0} - P_{10.1} = 0.927 \\ -P_{01.0} + P_{01.1} + P_{00.1} + P_{11.0} + P_{00.0} = 1.373 \\ P_{11.1} + P_{00.1} = 0.788 \\ P_{11.0} + P_{00.0} = 0.919 \\ -P_{10.1} + P_{11.1} + P_{00.1} + P_{11.0} + P_{10.0} = 0.796 \end{cases}$$

因此有

$$0.392 \leqslant \text{ACE}(X \to Y) \leqslant 0.78$$

这说明,该试验中至少有 39.2% 的对象在服用消胆胺后胆固醇水平降低了 28 个单位及以上,药物效果显著。

7.2 已干预条件下因果效应的计算

在实际工作中,我们经常需要对现在已经实施的政策或措施进行效果评估,以决定现有政策措施的取舍。评估的关键是针对已经实施了干预(政策或措施)的对象,将实施干预与不实施干预两种情况进行比较。这就需要针对这些现在已经实施干预的对象,假设其没有实施干预,再将实施干预和没有实施干预两种情况进行对比,两种情况下因

果效应的差异——平均因果效应,就是已干预条件下的因果效应(Effect of Treatment on the Treated, ETT)。我们通过一个具体的例子来对该问题进行介绍。

7.2.1 ETT 的计算

例 7.2 职业培训项目评估

政府针对失业人员安排培训计划,以便其尽快找到工作。培训计划结束后,政府相关部门提供统计数据说明其培训计划的有效性:在所有的失业人员中,登记参加培训计划的人员比没有登记参加培训计划的人员有更高的重新就业率。因此,培训计划实施效果显著,项目资金应该得到继续支持。

但是,也存在不同的声音,批评者认为上述统计结论并不正确,培训计划是浪费纳税人的资金,应该停掉项目。批评者提出,虽然在统计数据中,登记参加培训的人员具有更高的重新就业率,但是这并不能说明是培训过程提高了参加培训人员的重新就业率。他们认为,登记参加培训的人员较之未登记人员,本身就更积极、更聪明、社会资源更丰富、社会关系网络更广泛,因而其即使不参加培训,也会具有更高的重新就业率。批评者认为,要证明培训计划的有效性,必须针对已登记参加培训的失业人员,比较他们在登记参加培训和没有登记参加培训两种情况下重新就业率的差异。我们应该如何对批评者提出的问题进行分析呢?

解:

批评者提出的要求是针对"已登记参加培训"的人员进行对比分析,比较其在实际"登记参加培训"和假设"没有登记参加培训"这两种情况下的就业率差异。分析"已登记参加培训"的人员在(假设)其"没有登记参加培训"情况下的就业率,需要用反事实分析作为工具。

采用反事实分析工具,令干预变量 $X=1$ 代表登记参加了培训($X=0$ 代表未登记参加),结果变量 $Y=1$ 代表重新就业($Y=0$ 代表未重新就业)。相应地,批评者认为需要估计的差异——"已经登记参加培训人员,在登记参加培训后的就业率,与(假设)其不登记参加培训时就业率的差异"ETT 则为

$$\text{ETT} = E[Y_1 - Y_0 | X=1] = E[Y_1 | X=1] - E[Y_0 | X=1]$$

其中,$Y_1 - Y_0$ 代表参加培训对就业的影响(干预变量 X 对结果变量 Y 的平均因果效应),条件 $X=1$ 将研究的目标对象限定在已经登记参加了培训计划的人员。同时,由于结果变量 Y 是二值变量,只取值 0 或者 1,因此有

$$E[Y_1 | X=1] = P(Y_1=1 | X=1) \quad E[Y_0 | X=1] = P(Y_0=1 | X=1)$$

故有

$$\begin{aligned} \text{ETT} &= E[Y_1 | X=1] - E[Y_0 | X=1] \\ &= P(Y_1=1 | X=1) - P(Y_0=1 | X=1) \end{aligned} \quad (7.25)$$

与 5.1 节中投电视广告还是投互联网广告的例子相同,这里也存在实际情况 $X=1$ 与

反事实假设 $X=0$ 的矛盾。在上述的 ETT 表达式中，$P(Y_0=1|X=1)$ 代表针对实际登记参加培训计划人员，假设其没有登记参加培训计划时的就业情况。由于时光无法倒流，因此我们无法做试验观察到"实际登记参加培训计划人员，在没有登记参加培训计划时的就业情况"，也就无法获得满足条件「$Y_0=1|X=1$」的样本，上述 ETT 表达式似乎无法计算。但是，根据反事实的相关理论，在很多情况下（不是所有情况），作为统计数据，$P[Y_0=1|X=1]$ 可以基于现实世界中观察到的数据计算得到，具体方法如下。

根据 5.5 节的反事实调整表达式，若在案例对应的图模型结构中存在变量集合 Z 相对于有序变量对 (X,Y)（一般称为干预变量和结果变量）满足后门准则，则与 ETT 相关的概率可以有相应的调整表达式，计算如下：

$$\begin{aligned}
P(Y_x = y \mid X = x') &= \sum_z P(Y_x = y \mid X = x', Z = z) P(Z = z \mid X = x') \\
&= \sum_z P(Y_x = y \mid X = x, Z = z) P(Z = z \mid X = x') \\
&= \sum_z P(Y = y \mid X = x, Z = z) P(Z = z \mid X = x') \quad (7.26)
\end{aligned}$$

其中第一个等号是根据式(2.8)将条件概率 $P(Y_x=y|X=x')$ 对变量集合 Z 展开；第二个等号是因为变量集合 Z 对于有序节点变量对 (X,Y) 满足后门准则，此时变量 X 和反事实变量 Y_x 在给定变量集合 Z 的条件下相互独立，故可以将 $X=x'$ 替换为 $X=x$；第三个等号是利用反事实的一致性法则，在 $X=x$ 条件下将 Y_x 替换为 Y，至此，等式右边均为观察性数据。式(7.26)即为 ETT 后门调整表达式。

将 do 算子下调整表达式(4.3)重新列出，并与式(7.26)进行比较，可见，两个调整表达式类似，都是针对满足后门准则的变量集合 Z 展开，并作平均。但式(7.26)中，加权的概率不再是 $P(Z=z)$，而是增加了 $X=x'$ 的条件 $P(Z=z|X=x')$。根据式(7.26)，可以将 ETT 的表达式(7.25)完全用观察性数据来表达：

$$\begin{aligned}
\text{ETT} &= E[Y_1 - Y_0 \mid X = 1] \\
&= P[Y_1 = 1 \mid X = 1] - P[Y_0 = 1 \mid X = 1] \\
&= P[Y \mid X = 1] - \sum_z P(Y = 1 \mid X = 0, Z = z) P(Z = z \mid X = 1)
\end{aligned}$$

在第三个等号后的表达式中，第一项根据反事实的一致性法则，可以将 Y_1 中的下标 1 去掉。第二项按照式(7.26)展开。由于 ETT 的表达式完全用观察性数据来进行表达，因此在上述变量可测量的情况下，ETT 可计算。

从上面关于 ETT 的计算推导过程可以看到，ETT 计算的核心是在图模型结构中找到满足后门准则的变量集合 Z。但在实际工作中，也可能无法找到满足后门准则的变量集合 Z，也就无法用上述 ETT 的表达式进行计算。但如果 X 和 Y 变量之间存在中介变量，且该中介变量满足前门法则，相应的 ETT 也可以计算。具体根据实际情况对图模型结构进行分析，判断相应的 ETT 能否计算以及如何计算。

当变量 X 是二值变量，且能够得到干预性数据 $P(Y=y|do(X=x))$ 和观察性数据

$P(X=x,Y=y)$ 时，即使在图模型结构中无法找到满足后门准则的变量集合 Z，与 ETT 相关的概率仍可计算，具体推导如下：

$$P(Y_x=y) = P(Y_x=y|X=x)P(X=x) + P(Y_x=y|X=x')P(X=x')$$
$$= P(Y=y|X=x)P(X=x) + P(Y_x=y|X=x')P(X=x')$$
$$= P(Y=y, X=x) + P(Y_x=y|X=x')P(X=x')$$

上述推导中，第一个等号是将 $P(Y_x=y)$ 根据变量 X 的取值按照全概率展开；第二个等号是按照反事实的一致性法则将 $P(Y_x=y|X=x)$ 替换为 $P(Y=y|X=x)$；第三个等号利用了概率乘法公式 $P(Y=y, X=x) = P(Y=y|X=x)P(X=x)$。将等式移项并两边除以 $P(X=x')$ 有

$$\begin{aligned} &P(Y_x=y|X=x') \\ &= \frac{P(Y_x=y) - P(Y=y, X=x)}{P(X=x')} \\ &= \frac{P(Y=y|\text{do}(X=x)) - P(Y=y, X=x)}{P(X=x')} \end{aligned} \quad (7.27)$$

7.2.2 增量干预的计算

在 ETT 的基础上，我们可以对增量干预进行分析，下面通过一个具体的例子来进行介绍。

例 7.3 增量干预效应评价

在很多试验中，我们需要分析的干预效应是在干预变量 X 对结果变量 Y 已经存在影响的条件下，再将干预变量 X 增加或减少（增量为负数）一定的量，分析干预变量 X 的这个干预增量对结果变量 Y 的效应。考虑一个具体的场景，现有一批使用胰岛素的患者，其胰岛素用量对血压等指标有影响，现在将每个患者的胰岛素用量 X 增加 5 个单位。假设干预变量 X 是胰岛素用量，结果变量 Y 是患者的血压，现在需要分析患者的胰岛素用量 X 在现有水平 x 的基础上增加一定量，比如 q，对结果变量 Y 的影响。现在问，胰岛素增加的剂量对变量 Y 的影响能否通过观察性数据进行计算？

解：

这个问题可以采用反事实分析工具来解决。对于一个具体的患者，假定其干预变量 X（胰岛素用量）的初始值为 $X=x$，干预变量 X 增加剂量 q 后，则其增加剂量后的干预变量值为 $X=x+q$，相应的结果变量 Y 表示为 Y_{x+q}。因此，干预变量 X 初始值为 $X=x$ 的这部分患者在增加剂量 q 后结果变量 Y 的取值表示为 $Y_{x+q}|X=x$，取期望则为 $E[Y_{x+q}|X=x]$。这个结果变量 Y 的表达式与上一案例的假设条件下的结果变量表达式类似，因此，我们可以采用上一案例的式(7.26)对增加剂量后的结果变量 Y 的期望进行计算。假如图模型结构中有变量集合 Z 对于有序变量对 (X,Y) 满足后门准则，则可以将 $X=x+q$ 代入式(7.26)，并对两边取期望，相应得到对干预变量 X 采取增加剂量 q 的增量干预 add(q) 后的 ETT：

$$\begin{aligned}
\text{ETT} &= E[Y|\text{add}(q)] - E[Y|\text{add}(0)] \\
&= E[Y_{x+q}|X=x] - E[Y_x|X=x] \\
&= \sum_x E[Y_{x+q} \mid X=x] P(X=x) - E[Y_x \mid X=x] \\
&= \sum_x \Big[\sum_y y \times P(Y_{x+q}=y \mid X=x)\Big] P(X=x) - E[Y_x \mid X=x] \\
&= \sum_x \Big\{\sum_y y \times \sum_z [P(Y=y \mid X=x+q, Z=z) P(Z=z \mid X=x)]\Big\} \times \\
&\quad P(X=x) - E[Y_x \mid X=x]
\end{aligned} \quad (7.28)$$

在上面的推导中,我们重点分析其中的被减数。第一和第二个等号是根据需要分析的问题和 ETT 的定义而得出的;需要注意第三个等号,在上一个例子中,不需要对变量 X 做平均,因为只是针对变量 X 是特定取值 $X=1$ 的对象,对变量 Y 的不同取值做统计期望,但在本例中,需要求所有参与试验的患者的结果变量 Y 的统计期望,而患者原来的胰岛素水平 X 不固定,因此在计算所有患者的结果变量 Y 的统计期望 $E[Y_{x+q}|X=x]$ 时,还需要对反事实变量 $(Y_{x+q}|X=x)$ 以患者增量干预前的胰岛素水平分布概率 $P(X=x)$ 为权重做加权平均(对患者做平均),为便于分析说明,假设变量 X 为离散变量;第四个等号式子中,由于在同样的干预水平 $X=x$ 上,反事实变量 $(Y_{x+q}|X=x)$ 可能有多个取值,因此需要针对反事实变量 $(Y_{x+q}|X=x)$ 的不同取值 y 做加权平均(对结果变量 Y 的取值做平均),其中 $P(Y_{x+q}=y|X=x)$ 是反事实变量 $(Y_{x+q}|X=x)=y$ 的概率;第五个等号是按照式(7.26)将反事实表达式 $P[Y_{x+q}|X=x]$ 转化为观察性数据。

上面推导中的减数 $E[Y_x|X=x]$ 是在对干预变量 X 采取增加剂量 q 的增量干预 $\text{add}(q)$ 之前干预所得到的结果变量 Y 的统计期望,只需对不同的干预水平 $X=x$ 做加权平均,所以有

$$\begin{aligned}
E[Y_x \mid X=x] &= \sum_x \{E[Y \mid \text{do}(X=x)] P(X=x)\} \\
&= \sum_x \Big\{y \times \sum_z [P(Y=y \mid X=x, Z=z) P(Z=z)]\Big\} P(X=x)
\end{aligned}$$

在本例中,变量集合 Z 中包含的变量可以是年龄、体重或者基因等变量,只要这些变量可测量且在图模型结构中满足后门准则即可。

在这个例子中,如果我们用 do 算子的表达式来对增量干预进行表达并计算增量干预的效应,将难以实现准确的表达。

若采用 do 算子符号体系,在本例中,我们将研究的所有目标对象随机分为两组做对照试验,一组做增量干预 $\text{add}(q)$,即干预变量 $X=x+q$,另一组不做增量干预 $\text{add}(0)$,即干预变量 $X=x$,假设变量 X 的分布为 $P(X=x)$。对两组对象的结果变量 Y 分别做平均(对不同的干预变量初始值做平均),然后相减,则是增量干预的效应,相应的表达式为:

$$\sum_x \{E[Y \mid \mathrm{do}(X=x+q)]P(X=x)\} - \sum_x \{E[Y \mid \mathrm{do}(X=x)]P(X=x)\} \quad (7.29)$$

将式(7.29)和式(7.28)中第三个等号右边的式子进行比较,两个式子中减数相同,重点比较被减数。将式(7.29)中的被减数变形为与式(7.28)中的被减数尽量相同的形式有

$$\sum_x \{E[Y \mid \mathrm{do}(X=x+q)]P(X=x)\} = \sum_x E[Y_{x+q}]P(X=x)$$

比较式(7.28)中的被减数 $\sum_x E[Y_{x+q} \mid X=x]P(X=x)$ 和式(7.29)中的被减数 $\sum_x E[Y_{x+q}]P(X=x)$,前者表示按照要求对满足干预 $X=x$ 条件的用户再采取 $X=x+q$ 的干预,而后者表示按照要求比例随机选取一部分用户采取 $X=x+q$ 的干预。由于选取用户的方式不同,干预的对象可能存在不同,相应干预结果也可能不同,因此 $E[Y_{x+q} \mid X=x]P(X=x) \neq E[Y_{x+q}]P(X=x)$,所以式(7.29)和式(7.28)两者不相等。若变量 X 与反事实变量 Y_x 相互独立,则 $E[Y_{x+q} \mid X=x]P(X=x)=E[Y_{x+q}]P(X=x)$,两种方式选取用户的方式相同,式(7.29)和式(7.28)的被减数相等,式(7.29)和式(7.28)等价。根据反事实后门准则,变量 X 与反事实变量 Y_x 满足相互边缘独立(不是给定节点集合下的条件独立),需要节点 X 到节点 Y 的后门路径(该路径进入节点 X)被阻断,需要节点 X 和节点 Y 没有共同的祖先节点,也就是第 6 章讨论的变量之间的外生性。

7.2.3 非理想依从条件下 ETT 的计算

7.1 节介绍了非理想依从条件下平均因果效应上界和下界的计算公式,7.2 节介绍了 ETT 的计算方法,本节以图 7.1 所示的图模型为研究对象,讨论在非理想依从条件下 ETT 的计算。

根据式(7.25),在实际执行干预的条件下,再假设其未执行干预,相应变量 X 对变量 Y 的 ETT 为

$$\mathrm{ETT}(X \to Y) = E[Y_1 - Y_0 \mid X=1] = E[Y_1 \mid X=1] - E[Y_0 \mid X=1]$$

在变量为二值变量的条件下,用图 7.1 中的变量符号相应有

$$\begin{aligned}\mathrm{ETT}(X \to Y) &= P(Y_{x_1}=y_1 \mid x_1) - P(Y_{x_0}=y_1 \mid x_1) \\ &= \sum_u [P(y_1 \mid x_1,u) - P(y_0 \mid x_1,u)]P(u \mid x_1)\end{aligned}$$

上面第一个等号是因为变量 Y 为 0 或 1 的二值变量时,$E(Y)=P(Y)$;第二个等号是根据式(2.8)将条件概率 $P(Y_{x_1}=y_1 \mid x_1)$ 和 $P(Y_{x_0}=y_1 \mid x_1)$ 对变量 U 展开。采用与 7.1 节类似的分析方法,可将 ETT$(X \to Y)$ 的自然界表达为如下可测量变量的概率形式(有关具体推导,这里不做详细介绍)

$$\text{ETT}(X \to Y) \geqslant \frac{P(y_1|z_1) - P(y_1|z_0)}{P(x_1)/P(z_1)} - \frac{P(y_0, x_1|z_0)}{P(x_1)}$$
$$\text{ETT}(X \to Y) \leqslant \frac{P(y_1|z_1) - P(y_1|z_0)}{P(x_1)/P(z_1)} + \frac{P(y_1, x_1|z_0)}{P(x_1)} \tag{7.30}$$

若满足 $P(x_1|z_0)=0$，即在没有安排干预的情况下不可能实际执行干预，则有

$$P(x_1, z_0) = P(x_1|z_0)P(z_0) = 0$$

同时考虑到

$$P(x_1) = P(x_1|z_1)P(z_1) + P(x_1|z_0)P(z_0) = P(x_1|z_1)P(z_1)$$

上述推导中第一个等号是将概率 $P(x_1)$ 对变量 Z 做全概率展开，第二个等号利用了 $P(x_1, z_0)=0$，所以有

$$\frac{P(x_1)}{P(z_1)} = P(x_1|z_1)$$

显然此时有 $P(y_1, x_1|z_0)=0$，式(7.30) 相应简化为

$$\text{ETT}(X \to Y) = \frac{P(y_1|z_1) - P(y_1|z_0)}{P(x_1|z_1)} \tag{7.31}$$

例 7.4 针对例 7.1 的试验数据，分析在已经通过服用消胆胺来降低胆固醇水平的人群中，服用消胆胺对降低胆固醇水平的影响。

解：

这个问题是针对已经采用了干预措施——服用消胆胺的这部分人群，分析其服用与假设不服用之间的差距，也就是 ETT 问题，并且是非理想依从条件下的 ETT 问题。我们考虑用式(7.30) 或 (7.31) 来求解。

首先计算 $P(x_1|z_0)$

$$P(x_1|z_0) = P(y_0, x_1|z_0) + P(y_1, x_1|z_0) = 0$$

说明在没有安排干预的情况下不可能实际执行干预，满足式(7.31) 需要的条件，相应有

$$\text{ETT}(X \to Y) = \frac{P(y_1|z_1) - P(y_1|z_0)}{P(x_1|z_1)} = \frac{0.546 - 0.081}{0.612} \approx 76\%$$

其中

$$P(y_1|z_1) = P(y_1, x_1|z_1) + P(y_1, x_0|z_1) = 0.473 + 0.073 = 0.546$$
$$P(y_1|z_0) = P(y_1, x_1|z_0) + P(y_1, x_0|z_0) = 0 + 0.081 = 0.081$$
$$P(x_1|z_1) = P(y_0, x_1|z_1) + P(y_1, x_1|z_1) = 0.139 + 0.473 = 0.612$$

表明在服用消胆胺的这部分人群中，有 76% 的人通过服用消胆胺将胆固醇降低了至少 28 个单位。

7.3 复杂图模型条件下因果效应的计算

在前面关于因果效应的讨论中，在计算干预变量 X 对结果变量 Y 的因果效应时，我们一般根据变量之间的图模型结构关系，通过后门调整或前门调整，将对变量 X 的干预转换为对变量 X 的观察，从而将试验性数据需求转化为观察性数据需求，完成因果效应的计算。但在实际工作中，需要计算的因果效应经常难以直接应用前门调整或后门调整表达式对相应的因果效应进行计算，需要通过一定的数学变换，将干预性试验数据需求转换为观察性数据需求，从而在观察性数据的基础上实现因果效应的计算，这些数学变换方法统称为 do 算子推理法则，可以将后门调整或前门调整表达式视为这些推理法则的特例。本节将对 do 算子推理法则及其应用进行介绍，然后介绍试验中干预变量的替代设计，最后对可识别因果效应的图模型特点进行简单介绍。

7.3.1 do 算子推理法则

在介绍推理法则之前，我们先对相关的表达符号进行介绍。假设 X、Y 和 Z 是有向无环图模型 G 中任意三个不相交的节点变量集合，$G_{\underline{X}}$ 表示在图模型 G 中删除从节点 X 出发的所有边后得到的图模型，$G_{\overline{X}}$ 表示在图模型 G 中删除指向节点 X 的所有边后得到的图模型，$G_{\overline{X}\underline{X}}$ 表示在图模型 G 中删除指向节点 X 和从节点 X 出发的所有边后得到的图模型。为简化书写，我们将 do 算子表达式用 $\hat{x}$ 代替，即 $\mathrm{do}(X=x)=\hat{x}$；将 $X=x$ 用 x 代替。

do 算子推理法则

假设有向无环图模型 G，对图 G 中任意 4 个不相交的节点变量子集 X、Y、Z 和 W，有如下三个 do 算子推理法则。这三个推理法则说明，在不同的修改后图模型结构下，若变量之间满足特定的条件独立性，则可以在计算包括干预值 $\hat{x}$ 的表达式时，对该表达式做如下等价数学变换，从而便于对包括干预值 $\hat{x}$ 的表达式进行计算，具体变换如下：
- 将包括干预值 $\hat{x}$ 的表达式中的观察值 z 去掉；
- 将包括干预值 $\hat{x}$ 的表达式中干预值 $\hat{z}$ 替换为观察值 z；
- 将包括干预值 $\hat{x}$ 的表达式中的干预值 $\hat{z}$ 去掉。

值得注意的是，在应用这三个推理法则的实际场景中，修改后图模型结构中节点变量间实际满足的独立性条件经常高于推理法则中对修改后图模型结构的要求，因此，可以将这些应用场景视为推理法则对修改后图模型结构要求的特例，也可以应用推理法则，具体见后续的应用示例。

法则 1（添加和删除变量观察值不影响因果效应）：
若有 $(Y \perp\!\!\!\perp Z \mid X, W)_{G_{\overline{X}}}$，则有

$$P(y \mid \hat{x}, z, w) = P(y \mid \hat{x}, w) \tag{7.32}$$

法则 1 说明，在执行干预 $X=x$ 后，相应修改后的图模型 $G_{\overline{X}}$ 中，若在给定变量集合 X 和 W 的条件下，变量集合 Y 和变量集合 Z 相互条件独立，则在图模型 G 中计算概率表

达式 $P(y|\hat{x},z,w)$ 时，添加和删除变量集合 Z 的观察值不影响相应因果效应的计算。推理法则 1 是添加和删除变量观察值不影响因果效应的法则，法则中条件独立性要求针对的是干预变量 X 后的图模型 $G_{\overline{X}}$。

法则 2（观察值和干预值相互替换不影响因果效应）：
若有 $(Y \perp\!\!\!\perp Z | X,W)_{G_{\overline{X}\underline{Z}}}$，则有

$$P(y|\hat{x},\hat{z},w)=P(y|\hat{x},z,w) \quad (7.33)$$

法则 2 说明，在执行干预 $X=x$ 后，相应修改后的图模型 $G_{\overline{X}}$ 中，若 $\{X \cup W\}$ 阻断所有从节点集合 Z 到节点集合 Y 的后门路径（$\{X \cup W\}$ 相对于有序节点对 (Z,Y) 满足后门准则），则对于图模型 $G_{\overline{X}\underline{Z}}$ 而言，$Y \perp\!\!\!\perp Z | X,W$ 成立。换句话说，就是在修改图模型 $G_{\overline{X}\underline{Z}}$ 中，$\{X \cup W\}$ 阻断了从节点集合 Z 到节点集合 Y 的所有路径（包括前门路径和后门路径），即 $(Y \perp\!\!\!\perp Z | X,W)$ 成立。在此条件下，在原图模型 G 中计算概率表达式 $P(y|\hat{x},\hat{z},w)$ 时，可将对变量 Z 的干预 $do(Z=z)$ 替换为对变量 Z 取值的观察 $Z=z$。推理法则 2 是将观察值和干预值相互替换不影响因果效应，法则中条件独立性要求针对的是图模型 $G_{\overline{X}\underline{Z}}$。

法则 3（增加或减少对变量的干预值不影响因果效应）：
若有 $(Y \perp\!\!\!\perp Z | X,W)_{G_{\overline{X},\overline{Z(W)}}}$，则有

$$P(y|\hat{x},\hat{z},w)=P(y|\hat{x},w) \quad (7.34)$$

其中 $Z(W)$ 为图 $G_{\overline{X}}$ 中节点集合 Z 中"非 W 中节点的祖先节点"的 Z 节点集合。

法则 3 表明在一定条件下增加或减少对变量 Z 的干预 $do(Z=z)$ 不影响概率分布 $P(Y=y)$，其条件是在修改图模型 $G_{\overline{X},\overline{Z(W)}}$ 中，变量 Z 在给定变量集合 X 和 W 的条件下与变量 Y 相互独立，即 $(Y \perp\!\!\!\perp Z | X,W)_{G_{\overline{X},\overline{Z(W)}}}$。

do 算子推理法则的具体证明推导可参考相关文献，本书不做介绍。

7.3.2 do 算子推理法则应用示例

下面以具体的例子来说明 do 算子推理法则在因果效应计算中的实际应用。解决这些问题的主要思路就是通过 do 算子推理法则的应用，将因果效应计算过程中的试验性数据需求转换为观察性数据需求，转换过程可能为一步或者多步。

例 7.5 图 7.2 中图模型 G 为需要研究的图模型，其中节点变量 U 不可测量，在此图模型结构下，分别求解如下因果效应。

（1）求 $P(z|\hat{x})$。

解：
针对有序节点对 (X,Z)，后门路径 $X \leftarrow U \rightarrow Y \leftarrow Z$ 在节点 Y 处形成对撞节点，被阻断，故满足后门调整表达式要求，所以本例可以直接应用后门调整表达式求解。这里，我们应用 do 算子推理法则进行分析。对于修改后的图模型 $G_{\underline{X}}$，路径 $X \leftarrow U \rightarrow Y \leftarrow Z$ 在节点 Y 处形成对撞节点，被阻断，同时路径 $X \rightarrow Z$ 断开（因为修改图模型 $G_{\underline{X}}$ 中，边 $X \rightarrow Z$ 被删除），所以在修改后的图模型 $G_{\underline{X}}$ 中有 $X \perp\!\!\!\perp Z$。在推理法则 2 的条件独立性要求表达

式(7.33)中，考虑特例变量集合 X 和 W 为空集，则其条件独立性要求相应简化为 $(Y \perp\!\!\!\perp Z)_{G_{\underline{Z}}}$，显然本例满足此要求（注意法则 2 式(7.32)和本例中，字母符号代表的意义不同，后续内容类似），则对变量 X 的干预可以替换为对变量 X 取值的观察，即

$$P(z|\hat{x}) = P(z|x) \tag{7.35}$$

本例也说明，第 4 章中的后门调整表达式为 do 算子推理法则 2 的特例。

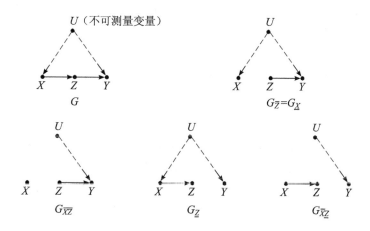

图 7.2 do 算子推理法则应用示例中的图模型及修改图模型

（2）求 $P(y|\hat{z})$

解：

由于在修改后的图模型 $G_{\underline{Z}}$ 中有路径 $Z \leftarrow X \leftarrow U \rightarrow Y$ 连通节点 Z 和 Y，因此不能直接应用推理法则 2。考虑引入该路径上的节点作为条件节点，以阻断该路径。根据式(2.8)将条件概率 $P(y|\hat{z})$ 对变量 X 展开，有

$$P(y|\hat{z}) = \sum_{x} P(y|x,\hat{z})P(x|\hat{z}) \tag{7.36}$$

现在需要求解含有 do 算子的项 $P(y|x,\hat{z})$ 和 $P(x|\hat{z})$。先看 $P(x|\hat{z})$，由于在修改图模型 $G_{\overline{Z}}$ 中连接节点 X 和节点 Z 的唯一路径 $Z \rightarrow Y \leftarrow U \rightarrow X$ 在节点 Y 处形成对撞结构，被阻断，且路径 $X \rightarrow Z$ 断开（因为修改图模型 $G_{\overline{Z}}$ 中，边 $X \rightarrow Z$ 被删除），因此有 $(X \perp\!\!\!\perp Z)_{G_{\overline{Z}}}$。在推理法则 3 的条件独立性要求表达式(7.34)中，考虑特例变量集合 X 和 W 为空集，则式(7.34)相应简化为 $(Y \perp\!\!\!\perp Z)_{G_{\overline{Z}}}$，显然本例满足此要求，则可根据推理法则 3 在计算 $P(x|\hat{z})$ 时将对变量 Z 的干预去掉，相应有

$$P(x|\hat{z}) = P(x) \tag{7.37}$$

再看 $P(y|x,\hat{z})$，分析节点 Z 和 Y 的连通情况，在修改图模型 $G_{\underline{Z}}$ 中，给定节点 X 的条件下，节点 Z 和 Y 实现 d-划分，故有 $(Y \perp\!\!\!\perp Z|X)_{G_{\underline{Z}}}$，因此可应用推理法则 2，有

$$P(y|x,\hat{z}) = P(y|x,z) \tag{7.38}$$

将式(7.37)和(7.38)代入式(7.36)可有

$$\begin{aligned} P(y|\hat{z}) &= \sum_x P(y|x,\hat{z})P(x|\hat{z}) \\ &= \sum_x P(y|x,z)P(x) = E_x[P(y|x,z)] \end{aligned} \tag{7.39}$$

其中 $E_x P(y|x,z)$ 表示将式 $P(y|x,z)$ 对变量 X 的分布求期望。

(3) 求 $P(y|\hat{x})$

解:

根据式(2.8)将条件概率 $P(y|\hat{x})$ 对变量 Z 进行展开,有

$$P(y|\hat{x}) = \sum_z P(y|z,\hat{x})P(z|\hat{x}) \tag{7.40}$$

其中根据式(7.35)有 $P(z|\hat{x}) = P(z|x)$,用观察值代替了 $\hat{x}$。但 $P(y|z,\hat{x})$ 中的 $\hat{x}$ 无法直接应用推理法则用观察值替换。注意到在修改后的图模型 $G_{\overline{XZ}}$ 中节点 Z 和 Y 之间的路径被阻断,即在对变量 X 进行干预 $X=x$ 时,$(Y \perp\!\!\!\perp Z | X)_{G_{\overline{X}\underline{Z}}}$ 成立,所以可以应用推理法则2,有

$$P(y|z,\hat{x}) = P(y|\hat{z},\hat{x}) \tag{7.41}$$

同时,在修改后的图模型 $G_{\overline{XZ}}$ 中,$(Y \perp\!\!\!\perp X | Z)_{G_{\overline{XZ}}}$ 显然成立,故可应用推理法则3,有

$$P(y|\hat{z},\hat{x}) = P(y|\hat{z}) \tag{7.42}$$

将式(7.42)其代入式(7.41)有

$$P(y|z,\hat{x}) = P(y|\hat{z}) \tag{7.43}$$

而 $P(y|\hat{z})$ 根据式(7.39)可得解。所以,将(7.39)代入式(7.43),再将式(7.43)和式(7.35)代入式(7.40),最终有

$$P(y|\hat{x}) = \sum_z P(z|x) \sum_{x'} P(y|x',z)P(x') \tag{7.44}$$

式(7.44)中第二个求和符号中求和变量 x' 为一个求和的记号,为和前面的变量 x 做区分,改写为 x'。

(4) 求 $P(y,z|\hat{x})$

解:

$$P(y,z|\hat{x})P(\hat{x}) = P(y,z,\hat{x})$$

同时

$$P(y|z,\hat{x})P(z|\hat{x})P(\hat{x}) = P(y|z,\hat{x})P(z,\hat{x}) = P(y,z,\hat{x})$$

故有

$$P(y,z|\hat{x}) = P(y|z,\hat{x})P(z|\hat{x}) \tag{7.45}$$

根据式(7.35)可计算 $P(z|\hat{x})$，根据式(7.43)和式(7.39)可计算 $P(y|z,\hat{x})$，分别代入式(7.45)则有

$$P(y,z|\hat{x}) = P(z|x)\sum_{x'}P(y|x',z)P(x') \tag{7.46}$$

(5) 求 $P(x,y|\hat{z})$

解：

与（4）中的推导类似，有

$$P(x,y|\hat{z}) = P(y|x,\hat{z})P(x|\hat{z}) \tag{7.47}$$

式(7.47)右边第一项 $P(y|x,\hat{z})$ 可通过式(7.38)得到，第二项 $P(x|\hat{z})$ 可通过式(7.37)得到，将式(7.38)和式(7.37)代入式(7.47)，则有

$$P(x,y|\hat{z}) = P(y|x,z)P(x) \tag{7.48}$$

在上述应用 do 算子推理法则计算因果效应的过程中，关键是分析干预变量和结果变量之间的路径是否被阻断或被条件阻断，以及在何种修改图模型结构条件下被阻断或条件阻断，并据此应用相应的 do 算子推理法则。

7.3.3 因果效应的可识别性

前面介绍用 do 算子推理法则，将因果效应计算所需的试验性数据需求转换为观察性数据需求，实现因果效应的计算。但在实际工作中，并不是所有因果效应的计算都能通过 do 算子推理法则将计算的试验性数据需求转换为观察性数据需求，实现相应因果效应的分析计算。理想条件下，在因果效应的分析计算中，若表达变量之间因果关系的结构因果模型中所有量化关系均已知，即外生变量集合 U 的概率分布 $P(U)$ 和表达变量之间量化关系的函数集合 F 都已知，则任意一对内生变量 (X,Y) 之间的因果效应 $P(Y=y|\mathrm{do}(X=x))$（简写为 $P(y|\hat{x})$），都可以在这些内生变量的观察性数据基础之上计算得到。但在因果效应分析的实际应用场景中，很难达到这样的数据条件要求，只能得到以图模型形式表达的变量之间定性（非参数）关系及部分内生变量的样本观察数据。相应的问题就是，针对给定的一对（内生）变量 (X,Y) 之间的因果效应 $P(y|\hat{x})$，在满足什么样的数据条件下，因果效应 $P(y|\hat{x})$ 可以在观察性数据基础上计算得到？这就是因果效应的可识别性问题。

可识别性定义

在图模型 G 中（图中若存在双向边，则表示边两端的节点变量共同受一个节点变量的影响，且该节点变量不可观察），对节点变量 X 实施干预，在节点变量 Y 产生因果效应 $P(y|\hat{x})$，若该因果效应可在图模型 G 中节点变量的观察性数据基础上唯一计算而得到，则称在图模型 G 中，干预节点变量 X 对结果节点变量 Y 的因果效应具有可识别

性 (identifiability)。

数学形式上，令 $Q=P(y|\hat{x})$，满足图模型 G 的观察性样本数据分布为 $P(v)$（V 为可观察的内生变量集合），若对任意两个满足图模型 G 的因果关系模型 M_1 和 M_2 都有

$$P_1(v)>0 \qquad P_2(v)=0$$
$$P_1(v)=P_2(v) \Rightarrow Q(M_1)=Q(M_2)$$

则称 $Q=P(y|\hat{x})$ 具有可识别性。简单地说，就是针对指定的因果效应表达式，在相同的图模型结构约束下，若内生变量样本数据的概率分布相同，则必然有因果效应相同，则称该因果效应具有可识别性。

显然，当 $Q=P(y|\hat{x})$ 具有可识别性时，$Q=P(y|\hat{x})$ 可表达为样本数据分布 $P(v)$ 的形式，也就是基于观察性样本数据即可确定该因果效应，而无须具体掌握因果关系模型中 $P(U)$（外生变量概率分布）和 F（内生变量之间的函数关系）这样的量化关系数据。

若图模型 G 具有马尔可夫性，根据截断因子分解表达式，因果效应 $P(y|\hat{x})$ 可表达为图模型中节点变量概率分布的表达式，显然因果效应 $P(y|\hat{x})$ 具有可识别性，其中变量 X 和 Y 可以为图模型中任意节点变量。

但如图模型 G 不具有马尔可夫性，那么我们需要知道在什么图模型结构特点的条件下因果效应具有可识别性。显然，只有在节点变量 X 对节点变量 Y 的因果效应具有可识别性的前提下，才可能用 do 算子推理法则，将因果效应计算所需的试验性数据需求转换为观察性数据需求。因此，在实际工作中需要先判定因果效应具有可识别性后，再通过 do 算子推理法则进行变换、计算。下面我们针对半马尔可夫图模型 G，对其因果效应具有可识别性的图模型结构条件进行介绍。

因果效应可识别性（充分性）定理

在半马尔可夫图模型 G 中，对于单节点变量 X 和 Y。若图模型满足以下四个条件之一，则在图模型 G 中因果效应 $P(y|\hat{x})$ 具有可识别性。

1) 在图模型 G 中没有从节点 X 到节点 Y 的后门路径，即 $(X \perp\!\!\!\perp Y)_{G_{\underline{X}}}$。

说明：应用后门调整表达式，显然此时调整变量集合为空集，有 $P(y|\hat{x})=P(y|x)$，因果效应 $P(y|\hat{x})$ 具有可识别性。

2) 在图模型 G 中没有从节点 X 到节点 Y 的有向路径（即前门路径）。

说明：若没有从节点 X 到节点 Y 的有向路径，而在对变量 X 进行干预时，后门路径也被切断，前门和后门路径都被阻断，这种场景等价于 $(X \perp\!\!\!\perp Y)_{G_{\overline{X}}}$，应用推理法则 3（是推理法则 3 应用场景的特例，其中没有作为条件的节点变量集合，也没有修改图模型要求 $G_{\overline{X}}$，X 为推理法则 3 中的符号 X），可将相应条件中的干预值去掉，有 $P(y|\hat{x})=P(y)$，因果效应 $P(y|\hat{x})$ 具有可识别性。这个场景也可以理解为，此时变量 X 和 Y 相互独立，条件概率等价于边缘概率。

3) 在图模型 G 中存在节点集合 B 阻断从节点 X 到节点 Y 的所有后门路径，且因果

效应 $P(b|\hat{x})$ 可识别。

说明：该条件等价于 $(X \perp\!\!\!\perp Y|B)_{G_{\overline{X}}}$。由于未确定节点集合 B 不包含节点 X 的后代，故不可直接应用后门调整表达式。根据式(2.8)将条件概率 $P(y|\hat{x})$ 展开有

$$P(y|\hat{x}) = \sum_b P(y|\hat{x},b)P(b|\hat{x})$$

$(X \perp\!\!\!\perp Y|B)_{G_{\overline{X}}}$ 结合 $P(y|\hat{x},b)$ 中对变量 X 进行干预，则修改图模型为 $G_{\overline{X}X}$，在此修改后的图模型下有 $(X \perp\!\!\!\perp Y|B)_{G_{\overline{X}X}}$，可将其视为推理法则 2 的特例，根据推理法则 2，可有 $P(y|\hat{x},b) = P(y|x,b)$，此时若 $P(b|\hat{x})$ 可识别，自然可推导出 $P(y|\hat{x})$。

4) 在图模型 G 中存在满足下列条件的节点集合 U 和 V：
a) U 阻断从节点 X 到节点 Y 的有向路径，即 $(X \perp\!\!\!\perp Y|U)_{G_{\overline{X}}}$；
b) 在图 $G_{\overline{X}}$ 中，V 阻断从节点集合 U 到节点 Y 的所有后门路径，即 $(Y \perp\!\!\!\perp U|V)_{G_{\overline{X},\underline{U}}}$；
c) V 阻断从节点 X 到节点集合 U 的所有后门路径，即 $(X \perp\!\!\!\perp U|V)_{G_{\underline{X}}}$；
d) V 中不包含节点 X 的后代，V 不会激活连通从节点 X 到节点 Y 的任何后门路径，即 $(X \perp\!\!\!\perp Y|U,V)_{G_{\overline{X}}}$。

当前面的条件 a)、b) 和 c) 都成立时，且节点集合 V 中不包含节点 X 的后代，条件 d) 自然成立。因为节点集合 V 中的节点变量在有序节点对 (X,Y) 到达节点变量 X 的后门路径上，如果此时节点集合 V 中不包含节点 X 的后代，则在给定节点集合 V 时，不会在节点 X 和节点 Y 之间形成新的对撞 V 结构，从而不会激活连通从节点 X 到节点 Y 的任何后门路径。进而在条件 a) 基础上有 $(X \perp\!\!\!\perp Y | U, V)_{G_{\overline{X}}}$。

现在分析在满足条件 4) 时，如何将因果效应 $P(y|\hat{x})$ 用图模型中节点变量的观察性概率分布数据表达。根据式(2.8)，将因果效应的概率表达式 $P(y|\hat{x})$ 对节点集合 U 和 V 展开，有

$$P(y|\hat{x}) = \sum_{u,v} P(y|\hat{x},u,v)P(u,v|\hat{x}) \tag{7.49}$$

说明：首先分析 $P(y|\hat{x},u,v)$。根据条件 b)，在图 $G_{\overline{X}}$ 中，V 阻断从节点集合 U 到节点 Y 的所有后门路径，若此时再删除变量 U 出发的边，则节点变量集合 U 与节点变量 Y 之间所有路径被阻断，两者相互独立，即 $(Y \perp\!\!\!\perp U|V)_{G_{\overline{X},\underline{U}}}$。考虑修改图模型 $G_{\overline{XU}}$，由于在此修改图模型下有 $(U \perp\!\!\!\perp Y|X,V)_{G_{\overline{X},\underline{U}}}$，这满足了推理法则 2 的要求，可在分析 $P(y|\hat{x},u,v)$ 时将变量 U 的观察值替换为对变量 U 的干预值，有

$$P(y|\hat{x},u,v) = P(y|\hat{x},\hat{u},v) \tag{7.50}$$

再分析 $P(y|\hat{x},\hat{u},v)$。根据条件 d) 有 $(X \perp\!\!\!\perp Y|U,V)_{G_{\overline{X}}}$，将所有指向节点变量 U 的边都删除，该独立关系依然成立，故有 $(X \perp\!\!\!\perp Y|U,V)_{G_{\overline{X},\overline{U}}}$，同时 V 中不包含节点 X 的后代（X 中无 V 的祖先节点），满足推理法则 3 的要求，可将 $P(y|\hat{x},\hat{u},v)$ 中对变量 X 的干预

删除，则有

$$P(y|\hat{x},\hat{u},v) = P(y|\hat{u},v) \tag{7.51}$$

现在分析 $P(y|\hat{u},v)$。若 $(Y \perp\!\!\!\perp U|V)_{G_{\underline{U}}}$ 成立，即变量 V 阻断了有序节点对 (U,Y) 的后门路径，则根据式(4.21)，可以将对变量 U 的干预值替换为对变量 U 的观察值，有 $P(y|\hat{u},v) = P(y|u,v)$。根据条件 b)，在图 $G_{\overline{X}}$ 中，V 阻断从节点集合 U 到节点 Y 的所有后门路径，再删除从节点变量 U 出发的边，则节点集合 U 与节点 Y 相互独立，即 $(Y \perp\!\!\!\perp U|V)_{G_{\overline{X},\underline{U}}}$，但 $(Y \perp\!\!\!\perp U|V)_{G_{\underline{U}}}$ 未必成立，因为此时有可能变量 U 经变量 X 连通变量 Y。如再有以变量 X 为条件，则可满足式(4.21) 的成立条件。为将 $P(y|\hat{u},v)$ 中变量 U 的干预值变换为观察值，根据式(2.8) 将 $P(y|\hat{u},v)$ 对变量 X 进行展开，有

$$P(y|\hat{u},v) = \sum_{x'} P(y|\hat{u},v,x') P(x'|\hat{u},v) \tag{7.52}$$

这里对变量 X 的分层求和记号用 x' 表示，以避免与变量 X 混淆。

现在，将 $P(y|\hat{u},v)$ 变换为 $P(y|\hat{u},v,x')$ 后，增加了条件 $X=x'$，节点变量 V 和 X 一起，则满足了式(4.21) 的成立条件。所以在分析 $P(y|\hat{u},v,x')$ 时，可以将 $P(y|\hat{u},v,x')$ 中对变量 U 的干预值变换为观察值，即

$$P(y|\hat{u},v,x') = P(y|u,v,x') \tag{7.53}$$

分析项 $P(x'|\hat{u},v)$，根据条件 a)，U 阻断从节点 X 到节点 Y 的有向路径，则节点 U 为节点 X 的后代，而图模型是无环图，所以只可能变量 X 对变量 U 有影响，而变量 U 对变量 X 不可能有影响，所以

$$P(x'|\hat{u},v) = P(x'|v) \tag{7.54}$$

即可将 $P(x'|\hat{u},v)$ 变换为 $P(x'|v)$，所以有

$$P(y|\hat{u},v) = \sum_{x'} P(y|u,v,x') P(x'|v) \tag{7.55}$$

将式(7.55)代入式(7.51)，再代入式(7.50)，最后代入式(7.49)有

$$P(y|\hat{x}) = \sum_{u,v} \{\sum_{x'} P(y|u,v,x') P(x'|v)\} P(u,v|\hat{x}) \tag{7.56}$$

最后再来看如何将 $P(u,v|\hat{x})$ 中的干预值 $\hat{x}$ 替换为观察值或删除掉。

$$[P(v|\hat{x}) P(u|v,\hat{x})] * P(\hat{x}) = P(u,v,\hat{x})$$

而

$$P(u,v|\hat{x}) * P(\hat{x}) = P(u,v,\hat{x})$$

故

$$P(u,v|\hat{x})=P(v|\hat{x})P(u|v,\hat{x}) \tag{7.57}$$

根据条件c），V阻断从节点X到节点集合U的所有后门路径，则集合V中必然没有节点X的后代节点，否则会形成环。所以对变量X进行干预对变量V没有影响，相应有

$$P(v|\hat{x})=P(v) \tag{7.58}$$

根据条件c），V阻断从节点X到节点集合U的所有后门路径，此时再删除从节点X出发的边，即修改图模型为$G_{\underline{X}}$，则变量X与U相互独立，即$(X \perp\!\!\!\perp U|V)_{G_{\underline{X}}}$，满足推理法则2的要求（可视为推理法则2在节点集合X为空集的特例，这里的X为推理法则2中的X，与此处分析过程中的符号X不同）。所以

$$P(u|v,\hat{x})=P(u|v,x) \tag{7.59}$$

将式(7.58)和(7.59)代入式(7.57)，再代入(7.56)，最后有变量X对变量Y的因果效应计算表达式

$$P(y|\hat{x})=\sum_{u,v}\left\{\sum_{x'}P(y|u,v,x')P(x'|v)\right\}P(v)P(u|v,x) \tag{7.60}$$

由式(7.60)可见，因果效应$P(y|\hat{x})$可以通过图模型中节点变量的观察性概率分布数据计算而得，故因果效应可识别性定理得证。

因果效应可识别性（必要性）定理

在半马尔可夫图模型G中，对于单节点变量X和Y，图模型G必须至少满足"因果效应可识别性（充分性）定理"中的四个条件之一，图模型G中因果效应$P(y|\hat{x})$才具有可识别性。换句话说，若"因果效应可识别性（充分性）定理"中四个条件图模型G都不满足，则图模型G中因果效应$P(y|\hat{x})$不具有可识别性。本书不对该定理做证明，有关详细推导可参见相关文献。

根据因果效应可识别性的充分性和必要性定理，相应可有复杂因果效应计算流程。

复杂因果效应计算流程

输入：图模型 G 和因果效应计算需求 P(y|$\hat{x}$)
输出：表示为有向无环图模型 G 中各节点变量观察性数据形式的 P(y|$\hat{x}$)，或 P(y|$\hat{x}$) 不可识别
1) 若图模型 G 满足 $(X \perp\!\!\!\perp Y)_{G_{\overline{X}}}$，则输出 P(y|$\hat{x}$) = P(y|x)
2) 若图模型结构 G 不满足第 1) 步的要求，但满足 $(X \perp\!\!\!\perp Y)_{G_{\overline{X}}}$，则输出 P(y|$\hat{x}$) = P(y)
3) 若图模型结构 G 不满足第 1)、第 2) 步的要求，但有节点集合 B 阻断有序节点对 (X,Y) 的后门路径，令 P_b = P(b|$\hat{x}$) 且 P_b 可计算，则输出 P(y|$\hat{x}$) = $\sum_b [P(y|b,x) * P_b]$
4) 若图模型结构 G 不满足第 1)、第 2)、第 3) 步的要求，令
Z_1 = children(X) ∩ (Y ∪ ancestors(Y))
在图模型 $G_{\overline{X}}$ 中 Z_3 对变量 X 和 Z_1 实现 d-划分
在图模型 $G_{\overline{Z}}$ 中 Z_4 对变量 Z_1 和 Y 实现 d-划分
Z_2 = $Z_3 \cup Z_4$
若 Y $\notin Z_1$ 且 X $\notin Z_2$

则输出 $P(y|\hat{x}) = \sum_{z_1, z_2} \{\sum_{x'} P(y|z_1, z_2, x') P(x'|z_2)\} P(z_1|x, z_2) P(z_2)$。

5) 若图模型结构 G 对第 1)、2)、3)、4) 步的要求都不满足，则图模型 G 中因果效应 $P(y|\hat{x})$ 不可识别。

说明： 上述计算流程中的第 1)、第 2)、第 3) 和第 4) 步分别对应于因果效应可识别性（充分性）定理的条件 1)、2)、3) 和 4)。其中第 4 步中，$Z_1 = \text{children}(X) \cap (Y \cup \text{ancestors}(Y))$ 且 $Y \notin Z_1$，则 Z_1 包含从节点 X 到节点 Y 有向路径上的所有节点，故 Z_1 阻断从节点 X 到节点 Y 的有向路径。由于 Z_1 可能包含节点 Y，此时再加上 $Y \notin Z_1$，则 Z_1 对应于因果效应可识别性（充分性）定理中条件 4 中的集合 U；在图模型 $G_{\overline{X}}$ 中 Z_3 对变量 X 和 Z_1 实现 d-划分、在图模型 $G_{\underline{Z_1}}$ 中 Z_4 对变量 Z_1 和 Y 实现 d-划分、$Z_2 = Z_3 \cup Z_4$，由于此时 Z_2 可能包含了节点 X，此时再加上 $X \notin Z_2$，则 Z_2 对应于因果效应可识别性（充分性）定理中条件 4) 中的集合 V。所以，上述计算流程中的第 4) 步对应于因果效应可识别性（充分性）定理中的条件 4)。

7.3.4 试验中干预变量的替代设计

在实际工作中需要计算干预变量 X 对结果变量 Y 的因果效应 $P(y|\hat{x})$ 时，首先通过 do 算子的推理法则，尽量将计算因果效应所需的试验性数据需求转换为观察性数据需求，但在有些因果效应的计算中，确实无法将试验性数据需求转换为观察性数据需求，计算因果效应 $P(y|\hat{x})$ 所需的数据必须通过试验中的干预来获取。然而由于成本或伦理等原因，在试验中无法对变量 X 进行干预，这时我们可以考虑在图模型中寻找另一个替代变量 Z，通过在试验中对变量 Z 进行干预，来间接提供计算因果效应 $P(y|\hat{x})$ 所需要的数据。比如，我们需要研究人体胆固醇水平 X 对心脏病 Y 的影响，由于在试验中难以对胆固醇水平 X 进行直接控制，通常我们在试验中对饮食 Z 进行干预控制，获取相关的试验数据，来计算因果效应 $P(y|\hat{x})$，从而在试验中用对变量 Z 的干预替代对变量 X 的干预。在因果效应 $P(y|\hat{x})$ 的计算过程中，能否找到以及如何找到变量 Z 来替代对变量 X 的干预，这就是试验中干预变量的替代设计问题。

在通过试验获取数据计算因果效应 $P(y|\hat{x})$ 的过程中，用对变量 Z 的干预来替代对变量 X 的干预，从数学表达式的角度来看，就是通过数学变换，在 $P(y|\hat{x})$ 的计算表达式中将对变量 X 做 do 运算 $do(X=x)$ 替换为对变量 Z 做 do 运算 $do(Z=z)$。

在图模型 G 中，针对三个节点变量 X、Y 和 Z，在计算因果效应 $P(y|\hat{x})$ 时，要将对变量 X 的干预替换为对变量 Z 的干预，其充分条件为：

1) 节点 X 阻断所有从节点 Z 到节点 Y 的前门路径；
2) 在修改图模型 $G_{\overline{Z}}$ 中因果效应 $P(y|\hat{x})$ 可识别。

当条件 1) 被满足时，在给定变量 X 的条件下，所有从节点 Z 到节点 Y 的前门路径被阻断。同时，考虑图模型 G 的修改图模型 $G_{\overline{X},\overline{Z}}$，这时指向节点 Z 的所有边被删除，故在此修改图模型中，所有从节点 Z 到节点 Y 的后门路径也被阻断，所以在修改后的图模型 $G_{\overline{X},\overline{Z}}$ 中 $(Y \perp\!\!\!\perp Z|X)$ 成立，也就是满足条件 $(Y \perp\!\!\!\perp Z|X)_{G_{\overline{X},\overline{Z}}}$，相应地可对图模型 G 应用 do 算子推理法则 3，增加对变量 Z 的干预不影响因果效应计算，即在图模型 G 中有

$$P(y|\hat{x}) = P(y|\hat{x},\hat{z}) \tag{7.61}$$

当条件2)被满足时，在修改图模型$G_{\bar{Z}}$中因果效应$P(y|\hat{x})$可识别，即在修改图模型$G_{\bar{Z}}$中因果效应$P(y|\hat{x})$可通过观察性数据表达、计算。根据对节点变量进行干预和图模型结构修改之间的对应关系，将图模型从G修改为$G_{\bar{Z}}$，等价于在图模型G中对节点变量Z进行干预。条件2)也就是说在图模型G中，对节点变量Z进行干预时，因果效应$P(y|\hat{x})$可通过观察性数据表达、计算。再分析图模型G中的表达式$P(y|\hat{x},\hat{z})$，其与图模型G中的表达式$P(y|\hat{x})$相比多了对变量Z的干预，从图模型结构的角度看就是将图模型G中指向节点Z的边删除，对应修改后的图模型为$G_{\bar{Z}}$。因此，图模型$G_{\bar{Z}}$中的表达式$P(y|\hat{x})$等价于图模型G中的表达式$P(y|\hat{x},\hat{z})$。

这个等价关系也可以从节点变量的联合概率分布的角度进行推导。分析图模型G中的表达式$P(y|\hat{x},\hat{z})$，该表达式可以视为，对图模型G进行修改，将指向节点X和Z的边都删除后所获得的修改图模型结构$G_{\bar{X},\bar{Z}}$中变量X、Y和Z的联合概率分布。再来看图模型$G_{\bar{Z}}$中（节点变量Z在图模型中）的表达式$P(y|\hat{x})$，该表达式可以视为在图模型$G_{\bar{Z}}$的基础上进行修改，将指向节点X的边删除后所获得的修改图模型$G_{\bar{X},\bar{Z}}$中变量X、Y和Z的联合概率分布。由于图模型G中的表达式$P(y|\hat{x},\hat{z})$和图模型$G_{\bar{Z}}$中的表达式$P(y|\hat{x})$都对应于图模型$G_{\bar{X},\bar{Z}}$中（该图模型结构约束下）变量X、Y和Z的联合概率分布，所以两者等价，即图模型G中的表达式$P(y|\hat{x},\hat{z})$和图模型$G_{\bar{Z}}$中的表达式$P(y|\hat{x})$等价。

因此，当条件2)被满足时，图模型$G_{\bar{Z}}$中因果效应$P(y|\hat{x})$可识别（可通过观察性数据表达、计算），等价于在图模型G中对节点变量Z进行干预时，因果效应$P(y|\hat{x})$可识别，等价于在图模型G中，因果效应$P(y|\hat{x},\hat{z})$可识别。

当条件2)被满足时，在图模型G中$P(y|\hat{x},\hat{z})$可通过观察性数据表达、计算，结合根据条件1)推导得到的式(7.61)可有，在图模型G中对节点变量Z进行干预时，$P(y|\hat{x})$可通过观察性数据表达、计算。从而说明，在满足条件1)和2)时，可以将对变量X的干预转换为对变量Z的干预。事实上，条件1)和2)也是可以将对变量X的干预转换为对变量Z的干预的必要条件，具体推导可见相关参考文献，本书不做详细介绍。

下面看一个满足条件1)和2)的具体图模型及因果效应，如图7.3所示，其中带双向箭头的虚线表示该虚线两端的节点变量共同受一个不可测量的变量的影响（半马尔可夫模型）。我们需要在图模型G中计算因果效应$P(y|\hat{x})$，但无法对变量X进行干预试验，而可对变量Z进行干预试验，如何在计算$P(y|\hat{x})$的过程中将对变量X的干预试验需求转换为对变量Z的干预试验需求？

根据图7.3，在修改图模型结构$G_{\bar{X},\bar{Z}}$中，显然满足条件$(Y \perp\!\!\!\perp Z | X)_{G_{\bar{X},\bar{Z}}}$，则可应用do算子推理法则3，有

$$P(y|\hat{x}) = P(y|\hat{x},\hat{z})$$

同时在修改图模型$G_{\bar{X},\bar{Z}}$中又有$(Y \perp\!\!\!\perp X | Z)_{G_{\bar{X},\bar{Z}}}$成立，所以又可以应用推理法则2，有

$$P(y|\hat{z},\hat{x})=P(y|\hat{z},x)$$

由于试验结果数据集一般为 $P(x|\hat{z})$ 和 $P(x,y|\hat{z})$ 的形式，故类似于例 7.5 中（4）的推导，将概率表达式 $P(x,y|\hat{z})$ 进行变换，有

$$P(x,y|\hat{z})=P(y|x,\hat{z})P(x|\hat{z})$$

$$P(y|x,\hat{z})=\frac{P(x,y|\hat{z})}{P(x|\hat{z})}$$

所以有

$$P(y|\hat{x})=P(y|\hat{x},\hat{z})=P(y|x,\hat{z})=\frac{P(x,y|\hat{z})}{P(x|\hat{z})} \tag{7.62}$$

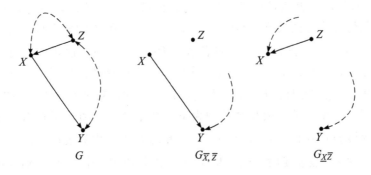

图 7.3 在试验中将对变量 X 的干预替换为对变量 Z 的干预

由式(7.62)可见，可用对变量 Z 的干预替代对变量 X 的干预进行试验并获取试验性数据，再结合其余观察性数据，对因果效应 $P(y|\hat{x})$ 进行计算。理论上，该计算可对变量 Z 进行一次干预，获取多个变量 X 和 Y 的样本数据，从而实现因果效应 $P(y|\hat{x})$ 的计算。但在实际工作中，需要增加样本数据量，提高计算精度，通常对变量 Z 取多个干预值进行试验，以获取更大的样本数据集，计算因果效应 $P(y|\hat{x})$。

本节在计算干预变量 X 对结果变量 Y 的因果效应 $P(y|\hat{x})$ 时，若该因果效应不具有可识别性，同时干预变量也无法做干预性试验，则引入替代变量 Z 做干预性试验，采集试验性和观察性数据，实现因果效应 $P(y|\hat{x})$ 的计算；在 4.7 节，为计算干预变量 X 对结果变量 Y 的平均因果效应 $ACE(X \to Y)$，我们引入了工具变量 Z，通过平均因果效应 $ACE(Z \to X)$ 和 $ACE(Z \to Y)$ 的计算，实现对平均因果效应 $ACE(X \to Y)$ 的计算。本节和 4.7 节在计算过程中，为实现因果效应（或平均因果效应）的计算，都引入了新的变量（但该变量是图模型结构中已有的节点变量），通过对该变量的干预试验或计算，最终实现目标因果效应（或平均因果效应）的计算。但两者也有不同，本节"将对变量 X 的干预替换为对变量 Z 的干预"的条件要求是针对图模型结构的要求，而在 4.7 节引入工具变量的条件要求，更多的是对变量之间函数关系 F 的要求（也有对图模型结构的要求）。

7.4 非理想数据采集条件下因果效应的计算

在前面关于因果效应的计算过程中,我们重点关注了混杂因子对因果效应的影响。在因果效应具有可识别性的条件下,通过 do 算子推理法则进行变换得到计算因果效应的调整表达式,将因果效应概率表达式中对干预性试验数据的需求转换为对观察性数据的需求,从而在不进行干预性试验的条件下,实现相应因果效应的计算。在这些推导、计算过程中,我们应用了一个隐含的假设——采集得到的样本数据集的概率分布(实际是频率数据)等同于总体的概率分布。但在实际工作中,采集得到的样本往往是所研究目标对象总体中满足一定条件的部分样本,采集得到的样本数据集的概率分布可能与总体的概率分布不同,这样的样本数据采集称为"选择性采集"。因此,直接将这样的样本数据集应用于因果效应的计算可能会引入偏差,这个偏差称为样本的"选择偏差"(selection bias),是指在因果效应研究全过程中数据采集阶段引入的偏差。比如,在研究职业技能培训对收入的影响过程中,当我们做用户数据采集时,收入高的个体更愿意提供调查数据,相应获得的样本数据概率分布,与真实的总体概率分布相比,高收入样本数据占比偏高,相应计算得到的因果效应结果很可能存在偏差。因此,我们需要在"选择性采集"条件下,研究在因果效应计算过程中如何避免"选择偏差"。

为简化分析,假设在样本数据的采集过程中,样本采集过程只受变量 S 取值的影响,变量 S 称为选择变量,它是一个二值变量,当 $S=1$ 时,对应的样本(满足 $S=1$ 条件的样本)采集到样本数据集中,当 $S=0$ 时,对应的样本则不采集到样本数据集中,也就是说,我们在样本数据采集过程中只能采集到满足条件 $S=1$ 的样本。那么我们需要解决的问题是,当图模型满足什么条件时,在这样方式下采集得到的样本数据集(样本数据集的概率分布与总体的真实分布不一致)基础上,可以计算得到没有选择偏差的因果效应。

我们先分析具体例子。首先来看图 7.4a 所示的图模型,目标是计算因果效应 $Q=P(y|\mathrm{do}(x))$。根据图模型结构可知,选择变量 S 受干预变量 X 的影响,但不受结果变量 Y 的影响。由于没有从节点 Y 到节点 X 的后门路径,因此有

$$P(y|\mathrm{do}(x))=P(y|x)$$

而 $S \leftarrow X \rightarrow Y$ 形成分叉结构,节点变量 S 和 Y 在给定变量 X 的条件下相互独立,故有

$$P(y|\mathrm{do}(x))=P(y|x)=P(y|x,S=1)$$

由此可见,虽然采集的样本数据仅仅限于 $S=1$ 的样本 $P(x,y|S=1)$,但可以根据这些样本数据计算出 $P(y|x,S=1)$,进而得到 $P(y|x)$,相应可正确计算因果效应 $Q=P(y|\mathrm{do}(x))$,无选择偏差。

再看一个更复杂的例子,图模型结构如图 7.4b 所示,节点变量 W_1 既影响干预变量 X,也影响选择变量 S。由于存在从节点 Y 到节点 X 的后门路径,因此需要选取满足后门准则的节点变量集合进行调整,以控制混杂因子导致的偏差,相应满足后门准则的节点变量集合有 $\{W_1,W_2\}$、$\{W_1,W_2,Z\}$、$\{W_1,Z\}$、$\{W_2,Z\}$ 和 $\{Z\}$,但在非理想数据采

集条件下，只能选取变量集合 {Z} 作为调整表达式计算因果效应才能避免选择偏差，具体说明如下。

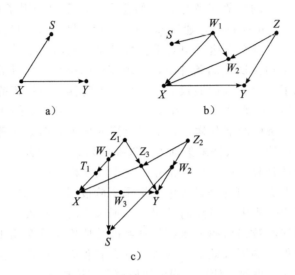

图 7.4 选择性样本采集对因果效应计算的影响

选择变量 Z 为调整变量，根据后门调整表达式，此时有

$$P(y|\mathrm{do}(x)) = \sum_z P(y|x,z)P(z)$$

连通节点 S 和节点 Y 的路径 $S \leftarrow W_1 \rightarrow X \rightarrow Y$、$S \leftarrow W_1 \rightarrow W_2 \rightarrow X \rightarrow Y$ 和 $S \leftarrow W_1 \rightarrow W_2 \leftarrow Z \rightarrow Y$，在给定节点变量 X 和 Z 的条件下，都被阻断，也就是说节点 S 和节点 Y 在给定节点变量 X 和 Z 的条件下相互独立，故有

$$P(y|x,z) = P(y|x,z,S=1)$$

而连通节点 S 和 Z 的三条路径 $S \leftarrow W_1 \rightarrow W_2 \leftarrow Z$、$S \leftarrow W_1 \rightarrow X \leftarrow W_2 \leftarrow Z$ 和 $S \leftarrow W_1 \rightarrow X \rightarrow Y \leftarrow Z$ 分别在节点 W_2、X 和 Y 处形成对撞结构，三条路径都被阻断，即节点 S 和节点 Z 相互边缘独立，故有

$$P(z) = P(z|S=1)$$

因此，可有

$$P(y|\mathrm{do}(x)) = \sum_z P(y|x,z)P(z) = \sum_z P(y|x,z,S=1)P(z|S=1)$$

从而将计算因果效应 $P(y|\mathrm{do}(x))$ 的所有数据需求都转化为满足 $S=1$ 条件的样本数据需求，此时虽然样本数据集仍然具有选择性（都是满足 $S=1$ 条件的样本），但计算得到的因果效应却可以避免选择偏差。

但若选择其他符合后门准则的变量集合进行调整，比如 $\{W_1,W_2\}$，则会存在选择偏差。因为在给定变量 $\{W_1,W_2,X\}$ 的条件下，虽然节点 S 到节点 Y 的所有路径被阻断，也就是说变量 S 和变量 Y 在给定变量 $\{W_1,W_2,X\}$ 的条件下相互独立，可有

$$P(y|w_1,w_2,x)=P(y|w_1,w_2,x,S=1)$$

但由于节点 W_1 和 S 有边直接相连，因此

$$P(w_1,w_2)\neq P(w_1,w_2|S=1)$$

故当选择 $\{W_1,W_2\}$ 作为调整变量时，相应调整表达式为

$$\begin{aligned}P(y|\mathrm{do}(x))&=\sum_{w_1,w_2}P(y|x,w_1,w_2)P(w_1,w_2)\\&=\sum_{w_1,w_2}P(y|x,w_1,w_2,S=1)P(w_1,w_2)\end{aligned} \quad (7.63)$$

无法将所有数据需求转化为满足 $S=1$ 条件的样本数据需求，因此会存在选择偏差。

但是，若在计算因果效应的实际场景中，类似 $P(w_1,w_2)$ 的概率值作为一个总体统计数据值已知，不需要通过样本数据计算得到，则在计算因果效应的过程中，可以直接应用该总体统计数据值，而避免使用采集得到的样本统计数据 $P(w_1,w_2|S=1)$，这样也可以避免选择偏差。比如，在前面例子中，若 $P(w_1,w_2)$ 代表人群中关于年龄和性别的概率分布数据，则该数据无须通过采集样本数据计算来实现，直接应用人口统计数据值即可，将现成的统计数据 $P(w_1,w_2)$ 代入式(7.63)，则可避免使用样本统计数据 $P(w_1,w_2|S=1)$，从而避免了应用采集样本数据所带来的选择偏差。

更一般地，图模型满足在什么条件时，可以通过后门调整表达式计算因果效应，且同时避免混杂偏差和选择偏差？相应有选择性后门准则。

选择性后门准则

G_S 是包含选择变量 S 的图模型，需要计算因果效应 $P(y|\mathrm{do}(x))$。将图模型中的一个节点变量集合 Z 分为两部分，即 $Z=Z^+\cup Z^-$，其中 Z^+ 不含节点变量 X 的后代，Z^- 中均为节点变量 X 的后代节点。若节点变量集合 Z 满足下述条件，则称 Z 满足选择性后门准则：

1) 在图模型 G_S 中，Z^+ 阻断所有从节点变量 X 到节点变量 Y 的后门路径；
2) 在图模型 G_S 中，X 和 Z^+ 阻断所有 Z^- 和节点变量 Y 之间的路径，即 $Z^-\perp\!\!\!\perp Y|X,Z^+$；
3) 在图模型 G_S 中，X 和 Z 阻断所有 S 和节点变量 Y 之间的路径，即 $S\perp\!\!\!\perp Y|X,Z$；
4) 在样本数据采集过程中，可以在有选择性（即 $S=1$ 条件下）和无选择性两种条件下，获得变量 Z 和 $Z\cup\{X,Y\}$ 的样本数据值。

选择性后门调整表达式

在图模型 G_S 中若有节点变量集合 Z 满足选择性后门准则，则相应因果效应可计算，且有

$$P(y|do(x)) = \sum_z P(y|x,z,S=1)P(z) \tag{7.64}$$

在选择性后门准则中，条件 1) 保证节点变量集合 Z 阻断针对有序节点对 (X,Y) 的后门路径，条件 2) 确保节点变量集合 Z 即使包含干预变量 X 的后代节点，假设该后代节点为 T，该后代节点所在的有向路径（前门路径）$X \to \cdots T \cdots \to Y$ 也不会连通。当给定节点变量集合 Z 时，也给定了节点变量 T。若在给定了节点变量 T 时，节点 T 所在的前门路径 $X \to \cdots T \cdots \to Y$ 将节点变量 X 和 Y 相互连通，则必然在该路径上以节点变量 T 为对撞节点形成对撞结构，假设该对撞结构两端的节点变量分别是 M 和 N，即该前门路径为 $X \to \cdots M \to T \leftarrow N \cdots \to Y$。此时，即使路径 $X \to \cdots M \to T \leftarrow N$ 两端节点 X 和 N 连通，但由于 X 和 Z^+ 阻断所有 Z^- 和节点变量 Y 之间的路径，即 $Z^- \perp\!\!\!\perp Y | X, Z^+$，因此路径 $N \cdots \to Y$ 在给定节点变量 X 和 Z 时必然被阻断。所以，从干预变量 X 到结果变量 Y 的完整前门路径 $X \to \cdots M \to T \leftarrow N \cdots \to Y$ 仍然被阻断。因此，条件 2) 确保了变量集合 Z 即使包含干预变量 X 的后代节点，该后代节点所在的有向路径（前门路径）$X \to \cdots T \cdots \to Y$ 也不会连通。因而，条件 1) 和 2) 确保变量集合 Z 满足后门准则；条件 3) 确保在给定节点变量 $\{X,Z\}$ 的条件下，选择变量 S 与结果变量 Y 相互独立；条件 4) 确保节点变量集合 Z 在有选择性（即 $S=1$ 条件下）和无选择性两种条件下都可以采集到相应的样本数据值。

我们应用选择性后门准则来分析图 7.4c 图模型结构中计算因果效应 $P(y|do(x))$ 时如何避免选择偏差。满足条件 1) 和条件 2)，即满足后门准则的变量集合有 $\{T_1,Z_3\}$、$\{Z_1,Z_3\}$、$\{Z_2,Z_3\}$ 和 $\{W_2,Z_3\}$。但 $\{T_1,Z_3\}$、$\{Z_1,Z_3\}$、$\{Z_2,Z_3\}$ 都不满足条件 3)，只有 $\{W_2,Z_3\}$ 满足条件 3)，因为有 $S \perp\!\!\!\perp Y|\{W_2,Z_3\}$。若直接有总体统计数据 $P(w_2,z_3)$（即直接得到 $P(w_2,z_3)$，而不需要通过满足条件 $P(w_2,z_3)=P(w_2,z_3|S=1)$，从 $P(w_2,z_3|S=1)$ 得到 $P(w_2,z_3)$），以及有选择性条件下关于 (x,y,w_2,z_3) 的样本数据，即 $P(y|x,w_2,z_3,S=1)$，则可计算相应因果效应

$$\begin{aligned}P(y|do(x)) &= \sum_{w_2,z_3} P(y|x,w_2,z_3)\,P(w_2,z_3)\\ &= \sum_{w_2,z_3} P(y|x,w_2,z_3,S=1)\,P(w_2,z_3)\end{aligned}$$

值得注意的是，选择性后门准则是避免混杂偏差和选择偏差的充分条件而非必要条件。在有些图模型结构中，虽然没有变量集合满足选择性后门准则，但通过应用 do 算子推理法则，仍可计算得到无混杂偏差和选择偏差的因果效应 $P(y|do(x))$，具体可参见相关参考文献，此处不做详细讨论。

试验结果的推广

在研究工作中，通常是针对采集的样本数据进行分析，从而进行因果推断、计算因果效应，并得到试验结论。由于在试验的样本数据采集过程中，很难避免存在选择性样本数据采集，也就是说，试验中采集、研究的样本仅仅是目标总体样本中符合一定条件

的样本子集，比如，在临床试验中，自愿参与试验的对象可能往往是社会经济条件不太好的患者，而社会经济条件较好的患者相对较少自愿参与。但该试验结论能否推广应用到真正的目标群体（假设患者关于社会经济条件的分布与整个社会大众的社会经济条件分布一致），取决于在选择性样本数据采集基础上进行的因果效应计算结果能否避免选择偏差。显然，这样的试验结果能否推广问题，实质上就是选择偏差能否控制的问题。

假设试验中各个变量之间的关系如图 7.5 所示，其中双向箭头虚线表示虚线两端的节点都受一个不可测量的变量的影响，这是临床试验中变量之间比较常见的关系。受社会经济条件的影响，参与试验的样本具有选择性，相应干预性试验采集的样本数据是有选择性的样本数据，形式如 $P(y,z|\mathrm{do}(x),S=1)$。由于观察中不存在样本的选择性问题，非干预性试验的观察性数据直接得到的是非选择性的样本数据，形式如 $P(x,y,z)$，也就是说，观察得到的关于 (x,y,z) 的样本数据不可能是 $P(x,y,z,S=1)$ 的形式，而是如 $P(x,y,z)$ 的形式。在图 7.5 所示的图模型结构下，能否在干预性试验中仅获得选择性样本数据条件下，计算得到符合总体概率分布（没有选择偏差）的干预效应 $P(y|\mathrm{do}(x))$？

根据图 7.5 所示的图模型结构，可有

$$\begin{aligned}
P(y\mid \mathrm{do}(x)) &= \sum_{z} P(y\mid \mathrm{do}(x),z)P(z\mid \mathrm{do}(x)) \\
&= \sum_{z} P(y\mid \mathrm{do}(x),z)P(z\mid x) \\
&= \sum_{z} P(y\mid \mathrm{do}(x),z,S=1)P(z\mid x)
\end{aligned} \tag{7.65}$$

上述推导中，第一个等号是按照式(2.8)将条件概率 $P(y|\mathrm{do}(x))$ 针对变量 Z 展开；根据图 7.5，从节点 X 到节点 Z 的后门路径 $Z\rightarrow Y\leftarrow X$ 在节点 Y 处形成对撞结构，故该后门路径被阻断，所以在第二个等号中可以用 $P(z|x)$ 替代 $P(z|\mathrm{do}(x))$；由图 7.5 可见，节点 Y 和节点 S 之间的所有路径都被节点 Z 所阻断，故在给定节点变量 Z 的条件下，变量 S 和变量 Y 相互独立，所以可在第三个等号中用 $P(y|\mathrm{do}(x),z,S=1)$ 代替 $(y|\mathrm{do}(x),z)$。

由式(7.65)可知，在图 7.5 所示的图模型结构下，因果效应 $P(y|\mathrm{do}(x))$ 可以表达为 $P(y|\mathrm{do}(x),z,S=1)$ 和 $P(z|x)$ 的形式，其中 $P(y|\mathrm{do}(x),z,S=1)$ 是在试验中获取的有选择性的样本数据，$P(z|x)$ 是观察性数据。也就是说，在图 7.5 所示的图模型结构下，即使干预试验中获得的是有选择性的样本数据，也可以得到没有选择偏差的因果效应计算结果，即选择性样本数据集上开展的试验结论可以推广应用到一般的样本对象。

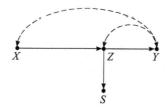

图 7.5　试验结果推广问题中的选择偏差问题

CHAPTER 8

第 8 章

图模型结构的学习

在前面关于因果效应和反事实的研究中,我们假设变量之间的图模型结构已知,在此基础上实现因果效应的计算和反事实的分析。但是在实际工作中,我们通常是已知关于图模型结构中各个变量的观察性样本数据集,而并不知道反映变量之间关系的图模型结构,因此,在进行因果效应的计算和反事实的分析之前,我们首先需要根据观察性样本数据集学习图模型的结构。本章将以离散节点变量为例对图模型结构学习的算法进行介绍。

8.1 图模型结构学习算法概述

8.1.1 图模型结构学习的过程

图模型结构学习的目的是输出相应的 DAG 图模型结构 G,其对应的概率关系与样本数据集所服从的概率关系一致或拟合度最高。当节点(变量)很少,比如只有 1 个或 2 个节点时,可以根据专业经验知识很容易地确定其图模型结构。但是,当节点数增多时,其相应可能的 DAG 图模型结构的数量将呈指数增长。Robinson 等证明了可能的 DAG 数目 $g(n)$ 与节点数 n 之间满足下面的关系:

$$g(n) = \begin{cases} 1 & n=1 \\ \sum_{i=1}^{n}(-1)^{i+1} C_n^i \, 2^{i(n-i)} g(n-i) & n>1 \end{cases} \tag{8.1}$$

根据式(8.1),$g(5)=29281$,$g(10)=4.2\times 10^{18}$,显然,在节点数目较多时,通过专业经验人工构建图模型结构将变得不可能。因此,在充分利用专业经验知识的同时,还必须通过图模型结构学习算法实现 DAG 图模型结构的程序化构建。

如图 8.1 所示,实际的因果关系模型在运行过程中不断生成样本数据,同时相关数据知识为专业人员所观察获取,加上历史累积经验,形成专业经验知识。我们在样本数据的基础上,通过图模型结构学习算法构建图模型结构,同时,结合专业经验知识对学习算法所获得的图模型结构进行优化、完善。若学习获得的图模型对实际的因果关系模型具有良好的近似,则可以在此图模型结构的基础上进行因果推断分析。

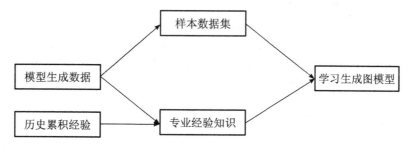

图 8.1 结合因果关系模型在实际运行过程中生成的样本数据集和专业经验知识学习生成因果关系图模型

8.1.2 图模型结构学习的假设

因果关系模型中的各个节点(变量)服从一定的概率分布 P,因果关系模型在实际运行过程中不断生成样本数据,图模型结构学习的任务就是根据样本数据获取一个与概率分布 P 相一致或最接近的图模型结构。为简化分析,我们在图模型结构学习中做如下假设。

(1) 充分性假设

因果关系模型在实际运行过程中所产生的样本数据能充分代表该因果关系模型中各个变量所服从的概率分布 P。充分性假设包含两个方面的内容:一个是因果关系模型中的所有变量均可观察到,另一个是样本量足够大。

(2) 马尔可夫性假设

与实际因果关系模型概率分布 P 相一致的图模型结构具有马尔可夫性。在图模型结构具有马尔可夫性的条件下,则可以根据"在给定一个节点的父节点条件下,该节点与其所有非后代节点之间相互独立"的性质,推导得到节点(变量)间的独立性关系。

(3) 忠实性假设

学习获得的图模型结构,与实际因果关系模型中各个节点(变量)服从的概率分布 P,是相互忠实的。这确保了图模型结构中的节点(变量)之间的独立性都包含在概率分布 P 中,而概率分布 P 中的独立性关系也包含在图模型结构中,即两者的节点(变量)独立性关系——对应。

(4) 同因果假设

因果关系模型实际所生产的样本数据中,每个样本对应于一组随机变量的取值,假设样本中的随机变量有 n 个,则该样本表示为 $V = \{v_1, v_2, \cdots, v_n\}$,其中每一个随机变量取值对应于图模型中一个节点(变量)的取值,包含 m 个样本数据的样本数据集则为 $D = \{V^1, V^2, \cdots, V^m\}$。同因果假设表明,变量之间的因果关系在样本数据集 D 的各个样本中都相同。假如在样本 V^1 中有变量 v_i 和 v_j 之间的因果关系 $v_i \rightarrow v_j$,则在样本数据集 D 中其他任意样本 $V^x (x \in [1, m])$ 中都有变量 v_i 和 v_j 之间的因果关系 $v_i \rightarrow v_j$。

目前也有对不满足上述假设条件的图模型结构学习算法的研究,本书不做介绍。

根据前述 3.3 节关于等价类的内容，我们知道，在一个等价类中的多个图模型 DAG，虽然结构不同，但对应的节点变量集的联合概率分布相同，也就是说具有相同的变量间独立性或依赖性关系。因此，在通过样本数据集学习图模型结构时，通过数据只能学习到与该数据集所蕴含的联合概率分布所对应的等价类——PDAG，而无法区分该等价类中不同的图模型结构。在等价类中再落实到具体的图模型结构，需要结合专业经验知识或补充相应的干预性试验来确定。如何设计相应的干预性试验来确定具体的图模型结构，可参考相关参考文献，本书不作介绍。

8.2 图模型结构学习算法的分类及基于评分的学习算法简介

图模型结构学习的算法可分为三类：基于约束（constraint-based）的算法、基于评分（score-based）的算法和混合算法。

基于约束的算法是利用样本数据集对节点之间的统计独立性进行测试，来学习得到节点相互之间的独立性或依赖性关系，在这些节点之间的独立性或依赖性关系基础上，构建出相应的有向无环图模型结构。

基于评分的算法是将图模型结构的学习问题视为优化问题，首先给定图模型结构 G 的评分函数，利用搜索算法寻找评分最优的图模型结构，作为学习得到的图模型结构。基于评分的算法可以数学化表示为：

$$\begin{cases} \max f(G, D) \\ \text{s.t.} \quad G \in \mathcal{G}, G \vDash C \end{cases} \tag{8.2}$$

其中，f 为图模型结构的评分函数，D 为样本数据集，$\mathcal{G}$ 为图模型结构总空间，即所有可能的图模型结构，$G \vDash C$ 表示图模型结构 G 满足约束条件 C。在有向无环图模型结构的评分搜索过程中，约束条件 C 就是要求搜索到的图模型结构无环，则相应最优图模型结构可以表示为

$$G^* = \underset{G}{\operatorname{argmax}} f(G, D) \tag{8.3}$$

基于评分的算法需要确定评分函数和搜索算法。显然，评分函数需要对不满足样本数据集概率分布和无环特性的图模型结构进行惩罚。当不同的图模型结构都符合样本数据集概率分布和无环特性时，根据奥卡姆剃刀准则，选择更为简单的图模型结构。基于这些考虑，评分函数主要分为两类，即基于贝叶斯的评分函数和基于信息论的评分函数，关于具体的评分函数，本书不做详细介绍。在确定了评价图模型结构好坏的评分函数后，图模型结构的学习问题就转化为在所有可能的图模型结构中寻找最高评分值图模型结构的搜索优化问题。根据式(8.1)，需要搜索的图模型结构空间的大小随着图中节点变量数量的增加呈指数级增加，Chickering 等证明了图模型结构的学习是一个 NP 完全问题，因此，搜索算法一般采用启发或元启发的搜索算法，常用的有 K2 算法、爬山算法、GES 算法等。下面以爬山算法为例进行简要介绍。

爬山算法

输入:样本数据集 D

输出:有向无环图模型结构 G

1)根据样本数据集 D 识别出图模型中的节点变量集 V

2)在节点变量集 V 上初始化图模型结构 G(通常初始化边为空,但非必须)

3)令 maxscore= $Score_G$

4)重复以下步骤直到 maxscore 不再增长:

① 对每一对节点之间可能存在的边,在不形成环的条件下进行增加、删除和反向修改操作

   a. 计算修改后的图模型结构 G* 的评分 $Score_{G^*}$ = Score(G*)

   b. 若 $Score_{G^*}$ > $Score_G$,则 G = G*,$Score_G$ = $Score_{G^*}$

② 用新的 $Score_G$ 更新 maxscore,令 maxscore = $Score_G$

5)输出最终的有向无环图模型 G

基于约束的算法和基于评分的算法相比:

- 基于约束的算法学习效率较高,且能够获得全局最优解,但进行节点间独立性测试的次数随着节点数量的增加而呈指数增长,计算量大;
- 基于评分的算法学习过程简单、规范,但存在搜索空间巨大、可能收敛于局部最优的问题。

为克服两类方法的缺陷,人们提出了混合算法,即将这两种算法的思想进行融合,对图模型结构进行学习。通过独立性测试来降低搜索空间的大小,再利用评分、搜索的方法来寻找最优的图模型结构。典型的混合算法有 MMHC(Max Min Hill Climbing)等算法。本书不做详细介绍,本章内容将重点介绍基于约束的算法。

8.3 基于约束的算法

有向无环图(DAG)结构表示其节点变量之间的依赖关系和独立、条件独立关系,基于约束的结构学习算法是在样本数据集的基础上,通过统计独立性测试来学习出节点之间的独立性、条件独立性和依赖性关系,在这些独立性、条件独立性或依赖性关系基础上,构建出相应的有向无环图结构。若独立性关系 $X_i \perp\!\!\!\perp X_j$ 或 $X_i \perp\!\!\!\perp X_j | C$ 成立,则节点变量 X_i 和 X_j 相互边缘独立或关于变量集合 C 条件独立(在图模型结构中,为 C 所 d-划分)。相应地,在图模型结构中,节点变量 X_i 和 X_j 之间就没有边;否则,节点变量 X_i 和 X_j 相互依赖,在图模型结构中有边将两个节点相连。用于变量之间统计独立性测试的方法主要有 χ^2(卡方)检验和基于互信息的检验两种方法。本书以 χ^2 检验为例对离散变量间的统计独立性测试进行介绍。

8.3.1 独立性测试

假设 X、Y 和 Z 为样本数据集中的三个离散变量(Z 可为变量集合),根据相关文献可有如下情况。

1)若 $X \perp\!\!\!\perp Y$,则可有统计量

$$G^2 = 2\sum_{x,y} N_{xy} \log\left(\frac{N_{xy}}{E_{xy}}\right)$$

近似服从自由度为 $(r_x-1)(r_y-1)$ 的卡方分布,其中 r_x 和 r_y 分别为变量 X 和变量 Y 的取值个数,$E_{xy} = \frac{N_x N_y}{N}$,$N$ 为样本数据集中总的样本数,N_x 表示其中 $X=x$ 的样本数,N_y 表示其中 $Y=y$ 的样本数,N_{xy} 表示样本数据集中 $X=x$ 且 $Y=y$ 的样本数。

2) 若 $X \perp\!\!\!\perp Y | Z$,则可有统计量

$$G^2 = 2\sum_{x,y,z} N_{xyz} \log\left(\frac{N_{xyz}}{E_{xyz}}\right)$$

近似服从自由度为 $(r_x-1)(r_y-1)r_z$ 的卡方分布,其中 r_x 和 r_y 分别为变量 X 和变量 Y 的取值个数,r_z 为变量 Z 的取值个数,或者变量集合 Z 的取值组合的个数,$E_{xyz} = \frac{N_{xz} N_{yz}}{N_z}$,$N_{xz}$ 表示 $X=x$ 且 $Z=z$ 的样本数,N_{yz} 表示 $Y=y$ 且 $Z=z$ 的样本数,N_{xyz} 表示样本数据集中 $X=x$、$Y=y$ 和 $Z=z$ 的样本数。

因此,我们可以根据样本数据集计算得到的相应统计量,再通过统计量的取值水平来对变量之间的边缘独立性或条件独立性关系进行测试。我们先简单介绍卡方分布的性质。图 8.2 所示为自由度为 n 的卡方分布函数 $\chi^2_\alpha(n)$ 的概率密度图,对给定的正数 $\alpha(0 < \alpha < 1)$,有

$$P\{\chi^2 > \chi^2_\alpha(n)\} = \int_{\chi^2_\alpha(n)}^{+\infty} f_{\chi^2}(x) dx = \alpha$$

此正数 α 称为显著性水平。

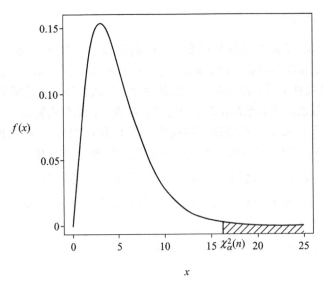

图 8.2 自由度为 n 的卡方分布函数 $\chi^2_\alpha(n)$ 的概率密度图

以此为基础，可以通过卡方统计量做假设检验，根据样本数据集计算得到的卡方统计量值落入的区域，来确定是否拒绝原假设，对变量之间的边缘独立性或条件独立性关系进行测试。若根据样本数据集计算得到的卡方统计量值落入拒绝域内，则拒绝原假设，否则不拒绝原假设。具体实施步骤如下。

1）建立假设。

对于变量之间的边缘独立，相应建立的假设为：
- 原假设H_0：$X \perp Y$；
- 对立假设H_1：$X \not\perp Y$。

对于变量之间的条件独立，相应建立的假设为：
- 原假设为H_0：$X \perp Y | Z$；
- 对立假设为H_1：$X \not\perp Y | Z$。

2）根据样本数据计算卡方统计量值。

3）选择显著性水平。

4）根据显著性水平查找相应的卡方统计量值，并与计算得到的卡方统计量值做比较，决定是否接受原假设。显著性水平α的取值一般为 0.05（或 0.01，0.001），其意义为拒绝原假设的正确性概率为$1-\alpha$。若计算值小于$\chi_\alpha^2(n)$，则接受原假设，变量之间的独立性或条件独立性关系成立，否则，拒绝原假设。

下面以两个变量的边缘独立性测试为例，来说明通过假设检验实现变量间独立性测试的过程。

例 8.1 两个变量X和Y分别各有两个状态n和y，且样本数据集中两个变量分别处于两个状态的样本数据如表 8.1 所示。问：在显著性水平$\alpha=0.01$时，变量X和变量Y之间是否边缘独立？

解：

假设检验的原假设为H_0：$X \perp_P Y$。

根据表 8.1，可计算相应的卡方统计量。变量X有两个取值n和y，变量Y也有两个取值n和y，则变量X和变量Y的取值组合有 4 个。

表 8.1 测试变量 X 和 Y 是否相互独立边缘独立的频数统计数据

X	Y		合计
	n	y	
n	12	1	13
y	84	3	87
合计	96	4	100

- $X=n$，$Y=n$，根据表 8.1 有$N_x=13$、$N_y=96$、$N_{xy}=12$、$N=100$，相应$E_{xy} = \dfrac{N_x N_y}{N} = \dfrac{13*96}{100}$。

- $X=n$，$Y=y$，根据表 8.1 有 $N_x=13$、$N_y=4$、$N_{xy}=1$、$N=100$，相应 $E_{xy} = \dfrac{N_x N_y}{N} = \dfrac{13*4}{100}$。

- $X=y$，$Y=n$，根据表 8.1 有 $N_x=87$、$N_y=96$、$N_{xy}=84$、$N=100$，相应 $E_{xy} = \dfrac{N_x N_y}{N} = \dfrac{87*96}{100}$。

- $X=y$，$Y=y$，根据表 8.1 有 $N_x=87$、$N_y=4$、$N_{xy}=3$、$N=100$，相应 $E_{xy} = \dfrac{N_x N_y}{N} = \dfrac{87*4}{100}$。

代入卡方统计量计算公式，有

$$\begin{aligned} G^2 &= 2 \sum_{x,y} N_{xy} \log\left(\dfrac{N_{xy}}{E_{xy}}\right) \\ &= 2 * \left(12 * \log\left(12 / \dfrac{13 \times 96}{100}\right) + 1 * \log\left(1 / \dfrac{13 \times 4}{100}\right) + 84 * \log\left(84 / \dfrac{87 \times 96}{100}\right) + \right. \\ &\quad \left. 3 * \log\left(3 / \dfrac{87 \times 4}{100}\right)\right) \\ &\approx 0.2194 \end{aligned}$$

由于变量 X 和变量 Y 的取值个数分别为 $r_x=2$，$r_y=2$，故该卡方统计量的自由度 $df = (2-1)(2-1) = 1$，即卡方统计量 $G^2 \sim \chi^2(1)$。

查 χ^2 分布表，有 $\chi^2_{0.75}(1) = 0.102$ 和 $\chi^2_{0.25}(1) = 1.323$，故该卡方统计量值 G^2 对应的显著性水平 α 有 $0.25 < \alpha < 0.75$。在取显著性水平 $\alpha = 0.01$ 时，本例显著性水平大于 0.01，无法拒绝原假设，故认为 $X \perp\!\!\!\perp_P Y$，即变量 X 和变量 Y 相互边缘独立。

例 8.2 研究性别与色觉之间的关系，相关统计数据如表 8.2 所示。问：性别和色觉是否有关？

表 8.2 测试性别 X 和色觉 Y 是否相互独立边缘独立的频数统计数据

色觉 Y	性别 X		合计
	男	女	
正常	442	514	956
色盲	38	6	44
合计	480	520	1000

解：

假设检验的原假设为 $H_0: X \perp\!\!\!\perp_P Y$。

根据表 8.2，可计算相应的卡方统计量。变量 X 和变量 Y 各有两个取值，则变量 X 和变量 Y 的取值组合有 4 个。直接代入相关公式计算有

$$G^2 = 2\sum_{x,y} N_{xy}\log\left(\frac{N_{xy}}{E_{xy}}\right)$$
$$= 2\left(442\log\left(442/\frac{480\times 956}{1000}\right) + 38\log\left(38/\frac{480\times 44}{1000}\right) + 514\log\left(514/\frac{520\times 956}{1000}\right) + 6\log\left(6/\frac{520\times 44}{1000}\right)\right)$$
$$\approx 27.1$$

显然，$G^2 \sim \chi^2(1)$。查 χ^2 分布表，有 $\chi^2_{0.95}(1)=0.004$ 和 $\chi^2_{0.005}(1)=7.879$，$\chi^2=27.1 > 7.879$，故性别与色觉相互独立的显著性水平小于 0.005，拒绝原假设 H_0：$X \perp\!\!\!\perp_P Y$，即性别与色觉相互不独立。

从前面的例子中可以看到，无论是不拒绝原假设（边缘独立或条件独立）还是接受对立假设，都基于一定的显著性水平，因此，都是近似而非完全精确的。同时，在条件独立的 χ^2 检验中，随着作为条件的变量集合 Z 中变量数量的增加，变量 X、Y 和 Z 的取值组合数量将增加，相应样本数据集中满足取值组合条件 $X=x$、$Y=y$、$Z=z$ 的样本数 N_{xyz} 将会变得非常小，相应的检验结果将更加不可靠，因此，用于条件独立测试 $X \perp\!\!\!\perp Y | Z$ 的变量集合 Z 中的变量数量，一般不能超过 3 个。我们将作为条件的变量集合 Z 中的变量数量称为条件独立的阶数，比如，集合 Z 中有 2 个变量，则称变量 X 与变量 Y 二阶条件独立。两个变量的边缘独立则可视为零阶条件独立。

8.3.2 IC 算法简介

最早的基于约束的图模型结构学习算法是 Pearl 等人在 1991 年提出的 IC（Inductive Causation）算法。针对其性能局限，在 IC 算法的基础上，后来人们又提出了 PC、GS、IAMB、Fast-IAMB 等改进的基于约束的图模型结构学习算法。本书将以 IC 算法为例，介绍基于约束的图模型结构学习算法的具体实现过程。

IC 算法

输入：样本数据集 D
输出：部分有向无环图模型结构 G

1) 根据样本数据集 D 识别出图模型中节点变量集 V，并测试变量之间的独立性；
2) 在节点变量集 V 上初始化图模型结构 G（所有边为空），在此基础上根据变量之间的独立性和非独立性，添加无向边生成框架图；
3) 根据变量之间的独立性和框架图，获得图中的对撞结构；
4) 根据不形成有向环和不形成新的对撞结构这两个原则确定图中边的方向；
5) 输出最终的部分有向无环图模型 G。

IC 算法的第 1) 步是根据样本数据集 D 识别出节点变量集合 V，并对集合 V 中的变量，两两测试其条件独立性（边缘独立视为零阶条件独立）。具体是针对任意两个节点变量 X 和

Y，搜索是否在集合 V 的子集 $Z_{XY} \in V$（Z_{XY} 为空集对应于边缘独立）满足 $X \perp\!\!\!\perp Y | Z_{XY}$（子集 Z_{XY} 也称为分割集），若搜索到，则搜索过程终止。

IC 算法的第 2）步是从一个只有节点变量没有边的空的图模型开始，根据测试得到的变量条件独立性关系添加节点变量之间的无向边。若两个节点变量 X 和 Y 没有条件独立性，则用一条无向边将两个节点相连，生成框架图。

IC 算法的第 3）步是在框架图的基础上，针对两个非邻节点 X 和 Y 有一个公共邻居节点 W 的情况，查看三个节点变量之间条件独立关系 $X \perp\!\!\!\perp Y | W$ 是否成立，若不成立，则这三个节点形成一个 $X \rightarrow W \leftarrow Y$ 的对撞结构。

IC 算法的第 4）步是反复利用不形成有向环和不形成新的对撞结构这两个原则，确定各条无向边的方向，生成部分有向无环图（PDAG）。

至此，通过 IC 算法的 4 个步骤，输出部分有向无环图（也可能确定了所有边的方向，则为 DAG，我们将 DAG 视为 PDAG 的特例），该 PDAG 代表了一个等价类，等价类中不同的图模型结构具有相同的条件独立性关系，但有的边具有不同的方向。

在实际工作中，针对经上述步骤后得到的 PDAG 中仍未确定方向的边，可通过专业经验知识或利用因果推断分析的结果，对边的方向进行确定，最终得到有向无环图 G，用于因果推断分析。

下一节，我们将通过一个具体的例子，详细介绍 IC 算法图模型结构学习的具体实现过程。

8.3.3 IC 算法的具体实现过程

为说明 IC 算法的具体实现过程，我们用一个虚拟的例子来予以说明，例子中的数据关系仅仅用于说明 IC 算法的过程，并不代表其数据关系具有合理性。

例 8.3 采用第 3 章中的例 3.1 "入室盗窃还是热带风暴" 案例，相应的图模型结构如图 8.3 所示。

为说明 IC 算法的具体过程，假设我们现有足够多的样本数据，来看通过 IC 算法，如何一步一步学习得到图 8.3 所示的图模型结构。

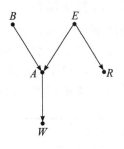

图 8.3 "入室盗窃还是热带风暴"案例的图模型结构

（1）测试条件独立性

首先根据样本数据集识别出图模型中的所有节点变量，再对节点变量集合中的任意一对变量（假设为 X 和 Y）按照 0、1、2、3 阶的顺序（即 Z_{XY} 为空集、只有 1 个变量、有 2 个变量和有 3 个变量的顺序），对变量间的条件独立性按照 8.3.2 节的方法进行测试，看是否存在 Z_{XY} 满足 $X \perp\!\!\!\perp Y | Z_{XY}$。具体方法是查看在事先给定的显著性水平 α 下，是否拒绝两个变量相互条件独立的假设。若不拒绝，则判定两个变量相互条件独立，并终止进一步的测试。比如，测试得到变量 B 和 E 零阶条件独立，则不再做一阶或二阶、三阶的条件独立性测试。

在本例中，根据样本数据集识别出共有 5 个节点变量 $\{B, E, A, R, W\}$，则将图模型结构初始化为只有 5 个节点变量而无边相连的空图 G_0,如图 8.4 所示。再对具有 5 个变量的节点变量集合做条件独立性测试,假设根据样本数据集通过假设检验得到如下的条件独立性关系:

$$\{B \perp\!\!\!\perp E, B \perp\!\!\!\perp R, B \perp\!\!\!\perp W|A, A \perp\!\!\!\perp R|E, E \perp\!\!\!\perp W|A, R \perp\!\!\!\perp W|A\}$$

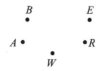

图 8.4 根据样本数据集识别出来的 5 个节点变量,将图模型结构初始化为只有 5 个节点变量而无边相连的空图 G_0

(2) 生成框架图

针对节点变量集合中的任意两个节点变量,比如 X 和 Y,在上一步的条件独立性测试结果中,查看其是否有条件独立性关系 $X \perp\!\!\!\perp Y|Z_{XY}$,若无,则将此两节点变量用无向边相连,生成框架图。

在本例中共有 5 个节点变量,两两组合共有 $C_5^2 = 10$ 个组合,根据第一步得到的条件独立性关系可知,有 6 对变量之间有条件独立性关系,剩余的 4 对变量 $\{B,A\}$、$\{E,A\}$、$\{A,W\}$、$\{E,R\}$ 之间没有条件独立性关系,将这 4 对节点变量用无向边相连,相应有如图 8.5 所示的框架图 G_1。

(3) 获得对撞结构

在框架图 G_1 的基础上,搜索节点变量三元组 $\{X,C,Y\}$,该三元组满足的条件是:节点 C 与节点 X 相邻,与节点 Y 也相邻,但节点 X 与节点 Y 不相邻,且 $C \notin Z_{XY}$,Z_{XY} 满足条件 $X \perp\!\!\!\perp Y|Z_{XY}$。如存在这样的三元组,则该三元组构成一个对撞结构 $X \rightarrow C \leftarrow Y$。

在本例中,满足 3 个节点相邻关系的三元组有 3 个,分别是 $\{B\text{-}A\text{-}E\}$、$\{A\text{-}E\text{-}R\}$ 和 $\{B\text{-}A\text{-}W\}$。对于三元组 $\{B\text{-}A\text{-}E\}$,节点变量 B 和 E 的条件独立性关系为边缘独立,即 $B \perp\!\!\!\perp E|Z_{BE}$,而 $Z_{BE} = \emptyset$ 为空集,故有 $A \notin Z_{BE}$,因此,该三元组形成对撞结构 $B \rightarrow A \leftarrow E$。对于三元组 $\{A\text{-}E\text{-}R\}$,根据第一步的条件独立性测试结果有 $A \perp\!\!\!\perp R|E$,即 $E \in Z_{AR}$,故此三元组不能形成对撞结构。对于三元组 $\{B\text{-}A\text{-}W\}$,类似有 $B \perp\!\!\!\perp W|A$,故该三元组也不能形成对撞结构。通过生成对撞结构,相应可将框架图 G_1 转化为标注出所有对撞结构的对撞图 G_2,如图 8.6 所示。

(4) 确定边的方向

上一步生成的对撞图将对撞结构中的边确定了方向,形成了部分有向无环图。在这一步,我们将通过推导尽量确定其余无向边的方向,获得无向边最少的 PDAG。除对撞结构之外,确定边方向的推导约束条件有两个,分别是:

- 边的定向(确定方向)不形成环;
- 边的定向不形成新的对撞结构。

基于这两个约束条件，相应有推导边的方向的 4 个场景。

图 8.5　根据条件独立性关系生成框架图 G_1　　图 8.6　根据形成对撞结构的三元组生成对撞图 G_2

场景 1

如图 8.7 所示，由于在对撞图中没有对撞结构 $A→B←C$，若连接 B 和 C 的边的方向是 $B←C$，将会形成对撞结构 $A→B←C$，故连接 B 和 C 的边的方向必定是 $B→C$。

图 8.7　推导边的方向场景 1

场景 2

如图 8.8 所示，若连接 A 和 C 的边的方向是 $A←C$，将会形成有向环 $A→B→C→A$，故连接 A 和 C 的边的方向必定是 $A→C$。

图 8.8　推导边的方向场景 2

场景 3

如图 8.9 所示，推导连接 A 和 B 的边的方向。若连接 A 和 B 的边的方向是 $A←B$，为避免形成有向环 $B→A→D→B$，则连接 D 和 A 的边的方向必定是 $D→A$，同理，连接 C 和 A 的边的方向必定是 $A←C$，这时，就会形成新的对撞结构 $D→A←C$，故连接 A 和 B 的边的方向必定是 $A→B$。

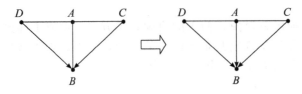

图 8.9　推导边的方向场景 3

场景 4

如图 8.10 所示，推导连接 A 和 B 的边的方向。若连接 A 和 B 的边的方向是 $A \leftarrow B$，为避免形成有向环 $B \rightarrow A \rightarrow C \rightarrow D \rightarrow B$，则连接 A 和 C 的边的方向必定是 $A \leftarrow C$，但这则会形成新的对撞结构 $B \rightarrow A \leftarrow C$，故连接 A 和 B 的边的方向必定是 $A \rightarrow B$。同时，在图 8.10 所示的图模型结构中，必定在 A 和 D 之间有直接或间接的边相连，在图中表现为虚线，否则，就会形成新的对撞结构 $A \rightarrow B \leftarrow D$。

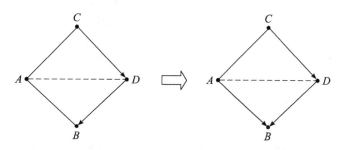

图 8.10　推导边的方向场景 4（虚线两端的节点存在边相连）

通过以上 4 个场景的反复应用，尽可能地确定对撞图中剩余的无向边的方向。我们来看在本例中除对撞结构以外的其他无向边如何一步一步实现定向。针对图 8.6 所示的对撞图，剩余需要确定方向的边是 A-W 和 E-R。根据场景 1，若连接节点 A 和 W 边的方向是 $A \leftarrow W$，则会形成新的对撞结构 $B \rightarrow A \leftarrow W$，因此，连接节点 A 和 W 边的方向必定是 $A \rightarrow W$。对于边 E-R，无论方向是 $E \rightarrow R$ 还是 $E \leftarrow R$，既不会形成有向环，也不会形成新的对撞结构，所以，无法推导出其方向。最终，我们通过 IC 算法学习得到的 PDAG 如图 8.11

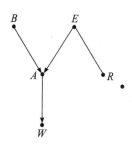

图 8.11　PDAG 所代表的等价类图 G_3

所示。这个 PDAG 所代表的等价类图 G_3 包括两个图模型结构，分别对应于边 E-R 的两个方向。

至此，已通过 IC 算法学习得到 PDAG，但在实际工作中，要用于因果推断分析，还必须确定边 E-R 的方向。具体实现方式有两种。一种是通过专业经验知识，对其余的无向边进行定向。在本例中，在是否发生热带风暴变量 E 和电台是否广播当地发生热带风暴变量 R 的相互关系中，显然，应该是先有热带风暴的发生，再有电台广播当地发生了热带风暴，因此，边 E-R 的方向应该是 $E \rightarrow R$，从而得到如图 8.12 所示的 DAG 图模型结构 G。另一种确定无向边的方式是，分别在不同的图模型结构假设下进行因果推断，比较不同图模型结构假设下因果推断分析的结果，将明显不合常理的结果所对应的图模型结构去掉，从而确定无向边的方向。

需要补充说明以下几点。

- 由于IC算法学习得到的是PDAG，在基于2个约束条件及4个边定向场景的基础上，反复确定各条无向边的方向后，无法再确定其他边的方向时，可以通过专业经验知识对剩下部分的无向边进行定向。而利用专业经验知识实现新的边的定向后，又可能可以再次反复基于2个约束条件及4个边定向场景对剩余边进行定向。
- 在边定向的过程中，有时两个约束条件（不产生有向环和不生成新的对撞结构）可能相互矛盾，比如，选择一个方向会产生有向环，但是将边的方向反过来又会生成新的对撞结构，这时确定边的方向以不产生有向环优先。
- 在4个边的定向场景中，场景1和场景2用得更多，而场景3和场景4用得相对较少。

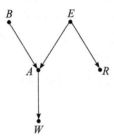

图8.12 根据专业经验知识确定无向边方向

8.3.4 其他基于约束的算法

Friedman从理论上证明，基于约束的算法从原理上更接近于有向无环图的语义特性，学习效率较高，而且能够获得全局最优解，但是它也存在一些问题：

- 判断两个节点变量是否条件独立比较困难，最坏的情况下，可能需要进行的条件独立性测试的次数是节点变量数量的指数级；
- 高阶的条件独立性测试的结果不够准确。

因此，对于基于约束的图模型结构学习算法的改进也着重于条件独立性测试次数和阶数的优化。一般，基于约束的学习算法更适合于节点变量数量较少、关系较为简单、结构较为稀疏的图模型结构的学习。

IC算法是第一个基于约束的算法，该算法对节点变量集合V中的变量，两两测试其条件独立性（边缘独立视为零阶条件独立）。具体方法是针对任意两个节点变量X和Y，搜索是否存在集合V的子集$Z_{XY} \in V$（Z_{XY}为空集对应于边缘独立）满足$X \perp\!\!\!\perp Y | Z_{XY}$（子集$Z_{XY}$也称为分割集）。若搜索到，则搜索过程终止，判定这两个变量相互条件独立。但由于该算法在搜索分割集时的搜索范围是除变量X和Y之外的所有变量，因此搜索范围非常大，时间复杂度也较高。例如，对于具有20个节点变量集合的样本数据集，为了测试其中两个节点变量之间的条件独立性关系，需要在剩下所有节点变量组成的集合空间中搜索，总共要搜索的情况共有$C_{18}^0 + C_{18}^1 + \cdots + C_{18}^{17} + C_{18}^{18} = 2^{18}$种，因此，在这样的应用场景下，IC算法仅具理论意义，难以实际应用。

为解决IC算法条件独立性测试搜索范围大的问题，Peter Spirtes和Clark Glymour提出了以其名字命名的PC算法。PC算法将图模型结构初始化为完全无向图（所有节点都有边两两相连），通过条件独立性测试来确定节点变量之间的连接关系，依次通过零阶、一阶……进行条件独立性测试，若条件独立就去掉连接两个节点变量的无向边，否则保留此无向边，从而得到框架图。相比IC算法改进的是，PC算法将分割集Z_{XY}的搜索范围限制在节点变量X和Y的邻节点集合中，大大缩小了分割集的搜索范围，减少了条件独立测试的次数,因而算法的时间复杂度得到了降低。PC 算法也成为第一个得到较为广泛应用的基于约束的图模型结构学习算法。相应 PC 算法如下所示,其中与 IC 算法不同的部分在于 P2 阶段图模型结构初始化为完全无向图,且条件独立性测试(边缘独立性测试作为条件独立性测试的特例)仅在相邻节点搜索进行,这里不做详细介绍。

PC 算法

输入:样本数据集 D

输出:完全部分有向无环图(CPDAG)模型结构 G

1) 根据样本数据集 D 识别出图模型节点变量集 V;
2) 在节点变量集 V 上初始化图模型结构 G 且所有节点全连接,测试变量之间的独立性,并根据变量之间的独立性和非独立性,删除对应无向边生成框架图;
3) 根据变量之间的独立性和框架图,生成图中的对撞结构;
4) 根据不形成有向环和不形成新的对撞结构两个原则确定边的方向;

输出:最终的完全部分有向无环图模型 G。

其他改进的基于约束的图模型结构学习算法包括 GS、IAMB、Fast-IAMB 等算法,都是围绕降低算法中的条件独立性测试的次数和阶数来进行的,本书不做详细介绍。

8.4 图模型结构学习的程序实现

为方便应用,图模型结构学习的算法在通过程序代码实现后,通常将程序代码封装成软件包中函数的形式,在实际应用中进行图模型结构学习时,根据实际应用场景特点,直接调用相应的图模型结构学习函数即可。本节将对如何应用 R 程序包实现图模型结构学习进行介绍。

表 8.3 是实现图模型结构学习的不同 R 包所支持的数据类型和学习算法,其中 pcalg 包不但支持离散数据和连续数据,而且可以对因果效应进行估计,本书将以 R 包 pcalg 为例,介绍图模型结构学习的程序化实现,具体以 PC 算法为例介绍图模型结构的学习,并介绍相应因果效应的计算,其他图模型结构学习算法的使用可参考相关程序包文档说明。

表 8.3 不同 R 包支持的数据类型和算法

	bnlearn	catnet	deal	pcalg	gRbase	gRain
离散数据	是	是	是	是	是	是
连续数据	是	否	是	是	是	否
混合数据	否	否	是	否	否	否
基于约束的算法	是	否	否	是	否	否
基于评分的算法	是	是	是	否	否	否

8.4.1 pcalg 包的安装

pcalg 包的安装步骤类似于其他 R 包的安装。但 pcalg 包关于图模型结构的表达依赖

RBGL 和 graph 这两个软件包，pcalg 包图模型结构的绘制依赖 Rgraphviz 软件包，且这三个软件包都不在 CRAN 站点 www.r-project.org 上，而在 BioConductor 软件仓库中。因此，这三个 pcalg 所依赖的软件包无法在 pcalg 包的安装过程中实现自动安装，需要在命令行窗口用单独的命令先安装这三个软件包，具体安装命令如下（具体命令可能会有所调整，可检索、查询当时的相关文档）：

```
if(!requireNamespace("BiocManager",quietly= TRUE))
install.packages("BiocManager")
BiocManager::install("RBGL")
BiocManager::install("graph")
BiocManager::install("Rgraphviz")
```

在这三个软件包安装完毕后，再按照普通 R 包的安装方式安装 pcalg 包。

8.4.2 图模型结构的学习

在 pcalg 包中有多个关于图模型结构学习的函数，我们以 skeleton 函数和 pc 函数为例进行介绍，其中 skeleton 函数计算得到图模型结构的框架图，pc 函数计算得到图模型结构的等价类 CPDAG。下面分别介绍两个函数的语法，并举例说明其具体应用方法。

1. skeleton( )函数

skeleton()函数根据观察性样本数据集，计算得到相应图模型结构的框架图。

（1）语法说明

```
skeleton(suffStat, indepTest, alpha, labels, p, method = c("stable"," original","
stable.fast"),m.max= Inf,fixedGaps= NULL,fixedEdges= NULL,NAdelete= TRUE,numCores= 1,
verbose= FALSE)
```

（2）输入参数

- suffStat 是用于节点变量之间条件（或边缘）独立性测试的观察性样本数据集。当节点变量是连续值时，suffStat 为一个列表，该列表包括两个元素，分别是表达各个节点变量之间相关系数的矩阵和样本数量；当节点变量是离散值时，suffStat 为一个列表，该列表包括三个元素，分别是观察性样本数据框 data.frame、表达节点变量各个取值的向量和参数 adaptDF，参数 adaptDF 一般采用默认值 FALSE；当节点变量是二值变量，即取值仅为 0 和 1 时，suffStat 为一个列表，该列表包括两个元素，分别是观察性样本数据矩阵和参数 adaptDF。
- indepTest 是节点变量间条件独立性测试方法，软件包针对高斯连续变量、离散变量和二值变量三种节点变量的取值情况，分别内置测试函数 gaussCItest、disCItest 和 binCItest，使用时也可以自定义测试函数，此处不做详细介绍。
- alpha 是条件独立性测试中的显著性水平，为一个 0~1 之间的数值。
- labels 是节点变量名称，用于绘图中标识各个节点变量名称，此参数可以省略，在函数计算过程中，各个节点变量将以其在样本数据集中列的位置作为标识，而不使用变量名称。

- p 是节点变量数量，此参数可以省略。
- method 参数表明 skeleton 函数在条件独立性测试中，是采用原始的 pc 算法 original，还是改进的 pc 算法 stable，以及快速的改进算法 stable.fast。该参数的默认值为 stable。
- m.max 是条件独立性测试中，作为条件的变量集合中变量的数量，也就是独立性测试的阶数，默认值 m.max = Inf。在条件独立性测试计算过程中，当独立性测试的阶数大于所有节点的邻接节点数量或达到 m.max 时，则条件独立性测试计算终止。
- fixedGaps 为 $p*p$ 的对称矩阵，其中 p 为节点变量数量。若矩阵中元素 $[i,j]$ 为 1，则连接节点 i 和节点 j 的边 $i-j$ 在条件独立性测试前直接删除，即该对应的边一定不存在，该参数默认值为 fixedGaps=NULL，即不需要事先确定删除的边。
- fixedEdges 和 fixedGaps 功能类似，不过该矩阵中元素为 1 表示对应的边一定存在。
- NAdelete 参数的默认值为 NAdelete=TRUE，表示当条件独立性测试 indepTest 返回值中有元素为 NA 值时，则对应的边去掉，若 NAdelete = FALSE，则对应的边不去掉。
- numCores 表示并行计算中应用的核数量，该参数在 method="stable.fast" 时采用，默认值是 numCores = 1。
- verbose=FALSE 表示函数计算过程中不输出中间计算结果。

（3）返回值

返回值为一个 pcalg 图模型对象，可以通过 plot 绘制出来。

例 8.4 针对 pcalg 包中自带数据集对象 gmG 中的数据集 gmG8$x，求解表达各个节点变量之间关系的框架图。

解：

输入：

```
> data(gmG)
> n<- nrow(gmG8$x)
> V<- colnames(gmG8$x) # node names
```

说明： n 是观察性样本数据集 gmG8$x 的行数，也是样本数据集中样本数量；$V$ 是样本数据集中列变量名称，即节点变量名称。

输入：

```
> # # estimate Skeleton
> skel.fit<- skeleton(suffStat= list(C= cor(gmG8$ x),n= n),indepTest= gaussCItest, alpha= 0.01,labels= V,verbose= TRUE)
```

输出：

```
Order= 0;remaining edges:56
x= 1  y= 2  S=    :pval= 9.117711e-86
x= 1  y= 3  S=    :pval= 1.239262e-28
x= 1  y= 4  S=    :pval= 0.474742
```

```
x= 1   y= 5   S=      :pval= 0.002609827
x= 1   y= 6   S=      :pval= 1.495292e-267
x= 1   y= 7   S=      :pval= 6.325238e-39
x= 1   y= 8   S=      :pval= 2.531073e-49
x= 2   y= 1   S=      :pva= 9.117711e-86
x= 2   y= 3   S=      :pval= 0
x= 2   y= 4   S=      :pval= 0.7632856
x= 2   y= 5   S=      :pval= 3.260209e-36
x= 2   y= 6   S=      :pval= 5.03673e-20
x= 2   y= 7   S=      :pval= 0.0001009499
x= 2   y= 8   S=      :pval= 8.217523e-33
x= 3   y= 1   S=      :pval= 1.239262e-28
x= 3   y= 2   S=      :pval= 0
x= 3   y= 4   S=      :pval= 0.9913656
x= 3   y= 5   S=      :pval= 6.410519e-15
x= 3   y= 6   S=      :pval= 1.800441e-05
x= 3   y= 7   S=      :pval= 0.04240381
x= 3   y= 8   S=      :pval= 4.258044e-15
x= 4   y= 5   S=      :pval= 0.463391
x= 4   y= 6   S=      :pval= 0.8826698
x= 4   y= 7   S=      :pval= 0.2876146
x= 4   y= 8   S=      :pval= 0.1192273
x= 5   y= 1   S=      :pval= 0.002609827
x= 5   y= 2   S=      :pval= 3.260209e-36
x= 5   y= 3   S=      :pval= 6.410519e-15
x= 5   y= 6   S=      :pval= 1.972262e-38
x= 5   y= 7   S=      :pval= 8.995386e-08
x= 5   y= 8   S=      :pval= 0
x= 6   y= 1   S=      :pval= 1.495292e-267
x= 6   y= 2   S=      :pval= 5.03673e-20
x= 6   y= 3   S=      :pval= 1.800441e-05
x= 6   y= 5   S=      :pval= 1.972262e-38
x= 6   y= 7   S=      :pval= 6.006472e-188
x= 6   y= 8   S=      :pval= 7.161189e-47
x= 7   y= 1   S=      :pval= 6.325238e-39
x= 7   y= 2   S=      :pval= 0.0001009499
x= 7   y= 5   S=      :pval= 8.995386e-08
x= 7   y= 6   S=      :pval= 6.006472e-188
x= 7   y= 8   S=      :pval= 3.443919e-09
x= 8   y= 1   S=      :pval= 2.531073e-49
x= 8   y= 2   S=      :pval= 8.217523e-33
x= 8   y= 3   S=      :pval= 4.258044e-15
x= 8   y= 5   S=      :pval= 0
x= 8   y= 6   S=      :pval= 7.161189e-47
x= 8   y= 7   S=      :pval= 3.443919e-09
Order= 1;remaining edges:40
```

```
x= 1   y= 2   S= 3:pval= 7.522838e-59
……
x= 8   y= 6   S= 7:pval= 3.460516e-39
Order= 2;remaining edges:20
x= 1   y= 2   S= 6  8:pval= 4.330701e-59
x= 1   y= 6   S= 2  8:pval= 8.746101e-226
x= 1   y= 8   S= 2  6:pval= 1.367637e-12
x= 2   y= 1   S= 3  5:pval= 3.985688e-58
x= 2   y= 1   S= 3  8:pval= 2.015432e-49
x= 2   y= 1   S= 5  8:pval= 2.367033e-79
x= 2   y= 3   S= 1  5:pval= 0
x= 2   y= 3   S= 1  8:pval= 0
x= 2   y= 3   S= 5  8:pval= 0
x= 2   y= 5   S= 1  3:pval= 4.136107e-22
x= 2   y= 5   S= 1  8:pval= 1.061362e-18
x= 2   y= 5   S= 3  8:pval= 5.719906e-07
x= 2   y= 8   S= 1  3:pval= 7.132684e-10
x= 2   y= 8   S= 1  5:pval= 0.8105926
x= 5   y= 2   S= 6  8:pval= 2.747452e-08
x= 5   y= 6   S= 2  8:pval= 0.0003234808
x= 5   y= 8   S= 2  6:pval= 0
x= 6   y= 1   S= 5  7:pval= 1.994606e-229
x= 6   y= 1   S= 5  8:pval= 6.035798e-255
x= 6   y= 1   S= 7  8:pval= 2.636081e-203
x= 6   y= 5   S= 1  7:pval= 1.483179e-33
x= 6   y= 5   S= 1  8:pval= 2.968796e-22
x= 6   y= 5   S= 7  8:pval= 0.0001524055
x= 6   y= 7   S= 1  5:pval= 7.497209e-144
x= 6   y= 7   S= 1  8:pval= 1.127022e-146
x= 6   y= 7   S= 5  8:pval= 3.017061e-179
x= 6   y= 8   S= 1  5:pval= 0.5185239
x= 8   y= 1   S= 2  5:pval= 2.061742e-66
x= 8   y= 1   S= 2  6:pval= 1.367637e-12
x= 8   y= 1   S= 5  6:pval= 1.403791e-58
x= 8   y= 5   S= 1  2:pval= 0
x= 8   y= 5   S= 1  6:pval= 0
x= 8   y= 5   S= 2  6:pval= 0
Order= 3;remaining edges:16
```

说明：这里我们设置参数 verbose＝TRUE，通过输出中间结果体现条件独立性测试过程。

输入：

```
## show estimated Skeleton
par(mfrow= c(1,2))
plot(skel.fit,main= "Estimated Skeleton")
plot(gmG8$g,main= "True DAG")
```

输出：如图 8.13 所示。

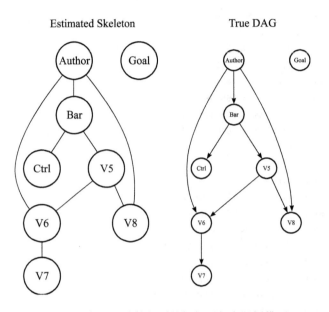

图 8.13　例 8.4 计算得到的框架图与实际图模型

说明：gmG8$g 是与自带数据集对象 gmG 中的内置数据集 gmG8$x 相对应的实际框架图。

例 8.5　采用与例 8.4 相同的观察性样本数据集，删除连接节点 V5 和 V6 的边，增加连接节点 V7 和 V8 之间的边。

解：
首先确定各个节点变量在样本数据集矩阵中的列的位置，
输入：

```
> head(gmG8$x,1)
```

输出：

```
         Author       Bar      Ctrl      Goal        V5        V6        V7
[1,]  1.576399 - 0.2036555 0.9236034  1.439096 - 1.408856 - 1.987997 0.1050979
            V8
[1,] 0.6496531
```

说明：我们需要事先确定的边的节点变量 V5、V6、V7 和 V8 在样本数据集矩阵中的列号分别为 5、6、7 和 8。
删除连接节点 V5 和 V6 的边，在相应参数 fixedGaps 的 8 * 8 对称矩阵中，元素 [5,6] 和 [6,5] 为 1；增加连接节点 V7 和 V8 之间的边，则在相应参数 fixedEdges 的 8 * 8 对称矩阵中，元素 [7,8] 和 [8,7] 为 1

输入：

```
## matrix mgap is for fixedGaps and medg is for fixedEdges
> mgap<- matrix(nrow = 8,ncol = 8)
> mgap[is.na(mgap)]<- 0
> mgap[5,6]<- 1
> mgap[6,5]<- 1
> mgap
     [,1] [,2] [,3] [,4] [,5] [,6] [,7] [,8]
[1,]    0    0    0    0    0    0    0    0
[2,]    0    0    0    0    0    0    0    0
[3,]    0    0    0    0    0    0    0    0
[4,]    0    0    0    0    0    0    0    0
[5,]    0    0    0    0    0    1    0    0
[6,]    0    0    0    0    1    0    0    0
[7,]    0    0    0    0    0    0    0    0
[8,]    0    0    0    0    0    0    0    0
> medg<- matrix(nrow = 8,ncol = 8)
> medg[is.na(medg)]<- 0
> medg[7,8]<- 1
> medg[8,7]<- 1
> medg
     [,1] [,2] [,3] [,4] [,5] [,6] [,7] [,8]
[1,]    0    0    0    0    0    0    0    0
[2,]    0    0    0    0    0    0    0    0
[3,]    0    0    0    0    0    0    0    0
[4,]    0    0    0    0    0    0    0    0
[5,]    0    0    0    0    0    0    0    0
[6,]    0    0    0    0    0    0    0    0
[7,]    0    0    0    0    0    0    0    1
[8,]    0    0    0    0    0    0    1    0
> ## estimate Skeleton
> skel.fit<- skeleton(suffStat = list(C = cor(gmG8$x),n = n),indepTest = gaussCItest,alpha = 0.01,fixedGaps = mgap,fixedEdges = medg,labels = V,verbose = FALSE)
> ## show estimated Skeleton
> par(mfrow = c(1,2))
> plot(skel.fit,main = "Estimated Skeleton")
> plot(gmG8$g,main = "True DAG")
```

输出：如图 8.14 所示。

由图 8.14 可见，在计算得到的框架图中，连接节点 V5 和 V6 的边被删除，而增加了连接节点 V7 和 V8 的边。

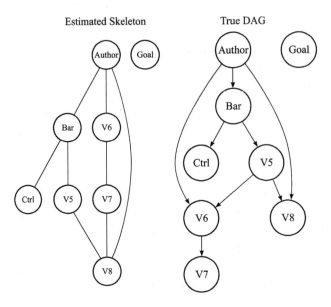

图 8.14 例 8.5 计算得到的框架图与实际图模型

例 8.6 以 pcalg 包自带数据集对象 gmD 中数据集 gmD$x 为观察性样本数据集，求反映变量之间关系的框架图。

解：

输入：

> \# \# Load data
> data(gmD)
> V<- colnames(gmD$x)
> head(gmD$x,3)

输出：

```
  X1 X2 X3 X4 X5
1  2  0  0  2  1
2  2  1  1  2  1
3  1  0  1  3  0
```

说明： 这个样本数据集中变量取值为离散值，需要应用离散变量的条件独立性测试方法。

输入：

> \#\# define sufficient statistics
> suffStat<- list(dm = gmD$x,nlev = c(3,2,3,4,2),adaptDF = FALSE)
> \#\# estimate Skeleton
> skel.fit<- skeleton(suffStat,indepTest = disCItest,alpha = 0.01,labels = V,verbose = FALSE)
> \#\# show estimated Skeleton
> par(mfrow = c(1,2))
> plot(skel.fit,main = "Estimated Skeleton")

```
> plot(gmD$g,main = "True DAG")
```

说明：gmD$x 为样本数据集；nlev=c（3，2，3，4，2）表明 5 个离散节点变量的取值个数；indepTest=disCItest 是针对离散变量的条件独立性测试。

输出：如图 8.15 所示。

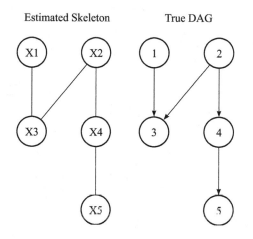

图 8.15　例 8.6 计算得到的框架图与实际图模型

例 8.7　以 pcalg 包自带数据集对象 gmB 中数据集 gmB$x 为观察性样本数据集，求反映变量之间关系的框架图。

解：

输入：

```
## Load binary data
> data(gmB)
> X<- gmB$x
> head(X,3)
```

输出：

```
     V1 V2 V3 V4 V5
[1,]  0  0  1  0  1
[2,]  1  0  0  0  0
[3,]  1  1  1  0  1
```

说明：这个样本数据集中变量取值为 0 或 1，需要应用相应的条件独立性测试方法。

输入：

```
> ## estimate Skeleton
> skel.fm2<- skeleton(suffStat = list(dm = X,adaptDF = FALSE),indepTest = binCItest,alpha = 0.01,labels = colnames(X),verbose = FALSE)
> ## show estimated Skeleton
```

```
> par(mfrow = c(1,2))
> plot(skel.fm2,main = "Binary Data'gmB':Estimated Skeleton")
> plot(gmB$g,main = "True DAG")
```

输出：如图 8.16 所示。

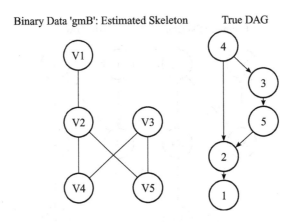

图 8.16 例 8.7 计算得到的框架图与实际图模型

2. pc( )函数

pc 函数根据观察性样本数据集，通过 PC 算法计算得到反映节点变量之间依赖性、独立性关系的有向无环图的等价类 CPDAG。

(1) 语法说明

```
pc(suffStat,indepTest,alpha,labels,p,fixedGaps = NULL,fixedEdges = NULL,
NAdelete = TRUE,m.max = Inf,u2pd = c("relaxed","rand","retry"),
skel.method = c("stable","original","stable.fast"),conservative = FALSE,
maj.rule = FALSE,solve.confl = FALSE,numCores = 1,verbose = FALSE)
```

(2) 输入参数

- 参数 conservative 和 maj.rule 分别为 TRUE，表示采用相应的改进 PC 算法进行 V 结构的判断。这两个参数的默认值分别为 conservative = FALSE 和 maj.rule = FALSE。
- 参数 solve.confl 的取值确定如何处理计算结果中的方向冲突。由于数据采样误差等，算法计算得到的边的方向可能存在冲突。比如，根据 V 结构 a—b—c 可以确定边的方向为 a→b←c，但是根据另一个 V 结构 b—c—d，确定的方向是 b→c←d，此时节点 b 和节点 c 之间边的方向存在冲突。若 solve.confl = FALSE（默认值），则输出的节点 b 和节点 c 之间边的方向取决于在确定边的方向过程中哪个 V 结构最后应用，边的方向就是最后一个 V 结构所决定的方向，而前面的 V 结构确定的边的方向被后面的计算过程覆盖；若 solve.confl = TRUE，则该对应的边最终表示为双向边，在表达边的连接关系的邻接矩阵中，对应的元素取值为 2。

- 参数 u2pd 的取值确定当计算得到的 CPDAG 中有环存在时输出的处理。由于数据采样误差等，算法计算得到的框架图和 V 结构可能存在环，比如，有边 a—b—c—d 和 d—a，则无法直接生成有向无环图。若 u2pd＝"relaxed"，则原样输出计算结果；若 u2pd＝"rand"，则丢弃相应的边的方向信息，随机输出一个 DAG；若 u2pd＝"retry"，则对这些边最多 100 个可能的方向组合进行分析，并输出第一个可行的方向组合。若一个可行的方向组合都没有，则采用类似 u2pd＝"rand" 的处理方式，随机输出一个 DAG。

(3) 返回值

返回值为 pcalg 图模型结构，可以用 plot 绘制出来，其中无向边和双向边等价。

例 8.8 以 pcalg 中自带的样本数据集 gmG8$x 作为观察性样本数据集，输出反映变量之间关系的图模型结构。

解：

应用 pc 函数求解。

输入：

```
> ## Load predefined data
> data(gmG)
> n< - nrow(gmG8$x)
> V< - colnames(gmG8$x)
> ## estimate CPDAG
> pc.fit< - pc(suffStat = list(C = cor(gmG8$x),n = n),indepTest = gaussCItest,alpha = 0.01, labels = V,verbose = FALSE)
> ## show estimated CPDAG
> par(mfrow = c(1,2))
> plot(pc.fit,main = "Estimated CPDAG")
> plot(gmG8$g,main = "True DAG")
```

输出：如图 8.17 所示。

8.4.3 因果效应计算

在 pcalg 包中因果效应的计算通过函数 ida() 实现。

(1) 语法说明

```
ida(x.pos, y.pos, mcov, graphEst, method = c("local", "global"),y.notparent = FALSE, verbose = FALSE, all.dags = NA, type = c("cpdag","pdag"))
```

(2) 输入参数

- x.pos 和 y.pos 分别代表干预变量和结果变量，以变量在协方差矩阵中的列号作为输入参数。
- mcov 是用于计算图模型结构的协方差矩阵。
- graphEst 是根据样本数据集计算得到的图模型结构，若通过 PC 算法计算得到的图模型结构对象是 pc.fit，则此参数输入为 pc.fit@graph。

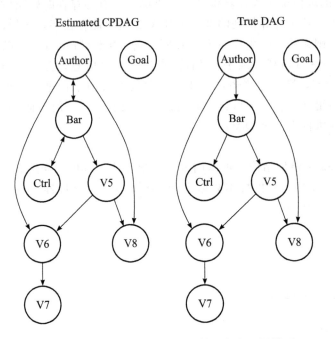

图 8.17 例 8.8 计算得到的图模型与实际图模型

- 根据 PC 算法计算得到的图模型结构 CPDAG 可能对应多个 DAG。若 method="global"，则对所有的 DAG 分别计算其因果效应；若 method="local"，则对以干预节点变量为端点的双向边考虑不同的方向，生成不同的 DAG（在不生成新的 V 结构的前提下），再针对这些不同的 DAG（其他不是以干预节点变量为端点的双向边，任意选一个方向）计算其因果效应，而不是对 CPDAG 所对应的所有 DAG 计算因果效应；若 method="optimal"，此时不对所有的 DAG 分别计算其因果效应，仅仅对影响因果效应计算的双向边考虑不同的方向，其他不影响因果效应计算的双向边在计算时不区分边的方向。通常仅对干预节点邻近的双向边分别考虑不同的方向，因此，在 method="optimal" 时，计算速度快于 method="global" 而慢于 method="local"。
- y.notparent=TRUE 表示结果变量 Y 只可能是结果，不会是原因，因此，在 PC 算法计算得到的 CPDAG 中，所有与节点 Y 相连的边，都指向节点 Y；若 y.notparent=FALSE，则没有此约束。
- 当 method="global" 时，若图模型结构不是通过 PC 算法计算得到的图模型结构对象 pc.fit，而是通过函数 pdag2allDags() 计算而得到的，则该函数计算得到的图模型结构对象在 ida() 函数中通过参数 all.dags 输入。
- type=c("cpdag","pdag") 确定 ida() 函数中 PC 算法计算得到的图模型的类型，一般不需要指定该参数。

（3）返回值

返回值为（多个）因果效应值，这里的因果效应为总效应，即在通过干预让干预变量增加一个单位前后结果变量的变化量。

例 8.9 以 pcalg 包中自带数据集对象 gmI 中的观察性样本数据集 gmI$x 为例，假设变量的分布服从高斯分布，且节点变量之间为线性关系，计算其中节点 V2 对节点 V5 的因果效应。

解：

输入：

```
> data("gmI")
> head(gmI$x,2)
```

输出：

```
           [,1]       [,2]        [,3]       [,4]        [,5]        [,6]        [,7]
[1,] -1.727271  0.8214279  -0.6372823  -0.753047  -0.86947780  -1.8536064  -0.7080384
[2,]  1.690184 -0.2503399   0.2693832   1.052603   0.06980029   0.8163934   0.8097090
```

说明： 查看变量取值，为连续变量，故应用相应的条件独立性测试方法。

输入：

```
> suffStat<- list(C = cor(gmI$x),n = nrow(gmI$x))
> pc.gmI<- pc(suffStat,indepTest = gaussCItest,p = ncol(gmI$x),alpha = 0.01)
> par(mfrow = c(1,2))
> plot(pc.gmI,main = "Estimated CPDAG")
> plot(gmI$g,main = "True DAG")
```

输出：如图 8.18 所示。

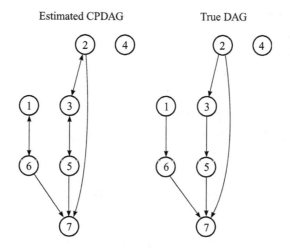

图 8.18　例 8.9 计算得到的图模型与实际图模型

由图 8.18 可见，PC 算法计算得到的 CPDAG 在节点 V1（图中表示为 1，其余节点表示类似）和节点 V6、节点 V2 和节点 V3、节点 V3 和节点 V5 之间的边为双向边（或无向边）。由于无专业领域知识，因此只能通过 8.3.3 节确定边方向的方法，尽可能确定这 3 条双向边的方向。对于连续相连的三个节点 V2—V3—V5，若这两条边的方向为 V2→V3←V5，则会形成 V 结构，而根据条件独立性测试结果，V2—V3—V5 相连，则不可能有 V2→V3←V5 这个 V 结构，因此连接这三个节点的边的方向不可能是 V2→V3←V5，否则会形成新的 V 结构。所以，连接这三个节点的边的方向只能可能是 V2→V3→V5、V2←V3←V5 或 V2←V3→V5。连接节点 V1 和 V6 的边可能为两个方向。因此，根据 PC 算法计算得到的 CPDAG 图模型，最终可能的 DAG 图模型结构如图 8.19 所示，共有 6 个 DAG。

下面分别对 6 个 DAG 求解干预节点变量 V2 对结果变量节点 V5 的总效应。由于是对所有可能的 DAG 分别求解因果效应，因此在应用 ida() 函数时参数 method = "global"，相应有

输入：

> ida(2,5,cov(gmI$x),pc.gmI@ graph,method = "global",verbose = FALSE)

输出：

[1] - 0.004901204 - 0.004901204 0.542135970 - 0.004901204 - 0.004901204 0.542135970

分析：虽然有 6 个 DAG，相应的总效应也有 6 个值，但不同的总效应数值实际上只有两个，其中 DAG1、DAG2、DAG4 和 DAG5 的总效应数值相同，都为 −0.004901204；DAG3 和 DAG6 的总效应数值相同，都为 0.542135970，这也可以通过第 4 章线性系统路径系数的分析求解。

根据 4.6.3 节的条件总效应法则，在线性图模型结构 G 中，将从节点 X 出发的所有边删除，得到新的图模型结构 G_x。若在新的图模型结构 G_x 中存在变量集 Z 满足下列条件：

- Z 中没有 Y 的后代；
- Z 在图模型结构 G_x 中将有序节点对 (X, Y) d-划分。

则干预变量 X 对于结果变量 Y 的总效应等于将变量 Y 对变量 X 和变量集合 Z 做回归后的偏回归系数 r_{YX-Z}。

在 DAG1、DAG2、DAG4 和 DAG5 这 4 个 DAG 的图模型结构中，计算干预节点变量 2（V2）对结果节点变量 5（V5）的总效应，显然干预节点 V2 的父节点集合满足条件总效应法则中变量集合 Z 的条件，因此，根据线性系统分析中的条件总效应法则，在 DAG1、DAG2、DAG4 和 DAG5 这 4 个 DAG 的图模型结构中，计算干预节点 V2 对结果变量节点 V5 的总效应，等于节点变量 V5 对节点变量 V2 和 V2 的父节点集合——节点变量 V3 做线性回归时的偏回归系数，相应的回归表达式为：

$$\text{lm}(V5 \sim V2 + pa(V2)) = \text{lm}(V5 \sim V2 + V3)$$

相应用 lm 函数回归计算节点变量 V2 的偏回归系数如下。

输入：

```
> dgmi<- data.frame(gmI$x)
> names(dgmi)<- c("V1","V2","V3","V4","V5","V6","V7")
> sol.lm<- lm(formula = V5~V2 + V3,dgmi)
> sol.lm
```

输出：

```
Call:
lm(formula = V5~V2 + V3, data = dgmi)

Coefficients:
(Intercept)         V2           V3
   0.009836    -0.004901    0.967933
```

总效应为 -0.004901，其中 dgmi 为将矩阵 gmI$x 转换为数据框后得到的数据框。

再来分析 DAG3、DAG6 这两个 DAG 的图模型结构。在这两个图模型结构中，计算干预节点 V2 对结果变量节点 V5 的总效应，相应删除从节点 V2 出发的所有边，此时节点变量 V2 和节点变量 V5 相互独立，对应到上述条件总效应法则中，即变量集合 Z 为空集。因此，在 DAG3 和 DAG6 中，根据线性系统分析中的总效应法则，计算干预节点 V2 对结果变量节点 V5 的总效应时，该总效应等于节点变量 V5 对节点变量 V2 做线性回归时的回归系数，相应的回归表达式为：

$$\mathrm{lm}(V5 \sim V2)$$

相应用 lm 函数回归计算节点变量 V2 的系数如下。

输入：

```
> sol.lm<- lm(formula= V5~V2,dgmi)
> sol.lm
```

输出：

```
Call:
lm(formula = V5 ~ V2, data = dgmi)

Coefficients:
(Intercept)         V2
    0.02673     0.54214
```

总效应为 0.54214。

若不针对等价类 CPDAG 所有可能的 DAG 计算总效应，令 method = "local"，则有

输入：

```
> ida(2,5, cov(gmI$x), pc.gmI@graph, method = "local")
```

输出：

[1] 0.542135970 -0.004901204

  method="local" 和 method="global" 两种参数设置情况下，总效应的可能取值情况相同，这可以从 CPDAG 图模型结构进行分析得到。当 method="local" 时，不对所有可能的 DAG 计算总效应，只针对连接干预变量 V2 的双向边分别取两个方向的两种情况计算因果效应，从图 8.19 可见，当连接 V2 和 V3 的边 V2—V3 分别取方向 V2→V3 和 V2←V3 时，这两种图模型结构分别对应 DAG3、DAG6 与 DAG1、DAG2、DAG4、DAG5 这两种情况，故最终总效应的可能取值相同，虽然对应的 DAG 图模型数量不同。

  当无法通过图模型结构分析和专业知识从等价类 CPDAG 中最终确定唯一的 DAG 时，可以根据计算得到的多个总效应数值，获得所需总效应的上下界。比如，若计算得到的多个总效应数值的最大值为 Emax、最小值为 Emin，则可以认为该总效应的上下界分别为 Emax 和 Emin。

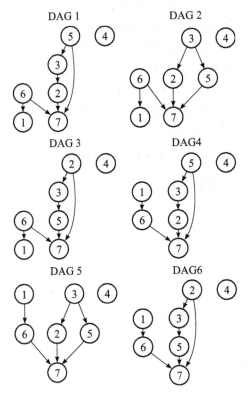

图 8.19 例 8.9 计算得到的所有可能的有向无环图

CHAPTER 9

第 9 章

因果推断的应用

前面我们以案例的形式介绍了因果推断相关技术在医学、法学和社会政策评估中的应用，本章将主要介绍因果推断在推荐系统和强化学习中的应用。因果推断在推荐系统和强化学习中的应用近年来得到了人们的重视，也取得了一些研究成果，本章内容是相关领域研究工作的简单介绍，只是抛砖引玉，有关近期更为详细的研究进展可参考相关研究论文。

9.1 因果推断在推荐系统中的应用

随着信息技术和互联网技术的发展，人们从信息匮乏时代进入了信息过载时代，在这种时代背景下，人们越来越难从大量的信息中找到自身感兴趣的信息，信息也越来越难展示给可能对它感兴趣的用户，推荐系统的任务就是将信息推送给对其感兴趣的用户，从而连接用户和物品、创造价值。假设用户想购买《因果推断》这本书，只需登录电商网站，在搜索框中输入书名"因果推断"进行搜索，即可找到想要购买的书籍，但这种连接用户和物品的方式需要用户有明确的目的，比如打算购买《因果推断》这本书。但是，当没有目标或者没有明确目标时，用户只能通过一些预先设定的类别或标签去寻找可能感兴趣的物品。比如用户想在电商网站上购买笔记本电脑，但面对海量可选的笔记本电脑信息，用户很难在短时间内找出真正感兴趣的笔记本电脑。这时就需要一个自动化的工具，来分析用户的历史消费行为和人口统计学特征，进而计算出用户可能感兴趣的笔记本电脑型号并将相应的信息推送给他，这就是推荐系统的工作。目前，推荐系统已广泛应用于电子商务、个性化广告推荐、新闻推荐等诸多领域，相关产品有人们经常使用的淘宝、今日头条、豆瓣影评、优酷视频等，关于推荐算法性能比较的研究也得到了人们的高度重视。

通常，推荐算法在迭代优化的过程中都会进行 A/B 测试，以实现推荐算法性能的比较研究。所谓 A/B 测试就是有一个基准算法（可简称为旧算法、现有算法）、一个对比算法（可简称为新算法），通过收集网站数据、对比分析两个不同算法的性能指标差异，来评估新算法是否优于现有算法，若新算法优于现有算法，则上线新的推荐算法，否则，维持现有推荐算法不变。具体如何精确、有效地对比分析两个推荐算法的性能差异，则涉及因果推断的应用。我们以一个 App 应用市场的推荐算法的对比分析为例进行说明。

1. **业务场景**

某 App 应用市场网站通过推荐算法提升网站客户的点击量，前期一直采用推荐算法 A，网站技术团队经过努力开发了新的推荐算法 B，现在需要评估推荐算法 A 和推荐算法 B 哪个性能更好，以决定是否用新开发的推荐算法 B 替换现有的推荐算法 A。

2. **数据情况**

为评估两个推荐算法的性能，网站临时上线推荐算法 B 一段时间，通过网站的日志文件采集了 100 万条用户点击数据记录 user_app_visits_B，对于推荐算法 A，在已有的历史日志文件中，在大致相同的时间段，同样采集了 100 万条用户点击数据记录 user_app_visits_A。

用户点击数据记录格式如表 9.1 所示，数据记录中各个字段说明如下。

- user_id：访问网站用户的唯一身份标识。
- activity_level：网站用户活跃水平，是分类变量，1 是最低活跃水平，4 是最高活跃水平。
- product_id：App 应用市场网站上 App 应用的唯一标识。
- category：App 应用的类别，比如是音乐应用还是视频应用，是分类变量。
- is_rec_visit：本次 App 应用在网站页面上的点击是否通过应用推荐算法引导实现，是分类变量，1 代表本次点击用户是通过点击推荐算法提供的推荐列表引导过来的，0 代表本次点击是通过搜索等其他方式直接访问实现的。
- rec_rank：App 应用在网站推荐算法中的推荐等级，是分类变量，共有 7 个推荐等级，其中 -1 是不列入推荐系统，1 是最低推荐等级，6 是最高推荐等级。

表 9.1　App 应用市场网站用户点击数据记录格式

user_id	activity_level	product_id	category	is_rec_visit	rec_rank
1	4	91	1	0	−1
2	2	31	3	1	2
1	4	16	2	1	5

3. **分析目标及方法**

在推荐算法的性能比较研究中，通常点击通过率（CTR）是衡量推荐算法效果的重要指标，一个算法好不好，一般都会用这个指标去衡量。在本例中，由于数据集中没有网页展现量指标，无法计算 CTR，因此以用户点击次数作为推荐算法性能比较分析的基础数据。同时考虑到 App 应用市场网站上用户的点击行为可能随时间的变化而波动，无论是总的点击次数还是推荐带来的点击次数都可能随时间变化而波动，因此，本例以推荐算法带来的网站点击次数占网站总的点击次数的百分比——推荐率 Y 作为推荐算法性能比较分析的评价指标。

令推荐算法带来的网页点击量为 N_{recm},总的网页点击量为 N,则用户通过搜索等非推荐方式直接访问网页的点击量 N_{dire} 为

$$N_{\text{dire}} = N - N_{\text{recm}} \tag{9.1}$$

为简化分析,假设通过推荐算法引导点击访问的用户,若没有推荐,则不会点击访问(这个假设与实际用户行为模型有差异,会带来误差,这里暂时忽略此误差),N_{dire} 在有、无推荐系统两种情况下近似保持不变,且 $N_{\text{dire}} \gg N_{\text{recm}}$,则采用推荐算法的条件下的推荐率近似为

$$Y = \frac{N_{\text{recm}}}{N} \approx \frac{N_{\text{recm}}}{N_{\text{dire}}} \tag{9.2}$$

比较推荐算法 A 和推荐算法 B 对网站点击推荐率 Y 的影响,按照随机对照试验的要求,需要在其他所有影响网站点击推荐率 Y 的因素都保持不变的情况下,分别针对推荐算法 A 和推荐算法 B 计算采用推荐算法和不采用推荐算法点击推荐率 Y 的差异。根据平均因果效应的定义,采用推荐算法较不采用推荐算法所带来的网站点击推荐率 Y 的差异实际上就是推荐算法对网站推荐率 Y 的平均因果效应。若推荐算法 B 对推荐率 Y 的平均因果效应大于推荐算法 A 对推荐率 Y 的平均因果效应,则上线新的推荐算法 B,否则继续采用现有推荐算法 A。因此,两种推荐算法性能比较分析的关键是计算推荐算法对推荐率 Y 的平均因果效应。

假设变量 Rec=1 代表应用了推荐算法(即表 9.1 中 is_rec_visit=1),Rec=0 代表未应用推荐算法(即表 9.1 中 is_rec_visit=0),变量 Y 代表推荐率。显然当 Rec=0 时 $Y=0$,因此干预变量 Rec(应用推荐算法)对于结果变量推荐率 Y 的平均因果效应为

$$\text{ACE} = E(Y|\text{do}(\text{Rec}=1)) - E(Y|\text{do}(\text{Rec}=0)) = E(Y|\text{do}(\text{Rec}=1))$$

因为推荐率变量 Y 的取值区间为 [0, 1],所以

$$E(Y) = P(Y=1)$$

则

$$\text{ACE} = P(Y=1|\text{do}(\text{Rec}=1)) \tag{9.3}$$

A/B 测试中需要分别针对推荐算法 A 和推荐算法 B 计算式(9.3)中的 ACE,并进行比较。

4. 分析过程

分析将会用到 R 语言包 dplyr,首先将安装并加载 dplyr 包:

```
install.packages("dplyr")
library("dplyr")
```

将相关网站日志数据导入系统:

```
user_app_visits_A = read.csv("user_app_visits_A.csv")
user_app_visits_B = read.csv("user_app_visits_B.csv")
```

以推荐算法 A 的日志文件数据为例，对数据做简单探索分析：

```
> nrow(user_app_visits_A)
[1]1,000,000
> length(unique(user_app_visits_A$user_id))
[1]10,000
> length(unique(user_app_visits_A$product_id))
[1]990
> length(unique(user_app_visits_A$category))
[1]10
```

日志文件数据共有 100 万条数据记录，其中涉及的用户有 1000 个，涉及的 App 应用有 990 个，App 应用类别有 10 种。

(1) 基于简单分析的推荐算法性能比较

在简单分析中，不考虑干预变量 Rec 和结果变量 Y 之间的图模型结构，也不考虑干预变量和结果变量是否存在混杂因子，可有

$$P(Y=1|do(Rec=1))=P(Y=1|Rec=1)$$

结合前述近似条件，则有

$$\text{ACE}=P(Y=1|do(Rec=1))=P(Y=1|Rec=1)\approx\frac{N_{\text{recm}}}{N_{\text{dire}}}=\frac{N_{\text{recm}}}{N-N_{\text{recm}}} \qquad (9.4)$$

根据计算公式(9.4)，相应有简单分析下推荐算法的平均因果效应计算代码：

```
naive_observational_estimate<- function(user_visits){
  # Naive observational estimate
  # Simply the fraction of visits that resulted in a recommendation click-through.
est = summarise(user_visits,naive_estimate= sum(is_rec_visit)/(length(is_rec_visit)- sum(is_rec_visit)))
  return(est)
}
```

其中，naive_estimate 对应式(9.4) 中的 $\frac{N_{\text{recm}}}{N-N_{\text{recm}}}$。分别代入推荐算法 A 和推荐算法 B 条件下的样本数据集，则有

输入：

```
> naive_observational_estimate(user_app_visits_A)
```

输出：

```
naive_estimate
1  0.2520518
```

输入：

> naive_observational_estimate(user_app_visits_B)

输出：

    naive_estimate
1   0.2904092

用推荐算法 B 替换推荐算法 A 将为推荐算法对推荐率 Y 的平均因果效应带来近 4% 的提升。

(2) 基于图模型的推荐算法性能比较

在前述简单分析中，比较不同推荐算法对 App 应用网站推荐率的影响时，没有考虑数据生成机制，在计算平均因果效应 ACE 时，假设推荐算法的应用 Rec 和推荐率 Y 之间没有混杂因子。但在实际应用中，两者之间可能存在混杂因子，则有可能存在类似于辛普森悖论的情况，因此，需要根据数据生成机制建立反映变量之间关系的图模型结构，并在此基础上，计算推荐算法应用 Rec 和推荐率 Y 之间的平均因果效应，从而实现两种推荐算法性能的精确评估、比较。

根据业务人员的市场调查分析，影响 App 应用市场网站推荐率 Y 的各个变量之间关系的图模型如图 9.1 所示。用户的"人口统计学特征"，比如年龄、性别、职业等，会影响上网"用户活跃水平"（activity_level）和"用户上网的时段"。比如，自由职业者在工作日的工作时段上网的情况就较普通工薪阶层就业者多；"用户活跃水平"会对用户是否点击网页上的推荐链接产生影响，即会影响"推荐算法应用"；"推荐率 Y"则受"用户活跃水平""用户上网时段""App 应用类别"以及"推荐算法应用"这 4 个变量的影响。

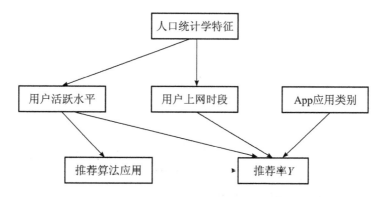

图 9.1 影响 App 应用市场网站网页点击量的各变量之间关系的图模型

由图 9.1 可见，变量"用户活跃水平"既影响"推荐算法应用"，又影响"推荐率 Y"，显然假定"推荐算法应用"和"推荐率 Y"之间没有混杂因子的假设不成立，应用简单分析方法计算"推荐算法应用"对"推荐率 Y"的平均因果效应很可能会引入混杂偏差。因此，需要根据图模型结构应用因果效应的调整表达式计算，消除混杂偏差。

根据图 9.1 所示的图模型，节点变量"用户活跃水平"可阻断所有从节点变量"推荐算法应用"到"推荐率 Y"的后门路径，即节点变量"用户活跃水平"相对于有序节点对（"推荐算法应用""推荐率 Y"）满足后门准则，令"用户活跃水平"（activity_level）变量为 Z，根据后门调整表达式(4.10)，则有

$$P(Y=1\mid do(Rec=1)) = \sum_z P(Y=1\mid Rec=1, Z=z)P(Z=z)$$

$$\approx \sum_z \frac{N_{\text{recm}_{Z=z}}}{N-N_{\text{recm}_{Z=z}}}P(Z=z) \tag{9.5}$$

其中 $\frac{N_{\text{recm}_{Z=z}}}{N-N_{\text{recm}_{Z=z}}}$ 表示当变量 $Z=z$ 时 $\frac{N_{\text{recm}}}{N-N_{\text{recm}}}$ 的取值，而变量 Z 共有 1、2、3 和 4 共 4 个取值。

所以

$$\text{ACE} = P(Y=1\mid do(Rec=1)) \approx \sum_z \frac{N_{\text{recm}_{Z=z}}}{N-N_{\text{recm}_{Z=z}}}P(Z=z) \tag{9.6}$$

根据以上推荐算法对推荐率 Y 平均因果效应的近似计算公式(9.6)，有基于图模型的平均因果效应计算代码：

```
stratified_by_activity_estimate<- function(user_visits){
  # Stratified observational estimate by activity level of each user.
N_users= nrow(user_visits)
stratified_by_activity= group_by(user_visits,activity_level)
stratified_by_activity_percentegy= summarise(stratified_by_activity,percentegy= length
    (user_id)/N_users)
stratified_est= summarise(stratified_by_activity,stratified_estimate= sum(is_rec_vis-
    it)/(length(is_rec_visit)- sum(is_rec_visit)))
est = sum (stratified _ est$stratified _ estimate * stratified _ by _ activity _ percentegy
    $percentegy)
  return(est)
}
```

其中，stratified_est 对应式(9.6) 中的 $\frac{N_{\text{recm}_{Z=z}}}{N-N_{\text{recm}_{Z=z}}}$，stratified_by_activity_percentegy 对应式(9.6) 中的 $P(Z=z)$。

代入推荐算法 A 条件下的样本数据集，则有

输入：

```
> stratified_by_activity_estimate(user_app_visits_A)
```

输出：

```
[1] 0.2581474
```

其中输入：

```
> stratified_by_activity_percentegy
```

输出：

```
# A tibble:4x2
activity_level percentegy
  <int>  <dbl>
1   1    0.245
2   2    0.246
3   3    0.252
4   4    0.256
```

输入：

```
> stratified_est
```

输出：

```
# A tibble:4x2
activity_level stratified_estimate
  <int>  <dbl>
1   1    0.144
2   2    0.213
3   3    0.292
4   4    0.378
```

代入推荐算法 B 条件的样本数据集，则有

输入：

```
> stratified_by_activity_estimate(user_app_visits_B)
```

输出：

```
[1] 0.295674
```

其中输入：

```
> stratified_by_activity_percentegy
```

输出：

```
# A tibble:4x2
activity_level percentegy
  <int>  <dbl>
1   1    0.0999
2   2    0.204
3   3    0.295
4   4    0.401
```

输入:

> stratified_est

输出:

```
# A tibble:4x2
  activity_level stratified_estimate
  < int>         < dbl>
1      1              0.143
2      2              0.212
3      3              0.291
4      4              0.380
```

本例通过分析变量之间的关系，建立反映变量之间关系的图模型，并在此基础上考虑同时影响干预变量和结果变量的混杂因子，引入调整表达式计算干预变量对结果变量的平均因果效应，从而避免了可能的混杂偏差，实现对推荐算法性能的精确评估。分析结果表明，若采用推荐算法 B，将提高推荐算法对推荐率 Y 的平均因果效应 4%，因此，建议上线新开发的推荐算法 B。

9.2 因果推断在强化学习中的应用

随着 AlphaGo 在与人类顶级棋手的对弈中轻松取胜，强化学习在学术界和工业界得到了更为广泛的关注。强化学习不仅在游戏博弈中取得了巨大成功，也在机器人、智能驾驶等领域得到了广泛的应用，被认为是实现高级人工智能最有潜力的方法之一。与一般的机器学习不同，强化学习解决序列化决策问题，学习的目标是寻求最优策略，使得整个序列的累积回报达到最大化（最优）。具体的学习过程是智能体在策略的指导下实施动作，环境反馈给智能体当前动作下的回报和状态，智能体根据回报对现有策略进行评估、优化，如此循环，通过与环境相交互，不断尝试、不断优化，最终实现学习目标——整个序列的回报达到最优。相应过程如图 9.2 所示。

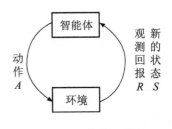

图 9.2 强化学习过程

强化学习的目标是寻求最优策略，使得整个序列的累积回报最大化，若整个序列有 K 步，则是整个 K 步的累积回报最大化。近年来，因果推断在强化学习中的应用逐渐受到人们的重视，谷歌旗下的 DeepMind 也在开展相关研究。作为因果推断在强化学习中应用的示例，这里考虑最简单的情形 $K=1$，单步最大化，这就是著名的"多臂赌博机"（Multi-Armed Bandit，MAB）问题。我们以"多臂赌博机"为例，介绍因果推断在强化学习中的应用。

一个赌徒要去摇赌博机，走进赌场一看，赌博机的外表都一样（如图9.3所示），但是每个赌博机吐钱的概率不一样，他不知道每个赌博机吐钱的概率分布是什么，那么每次选择哪个赌博机可以做到累积收益最大化呢？解决这个问题最好的办法是去试一试，不是盲目地试，而是有策略地快速试一试，这个策略就是Bandit算法。衡量Bandit算法的指标为累积遗憾（regret）。

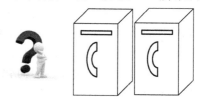

图 9.3　多臂赌博机问题

$$R_A(T) \stackrel{\text{def}}{=} E\Big[\sum_{t=1}^{T} r_t \mid a_t{}^*\Big] - E\Big[\sum_{t=1}^{T} r_t \mid a_t\Big] \tag{9.7}$$

在式（9.7）中，t 表示轮数，r 表示回报，a_t 表示在 t 轮实际采取的行动，$a_t{}^*$ 表示在 t 轮采取的最佳行动。公式右边的第一项表示第 t 轮后的期望最大收益（理想条件下），而右边的第二项表示根据赌徒每次实际选择的arm（臂，也是赌博机）所获取的实际收益（实际条件下），把每次差距累加起来就是总的遗憾。面对同样的问题，采用不同Bandit算法来进行相同次数的试验，哪个算法的总regret增长最慢，哪个算法的效果就是比较好的。现有的主要Bandit算法有Epsilon-Greedy算法、UCB（Upper Confidence Bound）算法和Thompson Sampling算法等。这里以Thompson Sampling算法为例，与基于因果推断的Bandit算法进行比较。

Thompson Sampling算法的基本思想是：

- 假设每个臂能产生收益的概率是 p，并且 p 的概率分布符合贝塔（beta）分布（wins，lose）；
- 对每个臂都维护其贝塔分布的参数，每次试验后，选中一个臂摇一下，有收益的话wins+1，否则，lose+1；
- 选择臂的方式则是根据每个臂现有的贝塔分布，让每个臂都产生一个随机数，在具体选择哪个臂时，选择所有臂中产生的随机数最大的臂去摇。

从强化学习的过程来看，在多臂赌博机问题的Thompson Sampling算法中，赌徒是智能体，在赌博过程中具体选择哪个臂是行动，是否有币吐出是针对这次行动的回报，赌徒根据本次行动及其对应的回报，对下次行动的策略进行优化——根据选中的臂是否吐币出来对这个臂的贝塔分布参数进行修正。赌徒对策略进行优化所依据的所有数据都来自"行动及其对应的回报"，从因果推断的角度来看，Thompson Sampling算法中所有的数据都是试验性数据，通过智能体的do操作得到。在多臂赌博机问题的Thompson Sampling算法实施过程中，有没有与试验性数据不同的观察性数据可以利用？如果有观察性数据可用，在利用试验性数据的同时，再利用观察性数据能否提高算法性能？下面通过一个具体的例子来加以分析。

9.2.1　多臂赌博机问题场景

美国一个赌场准备新上一批赌博机，为了尽可能多地赚钱，赌场对赌徒的行为特点进行大量观察，希望找出赌徒的行为特点，并以此设定赌博机的吐币策略，实现赌场收益最大化。通过大量观察，赌场发现，赌徒如何选取赌博机与两个因素有关：赌徒是否醉酒和赌博机上的灯是否闪烁。假定赌徒是否醉酒用变量 D 表示，$D\in\{0,1\}$，$D=1$ 表示赌徒醉酒，否则相反；赌博机上的灯是否闪烁用变量 B 表示，$B\in\{0,1\}$，$B=1$ 表示赌博机上的灯闪烁，否则相反。为简化分析，考虑最简单的情况，即有两台赌博机，分别是左边的 M_0 和右边的 M_1。赌徒的行动用变量 X 表示，$X\in\{0,1\}$，$X=0$ 表示赌徒选择左边的赌博机 M_0，$X=1$ 表示赌徒选择右边的赌博机 M_1。相应赌徒的选择行为满足以下表达式：

$$X \leftarrow f_X(B,D) = (D \wedge \neg B) \vee (\neg D \wedge B) = D \oplus B \tag{9.8}$$

赌徒选择赌博机的规律是，在赌徒醉酒且赌博机闪烁的情况下，赌徒倾向选择左边的赌博机 M_0；在赌徒醉酒且赌博机不闪烁的情况下赌徒倾向选择右边的赌博机 M_1；在赌徒不醉酒且赌博机闪烁的情况下，赌徒倾向选择右边的赌博机 M_1；在赌徒不醉酒且赌博机不闪烁的情况下赌徒倾向选择左边的赌博机 M_0。赌场打算利用赌徒的这个行为特点，通过赌博机上的传感器探测赌徒是否醉酒，再结合当时赌博机上的灯是否闪烁来预测赌徒倾向选择的赌博机。为在一定程度上保护赌徒的利益，美国州政府对赌博机吐币的概率有最低要求，即应该至少达到30%的概率。为此，赌场对赌博机吐币的概率进行了精心设计，让赌徒根据自己意愿选中的赌博机吐出币的概率小，而其他赌博机吐出币的概率大，赌博机平均吐币的概率却不小，从而能够满足政府管理规定。赌博机在不同情况下的吐币概率如表9.2所示。

表 9.2　赌博机在不同情况下的吐币概率

赌博机选择	$D=0$		$D=1$	
	$B=0$	$B=1$	$B=0$	$B=1$
$X=M_0$	0.1*	0.5	0.4	0.2*
$X=M_1$	0.5	0.1*	0.2*	0.4

其中，带星号的项对应的 $\{D,B,X\}$ 取值组合满足式(9.8)，反映了赌徒的行为特点，是赌徒在没有外部干预的条件下按照自己意愿选择的结果；不带星号的项对应的 $\{D,B,X\}$ 取值组合理论上存在，但按照赌徒的行为特点，赌徒一般不会主动选择，除非在外部干预下（比如要求等概率选择），赌徒才有可能选中。从表9.2可见，赌场设计让赌徒根据自己意愿选择的项，赌博机吐币概率很低，但为了满足州政府的要求，不能让赌博机总的吐币概率这么低，于是对于赌徒按照自己意愿一般不会选择的项，赌博机吐币概率设计得较高，从而提高了赌博机总的吐币概率。假设赌徒醉酒的概率为50%，即 $P(D=0)=P(D=1)=0.5$，赌博机上灯闪烁的概率也为50%，即 $P(B=0)=P(B=1)=0.5$。若不对赌徒的赌博机选择进行任何干预，让赌徒按照自己的意愿选择，相应记录得到的数据是观察性数据。我们观察得到的赌徒赌博机选择与赌博机吐币（$Y=1$）的概率关系 $P(Y=1|X)$ 如表9.3中的第2列所示。根据表9.2的数据，当赌徒按照自己意愿选

择赌博机 $X=M_0$ 时，相应赌博机吐币（$Y=1$）的概率分别是 0.1 和 0.2，由于赌徒醉酒和赌博机上灯闪烁的概率都为 50%，因此可以计算此时赌博机吐币（$Y=1$）的概率为

$$P(Y=1|X=0)=\frac{0.1+0.2}{2}=0.15$$

当赌徒按照自己意愿选择赌博机 $X=M_1$ 时同理。

表 9.3 赌博机分别在观察性数据和试验性数据中的吐币概率

赌博机选择	$P(Y=1|X)$	$P(Y=1|\mathrm{do}(X))$
$X=M_0$	0.15	0.3
$X=M_1$	0.15	0.3

但是，当州政府对赌博机的吐币概率进行检查时，检查人员并不会让赌徒根据自己意愿进行赌博机的选择，并对赌博机吐币的数据进行记录，而是由检查人员主动等概率地随机抽取两台赌博机，记录赌博机吐币的数据，然后将数据汇总统计。显然，此时的统计结果数据是试验性数据 $P(Y=1|\mathrm{do}(X))$，如表 9.3 中的第 3 列所示。根据表 9.2 中的数据，当 $X=M_0$ 时，相应试验性数据结果

$$P(Y=1|\mathrm{do}(X=0))=\frac{0.1+0.5+0.4+0.2}{4}=0.3$$

当 $X=M_1$ 时，相应的试验性数据结果计算同理，也为 0.3。$P(Y=1|\mathrm{do}(X))\neq P(Y=1|X)$，赌场巧妙地利用了观察性数据和试验性数据之间的差异，在满足州政府管理规定的同时，最大限度地利用了赌徒的行为特点，实现了赌场收益最大化。

9.2.2 基于因果推断的多臂赌博机问题分析

我们从因果推断的角度对前面介绍的多臂赌博机问题进行分析，首先引入因果推断模型中涉及的变量。

1) 变量 $X_t\in\{0,1\}$ 代表赌徒在时刻 t 根据自己意愿选择的行动，是可观察变量，观察性数据 $X_t=0$ 表示赌徒选择赌博机 M_0，$X_t=1$ 表示赌徒选择赌博机 M_1；$\mathrm{do}(X_t=\pi(x_0,y_0,\cdots,x_{t-1},y_{t-1}))$ 表示赌徒在策略 π 的干预指导下，根据 t 时刻以前的动作和回报 $(x_0,y_0,\cdots,x_{t-1},y_{t-1})$ 选择执行的动作，由于不是按照赌徒自己的意愿选择执行的动作，因此相应的动作及其回报为干预性试验数据。

2) 变量 $Y_t\in\{0,1\}$ 代表赌徒在时刻 t（根据自己的意愿选择或者根据策略选择）执行行动后的回报。$Y_t=1$ 表示赌博机吐币，$Y_t=0$ 表示赌博机不吐币。

3) 在本例中，由于 $P(Y=1|\mathrm{do}(X))\neq P(Y=1|X)$，根据基于图模型的因果推断知识，变量 X_t 和变量 Y_t 必定受一个共同的混杂变量影响，令其为 U_t，则在图模型结构上，变量 X_t 和变量 Y_t 有共同的祖先节点变量 U_t，这是一个不可观察变量，为简化分析，假设共同的祖先节点变量为共同的父节点变量。在 t 时刻的回报变量 Y_t 受变量 X_t 和变量 U_t 的影响，其取值满足 $y_t=f_y(x_t,u_t)$。

相应的多臂赌博机问题的图模型结构如图 9.4 所示。图 9.4b 为本节讨论的多臂赌博机应用场景的图模型结构,其中赌徒选择的动作 X_t 及回报 Y_t 都受一个不可观察的混杂变量 U_t 的影响,我们称之为 MABUC (Multi-Armed Bandit Unobserved Confounder) 模型。图 9.4a 为通常研究中的多臂赌博机应用场景的图模型结构,在该图模型结构中假设不存在一个不可观察的混杂变量既影响赌徒选择的动作 X_t 又影响回报 Y_t,我们称之为 MAB (Multi-Armed Bandit) 模型。由于 MAB 模型中没有混杂因子,故有 $P(y|\mathrm{do}(x))=P(y|x)$。因此,在 MAB 模型中,试验性数据也代表了观察性数据,试验性数据就是 MAB 模型下所有可能得到的数据,所以,在各种 Bandit 算法中,认为赌徒在不断尝试并获得反馈的回报的过程中采集到了所有种类的模型数据,无须再采集其他类型的数据。

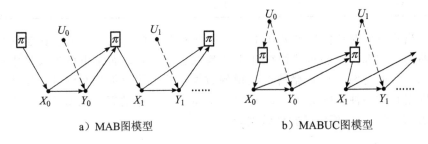

a) MAB 图模型　　　　　　b) MABUC 图模型

图 9.4　多臂赌博机图模型

在本例中,对于 MABUC 模型,观察性数据不等于试验性数据,赌徒在不断尝试并获得反馈的回报的过程中,仅仅采集到了试验性数据,如果可以采集到观察性数据,在强化学习过程中,如何利用这些观察性数据信息提高模型性能呢?为此,我们在 MABUC 模型的学习过程中引入因果推断中的反事实工具。我们用 $P(Y_{X=0}=1|X=1)$ 表示在赌徒自愿选择 $X=1$(即选择赌博机 M_1)的条件下并最终在策略 π 干预指导下选择执行动作 $X=0$(即选择赌博机 M_0)时,回报变量 $Y=1$(赌博机吐币)的概率。这里,为简化书写,没有标注表示动作、回报时刻的变量 t。类似地,$P(Y_{X=1}=1|X=0)$ 表示,在赌徒自愿选择 $X=0$(即选择赌博机 M_0)的条件下,并最终在策略 π 干预指导下选择执行动作 $X=1$(即选择赌博机 M_1)时,回报变量 $Y=1$ 的概率。我们用 $E(Y_{X=0}=1|X=1)$ 表示在赌徒自愿选择 $X=1$(即选择赌博机 M_1)的条件下并最终在策略 π 干预指导下选择执行动作 $X=0$(即选择赌博机 M_0)时,回报变量 Y(赌博机吐币)的均值。由于回报变量 $Y \in \{0, 1\}$,因此有

$$E(Y_{X=0}=1|X=1)=P(Y_{X=0}=1|X=1)$$

其他类似的反事实表达式有同样性质。

在基于 MAB 模型的 Thompson Sampling 算法中,选取动作的准则是让平均回报(总回报)最大化,即

$$\arg\max_a E(Y|\mathrm{do}(X=a)) \tag{9.9}$$

但在基于 MABUC 模型的学习算法中,若继续采用式(9.9)作为选取动作的准则,显然只利用了试验性数据,而未利用观察性数据。为此,我们应用 MABUC 模型的反事实表达式建立动作选取准则:

$$\arg\max_a E(Y_{X=a}=1|X=x) \tag{9.10}$$

其中 $X=x$ 表示赌徒根据自身意愿选择动作 x,$X=a$ 表示在策略 π 的指导下最终选择执行的动作。式(9.10)所表示的动作选取准则是,在赌徒根据自身意愿选择动作 $X=x$ 的条件下,根据策略 π 最终选取的动作 $X=a$ 应使 $E(Y=1)$ 最大。若 $a=x$,说明最终选择的动作与赌徒根据自身意愿,选择的动作一致,$E(Y=1)$ 可以达到最大;若 $a \neq x$,说明最终选择的动作与赌徒根据自身意愿选择的动作不一致,$E(Y=1)$ 才可以达到最大,这个动作选择准则称为遗憾决策准则(Regret Decision Criterion,RDC)。在遗憾决策准则的指导下,动作的选择既利用了试验性数据,也利用了观察性数据。

显然,采用 RDC 进行动作的选择,需要计算 $E(Y_{X=a}=1|X=x)$。当 $a=x$ 时,根据反事实的一致性准则,$E(Y_{X=a}=1|X=x)=E(Y=1|X=x)$,这个数据可以根据观察性数据得到。而当 $a \neq x$ 时,若变量 X 和 Y 为取值 0 和 1 的二值变量,则可根据 7.2.1 节中概率 $P(Y_x=y|X=x')$ 的计算公式计算 $E(Y_{X=a}=1|X=x)$(X 和 Y 取值为 0 或 1,$a \neq x$)。本例中,目前仅有观察性统计数据而没有干预性试验统计数据,因此,需要通过不断地进行干预性试验采集数据,从而实现 $E(Y_{X=a}=1|X=x)$ 的计算、更新。

9.2.3 基于因果推断的多臂赌博机问题算法改进

基于 9.2.2 节的分析,对于变量 X_t 和变量 Y_t 受一个共同的混杂变量影响,即 $P(Y=1|do(X)) \neq P(Y=1|X)$ 场景下的多臂赌博机问题,我们可以应用因果推断进行算法改进。假设原来解决多臂赌博机问题的算法为 Thompson Sampling(简称 TS)算法,在此基础上应用因果推断进行改进得到的算法称为 Causal Thompson Sampling(简称 TSC)算法。考虑 9.2.1 节所述最简单的多臂赌博机问题场景,赌博机的选择是二选一,分别为 $X=0$(选择 0 号赌博机)和 $X=1$(选择 1 号赌博机),则相应的算法流程如下。

TSC 算法

输入:P_{obs},T,N
输出:执行的动作序列 a_t
1) $E(Y_{X=0}=1|X=0)$ 和 $E(Y_{X=1}=1|X=1) \leftarrow P_{obs}(y|x)$
2) 初始化 $E(Y_{X=1}=1|X=0)$ 和 $E(Y_{X=0}=1|X=1)$
3) for episode= $[1, \cdots, N]$ do
4)   for timestep= $[1, \cdots, T]$ do
5)   随机生成 B 和 D 值,根据式(9.8)确定自然倾向对应的动作,若该动作为 0,令
6) $Q_0 \leftarrow E(Y_{X=1}=1|X=0)$
7) $Q_1 \leftarrow E(Y_{X=0}=1|X=0)$
8) $w \leftarrow [1, 1]$
9)   bias $\leftarrow 1 - |Q_0 - Q_1|$

10)　　　　　若$Q_0 > Q_1$，则 $w[0] \leftarrow$ bias，否则 $w[1] \leftarrow$ bias
11)　　　根据第 5) 步生成的 B 和 D 值，根据式 (9.8) 确定自然倾向对应的动作，若该动作为 1，令
12)　　　　　$Q_0 \leftarrow E(Y_{X=0}=1|X=1)$
13)　　　　　$Q_1 \leftarrow E(Y_{X=1}=1|X=1)$
14)　　　　　$w \leftarrow [1, 1]$
15)　　　　　bias $\leftarrow 1 - |Q_0 - Q_1|$
16)　　　　　若$Q_0 > Q_1$，则 $w[1] \leftarrow$ bias，否则 $w[0] \leftarrow$ bias
17)　　　$a \leftarrow \max(\beta(s_{M_0}, f_{M_0}) * w[0], \beta(s_{M_1}, f_{M_1}) * w[1])$
18)　　　执行动作 a，得到结果 $Y = y$
19)　　　$E(Y_{X=a}=1|X=x) \leftarrow y | a, x$

算法说明

输入：算法执行有 N 个回合，每个回合有 T 个时间步，并且有事先给定的观察性数据P_{obs}，如表 9.3 中的第 2 列所示。

1) 将 ETT 在符合一致性准则情况下的取值 $E(Y_{X=0}=1|X=0)$ 和 $E(Y_{X=1}=1|X=1)$ 赋值为观察性数据P_{obs}。

2) 将 ETT 在不符合一致性准则情况下的取值 $E(Y_{X=1}=1|X=0)$ 和 $E(Y_{X=0}=1|X=1)$ 初始化。

3) 循环 N 个回合。

4) 每个回合循环 T 个时间步，对回合中的每个时间步动作的选择按照后续步骤执行。

5) 按照 $P(B=0)=P(B=1)=0.5$ 和 $P(D=0)=P(D=1)=0.5$ 随机生成变量 B 和 D，根据式 (9.8) 确定赌徒根据自然倾向选择的动作，假设为 x。

6) 根据现有的 ETT 取值情况，查询到自然倾向选择动作与实际选择执行动作不一致（$a \neq x$）时的 ETT 值Q_0。

7) 根据现有的 ETT 取值情况，查询到自然倾向选择动作与实际选择执行动作一致（$a = x$）时的 ETT 值Q_1。

8) $w \leftarrow [1, 1]$ 将两个动作选择概率加权值都初始化为 1，即直接采用贝塔分布输出值作为两个动作选择的概率，其中 $w[0]$ 用于 0 号赌博机选择概率加权，$w[1]$ 用于 1 号赌博机选择概率加权。

9) 将一个小于 1 的值"$1 - |Q_0 - Q_1|$"赋予变量 bias。

10) 若$Q_0 > Q_1$，则实际选择动作与自然倾向选择动作不一致时具有更好的回报，因为这时自然倾向选择的动作是 0（选 0 号赌博机），所以应该让自然倾向选择的动作 x 被选择的概率更小，需要让选择 0 号赌博机的加权概率从初始化的 1 变化到 $w[0] =$ bias（降低选 0 号赌博机的概率）。否则，实际选择动作与自然倾向选择动作一致时具有更好的回报，因为这时自然倾向选择的动作是 0，所以应该让非自然倾向选择的动作 1（选 1 号赌博机）被选择的概率更小，让选择 1 号赌博机的加权概率 $w[1] =$ bias（降低选 1 号赌博机的概率）。

11) 到 16) 的分析说明与 5) 到 10) 相同，区别在于假设的自然倾向选择动作不同。

17) 按照 Thompson Sampling 算法的要求，分别对 0 号和 1 号赌博机维护一个贝塔分布函数，根据两个赌博机贝塔分布函数随机产生值的大小决定动作选取哪个赌博机，每次选取随机值更大的那个赌博机。这里考虑因果推断的影响，分别对两个赌博机的贝塔分布函数输出的随机值用加权项 $w[0]$ 和 $w[1]$ 进行加权后，再比较大小，决定选取哪个赌博机；根据两个赌博机的贝塔函数值加权后的输出值的大小，确定动作是选取哪个赌博机，即确定了实际执行的动作 a。

18) 执行动作 a，相应得到回报 $Y=y$。

19) 将试验中自然倾向选择动作 x、实际执行动作 a 和相应的回报 y 都记录下来，并更新相应的 ETT 取值（可能 $a=x$，也可能 $a\neq x$）。

在赌徒根据自身意愿选择动作 $X=x$ 的条件下，根据策略 π 最终选取的动作 $X=a$ 应使 $E(Y=1)$ 最大，即式(9.10)，体现在第 10、16 和 17 步中（假设根据自然倾向选择的动作是 x，即选择 0 号赌博机）。

9.2.4 基于因果推断的多臂赌博机问题算法改进效果

我们以选中理想赌博机（选中的赌博机吐币概率最大）的概率（Probability of Optimal Action）和平均一个回合的累积遗憾（Cum. Regret）为算法性能评价指标，比较 Thompson Sampling 算法和 Causal Thompson Sampling 算法的性能。

由图 9.5 可见，Thompson Sampling 算法选中理想赌博机的概率是图中下面的一条曲线，其概率在 50% 左右，与随机选取差不多，而 Causal Thompson Sampling 算法经过学习后则高达 90%。

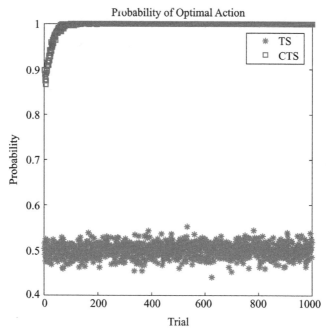

图 9.5 两种算法选中理想赌博机概率的比较

由图 9.6 可见，Thompson Sampling 算法在一个回合的累积遗憾随着回合数的增加而快速增长，而 Causal Thompson Sampling 算法的累积遗憾则维持在不到 2。

这说明，在变量 X_t 和变量 Y_t 受一个共同的混杂变量影响，即 $P(Y=1|\operatorname{do}(X)) \neq P(Y=1|X)$ 场景下的多臂赌博机问题中，在利用探索性行动所产生的试验性数据的同时，充分利用现有观察性数据，提高了多臂赌博机问题选择的准确性，基于因果推断的 Causal Thompson Sampling 算法大幅提高了算法性能。

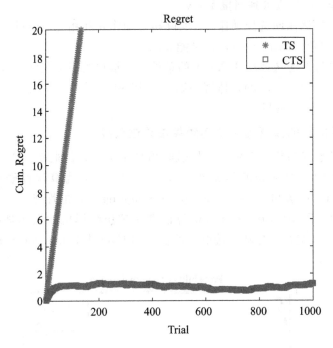

图 9.6　两种算法一个回合平均累积遗憾的比较

参 考 文 献

[1] PEARL J. Causality: models, reasoning, and inference [M]. Cambridge: Cambridge University Press, 2009.

[2] PEARL J, GLYMOUR M, JEWELL N P. Causal inference in statistics: a primer [M]. New Jersey: Wiley, 2016.

[3] PEARL J, MACKENZIE D. The book of why: the new science of cause and effect [M]. New York: Basic Books, 2018.

[4] 赵敦华. 西方哲学简史 [M]. 北京: 北京大学出版社, 2001.

[5] 休谟. 人性论 [M]. 关文运, 译. 北京: 商务印书馆, 2016.

[6] 肖前. 马克思主义哲学原理: 上册 [M]. 北京: 中国人民大学出版社, 1993.

[7] SPIRTES P, GLYMOUR C, SCHEINES R. Causation, prediction, and search [M]. Cambridge: MIT Press, 2001.

[8] KJAERULFF U B, MADSEN ANDERS L. Bayesian networks and influence diagrams: a guide to construction and analysis [M]. Berlin: Springer, 2008.

[9] NEAPOLITAN R E. Learning bayesian networks [M]. New Jersey: Pearson Prentice Hall, 2004.

[10] NAGARAJAN R, SCUTARI M, LÈBRE S. Bayesian networks in R: with applications in systems biology [M]. Berlin: Springer, 2013.

[11] VANDERWEELE T J. Explanation in causal inference: methods for mediation and interaction [M]. New York: Oxford university Press, 2015.

[12] KOLLER D, FRIEDMAN N. 概率图模型: 原理与技术 [M]. 王飞跃, 韩素青, 译. 北京: 清华大学出版社, 2015.

[13] 徐全智, 吕恕. 概率论与数理统计 [M]. 北京: 高等教育出版社, 2004.

[14] LAURITZEN S L, DAWID A P, LARSEN B N, et al. Independence properties of directed Markov fields [J]. Networks, 1990, 20 (5): 491-505.

[15] GEIGER D, VERMA T S, PEARL J. d-Separation: from theorems to algorithms [C]. Fifth Annual Conference on Uncertainty in Artificial Intelligence, 1990.

[16] GUO S Y, FRASER M W. 倾向值分析: 统计方法与应用 [M]. 郭志刚, 巫锡炜, 译. 重庆: 重庆大学出版社, 2012.

[17] PETERS J, JANZING D, SCHOLKOPF B. Elements of causal inference: foundations and learning algorithms [M]. Cambridge: MIT Press, 2017.

[18] MORGAN S, WINSHIP C. Counterfactuals and causal inference: models and principles for social research [M]. Cambridge: Cambridge University Press, 2014.

[19] PEARL J. Aspects of graphical models connected with causality [C]. Proceedings of the 49th Session of the International Statistical Institute, 1993.

[20] BALKE A, PEARL J. Nonparametric bounds on causal effects from partial compliance data [J]. Journal of the American Statistical Association, 1994.

[21] BALKE A, PEARL J. Counterfactual probabilities: computational methods, bounds, and applications [C]. Proceedings of the Conference on Uncertainty in Artificial Intelligence (UAI-94), 1994.

[22] SHPITSER I, PEARL J. What counterfactuals can be tested [C]. Proceedings of the Twenty-Third Conference on Uncertainty in Artificial Intelligence, 2007: 352-359.

[23] HECKERMAN D, SHACHTER R. Decision-theoretic foundations for causal reasoning [J]. Journal of Artificial Intelligence Research, 1995, 3: 405-430.

[24] IMBENS G W, RUBIN D R. Bayesian inference for causal effects in randomized experiments with noncompliance [C]. Annals of Statistics, 1997.

[25] BALKE A, PEARL J. Bounds on treatment effects from studies with imperfect compliance [J]. Journal of the American Statistical Association, 1997, 92 (439): 1172-1176.

[26] PEARL J. Causal inference from indirect experiments [J]. Artificial Intelligence in Medicine, 1995, 7 (6): 561-582.

[27] TIAN J, PEARL J. Probabilities of causation: Bounds and identification [C]. Annals of Mathematics and Artificial Intelligence, 2000, 28: 287-313.

[28] SHPITSER I, PEARL J. What counterfactuals can be tested [C]. Proceedings of the Twenty-Third Conference on Uncertainty in Artificial Intelligence, 2007.

[29] BAREINBOIM E, PEARL J. Causal inference by surrogate experiments: z-identifiability [C]. Proceedings of the Twenty-Eighth Conference on Uncertainty in Artificial Intelligence, 2012.

[30] VERMA T, PEARL J. An algorithm for deciding if a set of observed independencies has a causal explanation [C]. Proceedings of the Eighth Conference on Uncertainty in Artificial Intelligence, 1992.

[31] DOR D, TARSI M. A simple algorithm to construct a consistent extension of a partially oriented graph [R]. UCLA Cognitive Systems Laboratory, Technical Report (R-185), 1992.

[32] PEARL J. Comment: graphical models, causality, and intervention [J]. Statistical Science, 1993, 8 (3): 266-269.

[33] PEARL J. Causal diagrams for empirical research [J]. Biometrika, 1995, 82 (4): 669-688.

[34] GALLES D, PEARL J. Testing identifiability of causal effects [C]. Conference on Uncertainty in Artificial Intelligence, 1995: 185-195.

[35] PEARL J. Direct and indirect effects [C]. Proceedings of the Seventeenth Conference on Uncertainty in Artificial Intelligence, 2001.

[36] SHPITSER I, PEARL J. Identification of conditional interventional distributions [C]. Proceedings of the Twenty-Second Conference on Uncertainty in Artificial Intelligence, 2006.

[37] SHPITSER I, PEARL J. What counterfactuals can be tested [C]. Proceedings of the Twenty-Third Conference on Uncertainty in Artificial Intelligence, 2007.

[38] SHPISTER I, PEARL J. Effects of treatment on the treated: identification and generalization [C]. Proceedings of the Twenty-Fifth Conference on Uncertainty in Artificial Intelligence, 2009.

[39] PEARL J. Causal inference in statistics: an overview [J]. Statistics Surveys, 2009 (3): 96-146.

[40] PEARL J. An introduction to causal inference [C]. The International Journal of Biostatistics, 2010, 6 (2): Article 7.

[41] PEARL J. Causal inference [C]. Journal of Machine Learning Research (JMLR) Workshop and Conference Proceedings, 2010 (6): 39-58.

[42] PEARL J. Sufficient causes: on oxygen, matches, and fires [J]. Journal of Causal Inference, 2019, 7 (2): 26.

[43] PEARL J. Causal and counterfactual inference [R]. UCLA Cognitive Systems Laboratory, Technical Report (R-485), 2019.

[44] PEARL J. On the interpretation of do(x) [R]. UCLA Cognitive Systems Laboratory, Technical Report (R-

486), 2019.

[45] BAREINBOIM E, FORNEY A, PEARL J. Bandits with unobserved confounders: a causal approach [C]. Neural Information Processing Systems Conference, 2015.

[46] BUESING L, WEBER T, ZWOLS Y, et al. Woulda, coulda, shoulda: counterfactually-guided policy search [C]. ICLR, 2019.

[47] PEARL J. Causal inference from indirect experiments [J]. Artificial Intelligence in Medicine, 1995, 7 (6): 561-582.

[48] XIE Y, BRAND J E, JANN B. Estimating heterogeneous treatment effects with observational data [J]. Sociological Methodology, 2012, 42: 314-47.

[49] COLOMBO D, MAATHUIS M H. Order-independent constraint-based causal structure learning [J]. The Journal of Machine Learning Research, 2014, 15: 3741-3782.

[50] RAMSEY J, ZHANG J, SPIRTES P. Adjacency-faithfulness and conservative causal inference [C]. Proceedings of the 22nd Annual Conference on Uncertainty in Artificial Intelligence, 2006.

[51] ROBINSON R W. Counting unlabeled acyclic digraphs [M]. Berlin: Springer, 1977.

[52] CHICKERING D M. Learning Bayesian networks is NP: complete [M]. Berlin: Springer, 1996.

[53] FRIEDMAN N, GEIGER D, GOLDSZMIDT M. Bayesian network classifiers [J]. Machine Learning, 1997, 29: 131-163.

[54] KULLBACK S. Information theory and statistics [M]. New York: Dover Publications, 1997.

[55] AYLMER F R. Statistical methods for research workers [M]. Michigan: Genesis Publishing Pvt Ltd, 1925.

[56] ROSENBAUM P, RUBIN D. The central role of propensity score in observational studies for causal effects [J]. Biometrica, 1983, 70: 41-55.

[57] ZHANG JJ. On the completeness of orientation rules for causal discovery in the presence of latent confounders and selection bias [J]. Artificial Intelligence, 2008, 172 (16): 1873−1896.

[58] GALLES D, PEARL J. Testing Identifiability of Causal Effects [C]. In P. Besnard and S. Hanks (Eds.), Uncertainty in Artificial Intelligence 11, Morgan Kaufmann, San Francisco, CA, 1995.

[59] LUO R, SUN LJ, KUANG Y, et al. Research on the graphical model structure characteristic of strong exogeneity based on twin network method and its application in causal inference [J]. Mathematics, 2022.

[60] d-separation: how to determine which variables are independent in a Bayes net [EB/OL]. http://web.mit.edu/jmn/www/6.034/d-separation.pdf.

[61] SCHÖLKOPF B. Causality for machine learning [EB/OL]. https://arxiv.org/pdf/1911.10500.pdf

[62] KALISCH M, MÄCHLER M, COLOMBO D, et al. More causal inference with graphical models in R package pcalg [EB/OL]. https://rdrr.io/rforge/pcalg/f/inst/doc/pcalgDoc.pdf.

[63] HERNÁN M A, ROBINS J M. Causal inference: what if [EB/OL]. https://cdn1.sph.harvard.edu/wp-content/uploads/sites/1268/2019/10/ci_hernanrobins_23oct19.pdf.

[64] SHARMA A. Causal inference tutorial [EB/OL]. https://github.com/amit-sharma/causal-inference-tutorial.

[65] R语言官方手册 [EB/OL]. https://cran.r-project.org/manuals.html.

[66] R语言官网清华镜像 [EB/OL]. https://mirrors.tuna.tsinghua.edu.cn/CRAN/.

推荐阅读

机器学习理论导引

作者：周志华 王魏 高尉 张利军 著　书号：978-7-111-65424-7　定价：79.00元

本书由机器学习领域著名学者周志华教授领衔的南京大学LAMDA团队四位教授合著，旨在为有志于机器学习理论学习和研究的读者提供一个入门导引，适合作为高等院校智能方向高级机器学习或机器学习理论课程的教材，也可供从事机器学习理论研究的专业人员和工程技术人员参考学习。本书梳理出机器学习理论中的七个重要概念或理论工具（即：可学习性、假设空间复杂度、泛化界、稳定性、一致性、收敛率、遗憾界），除介绍基本概念外，还给出若干分析实例，展示如何应用不同的理论工具来分析具体的机器学习技术。

迁移学习

作者：杨强 张宇 戴文渊 潘嘉林 著　译者：庄福振 等　书号：978-7-111-66128-3　定价：139.00元

本书是由迁移学习领域奠基人杨强教授领衔撰写的系统了解迁移学习的权威著作，内容全面覆盖了迁移学习相关技术基础和应用，不仅有助于学术界读者深入理解迁移学习，对工业界人士亦有重要参考价值。全书不仅全面概述了迁移学习原理和技术，还提供了迁移学习在计算机视觉、自然语言处理、推荐系统、生物信息学、城市计算等人工智能重要领域的应用介绍。

神经网络与深度学习

作者：邱锡鹏 著　ISBN：978-7-111-64968-7　定价：149.00元

本书是复旦大学计算机学院邱锡鹏教授多年深耕学术研究和教学实践的潜心力作，系统地整理了深度学习的知识体系，并由浅入深地阐述了深度学习的原理、模型和方法，使得读者能全面地掌握深度学习的相关知识，并提高以深度学习技术来解决实际问题的能力。本书是高等院校人工智能、计算机、自动化、电子和通信等相关专业深度学习课程的优秀教材。

推荐阅读

模式识别

作者：吴建鑫 著　书号：978-7-111-64389-0　定价：99.00元

　　模式识别是从输入数据中自动提取有用的模式并将其用于决策的过程，一直以来都是计算机科学、人工智能及相关领域的重要研究内容之一。本书是南京大学吴建鑫教授多年深耕学术研究和教学实践的潜心力作，系统阐述了模式识别中的基础知识、主要模型及热门应用，并给出了近年来该领域一些新的成果和观点，是高等院校人工智能、计算机、自动化、电子和通信等相关专业模式识别课程的优秀教材。

自然语言处理基础教程

作者：王刚 郭蕴 王晨 编著　书号：978-7-111-69259-1 定价：69.00元

　　本书面向初学者介绍了自然语言处理的基础知识，包括词法分析、句法分析、基于机器学习的文本分析、深度学习与神经网络、词嵌入与词向量以及自然语言处理与卷积神经网络、循环神经网络技术及应用。本书深入浅出，案例丰富，可作为高校人工智能、大数据、计算机及相关专业本科生的教材，也可供对自然语言处理有兴趣的技术人员作为参考书。

深度学习基础教程

作者：赵宏 主编 于刚 吴美学 张浩然 屈芳瑜 王鹏 参编　ISBN：978-7-111-68732-0 定价：59.00元

　　深度学习是当前的人工智能领域的技术热点。本书面向高等院校理工科专业学生的需求，介绍深度学习相关概念，培养学生研究、利用基于各类深度学习架构的人工智能算法来分析和解决相关专业问题的能力。本书内容包括深度学习概述、人工神经网络基础、卷积神经网络和循环神经网络、生成对抗网络和深度强化学习、计算机视觉以及自然语言处理。本书适合作为高校理工科相关专业深度学习、人工智能相关课程的教材，也适合作为技术人员的参考书或自学读物。

推荐阅读

机器学习：从基础理论到典型算法（原书第2版）
作者：[美]梅尔亚·莫里 等　ISBN：978-7-111-70894-0　定价：119.00元

情感分析：挖掘观点、情感和情绪（原书第2版）
作者：[美]刘兵　ISBN：978-7-111-70937-4　定价：129.00元

优化理论与实用算法
作者：[美]米凯尔·J.科申德弗 等　ISBN：978-7-111-70862-9　定价：129.00元

机器学习：贝叶斯和优化方法（原书第2版）
作者：[希]西格尔斯·西奥多里蒂斯　ISBN：978-7-111-69257-7　定价：279.00元

神经机器翻译
作者：[德]菲利普·科恩　ISBN：978-7-111-70101-9　定价：139.00元

对偶学习
作者：秦涛　ISBN：978-7-111-70719-6　定价：89.00元